EUGEN KOLISKO / MARTIN ROZUMEK

Hypothesenfreie Chemie

EUGEN KOLISKO / MARTIN ROZUMEK

Hypothesenfreie Chemie

«Hypothesenfreie Chemie im Sinne der Geisteswissenschaft», der «Atomismusstreit» 1922/23 und Rudolf Steiners Stellung zum Atomismus

Vorwort von Armin Husemann

VERLAG AM GOETHEANUM

Der Verlag am Goetheanum im Internet: www.vamg.ch

Umschlaggestaltung von Philipp Tok

Satz: Höpcke, Hamburg
Druck und Bindung: Freiburger Graphische Betriebe

ISBN 978-3-7235-1480-1

Inhalt

Anhang

Vorwort

Armin Husemann

Wer heute Schülern oder Studenten «Chemie» zu unterrichten hat, wer als Arzt oder Pharmazeut über die Wirksamkeit und Wirkungsweise von Arzneimitteln Klarheit sucht oder wer sich fragt, weshalb er als biologisch-dynamisch wirtschaftender Landwirt Präparate rührt, der ist mit der Frage konfrontiert: *was ist «Materie»?* Der Naturwissenschaftler Rudolf Steiner hat zu dieser Frage *vielfach sehr differenziert* Stellung genommen.[1] Sein Schüler Eugen Kolisko (1893–1939) begann seinen Weg als Forscher und Lehrer während seines Medizinstudiums im Jahr 1913 als wissenschaftliche Hilfskraft am Medizinisch-Chemischen Institut der Universität Wien noch unter dem Reformator der medizinischen Chemie Ernst Ludwig, wurde dann unter Julius Mauthner dort Assistent und arbeitete später unter Hermann Fischer. Sein Abgangszeugnis gibt Einblick in sein Tätigkeitsfeld dort:

> «Herr Dr. Eugen Kolisko hat seit 1913 noch unter Hofrat *Ludwig* hier gearbeitet, wurde 1914 von Professor *Mauthner*, dem Nachfolger des Genannten, nach Graz zwecks Erlernung der *Mikro-Analyse* zu Professor *Pregl*[2] geschickt und richtete die Mikro-Analyse hier ein.
>
> Juli 1915 wurde er *Assistent* am hiesigen Institut, und war während des Krieges der einzige Assistent des Institutes, das an sich vier Assistenten hat.
>
> Da für das Allgemeine Krankenhaus jährlich gegen tausend *medizinisch-chemische Untersuchungen* auszuführen sind, ist es klar, dass Dr. Kolisko diese Untersuchungsmethoden vollkommen beherrscht.

---

1 Für ein frühes Werk vgl. Rudolf Steiner (1988): Einzig mögliche Kritik der atomistischen Begriffe (1882). Beiträge zur Rudolf Steiner Gesamtausgabe 63 (1978), Nachdruck, Dornach: Rudolf Steiner Verlag, S. 5–10; für das Spätwerk vgl. Teil III des vorliegenden Bandes.

2 Fritz Pregl (1869–1930), österreichischer Physiologe und Chemiker, Nobelpreisträger für Chemie 1923.

Außerdem ist Dr. Kolisko seit 1917 *Gerichtschemiker des Landgerichtes in Strafsachen* in Wien und daher mit den Methoden der gerichtlichen Chemie vertraut.

Schon unter Professor Mauthner, ebenso unter mir, hat Herr Dr. Kolisko *die gesamte Vorlesung (anorg. und organische Experim. Chemie) vorbereitet, außerdem den Unterricht der Mediziner und Chemiker* mit den anderen Herren geleitet.

Ich habe während meiner ganzen hiesigen Zeit Dr. Kolisko stets als einen äußerst umsichtigen, begabten Chemiker und Mediziner mit ausgesprochenem *Lehrtalent* kennengelernt.

Meine besten Wünsche begleiten ihn auf seinem ferneren Lebenswege.

Wien, am 28. Februar 1920 Gezeichnet *H. Fischer*»[3]

Kolisko arbeitete also an diesem Institut praktisch, als Vorlesungs-Assistent und als Dozent eigener Vorlesungen insgesamt 6 Jahre lang.

Schon einige Zeit vor dieser Tätigkeit hatte er begonnen, sich mit der Anthroposophie zu beschäftigen, und diskutierte philosophische Fragen mit seinem Freund Walther Johannes Stein, darunter nachweislich auch die Morphologie und Farbenlehre Goethes.[4] 1914 wurde er Mitglied der Anthroposophischen Gesellschaft. Kolisko durchdrang also seine Arbeit als Chemiker von Anfang an mit dem gedanklichen Rüstzeug, das er sich aus Rudolf Steiners Schriften («Grundlinien einer Erkenntnistheorie der Goetheschen Weltanschauung», «Wahrheit und Wissenschaft», «Die Philosophie der Freiheit») erarbeitete. Rudolf Steiner hatte geplant, dass Kolisko seine erkenntnistheoretischen Schriften mit Kommentaren versehen neu herausgeben sollte, wozu es leider nicht gekommen ist.[5] Im Januar 1920 trat Kolisko in das Kollegium der ersten Waldorfschule in Stuttgart ein. Der zweite Naturwissenschaftliche Kurs Rudolf Steiners, der vom 1. bis 14. März 1920 in Stuttgart stattfand[6] und in dessen Zen-

3 Zit.n.: Lili Kolisko (1961): Eugen Kolisko – Ein Lebensbild. Gerabronn: im Selbstverlag, S. 25.

4 Ebd., S. 16.

5 Ebd., S. 23 f.

6 Rudolf Steiner (2000): Geisteswissenschaftliche Impulse zur Entwicklung

trum die Wärme steht, fand auf Koliskos Initiative hin statt, er hatte ihn «Rudolf Steiner abgerungen»[7]. Während dieses Kurses hielt er selbst einen Vortrag über «Hypothesenfreie Chemie»,[8] und zwar am 13. März 1920. Rudolf Steiner nahm in seinem Vortrag vom 14. März 1920 auf Koliskos Beitrag Bezug und sprach fortan anerkennend von der «Koliskoschen Chemie».

«Wir sollen diese Dinge fortsetzen, die jetzt eingetreten sind dadurch, dass Herr Dr. von Baravalle, Herr Dr. Blümel, Herr Strakosch, Herr Dr. Kolisko hier auf den verschiedensten Gebieten angeregt haben, dasjenige, was die Entwicklung der Menschheit bis jetzt gegeben hat, mit einem neuen Einschlag zu versehen. [...] Gewiss, Sie werden Unbefriedigendes genug da und dort in dieser Vortragsfolge[9] finden, weil die Vorträge nur aphoristisch sein konnten, aber das eine wird sich Ihnen in dieser Vortragsfolge zeigen: *dass es einfach notwendig ist, unsere gesamte physikalische, chemische, physiologische und biologische Vorstellungswelt neu aufzubauen* [...] Darin kommen wir natürlich nur weiter, wenn wir nicht nur das Schulwesen, sondern auch das Wissenschaftswesen selbst weiterbilden. Und wenn so etwas entstehen könnte hier an unserer Waldorfschule, dass wir ausbauen erstens die Unterrichtsklassen nach oben [die Oberstufe – A.H.] und zweitens ausbauen zu gleicher Zeit mit dem Schulwesen das Akademiewesen, zu dem wir einen wirklichen Keim in diesen Tagen gelegt haben – denn es war so etwas wie der Keim zu einem neuen Akademiewesen –, dann würden wir eigentlich erst das erreichen, was erreicht werden soll und muss, wenn die europäische Zivilisation nicht zugrundegehen soll auf geistigem Gebiet.»[10] Im Sinne dieses Impulses nahm Kolisko dann an dem schon eine Woche später beginnenden ersten Medizinerkurs Rudolf Steiners vom 21. März bis 8.

---

der Physik («Wärmekurs», Rudolf Steiner Gesamtausgabe Bd. 321). 4. Aufl., Dornach: Rudolf Steiner Verlag.

7 Gisbert Husemann, persönliche Mitteilung an den Verfasser.

8 Lili Kolisko (1961): Eugen Kolisko – Ein Lebensbild. Gerabronn: im Selbstverlag, S. 25f. Siehe auch im vorliegenden Band S. 177: *Hypothesenfrei*.

9 Siehe Anm. 6.

10 Wie Anm. 6, S. 213 f., Hervorhebungen A. H. Auf den Bauplänen von Juli 1919 und Juli 1920 ist bereits ein Hochschulgebäude vorgesehen mit ähnlichem Bauvolumen wie die Waldorfschule (Dietrich Esterl: Die erste Waldorfschule Stuttgart-Uhlandshöhe. Stuttgart 2006: Edition Waldorf, S. 64f.).

April 1920[11] teil. Auch hier wurde er von Rudolf Steiner gebeten, über Chemie vorzutragen, und wieder bezieht sich Steiner in einem nachfolgenden eigenen Vortrag positiv auf Koliskos Beitrag[12], jetzt die Brücke schlagend zur pharmazeutischen Potenzierung von Substanzen im Sinne Samuel Hahnemanns. Der Wirksamkeitsnachweis von homöopathischen Substanzen war ja das Forschungsprojekt, das Rudolf Steiner mit der Ehefrau Eugen Koliskos, Lili Kolisko, experimentell im Stuttgarter Biologischen Forschungsinstitut im Anschluss an diese Vorträge durchführte.[13] So viel zur Vorgeschichte jener drei Vorträge über «Hypothesenfreie Chemie», die Kolisko dann während der Eröffnungsveranstaltung des ersten Goetheanum vom 4. bis 6. Oktober 1920 gehalten hat. Die Eindringlichkeit seines Denkens führt hier in Gebiete, die in der goetheanistischen Forschung bislang nur von Wenigen betreten werden. Peter Heussers vor kurzem erschienene Schrift «Anthroposophische Medizin und Wissenschaft»[14] ist tatsächlich die erste Arbeit, die umfassend auf Koliskos «Hypothesenfreie Chemie» eingeht, in gediegener Hinführung zu einem wirklichkeitsgemäßen Stoffbegriff. Sie erschien nicht lange vor Abschluss der hier vorliegenden Arbeit von Martin Rozumek. Beide Werke ergänzen einander hervorragend und ihr Erscheinen in geringem zeitlichen Abstand darf als ein glückliches Ereignis gelten.

Martin Rozumek zeigt in seinem Kommentar, dass Kolisko keineswegs «jegliche Atomistik [...] für wertlos erklärte»[15]. Er unterschied, wie Rudolf Steiner, zwischen atomistischen *Phänomenen der Chemie* einerseits, und atomistischen Theorien andererseits.[16] Dass Rudolf Steiner sich über die erste Hochschultagung am Goetheanum *als Ganzes* kritisch

---

11 Rudolf Steiner (1999): Geisteswissenschaft und Medizin (GA 312). 7. Aufl., Dornach: Rudolf Steiner Verlag.

12 Ebd., Vortrag vom 31.3.1920.

13 Vgl. Lili Kolisko (1997): Physiologischer und physikalischer Nachweis der Wirksamkeit kleinster Entitäten (1923), Neuausgabe mit Beiträgen von Gisbert Husemann und Friedwart Husemann. Dornach: Verlag am Goetheanum.

14 Peter Heusser (2011): Anthroposophische Medizin und Wissenschaft. Stuttgart & New York: Schattauer. Vgl. insbesondere S. 41–47 sowie 55–70.

15 Wolfgang Schad (2004): Erfahrungen und Vorschläge zum Chemieunterricht in der Waldorfschule. In: Wolfgang Schad, Armin Scheffler & Ulrich Wunderlin: Chemie an Waldorfschulen. Stuttgart: Pädagogische Forschungsstelle beim Bund der Freien Waldorfschulen, S. 7–22, hier S. 8.

16 Vgl. Rudolf Steiner (1988), wie Anm. 1.

äußerte, sollte nicht dazu verleiten, diese Kritik speziell auf Koliskos Beiträge in dieser Tagung zu beziehen[17]. Viel näher liegt es, Rudolf Steiners gut dokumentierte Wertschätzung der «Koliskoschen Chemie» – die Kolisko seit März 1920 «Hypothesenfreie Chemie» nannte – auch für diese Vorträge zu unterstellen. Inwiefern Steiners Kritik an dem sogenannten «*Atomismusstreit*» in der Zeitschrift «die Drei» Koliskos Beiträge trifft und wie sie im Kontext seiner drei Aufsätze des Jahres 1922 zu beurteilen ist, wird in einem eigenen Beitrag von Martin Rozumek hier erstmals untersucht – eine längst fällige Aufarbeitung. Es ist vergleichsweise leichter, anhand morphologischer Phänomene, in der Biologie von Pflanze, Tier und Mensch, zu einer neuen Denkweise fortzuschreiten, wie Goethe sie erstmals entwickelte. Viel schwieriger ist es, Stoffprozesse so zu denken, dass man ihrer Wirklichkeit sowohl anorganisch wie in den komplexen Systemen von belebten und gar bewusstseinsgesteuerten Organismen gerecht wird. Kolisko geht es um das zivilisatorische Grundproblem der Naturwissenschaft: Wie können wir ihr Denken aus seinen erstarrten, ursprünglich in der Mechanik erlernten und dort sachgerechten Vorstellungsgewohnheiten *weiterentwickeln*? Dafür macht Anthroposophie Vorschläge in Chemie, Physik, Landwirtschaft, Medizin. Wer sich als Biochemiker, Mediziner oder Agrarbiologe durch sein Studium auf die bis heute dort üblichen Atomvorstellungen eingelassen hat, gewinnt *daraus* nichts, was ihn befähigen würde, lebende Organismen, geschweige denn die Natur oder den Menschen als Ganzheit zu begreifen, weil der Atomismus als Paradigma im Denken zu einer undurchdringlichen Komplexität führt, in der das Denken «am Ganzen» scheitert: Auf dieses Dilemma weisen seit Jahrzehnten Forscher aus vorderster Front hin. In der Immunologie ist vom «crash of concepts» die Rede.[18] Evandro Agazzi, der Präsident der Schweizer Gesellschaft für Logik und Wissenschaftstheorie, spricht hinsichtlich des aus dem herkömmlichen Atomismus folgenden naturwissenschaftlichen Reduktionismus gar von einer Verleugnung der wissenschaftlichen Gesinnung.[19]

---

17 Wolfgang Schad, ebd.

18 C. Nathan & M. B. Sporn (1991): Cytokines in Context. J.Cell.Biol. 113, S. 981–986, zit.n.: Gunver S. Kienle & Helmut Kiene (2003): Die Mistel in der Onkologie. Stuttgart & New York: Schattauer, S. 343.

19 Evandro Agazzi (1991): Reductionism as Negation of the Scientific Spirit. In: Ders. (Ed.): The problem of Reductionism in Science. Dordrecht, Boston

Dies vertraten Kolisko und Steiner schon Anfang des 20. Jahrhunderts, als die tonangebende Naturwissenschaft ihrer Zeit von diesem Aufwachen an ihrer Erkenntnisgrenze noch weit entfernt war.

Carl Friedrich von Weizsäcker hat am Ende seines Lebens im Jahr 2000 auf die Folgen eines veralteten Atombegriffes für das Denken der Mediziner, die als Ärzte handeln wollen, vermächtnishaft hingewiesen, und seine Äußerungen treffen das Anliegen Eugen Koliskos im Kern. Er mahnt an, dass in der Medizin noch heute die «korpuskularen» Atomvorstellungen leben, die im 19. Jahrhundert gebildet wurden. Daher rühre der bis heute nicht überbrückbare Gegensatz von «Leib und Seele», «Materie und Geist», der geschichtlich auf die «res extensa» des Leiblichen und die «res cogitans» des Geistigen bei Descartes zurückgehe. Die Quantenphysik, so Weizsäcker, habe aber diesen Dualismus überwunden. «Sie hat schon in den 20er Jahren des 20. Jahrhunderts gezeigt, dass die atomaren Strukturen nicht mehr entsprechend der anschaulichen Vorstellungswelt der Klassischen Physik als Gegenstände, als körperlich fassbare Teilchen im Sinne der Descartesschen *Res extensa* verstanden werden können. Sie sind bisher zusammenhängend und widerspruchsfrei *nur als mathematische Strukturen* beschrieben worden. Die Quantenphysik erzwingt ein neues Nachdenken über die Beziehung von Subjekt und Objekt, von Seele und Leib.» [20]

Weizsäcker spricht damit den Atomen eine geistige Existenzform zu. Die Konsequenz, die er aus seiner Forderung zieht, ist wahrhaftig Kolisko gemäß. Der geistige Materiebegriff der Quantenphysik «befreit von alten Denkschablonen und ermutigt, in der Arzt-Patienten-Beziehung eine ganzheitliche Wahrnehmung zu verwirklichen».[21] Rudolf Steiner hatte bereits in seiner ersten wissenschaftlichen Arbeit gezeigt, «dass überhaupt gar keine sinnlichen Merkmale dem Atome beigelegt werden dürfen. Die Atome *müssen eine der sinnlichen Erfahrung unzugängliche Existenz* haben».[22] Konsequenterweise hat er später als *Geis-*

& London: Kluwer Academic Publishers, S. 1–30, zit. n.: Gunver S. Kienle & Helmut Kiene (2003): Die Mistel in der Onkologie. Stuttgart & New York: Schattauer, S. 404.

20 Friedrich W. Schmahl & Carl Friedrich von Weizsäcker (2000): Moderne Physik und Grundlagen der Medizin. Deutsches Ärzteblatt 97, H. 4, 28. 1. 2000.

21 Ebd.

22 Vgl. Anm. 1 und 14.

teswissenschaftler die geistige Wirklichkeit der Atome umfassend erforscht.[23]

Es kann also keine Rede davon sein, dass Rudolf Steiner oder Eugen Kolisko die atomistisch erscheinende Seite der materiellen Wirklichkeit generell leugnen würden. Sie ringen aber um die Frage, um die die gesamte Zivilisation zu ringen hat: *Wie sind Atome sachgemäß zu denken*? Und sie waren in diesem Ringen Pioniere, mit der Kraft begabt, aus ihren Einsichten kulturschöpferisch tätig zu werden.

Die Leitung der Eugen-Kolisko-Akademie in Filderstadt dankt Martin Rozumek herzlich für seinen fundierten Kommentar, den er auf Anregung des Unterzeichnenden hin verfasst hat. Rozumek verfolgt die Arbeit Koliskos minutiös, sodass man mit ihm die Gedankengänge Koliskos noch einmal liest. Durch seinen Kommentar werden Koliskos Arbeiten an die Entwicklung der Chemie der seither vergangenen Jahrzehnte angeschlossen. Er erörtert Fachbegriffe und die methodischen Fragen so, dass die Zusammenhänge auch dem naturwissenschaftlich vorgebildeten Nichtchemiker verständlich werden. In kontroversen Punkten, die ich als einer seiner Review-Partner mit Martin Rozumek zu diskutieren hatte, lernte ich seine Fähigkeit zum offenen Gespräch schätzen. So wird das Werk wieder zur Diskussion gestellt, das am Ausgangpunkt der goetheanistischen Chemie stand. Ein besonderer Dank richtet sich an die Mahle-Stiftung, die das Projekt durch ihre Unterstützung ermöglichte.

Als Ergänzung hat Rozumek erstmals die als «*Atomismusstreit*» bekannte Auseinandersetzung in der Zeitschrift «die Drei» aufgearbeitet, für die Kolisko sowohl als Redakteur wie als Autor mitverantwortlich war. Mit dankenswerter Klarheit analysiert Rozumek, wie Steiners Kritik an den anthroposophischen Autoren gemeint war. Heute, wo sich anthroposophische Forschung viel umfangreicher als damals in die Öffentlichkeit stellt, ist die Kritik Steiners an den gotheanistisch arbeiten wollenden Wissenschaftlern höchst lehrreich, nicht zuletzt seine

23 Vgl. Vortrag vom 21. Oktober 1907 in: Rudolf Steiner (1992): Mythen und Sagen. Okkulte Zeichen und Symbole (GA 101). 2. Aufl. Dornach: Rudolf Steiner Verlag; Ders. (1987): Die geistige Führung des Menschen und der Menschheit (1911, GA 15). 10. Aufl. Dornach: Rudolf Steiner Verlag, S. 66 und öfter. Siehe auch Armin Husemann (2012): Fukushima und die geistige Wirklichkeit der Kernenergie. Der Merkurstab 65, H. 2, S. 117–123.

Abwehr dagegen, *«Universitätsmethoden ohne Umänderung der Denkmethoden» in die anthroposophische Forschung hineinzutragen*. Man kann nur hoffen, dass Rozumeks hervorragende Arbeit eine rege Diskussion in Gang setzen wird.

Filderstadt, im Juni 2012
Dr. med. Armin Husemann
Eugen-Kolisko-Akademie, Filderstadt
Ausbildung für Anthroposophische Medizin

Einleitung

Martin Rozumek

«Die Materie ist bestimmt nichts Materielles» – die Auseinandersetzung über das materialistische Weltbild in der Naturwissenschaft und der Versuch, es für die Chemie zu überwinden, bilden das Thema des vorliegenden Buches. Es vereinigt die kommentierte Neuherausgabe dreier Vorträge Eugen Koliskos über «Hypothesenfreie Chemie im Sinne der Geisteswissenschaft» mit einer Studie über den «Atomismusstreit» Anfang der 1920er Jahre in der anthroposophischen Zeitschrift «die Drei» und die Stellung Rudolf Steiners zum Atomismus in seinem Spätwerk. Kolisko war auch Redakteur der Zeitschrift und Verfasser eines klärenden Beitrags in dem Streit, nachdem Steiner sich in überraschender Weise zu Wort gemeldet hatte.

Der naturwissenschaftliche Materialismus, der sich in der Mitte des 19. Jahrhunderts durchgesetzt hatte, brachte das Versprechen mit sich, die Welt durch mechanisch gedachte materielle Vorgänge vollständig erklären zu können. Die klassische Physik galt als im Wesentlichen abgeschlossen. Ende des 19., Anfang des 20. Jahrhunderts jedoch ist dieses festgefügte Weltbild aus der Naturwissenschaft selbst heraus in seinen Fundamenten erschüttert worden. Infolge der Entdeckung der radioaktiven Erscheinungen stand in Frage, was die Materie eigentlich sei, was die Atome, als die man sich Materie vorzustellen hatte.

Rudolf Steiner ist bereits in den 80er und 90er Jahren des 19. Jahrhunderts dem herrschenden Materialismus philosophisch entgegengetreten. In seinen Einleitungen zur Herausgabe von Goethes naturwissenschaftlichen Schriften und den Aufsätzen «Einzig mögliche Kritik der atomistischen Begriffe» und «Die Atomistik und ihre Widerlegung» setzte er sich intensiv mit der Annahme einer hinter der Sinneswelt liegenden, diese verursachenden Materie und dem zeitgenössischen Atomismus auseinander.[24] Zugleich stellte er Goethes Ansatz einer Naturwissenschaft als

24 Vgl. Rudolf Steiner (1987): Einleitungen zu Goethes naturwissenschaftlichen Schriften (1884–97/posthum 1926, GA 1), 4. Aufl.; Ders. (1988): Einzig mögliche Kritik der atomistischen Begriffe (1882). Beiträge zur Rudolf Steiner Gesamtausgabe 63 (1978), Nachdruck, Dornach: Rudolf Steiner Verlag,

Alternative einer, modern gesprochen, erscheinungsorientierten Wissenschaft heraus und begründete ihn erkenntnistheoretisch.[25] Wissenschaft sollte ihre Erklärungen innerhalb der Erscheinungswelt suchen und ohne Annahmen wie die einer metaphysischen Materie «an sich» oder die «Atomhypothese» auskommen.

Mit dieser Forderung befand sich Steiner im Einklang mit Wissenschaftlern wie dem Physiker Ernst Mach und dem Chemiker Wilhelm Ostwald, die ebenfalls eine in diesem Sinne «hypothesenfreie» Naturwissenschaft gefordert haben. Steiners auf ein wissenschaftlich begründetes spirituelles Weltverständnis zielende Perspektive der Anthroposophie reicht jedoch weit darüber hinaus. Dieser Perspektive kam der Zusammenbruch des Materialismus des 19. Jahrhunderts entgegen, der durch die Entdeckung der Radioaktivität eingeleitet worden war und einem nichtmaterialistischen Materieverständnis die Bahn gebrochen hat. Was als materielle Welt erschien, konnte nun nicht mehr im primitiven Sinne als Materie verstanden werden, denn diese hatte sich als alles andere erwiesen als als irgendwie geartetes körperlich raumerfüllendes Substrat.

Die Lehrer, die in Stuttgart mit Steiner am Aufbau der ersten Waldorfschule beteiligt waren, und die Wissenschaftler im Umkreis Steiners, die am Forschungsinstitut des Unternehmensverbunds «Der kommende Tag AG» versuchten, im Sinne Goethes und der Anthroposophie naturwissenschaftlich zu arbeiten, hatten sich Steiners Atomismuskritik zu eigen gemacht. Sie, insbesondere der Chemiker Hans Theberath, kämpften vehement gegen den Atomismus, als die Physikerin Gabriele Rabel, die sich in den Stuttgarter anthroposophischen Kreisen bewegte, die auf Steiner zurückgehende Kritik vor dem Hintergrund der neuesten physikalischen Erkenntnisse zu hinterfragen begann. In dieser Auseinandersetzung, die in mehreren Aufsätzen in der «Drei» ausgetragen wurde, prallte eine noch aus dem 19. Jahrhundert herrührende Kritik am Materie- und Atombegriff auf ein moderneres, nachklassisches, aber eigentümlich dogmatisch vertretenes Verständnis desselben.

S. 5–10; Ders. (1988): Die Atomistik und ihre Widerlegung (1890). Ebd., S. 14–29. Vgl. zu diesen Aufsätzen Steiners Jaap Sijmons (2008): Phänomenologie und Idealismus. Basel: Schwabe, S. 80–100.

25 Vgl. außer den «Einleitungen» Rudolf Steiner (2002): Grundlinien einer Erkenntnistheorie der Goetheschen Weltanschauung (1886, GA 2), 8. Aufl.

Nicht erst als dieser sogenannte «Atomismusstreit» sich festgefahren hatte, intervenierte Rudolf Steiner nachdrücklich – und überraschte seine Mitarbeiter mit der Bemerkung, einzig Rabel hätte Weiterführendes vorgebracht. Trotzdem hielt er parallel dazu seine frühere Atomismuskritik aufrecht. Zugleich kritisierte er phänomenologische wissenschaftliche Bestrebungen seiner Mitarbeiter, obwohl er scheinbar immer für solche eingetreten war. – Um diese zunächst irritierenden Stellungnahmen einordnen und verstehen zu können, habe ich Steiners Äußerungen ab 1917 zu den Themen «Phänomenologie» und «Atom/Atomismus» aufgearbeitet. Aus dem Überblick heraus zeigen sich darin zwei hochinteressante Linien in Steiners Denken und seiner Haltung als Zeitgenosse: Zum einen sieht Steiner den Wert naturwissenschaftlicher Phänomenologie vor allem in ihrer Funktion als Vorstufe für und Einstieg in die geisteswissenschaftliche Erkenntnis. Daran aber mangelte es; Steiners Kritik zielte auf das Stehenbleiben bei der Phänomenologie. Zum anderen wendet sich Steiner gegen den primitiven Materie- und Atombegriff des 19. Jahrhunderts sowie den reduktionistischen Allerklärungsanspruch des Atomismus. Dem quantenphysikalischen Umbruch des 20. Jahrhunderts aber, der den alten Materiebegriff sprengt und im 19. Jahrhundert verschüttete Fragen nach dem Wesen der Materie wieder aufwirft, kommt Steiner als begrüßenswertem Schritt menschheitlicher Entwicklung hoffnungsvoll entgegen. Dieses grundlegend Neue, das im Begriff war, sich durchzusetzen, und ganz neue, positive Anknüpfungspunkte für ein nachmaterialistisches Weltbild bot, durfte nicht missachtet werden.

Eugen Kolisko, Arzt und medizinischer Chemiker, ist von Rudolf Steiner als Mitarbeiter wie für seine chemischen Arbeiten sehr geschätzt worden.[26] Kolisko hat eigenständige goetheanistische und anthroposophische Beiträge zur Chemie gegeben. Bekannt geworden sind vor allem seine späteren Aufsätze, die Grundlagen für den Chemieunterricht der Waldorfschulen gelegt haben.[27] Seine 1920 gehaltenen und 1922 in einem

---

26 Vgl. auch die von Joop van Dam verfasste Kurzbiografie im Anhang.

27 Eugen Kolisko: Vom Werden und Gestalten des Naturkundeunterrichts an der Waldorfschule (1929) und: Vom ersten Unterricht in der Chemie (1932). Wieder abgedruckt zuletzt in: Eugen Kolisko (2002): Vom therapeutischen Charakter der Waldorfschule. Dornach: Verlag am Goetheanum, S. 70–82 bzw. 83–111.

Sammelband herausgegebenen Vorträge über «Hypothesenfreie Chemie» sind weniger didaktischer als fachwissenschaftlicher Natur und begründen zudem seine Arbeitsrichtung in Absetzung von der bestehenden Naturwissenschaft. Ein dritter, womöglich für Rudolf Steiner der wichtigste Aspekt seiner chemischen Arbeiten findet sich in diesen Vorträgen nur ausblickshaft, wurde aber von Kolisko an anderer Stelle vorgetragen: der Brückenschlag zwischen der Chemie außerhalb des Menschen zur menschlichen Physiologie, der es erlaubt, Mensch und Welt im Sinne von Mikro- und Makrokosmos auf naturwissenschaftlich begründetem Weg wieder zusammenzuführen.

Kolisko stand im «Atomismusstreit» zunächst als Redakteur der Zeitschrift im Hintergrund. Er bekannte sich als solcher in internen Gesprächen zu seiner Verantwortung für den verunglückten Verlauf der Debatte und ergriff diese Verantwortung durch einen abschließenden Beitrag, in dem er Steiners Kritik verarbeitete und inhaltlich eine ausgewogene und differenzierte Darstellung zur Atomismusthematik gab. Diese stellt eine hervorragende Zusammenfassung vieler Aspekte und Argumente dar, weswegen sie im vorliegenden Band wieder abgedruckt wird.[28] Seine bereits 1920 gehaltenen Vorträge über «Hypothesenfreie Chemie» wurden 1922 erstmals gedruckt und können insofern auch als Beitrag zum «Atomismusstreit» verstanden werden. Kolisko nimmt darauf jedoch nicht explizit Bezug und streitet nicht über Einzelheiten der atomistischen Theorie, sondern stellt dem Materialismus Goethes Naturwissenschaft als Weg entgegen, wirklich auf die Phänomene einzugehen, anstatt sie aus dem atomistisch-mechanistischen Grunddogma heraus zu erklären und dadurch die Sinneswelt zugunsten eines vermeintlich Dahinterliegenden aus dem Auge zu verlieren. Vor allem aber belässt er es nicht bei der Auseinandersetzung über den Weg, den die Naturwissenschaft zu gehen hat, sondern arbeitet seinen Ansatz auf dem Gebiet der Chemie auch inhaltlich aus. Themen von der Physik und Chemie der Gase über die konstanten und multiplen Proportionen, die Frage der Atommassen, Erscheinungen an Lösungen bis hin zu Strukturen der organischen Chemie werden dabei breiter behandelt oder zumindest in originellen Ansätzen entwickelt. Die Vorträge stellen damit eine positive und produktive Arbeit dar, die ein Bild davon gibt, wie eine phänomenologische Chemie mit eigenständigen Begriffsbildungen aussehen könnte.

28 Siehe S. 203: *Eugen Kolisko über den Atomismus.*

Dass Kolisko nicht alle Fragen löst und einzelnes nach 90 Jahren anders einzuschätzen ist, macht sie dabei nur interessanter.

Dennoch ist Koliskos «Hypothesenfreie Chemie» von späteren Goetheanisten sehr unterschiedlich aufgenommen worden. Insgesamt hat sie nicht den Bekanntheitsgrad und die grundlegende Bedeutung seiner späterer Aufsätze über den Chemieunterricht erlangt. Frits Julius führt die «Hypothesenfreie Chemie» als anregende Quelle an,[29] Manfred von Mackensen würdigt sie als Vorläufer, ohne ihr in chemischer Hinsicht bleibende Bedeutung beizumessen,[30] und Wolfgang Schad referiert Rudolf Steiners vermeintliche Ablehnung von Koliskos Arbeit, sodass diese als wertlos erscheint[31]. Peter Heusser hingegen greift in seiner Habilitation wesentliche Gedanken Koliskos auf, um seine eigene wissenschaftstheoretische Position darzulegen.[32]

Dass die Vorträge trotz dieser ambivalenten Aufnahme wieder neu herausgegeben werden, hat mehrere Gründe. Als Pionierwerk der goetheanistischen Chemie und Werk eines Pioniers der Anthroposophie ist es wünschenswert, sie in einer greifbaren Ausgabe zugänglich zu haben. Sie ergänzen damit den zeitgleich im selben Verlag wieder erscheinenden Band mit Aufsätzen Koliskos «Auf der Suche nach neuen Wahrheiten», herausgegeben von Armin Husemann, der auch die Herausgabe dieser Texte angeregt hat. An den Vorträgen beeindruckt, mit welcher Konsequenz und Kraft Kolisko den goetheanistischen Wissenschaftsansatz der reduktionistischen Naturwissenschaft entgegenstellt und gegen den metaphysischen Materialismus und Atomismus kämpft, für ein gesundes Verhältnis zur Sinneswelt. Intention und Impetus sprechen von einem Aufbruch und Neuanfang, die sich von den verfestigten Vorstellungen des 19. Jahrhunderts absetzen. Sie können ein «hypothesenfreies», phänomenologisch begründetes und spirituell orientiertes wis-

---

29 Vgl. Frits H. Julius (1988): Grundlagen einer phänomenologischen Chemie (1965). 2. Aufl, Stuttgart: Freies Geistesleben, S. 84.

30 Vgl. Manfred v. Mackensen (2001): Prozesschemie aus spirituellem Ansatz. 2. Aufl., Kassel: Bildungswerk Beruf und Umwelt, S. 108.

31 Vgl. Wolfgang Schad (2004): Erfahrungen und Vorschläge zum Chemieunterricht in der Waldorfschule. In: Wolfgang Schad, Armin Scheffler & Ulrich Wunderlin: Chemie an Waldorfschulen. Stuttgart: Pädagogische Forschungsstelle beim Bund der Freien Waldorfschulen, S. 7–22, hier S. 8.

32 Vgl. Peter Heusser (2011): Anthroposophische Medizin und Wissenschaft. Stuttgart & New York: Schattauer, insbesondere S. 41–47.

senschaftliches Denken befeuern, wo zu Beginn des 21. Jahrhunderts der Atomismus beinahe fraglos alle Wissenschaften und Bildung durchzieht – zumal in der Art, dass von dem quantenphysikalischen Umbruch des 20. Jahrhunderts oft nicht viel übrigbleibt, werden doch die «kleinsten Teilchen», aus denen «die Materie aufgebaut» sein soll, zumeist doch nur als kleine Materiekügelchen im Sinne des 19. Jahrhunderts vorgestellt.

Auf den großen inhaltlichen Wert von Koliskos «Hypothesenfreier Chemie» habe ich bereits hingewiesen. Kolisko behandelt mit «Forschermut»[33] von goetheanistischer Seite wenig beachtete Themen, und die damit gegebenen Schätze an Ergebnissen und Arbeitsansätzen sind zu heben. Sie vor dem heutigen Erkenntnisstand zu diskutieren, ist Aufgabe des ausführlichen Kommentars. Dass dies auch im Sinne von Steiners Wertschätzung dieser Vorträge ist, geht aus der Aufarbeitung des «Atomismusstreits» hervor.

Editorische Notiz

Der Text von Eugen Koliskos Vorträgen über «Hypothesenfreie Chemie im Sinne der Geisteswissenschaft» folgt der allem Anschein nach von ihm selbst edierten Erstausgabe in dem Band «Aenigmatisches aus Kunst und Wissenschaft. Anthroposophische Hochschulkurse»[34]. Der Band enthält Vorträge verschiedener Referenten des Ersten Anthroposophischen Hochschulkurses in Dornach vom 27. September bis 16. Oktober 1920, mit dem das Erste Goetheanum, der künstlerisch gestaltete Holzbau der gleichnamigen Freien Hochschule für Geisteswissenschaft, eröffnet wurde.[35]

---

33 Mackensen a. a. O., siehe Anm. 30.

34 Eugen Kolisko (Hg.) (1922): Aenigmatisches aus Kunst und Wissenschaft. Anthroposophische Hochschulkurse der freien Hochschule für Geisteswissenschaft, Goetheanum in Dornach. Stuttgart: Der kommende Tag, S. 165–230. In dem Band ist kein Herausgeber verzeichnet, jedoch Eugen Kolisko als Verfasser der Einleitung.

35 Koliskos Vorträge trugen den Untertitel «Nach drei Vorträgen, gehalten am Goetheanum zu Dornach vom 4. bis 6. Oktober 1920», der auf diesen Entstehungskontext verweist. Die zu diesem Anlass gehaltenen Vorträge Rudolf Steiners sind heute in dem Band «Grenzen der Naturerkenntnis» der Rudolf Steiner Gesamtausgabe enthalten (GA 322, 1981, 5. Aufl.). Dort finden sich auf S. 129 f. einige Angaben zu dem Hochschulkurs. Vgl. außerdem

Kolisko selbst hat bereits den Originaltext mit Fußnoten und ausführlichen Anmerkungen versehen. Darüber legen sich als zweite Schicht die Anmerkungen des Herausgebers sowie der Kommentar. Koliskos Anmerkungen sind fortlaufend mit (*1) bis (*22) gekennzeichnet und finden sich wie in der Erstausgabe als «Zusätze und Anmerkungen» im Anschluss an die drei Vorträge. Seine Fußnoten im Text sind in die fortlaufende Numerierung eingereiht, jedoch durch «*» hinter der Nummer und den Hinweis «(*EK)» zu Beginn des Fußnotentextes kenntlich gemacht. Eingriffe des Herausgebers in den Text sind in eckige Klammern [ ] gesetzt.

Gegenüber dem Originaltext sind Orthografie und Zeichensetzung heutigen Gepflogenheiten angeglichen und dabei Fehler stillschweigend korrigiert worden. Ebenso sind Stoffbezeichnungen, Fachausdrücke, Symbole und Maßeinheiten aktualisiert (z. B. «Oxid» statt «Oxyd», «Volumen» statt «Volum») oder um die aktuellen ergänzt worden, sofern der Zusammenhang nicht die alten erforderte (wie im Fall von «Molekel», was sowohl «Atom» als auch «Molekül» einschließt). Die Zitate sind überprüft, ggf. korrigiert, und die Nachweise und Literaturangaben vervollständigt und einheitlich in Fußnoten untergebracht worden. Werke Rudolf Steiners werden unter Angabe des Titels und der Bandnummer in der Rudolf Steiner Gesamtausgabe («GA ...») zitiert, wobei auf die jedesmalige Angabe von Erscheinungsort und Verlag – Dornach: Rudolf Steiner Verlag – im ganzen Buch verzichtet wird. Die dortige Schreibweise wird nur geringfügig angeglichen.

Dank

Auch wenn die Verantwortung für den Text des Buches selbstverständlich beim Autor liegt, ist dieser doch ein Ergebnis von Zusammenarbeit. So danke ich Armin Husemann sehr herzlich, auf dessen Initiative das Projekt der Neuausgabe von Koliskos Vorträgen und seine Finanzierung zurückgehen. Durch sein kritisches Lektorat und die Bereitschaft zur gründlichen Diskussion unserer nicht immer übereinstimmenden Sicht-

---

Christoph Lindenberg (1988): Rudolf Steiner. Eine Chronik 1861–1925. Stuttgart: Freies Geistesleben, S. 442 f., und Ders. (1997): Rudolf Steiner. Eine Biographie. Stuttgart: Freies Geistesleben, S. 721–724.

weisen hat der Kommentar in Form und Inhalt wesentlich gewonnen. Für ihre Anmerkungen zum Text wie zu dem Vorhaben als solchem bin ich ferner Martin Basfeld und Ulrich Meyer dankbar.

Außerordentlich bereichernd und hilfreich war Peter Bucks Lektorat und das in vieler Hinsicht anregende Gespräch darüber. Hierfür sowie für das meiner Arbeit entgegengebrachte tiefe Interesse möchte ich mich besonders herzlich bedanken! Viele Anregungen stammen daneben aus Gesprächen mit Fachkollegen im Rahmen von Kolloquien der Naturwissenschaftlichen Sektion am Goetheanum, die wir auf Anregung von Peter Buck veranstaltet haben. Auch der Atomismusstreit wurde dort thematisiert. Von Peter Buck stammt auch das Objekt «Dreifaches Missverständnis», das dem Titelbild des Buches zugrundeliegt (Näheres dazu am Schluss des Buches) – auch für die Erlaubnis, dieses treffende und Kernpunkte des Buches in künstlerischer Weise fassende Werk verwenden zu dürfen, danke ich sehr herzlich.

Christiane Haid vom Verlag am Goetheanum danke ich für die Offenheit gegenüber dem Projekt und die Bereitschaft, das Vorhaben kompetent und zügig verlegerisch zu betreuen. Außerdem danke ich Philipp Tok für die Gestaltung des Titelbildes, Uwe Höpcke für Satz und großzügige Beratung in technischen Fragen sowie Christoph Hellmundt für sein gründliches Korrektorat. Schließlich gilt mein Dank der Mahle-Stiftung, Stuttgart, die das Projekt finanziell unterstützt hat, der Pädagogischen Forschungsstelle beim Bund der Freien Waldorfschulen, ebenfalls Stuttgart, und der Dr. Hauschka-Stiftung, Eckwälden, für die Übernahme der Herstellkosten, sowie Joop van Dam und der Forschungsstelle Kulturimpuls für die Genehmigung zum Wiederabdruck der Kurzbiografie Eugen Koliskos.

Nicht zuletzt danke ich sehr, sehr herzlich Béla und Bianka für Geduld, Nachsicht und Interesse, die die Entstehung des Buches ermöglicht und gefördert haben.

Teil I
Hypothesenfreie Chemie im Sinne der Geisteswissenschaft

Eugen Kolisko

I. Die Vorstellungsart der Anthroposophie und der modernen Naturwissenschaft in ihrem Gegensatz

Die anthroposophisch orientierte Geisteswissenschaft versucht, auch auf den verschiedenen Gebieten der *Natur*erkenntnis aus ihrer Weltanschauung heraus der heute auf diesen Gebieten herrschenden Vorstellungsart *eine neue* gegenüberzustellen. Jedes einzelne Wissenschaftsgebiet soll behandelt werden. Um auf einem speziellen Gebiete, wie es die Chemie ist, zu verstehen, was die heute herrschende Vorstellungsweise von derjenigen der Anthroposophie unterscheidet, muss man zunächst den Gegensatz der beiden Betrachtungsweisen der Natur im *Allgemeinen* verstehen können.

Eine Wissenschaft von der Natur ist seit den letzten zwei bis drei Jahrhunderten ein *Bedürfnis* aller derjenigen Menschen geworden, die die Aufgabe ihrer Zeit erkennen. Ein Verständnis der Welt durch eigenes Denken, durch freie Erkenntnis sich zu erringen, ist das Ziel des modernen Menschen. Die Geisteswissenschaft setzt sich die Aufgabe, gerade dieses Ziel immer bewusster und bewusster zu gestalten.

Die moderne Naturwissenschaft hat eine ungeheure Fülle von *Tatsachen* dem Menschen erschlossen. Sie hat ihm auf vielen Gebieten auch Einsicht in die *Zusammenhänge* dieser Tatsachen verschafft, und man kann sagen, dass gerade das *Streben* nach einer solchen Einsicht in die Weltzusammenhänge diese Naturwissenschaft durchzieht.

Aber auf einem gewissen Gebiete ist eigentlich das, was moderne Naturwissenschaft geleistet hat, nicht so sehr ein Bringen von Einsichten gewesen, sondern sie hat sich zu einer Art gewaltigem Hypothesengebäude ausgebildet, das nicht darstellt, wie das Wesen der Natur beschaffen ist, sondern, wie man es sich vorstellen könnte, wenn man von gewissen Voraussetzungen ausgeht. Und zwar hat man meist mathematisch-mechanische Voraussetzungen zugrunde gelegt. Die Frage, auf die schließlich die gesamte, gleichsam klassische, naturwissenschaftliche Betrachtungsart hinausgelaufen ist, war diese: Wie können die Phänomene, die sich in immer steigender Zahl und Mannigfaltigkeit dargeboten haben, erklärt werden, wenn man annimmt, dass sie aus *mathematisch-mechanischen Ursachen* hervorgegangen sind? Diese Voraussetzungen entspringen eigentlich nicht der Sache selbst, sondern sie drängen sich aus dem *Unterbewussten* des Menschen mit einer gewissen Notwendigkeit herauf. Die Menschen haben im Laufe der letzten Jahrhunderte zunächst die Mathematik und die Mechanik zu einer gewissen Vollkommenheit ausgebildet, und mit Recht haben sie daher zu dieser Mathematik und Mechanik ein volles Vertrauen, weil sie tatsächlich in gewisser Weise die exaktesten Wissenschaften sind. Diese vertrauten Vorstellungen drängen sich herauf, und wenn neue Gebiete erforscht werden, so geschieht dies unwillkürlich von diesen Voraussetzungen aus. Es schieben sich sozusagen diese vertrauten Vorstellungen zwischen die Phänomene und das Nachdenken darüber ein. Es wird die ganze Betrachtungsart so geführt, dass von vornherein die Phänomene verknüpft mit diesen Vorstellungen auftreten. Man kann das an den verschiedensten Beispielen deutlich sehen.

Man hat sich zum Beispiel vom Licht eine solche Vorstellung gemacht, dass man es als eine Wirkung von bewegten Stoffteilchen betrachtet hat. So trat dies zunächst bei Newton[36] auf. Dann wurde das Licht als Wirkung von mannigfachen Schwingungen angesehen, und es folgten noch andere Theorien. Aber eines haben diese Theorien gemeinsam, dass sie das Licht auffassen als Wirkung eines mechanischen Tatbestandes (selbst wenn dies auf dem Umwege über die Elektrizität geschieht), und zwar eines Tatbestandes, der in der Erfahrung niemals als Verursachendes vorhanden ist, sondern aus unbewusster Voraussetzung heraus als Ursache angesehen wird. Wie selbstverständlich geht man von der unbewussten Voraussetzung aus, das Wesen der Welt müsse mechanisch sein. Es liegt dies nicht in der Sache selbst, sondern in der Einstellung, die das moderne Bewusstsein den Phänomenen gegenüber hat.

Ebenso wurde der *Ton* nur als Wirkung der Luftschwingung, die man in diesem Fall äußerlich beobachten kann, aufgefasst. Die *Wärme* wurde

---

36 Sir Isaac Newton (1643–1727), englischer Physiker und Mathematiker, gilt als einer der größten Wissenschaftler aller Zeiten. Newton legte in seinem Hauptwerk «Philosophiae Naturalis Principia Mathematica» (1687) mit dem Gravitationsgesetz und den Bewegungsgesetzen den Grundstein für die klassische Mechanik. Er entdeckte darüber hinaus eine ganze Reihe weiterer Naturgesetze und schuf wesentliche Grundlagen der Optik. Gegen seine Anschauung der Zusammengesetztheit des weißen Lichts aus den Spektralfarben sowie die zugrundeliegende naturwissenschaftliche Betrachtungsart, die sich zunächst durchgesetzt haben, wandte sich nicht zuletzt Goethe mit Heftigkeit.

als eine Wirkung von Vorgängen betrachtet, die sich hinter der sichtbaren Welt mechanisch abspielen sollen.

Auch zum Beispiel die Lehre von den *Aggregatzuständen* hat sich so entwickelt, dass man nicht das betrachtete, was sich unmittelbar an Erscheinungen darlebte im Festen, Flüssigen, Gasförmigen, und in den eigenartigen Zusammenhang dieser Erscheinungen sich nachdenkend vertiefen wollte, sondern dass man von vornherein annahm, bei diesem Festen, Flüssigen und Gasförmigen liege ein Vorgang zugrunde, der sich atomistisch darstellen lässt. Man fragte sich: *Wie können diese Phänomene erklärt werden, wenn sie mechanisch bedingt sind?* Eine ungeheure Gedankenarbeit wurde verwendet, um es möglich zu machen, das qualitativ so ungeheuer Verschiedene, das sich uns darbietet, wenn wir die einzelnen Naturgebiete betrachten, auf solche mathematisch-mechanischen Vorstellungen zurückzuführen.

Auch in der *Chemie*, von der hier gehandelt werden soll, wurden – und zwar in ganz besonders intensiver Weise – solche Vorstellungen angewendet. Man kann sich nichts Mannigfaltigeres, Lebendigeres vorstellen, als es die chemischen Vorgänge sind. Man sieht da fortwährende Veränderungen des *Qualitativen*, man sieht, wie sich die Stoffe umgestalten, wie Neues auftritt, wie zum Beispiel die Verbrennungen mit Licht- und Wärmeentwicklung verbunden sich zeigen und dabei völlige Änderung der Stofflichkeit auftritt. Man ist, wenn man das erste Mal mit solch chemischen Prozessen in Berührung kommt, ganz erstaunt über die Mannigfaltigkeit der Veränderung, die das Qualitative hier erfährt. Und doch ist eine ungeheure Gedankenarbeit geleistet worden, dieses Qualitative auf bloß Quantitatives, Mechanisch-Mathematisches zurückzuführen. So soll in diesem Sinne zum Beispiel bei einer Verbrennung, mit ihren wechselvollen und lebendigen Erscheinungen, nicht an Stelle von Sauerstoff und den anderen Ausgangsstoffen ein *Neues* entstanden sein, sondern die kleinsten Teilchen des Sauerstoffes sollen sich nur etwas näher an die der anderen Stoffe herangerückt haben, als dies früher der Fall war.[37]

---

37 Welche Bedeutung Kolisko den erlebbaren Erscheinungen als Ausgangspunkt der Naturwissenschaft zumisst, geht auch aus seinem Aufsatz «Vom ersten Unterricht in der Chemie» hervor (1932, wieder abgedruckt zuletzt in: Eugen Kolisko (2002): Vom therapeutischen Charakter der Waldorfschule. Dornach: Verlag am Goetheanum, S. 83–111). Dort lässt Kolisko den Chemie-

Es ist also so, dass gewisse Begleitvorstellungen mit den Phänomenen auftreten. Es wäre eigentlich ganz im Sinne der modern naturwissenschaftlichen Auffassung, dass man immer mehr und mehr an Stelle der Phänomene, die sich uns zunächst darbieten, diese Vorstellungen setzte. Die Naturwissenschaft hat sich daher so entwickelt, dass immer mehr die reinen Phänomene in den Hintergrund getreten und an ihrer Stelle unreine, mit jenen Vorstellungen vermischte Phänomene aufgetreten sind.[38] Man denke nur, wie oft ein Naturforscher heute, wenn er von einem Gas, von einer Flüssigkeit, vom Lichte, von der Farbe, von einer «organischen» Verbindung spricht, nur mehr die *Vorstellung* der hypothetischen, mechanischen Ursachen in seinem Bewusstsein hat. *Die Vorstellung eines Mathematisch-Mechanischen tritt an die Stelle des Phänomens.*

Besonders in den Lehrbüchern kann man diesen Prozess des Verschwindens der phänomenalen Tatbestände zugunsten der so charakterisierten Hypothesen beobachten. – Außerdem betrachtet man alle Phänomene von dem Gesichtspunkte von Ursache und Wirkung. Man denkt immer eine Ursache, die nicht im Phänomen drinnen liegt, sondern die man hinzudenkt, als aus dem Unsichtbaren heraus wirkend und den Tatbestand, den man vor sich hat, erzeugend. Es setzt gewissermaßen von einem bestimmten Zeitabschnitt an die Tendenz ein, alles vom Gesichtspunkte von Ursache und Wirkung zu betrachten, so wie man in einer früheren Zeit alle Phänomene so betrachtet hat, dass man auf den Zweck, dem sie dienen sollen, hingesehen hat. So wie man sie früher teleologisch betrachtet hat, so betrachtet man sie von einem gewissen Zeitpunkt der Entwicklung ab als kausal bedingt, und zwar nicht

---

unterricht mit ausführlichem Erleben und Beobachten des Feuers beginnen und die Chemie aus dem Studium des Verbrennungsprozesses entspringen.

38 Wenn Kolisko hier von «unreinen», durch hypothetische Vorstellungen verunreinigten Phänomenen spricht, klingt darin zugleich der Gegenbegriff zum reinen oder Urphänomen bei Goethe an, der darüber sagt: «Man suche nur nichts hinter den Phänomenen: sie selbst sind die Lehre» (d. h. nicht die Hypothese, Theorie o. ä. ist die Lehre). Vgl. Johann Wolfgang von Goethe (1982): Der Versuch als Vermittler von Objekt und Subjekt (1792). In: Goethes Werke, Hamburger Ausgabe, Bd. XIII, Naturwissenschaftliche Schriften I, 9. Aufl., München: Beck, S. 10–20, sowie Ders. (1982): Maximen und Reflexionen Nr. 488 (Sprüche in Prosa). In: ebd., Bd. XII, Kunst und Literatur, 10. Aufl., München: Beck, S. 432. Siehe auch Anm. 124.

so, dass man die Ursache dort aufsucht, wo sie wirklich vorhanden ist, sondern dass man eine solche Ursache hinzudenkt, die aus dem Hintergrunde wirkt. Durch die Brille der Kausalität, sozusagen, haben sich seit einiger Zeit die Naturforscher gewöhnt, die Phänomene anzusehen. (*1)

Es macht durchaus für den Unbefangenen den Eindruck, als würden wie eine Art Krankheitszustand, wie ein Alpdruck, der auf den Menschen lastet, sich aus dem Unterbewusstsein von einer gewissen Zeit ab die Vorstellungen der mechanischen Ursachen heraufdrängen. Immer mehr treten diese Vorstellungen in den Vordergrund, während die reinen Phänomene verschwinden.

Diese Richtung in der Naturwissenschaft, die eine so ungeheure Gedankenarbeit verrichtet hat, um alles qualitativ Verschiedene auf Quantitatives zurückzuführen, geht vom *Westen*, besonders von England, aus und verbreitet sich von dort gegen *Mitteleuropa* im Laufe der letzten Jahrhunderte.

Auch in der Entwicklung der *Chemie* kann man deutlich sehen, wie am Beginn des 19. Jahrhunderts die Atomtheorie von Westen her die Chemie ergriffen hat. Es geschah durch den Chemiker *John Dalton* an dem Tatbestand der sogenannten konstanten Verhältnisse, nach denen sich die Stoffe verbinden.[39] Diese Atomtheorie, die immer schon seit der Zeit des Griechentums als eine Art abstrakter Theorie vorhanden war, hat hier in einem konkreten Gebiete Wurzel gefasst, an einer Stelle, wo sie von der allergrößten Bedeutung war: nämlich in der Chemie, wo wir das Wesen der Materie selbst behandeln. Man kann sagen, dass erst dadurch, dass sich an der Hand der Atomtheorie die Chemie immer bedeutender entwickelt hat, der Materialismus des 19. Jahrhunderts hat voll entfalten können. Es ist ein wichtiger Zeitpunkt, wo die bisher im Abstrakten schwebende Atomtheorie sich gleichsam festhakt an der Che-

---

39 Der englische Naturforscher John Dalton (1766–1844) stellte 1803 seine Hypothese über den atomaren Aufbau der Materie (Atomhypothese) vor, die er 1808 in seinem Werk «A New System of Chemical Philosophy» u.a. zur Erklärung des von ihm im selben Jahr entdeckten Gesetzes der *multiplen* Proportionen heranzog. U.a. durch diesen Nachweis ihrer Erklärungskraft gewann die Hypothese beachtlich an Gewicht. Die *konstanten* Proportionen hatte bereits 1794 der französische Chemiker Joseph Louis Proust (1754–1826) entdeckt (Gesetz der konstanten Proportionen oder Proustsches Gesetz; siehe dazu S. 145: *Konstante Proportionen und chemischer Atomismus*).

mie und es nun möglich scheint, die Wissenschaft von den Stoffveränderungen vom atomistischen Standpunkt aus zu behandeln. Gerade an der Chemie fanden die Vertreter des naturwissenschaftlichen Materialismus ihre Stütze. Niemals wäre es sonst möglich gewesen, dass ein Mann wie *Büchner*[40] diese Durchschlagskraft hätte entwickeln können. Die Stoffe der Natur nachmachen zu können, sie umsetzen, aufbauen, kurz: beherrschen zu können, Neues im Stoffgebiete schaffen zu können, und alles dieses scheinbar aus den Folgerungen der Atomtheorie heraus, das gab dem materialistischen Bewusstsein erst die rechte Unterlage.

Dieser Richtung hat sich in Mitteleuropa das entgegengestellt, was von *Goethe* und manchen seiner Zeitgenossen ausgegangen ist.[41] Es ist so, wie wenn sich dieser gewaltigen Welle, die sich von Westen her immer mehr ausbreitet und die zur Überflutung Europas mit materialistischen Anschauungen führt, etwas entgegenstemmte, das sie aufzuhalten sucht, das aber schließlich nach einem gewissen Widerstand überwunden wird, worauf sich diese Welle in noch viel stärkerem Maße über Mitteleuropa verbreitet. Der Goetheanismus wird überwältigt, und von da ab umfasst die materialistische Richtung die gesamte Naturwissenschaft.

Goethe wollte etwas ganz anderes als diese naturwissenschaftliche Betrachtungsart. *Er wollte die reinen Phänomene herausarbeiten.* Es schien ihm eine Notwendigkeit, mit dem Denken erst an die Dinge heranzugehen, wenn die Phänomene in ihrer vollen Reinheit dargestellt sind. Er wusste, dass man zu einer *Einsicht* in das Wesen der Dinge, zu einer richtigen *Schlagkraft des Denkens* gar nicht kommt, wenn man nicht die reinen Phänomene vor sich hat. Nur die *reinen* Phänomene

---

40 Ludwig Büchner (1824–1899), deutscher Arzt, Naturwissenschaftler und Philosoph. Wegbereiter des sog. Vulgärmaterialismus. Hauptwerk «Kraft und Stoff», 1855. 1881 Mitbegründer des «Deutschen Freidenkerbundes».

41 Der Dichter Johann Wolfgang von Goethe (1749–1832) war zugleich Naturforscher und als solcher Begründer einer morphologisch-phänomenologischen Richtung in der Naturwissenschaft (Versuch die Metamorphose der Pflanzen zu erklären, 1790; Der Versuch als Vermittler von Objekt und Subjekt, 1792; Zur Farbenlehre, 1810 u. a.). Rudolf Steiner (1861–1925), Begründer der Anthroposophie und Mentor Koliskos, begann sein Lebenswerk mit der Herausgabe der naturwissenschaftlichen Schriften Goethes (Einleitungen zu Goethes naturwissenschaftlichen Schriften, GA 1, 1884–1897) und daran anknüpfenden eigenen Arbeiten (Grundlinien einer Erkenntnistheorie der Goetheschen Weltanschauung, GA 2, 1886; Goethes Weltanschauung, GA 6, 1897).

können sich so verhalten, dass sich ihr Zusammenhang wie von selbst dem Denken aufdrängt. Das Denken ist bei *Goethe* eine Art *negativer* Tätigkeit. Es sucht auszuschalten alles, was von Befangenheit aus dem menschlichen Inneren herauskommen könnte, auch solche sich heraufdrängenden mathematisch-mechanischen oder teleologischen Lieblingsvorstellungen. Es sucht den Phänomenen die für sie geeignete Vorstellungsart abzulauschen und mit diesen *adäquaten* Vorstellungen die Phänomene zu beleuchten. Nicht durch die *Brille der Teleologie*, nicht durch die *Brille der Kausalität* hat Goethe die Welt angesehen, sondern so, wie es der *jeweilige Tatbestand* erforderte.

Die reinen Phänomene herauszuarbeiten, ist aber immer mehr das, was für die moderne Geistesentwicklung notwendig ist.

Dieser Ruf Goethes nach den reinen Phänomenen wurde nicht gehört. Aber die Menschen brauchen einmal die reinen Phänomene, und weil man nicht *bewusst* nach ihnen strebte, haben sich diese reinen Phänomene oder vielmehr nur die Phänomene überhaupt in ungeordneter Art *von selbst* herausgestellt.

Man sieht dies am besten in der *Philosophie* und *neuesten Naturwissenschaft*. Nachdem man von der Gedankenwelt der drei großen nachkantischen Philosophen *Fichte, Schelling* und *Hegel* im Neukantianismus zu *Kant*[42] zurückgekommen war und dieser Neukantianismus einige Zeit die Philosophie ganz beherrscht hatte, sieht man Ende der siebziger und dann besonders in den achtziger Jahren, wie solche Denker wie *Johannes Volkelt, Richard Wahle, Avenarius*[43] gleichsam aus einem Zwang, einer Denknotwendigkeit heraus dazu gebracht werden, anzu-

---

42 Beim Neukantianismus handelt es sich eher um ein kantphilologisches Unternehmen als um eine philosophische Strömung, die sich zum Ziel gesetzt hat, das philosophische Denken wieder an Immanuel Kant (1724–1804) auszurichten. Er kann als eine Gegenreaktion gegen den philosophischen Idealismus – Kolisko erwähnt dessen Hauptvertreter Johann Gottlieb Fichte (1762–1814), Friedrich Wilhelm Joseph von Schelling (1775–1854) und Georg Wilhelm Friedrich Hegel (1770–1831) – aufgefasst werden und wurde von der phänomenologischen Philosophie abgelöst.

43 Johannes Volkelt (1848–1930) gehört zur metaphysischen Strömung des Neukantianismus, Richard Avenarius (1843–1896) vertrat wie Ernst Mach (siehe Anm. 45) den Empiriokritizismus, der den Ausgangspunkt des Erkennens in der Sinnesempfindung und nicht in derselben zugrundeliegenden Vorgängen sucht, und Richard Wahle (1857–1935), Schüler Ernst Machs, gilt als Positivist.

erkennen, dass die uns zunächst gegenüberstehende Welt ein Aggregat von Phänomenen ist, das man *Wahrnehmungschaos* nennen kann. Diese Welt der reinen Erfahrung, die bloß durch die Sinne geliefert wird, ist nicht in *gleichsam zwangsläufiger, sondern in bewusster Weise von Rudolf Steiner* in seinen ersten philosophischen Schriften herausgearbeitet worden.[44] Weil man nicht erkannt hat, dass man die reinen Phänomene *bewusst* herausarbeiten muss, haben sich die Phänomene nicht rein, sondern *chaotisch* von selbst herausentwickelt, und ganz derselbe Weg wie in der *Philosophie* ist auch von der *Naturwissenschaft* gegangen worden. Männer wie zum Beispiel *Mach*[45] sind ihn gegangen. Während wir im Gebäude der gleichsam klassischen modernen Naturanschauung ein mechanisch-mathematisch gestaltetes Weltbild haben, das hinter die Phänomene gedacht wird, haben wir hier die *zusammenhanglos nebeneinanderstehenden Phänomene*, die das Denken höchstens in einer gewissen subjektiven Weise ordnen kann.

Wir finden auch schon in den achtziger bis neunziger Jahren in der *Chemie* einen Versuch, entgegen den herrschenden naturwissenschaftlichen atomistischen Anschauungen die *Phänomene* herauszuarbeiten: bei *Wilhelm Ostwald*.[46] Aber die atomistische Art der *Vorstellungsweise* ist doch geblieben. Nämlich bei *Ostwald* tritt der Atomismus zwar nicht mehr als *zentrale Hypothese*, dafür aber als *Arbeitshypothese* auf, so wie bei *Kant* die Teleologie nicht mehr als allgemeine Denkrichtung, jedoch noch als Arbeitshypothese aufgetreten ist. *Kant* konnte sich ja nicht ganz

---

44 Rudolf Steiner (siehe Anm. 41): Grundlinien einer Erkenntnistheorie der Goetheschen Weltanschauung, GA 2, 1886; Wahrheit und Wissenschaft, GA 3, 1892; Die Philosophie der Freiheit, GA 4, 1894. Wie die Anthroposophie an die angedeutete philosophische Entwicklung anschließt, geht zum Beispiel aus Steiners Schrift «Die Rätsel der Philosophie» (GA 18, 1914) hervor.

45 Ernst Mach (1838–1916), österreichischer Physiker und Philosoph, noch heute bekannt durch die Mach-Zahl («Mach 2» etc.) sowie als einflussreicher Vertreter des Empiriokritizismus.

46 Wilhelm Ostwald (1853–1932), deutsch-baltischer Chemiker, Träger des Nobelpreises für Chemie 1909. Ostwald gilt als Mitbegründer der Physikalischen Chemie und wurde nicht nur durch bahnbrechende wissenschaftliche Arbeiten u. a. zur Elektrochemie und zur Katalyse, als Begründer wissenschaftlicher Zeitschriften sowie durch Standardwerke wie sein «Lehrbuch der allgemeinen Chemie» (1. Aufl. 1885/87) zu einer hochangesehenen Autorität in der Wissenschaft seiner Zeit, sondern auch durch die philosophische Reflexion dieser Wissenschaft und ihrer Ergebnisse und Geschichte.

losmachen von der teleologischen Denkart, die zum Beispiel bei seinem Lehrer *Wolff*[47] noch etwas Selbstverständliches ist, und so blieb als Arbeitshypothese bestehen, was bei *Wolff* und anderen wie selbstverständlich angewendet wurde. So blieb auch diese *kausale* Betrachtungsweise, im besonderen der Atomismus, als Arbeitshypothese bei *Ostwald* bestehen. Wie immer in solchen Fällen behalten die Gegner etwas bei, wenigstens von der Gedanken*führung* derjenigen, deren *Gedanken* sie bekämpfen. (Wir sehen ja dieselben Erscheinungen auch auf *sozialem* Gebiet sich abspielen.)

Man kann sich an einzelnen Beispielen klarmachen, in welch verschiedener Weise 1. die zuerst charakterisierte rationalistische, sozusagen typische, 2. eine bloß phänomenologische und 3. eine solche Naturbetrachtung, die vom Goetheschen Geiste erfüllt ist und die durch Anthroposophie fortgesetzt wird, dieselben Phänomene betrachten müssen. (*2)

Nehmen wir die Erscheinung der *konstanten Verbindungsverhältnisse.*[48] *Atomistisch* wird das folgendermaßen erklärt: Da treten die Stoffe immer mit bestimmten unveränderlichen Gewichtsmengen in ihre Verbindungen ein und aus ihnen heraus. Wie könnte nun dieses Phänomen erklärt werden, wenn ein atomistischer Tatbestand zugrunde liegen soll? Da kann man als Atomist sagen: Das *Atom* ist der *Träger* dieser Menge. Es wiegt so viel, im Vergleich zu dem eines anderen in Reaktion tretenden Stoffes, wie das beobachtete Verhältnis anzeigt. Das Atom ist es, das als sein Gewicht jene konstante Gewichtsmenge mit sich führt. Die Gewichtsverhältnisse sind konstant, weil die hinter diesem Phänomen stehenden *Atome* in diesem Gewichtsverhältnis stehen. Das ist also Erklärung unter der *Voraussetzung* der Atomtheorie.

Der *bloß* phänomenologisch arbeitende Naturforscher der Gegenwart wird sagen: Das ist einfach ein *Tatbestand*; man muss ihn zur Kenntnis nehmen. Es besteht eben rein empirisch der Tatbestand, dass eine bestimmte Menge jedes Stoffes sich an der Reaktion beteiligt. Daneben wird er vielleicht die atomistische Darstellung als Arbeitshypothese oder «bequeme Veranschaulichung» bestehen lassen.

---

47 Christian Freiherr von Wolff (1679–1754). Kant war nicht direkter Wolff-Schüler, wohl aber Kants Lehrer Martin Knutzen (1713–1751).

48 Dazu Anm. 39 sowie S. 145: *Konstante Proportionen und chemischer Atomismus.*

Vom Standpunkte, wie er hier vertreten ist, müsste man sagen: Man kann dieses Phänomen gar nicht so betrachten, dass man es als Wirkung einer Ursache deutet, und auch nicht so, dass man es als Phänomen einfach hinnimmt (*3), sondern man muss hier sagen, dass eine solche Erscheinung als der Ausdruck der chemischen charakteristischen Natur des Stoffes zu betrachten ist. Es ist das Verbindungsgewicht eine Eigenschaft des Stoffes. Sie ist ihm eigen wie Farbe, Dichte usw. Es müssen ja die Stoffe bestimmte Eigenschaften haben; denn ein bestimmter Stoff sein, heißt ja nichts anderes, als bestimmte Eigenschaften haben. Und diejenige Menge, die in die chemische Verbindung eingeht oder aus ihr austritt, ist doch wohl eine Eigenschaft, die charakteristisch und wichtig genug für den Stoff ist, um konstant zu sein. Diese konstante Menge stellt eine für den Stoff bezeichnende Qualität dar. Das Verbindungsgewicht hat Qualitätscharakter und ist darum konstant in weitem Umfange. Diese Einsicht macht das Phänomen verständlich. Sie kommt ebenso durch das Denken zustande wie das Phänomen selbst durch die Sinne. Es ist diese konstante Menge weder eine Wirkung des «Atomgewichts» noch ein bloß sich häufig wiederholendes Phänomen, sondern sie ist durch Einsicht als ein für den Stoff Bezeichnendes und daher im weiten Umfange Konstantes zu erfassen. (*4)

Ein anderes Beispiel. Zu einem Phänomen wie dem *Gasdruck* sagen die *atomistischen Naturforscher*: Den Gasdruck verstehen wir dann, wenn wir ihn bewirkt denken durch die Bewegungen der kleinsten Teilchen, die da an die Wände stoßen. Man kann sogar berechnen, wie groß diese sein müssen und wie schnell sie sich bewegen müssen, um das messbare Phänomen des Gasdruckes hervorzubringen.[49] *Sie führen also den Tatbestand auf eine mechanisch gedachte Ursache zurück*. Sie können ihn nur als mechanisch bewirkt denken.

Der *bloß phänomenalistische Naturforscher* würde sagen: Diese Tatsache ist als eine *Erfahrung* einfach hinzunehmen. Neben anderen Erscheinungen finden sich bei den Gasen auch die Druckerscheinungen immer vor.

Dagegen muss man sich von dem in dieser Schrift vertretenen Standpunkt aus klarmachen, dass der Gasdruck nichts anderes ist als die

49 Kolisko bezieht sich hier auf die sog. Kinetische Gastheorie, die Verhalten und Eigenschaften der Gase durch Bewegungsvorgänge ihrer Teilchen zu erklären versucht.

verhinderte Gasausdehnung. Das Gas verbreitet sich durch den Raum, es verleugnet jede Gestalt, das ist seine Natur. Behindert man dieses natürliche Streben nach Ausdehnung, indem man ihm mechanischen Widerstand leistet, so zeigt sich mechanischer Gegendruck, dann ist der Gasdruck da. *Das Gas ist entweder gedehnt oder gespannt*, das kann man *einsehen*. *Einsicht* tritt an die Stelle des *Zurückführenwollens* auf mechanische Ursachen und an die Stelle des *Nebeneinanderstehenlassens* der Erscheinungen.

Es wird im Folgenden noch deutlicher werden, wie man im *Einzelnen* auf dem physikalisch-chemischen Gebiet die Erscheinungen ableiten kann durch *Einsicht* in die Zusammenhänge.

Das Eigentümliche der atomistischen Auffassung ist, dass sie niemals eingesehen werden kann. Sie leuchtet dem Menschen deshalb nicht ein, weil der Prozess des Einleuchtens hier fehlen muss. Man mache sich das Wesen der Einsicht an irgendeinem Urteil klar. Nehmen wir das Urteil: 7 + 5 = 12. Da ist einerseits das Phänomen 7 + 5 (etwa 7 Äpfel und 5 Äpfel in zwei Gruppen) und das Phänomen 12 (etwa 12 Äpfel in einer Gruppe). Und in dem Urteil 7 + 5 = 12, da fließen diese zwei Phänomene zusammen, die nur der Verstand auseinanderhielt. Da leuchtet die Identität beider ein. Man begreift, dass nur die eigene Befangenheit nicht die Identität von 7 + 5 (Äpfeln) in zwei Gruppen und von 12 (Äpfeln) in einer Gruppe erkannt hat und dass man jetzt diese Befangenheit überwindet und das vorher durch unsere Subjektivität Auseinandergehaltene sich objektiv vereinigt.[50*] Man macht einerseits die Denkanstrengung, und dann leuchtet etwas ein. Das ist bei jedem Urteil so, das mit Einsicht verbunden ist. Das kann bei der Atomtheorie zum Beispiel nie der Fall sein. Die entsteht so, dass eine Vorstellung aus dem Innern sich heraufdrängt und dann da ist. Aus dem Unterbewussten kommt sie herauf und fordert, dass die Dinge so sein sollen. Man hat gewisse Vorstellungen über die Welt, und die drängen sich herauf – sie sind da. Es wird nicht ein Zusammenhang eingesehen, sondern es drängt sich aus dem Innern eine Vorstellung als gegeben herauf. Daher ist es begreiflich, dass man auf dem Boden einer Theorie, wie es die Atomtheorie und andere sind, überhaupt gar nicht zur Einsicht in die Tatsachen kommt. Und weil das

---

50 (*EK) Vgl. Rudolf Steiner (2002): Grundlinien einer Erkenntnistheorie der Goetheschen Weltanschauung mit besonderer Rücksicht auf Schiller (1886, GA 2). 8. Aufl., S. 74f.

Denken der Einsicht als Nahrung bedarf – denn das Denken muss etwas haben, das es einsieht, sonst verkümmert dieses Denken –, ist es nötig, an Stelle der alten Betrachtungsart eine neue zu setzen. Es ist so, als ob die Menschen von einem gewissen Zeitpunkte ab nichts mehr einzusehen verlangten, sondern sich der Vorstellungen bedienen möchten, die sie auf dem mathematisch-mechanischen Gebiete an der Sinneswelt aufgenommen haben, als ob sie es sich bequem machen wollten, indem sie an die Dinge mit den schon erarbeiteten, hier willkürlich angewendeten Vorstellungen herankommen und nicht neue Begriffe, die der Sache selbst adäquat sind, herausentwickeln wollten.

Wir müssen uns gleichsam des Denkens noch *enthalten*, um die Phänomene *rein* erscheinen zu lassen. Diese *negative* Tätigkeit des Denkens, dieses gleichsam *Hinhorchen* auf das, was sich in den Phänomenen offenbart, dieses Die-Phänomene-nur-symptomatisch-Betrachten als Ausdruck einer Gesetzmäßigkeit, die in ihrer Fülle sich uns in ihnen zeigt, ist gerade das, was die *Goethesche* Naturbetrachtung, die durch Anthroposophie fortgesetzt wird, auszeichnet. Dass der Chor der Erscheinungen auf «ein geheimes Gesetz» hindeutet,[51] ist das, was Goethe geahnt hat. Die Erscheinungen nicht so betrachten, dass man an sie Vorurteile heranbringt, sondern sich innerlich freizuhalten von aller Befangenheit und hinzuhorchen auf das, was sich an ihnen offenbaren will. Dieses Zwischenhineinhorchen ist so wichtig; denn *nicht die Sinnestatsachen selbst*, sondern was *dazwischen* ist, was man an den Sinneserscheinungen erleben kann, ist das *Wesen*.

Es handelt sich heute nicht darum, logische Gedankengebäude aufzubauen. Solche haben wir zum Beispiel in dem großartigen Hypothesengebäude der Atomtheorie usw. Sie sind *logisch* richtig aufgebaut, aber es ist kein *Wirklichkeitssinn* darinnen. Mit diesem Wirklichkeitssinn, der unter jenen verschiedenen Brillen verkümmert, wird man eben gewahr, welche Vorstellungen einem Wirklichkeitsgebiet adäquat sind. *Lernen, was man denken muss, um einem Phänomen gerecht zu werden, ist Entwicklung des Wirklichkeitssinnes.*

Wir erfahren nichts über das *Wesen* des Gasdruckes und mithin über die Wirklichkeit, wenn wir fragen, *ob er dazu dient*, unsere Maschi-

---

51 Johann Wolfgang von Goethe (1982): Die Metamorphose der Pflanzen (1798). In: Goethes Werke, Hamburger Ausgabe, Bd. XIII, Naturwissenschaftliche Schriften I. 9. Aufl., München: Beck, S. 107.

nen zu treiben, auch nicht, wenn wir konstatieren, *wie er* von Molekeln *bewirkt sein könnte*, auch nicht, wenn wir die *Tatsache* feststellen, dass er immer der Konzentration *parallel geht*, sondern wenn wir ihn als Ausdruck der behinderten Gasnatur in ihrem Streben nach Gestaltlosigkeit *verstehen*. Wirklichkeitssinn fragt nicht nach dem *Zweck*, nicht nach der *Ursache*, nicht nach den *Parallelerscheinungen*, sondern nach dem *Wesen* und findet dieses durch *Einsicht*.

Wenn man sich dadurch schult, dass man die Phänomene rein herausarbeitet, braucht man dazu eine gewisse Kraft, um alles andere, das sich einem aufdrängen könnte, fernzuhalten. Indem man sie entwickelt, macht man sich reifer. Das Wesen der Sache spricht sich aus durch einen Menschen, der sein Bewusstsein dadurch vorbereitet hat, dass er sich angestrengt hat, die reinen Phänomene herauszuarbeiten. *Denn die reinen Phänomene tragen sich selbst.* Wenn man sie zusammenstellt, haben sie die Eigenschaft, dass sie keiner Hypothese bedürfen, um sie zu tragen. Denn es zeigt sich, dass sie sich *gegenseitig* tragen für das Denken. Dann braucht man keinen aus der Sinneswelt entlehnten Tatbestand, der sich in Vorstellungen umgewandelt hat und nun die Phänomene hypothetisch stützen soll, sondern man kommt zur Einsicht in das *Wesen der Sache selbst*. Es ist daher das Herausentwickeln der reinen Phänomene ein *Bedürfnis* der Zeit, und deshalb wird auch hier gerade auf die Darstellung, eines Teiles wenigstens, einer *hypothesenfreien Chemie* so viel Wert gelegt. Obwohl ich mir bewusst bin, dass dies nur eine kleine Vorarbeit ist für das, was eine Chemie eigentlich leisten muss, ist es mir doch von Wichtigkeit, dass auf einem Gebiete, wo überhaupt die *reinen* Phänomene *nie* dargestellt worden sind, wo von allem Anfang an das gesamte Tatsachenmaterial durch die Brille der Atomtheorie gesehen und entsprechend dargestellt worden ist, wo heute noch die meisten Forscher gar nicht imstande sind, über die dritte Seite ihrer Chemielehrbücher hinaus die Tatsachen ohne die Krücke der Atomtheorie auszudrücken, endlich wenigstens auf einem kleinen Gebiete die betreffenden Phänomene rein hingestellt werden.[52]

Es wurde gesagt: Diese Darstellung der reinen Phänomene auf den einzelnen Gebieten der Naturwissenschaft sei nur eine *Vorarbeit* für

---

52 Seither haben anthroposophisch-goetheanistische Chemiker weitere Arbeiten aus verschiedenen Teilgebieten der Chemie vorgelegt, die zu dem von Kolisko Geforderten beitragen (Auswahl): Rudolf Hauschka: Substanzlehre

das, was Anthroposophie auf diesem Feld anstrebt. Man muss nämlich außerdem die einzelnen Gebiete viel *weiter* fassen, als dies die moderne Naturwissenschaft tut. So behandelte *Goethe* in seiner Farbenlehre auch die Erscheinungen des Lichtwesens auf dem *physiologischen* Gebiet. Für ihn waren die sogenannten *physiologischen Farben* ebenso eine Äußerung der Lichtnatur wie die Äußerungen des Lichtes, die man etwa im Mechanischen finden kann. Die moderne Naturwissenschaft hat eine Optik aufgebaut, die nur die mechanischen Äußerungen des Lichtes als dessen Wesen gelten lassen will, und die Äußerungen des Lichtes in der Menschennatur hat man als bloß «subjektive» Wirkungen in die Physiologie abgeschoben. Ebenso hat man die moderne *Chemie* ausgebildet, indem man von den Wirkungen der Stofflichkeiten innerhalb der Menschennatur abgesehen hat. Erst diese außermenschliche Chemie wurde benützt, um die materialistische physiologische Chemie auszubilden, welche man heute hat.

Man muss daher allerdings zur Erklärung eines Naturgebietes die Phänomene *desselben Gebietes* sich gegenseitig von einem unbefangenen Denken beleuchten und so weder sämtliche Phänomene mechanisch erklären noch sie rein empirisch nebeneinander stehen lassen; aber man begreife auch, dass sich Physik, Chemie usw. überall in den Menschen hinein fortsetzen. Nicht die subjektiven Wirkungen eines mechanisch gedachten Licht-, Ton- oder chemischen Wesens sind im Menschen,[53] sondern diejenigen Erscheinungen des wahren Licht-, Ton- und chemischen usw. Wesens, die am meisten Klarheit über alle anderen desselben Gebietes verbreiten. Erst eine neue Physiologie im Sinne

---

(1942/[11]2007); Frits H. Julius: Grundlagen einer phänomenologischen Chemie (1965/[2]1988); Ernst-Michael Kranich (Hg.): Chemie verstehen (2005); Manfred v. Mackensen: Prozesschemie aus spirituellem Ansatz (1994/[2]2001); Gerhard Ott: Grundriss einer Chemie nach phänomenologischer Methode, 2 Bde. (1960–62); Wilhelm Pelikan: Sieben Metalle (1952/[7]2011); Otto Wolff: Grundlagen einer geisteswissenschaftlich erweiterten Biochemie (1998). Übersicht über aktuelle Forschungsansätze gibt: Martin Rozumek & Peter Buck (Hg.) (2008): Das Chemische und die Stoffe. Dornach: Verlag am Goetheanum.

53 Hiermit folgt Kolisko Rudolf Steiners Widerlegung der auf den französischen Gelehrten René Descartes (1596–1650) und den englischen Philosophen John Locke (1632–1704) zurückgehenden Ansicht, nur primäre Sinnesqualitäten wie Ausdehnung, Lage, Bewegung seien objektiv, sekundäre Qualitäten

der Anthroposophie gibt die Basis, um zu verstehen, was die Wirkung der einzelnen Stofflichkeiten im Menschen ist. Dann wird erst an jeder Stofflichkeit klar werden, wie sie auf die einzelnen Systeme und Organe der Menschennatur wirkt.[54] Daraus kann erst eine volle Erkenntnis ihres Wesens erfließen.

Daher ist diese Arbeit nur eine Vorarbeit. Denn es werden nur im Rahmen dessen, was die heutige Chemie umfasst, Beispiele einer hypothesenfreien Darstellung zu geben versucht. Aber durch eine neue Physiologie, die nicht von materialistischen Vorurteilen ausgeht, sondern wirklichkeitsgemäß die im menschlichen Organismus wirksamen Systeme (*5) erkennen wird, können die chemischen Phänomene innerhalb der Menschennatur erst zu einer Quelle von Licht werden, das die von der anderen Seite herausgearbeiteten reinen Phänomene innerhalb des Teilgebietes, das heute die Chemie behandelt, hell beleuchten wird.

In allen naturwissenschaftlichen Disziplinen wird die Erkenntnis von der wahren Natur des Menschen auf leiblichem, seelischem und geistigem Gebiete erst die Phänomene liefern, die für das Wesen dieser bisher bloß außermenschlich behandelten Gebiete am meisten Aufklärung geben.

Man muss die moderne Naturwissenschaft befreien: *erstens von der einseitig-mechanisch-mathematischen Betrachtungsart, die das Mechanische in die Natur dort hineindenkt, wo es nicht ist; zweitens von der völligen Lahmheit des Denkens*, wie sie bei den bloßen Phänomenologen auftritt; sowohl vom einseitigen Rationalismus als von der chaotischen Phänomenologie. Dann aber muss man *drittens* überall erst die Erkenntnis des wahren Wesens der Menschennatur aufzeigen, um nun erst die Phänomene zu Gesicht zu bekommen, welche die Naturwissenschaft in ihrer heutigen Form *überhaupt* nicht finden kann, weil sie diese Menschennatur nicht versteht. Sie macht überall beim Menschen halt. Im Menschen aber lassen sich allein die Auswirkungen des Naturwesens finden, die es *vollständig* erkennen lassen.

---

wie Farbe, Geruch, Geschmack hätten hingegen bloß subjektive Bedeutung. (Vgl. Rudolf Steiner (1987): Einleitungen zu Goethes naturwissenschaftlichen Schriften (1884–97/posthum 1926, GA 1), 4. Aufl., bes. S. 302–329.

54 Für ein neueres Beispiel vgl. Armin Husemann (2007): Der Fluorprozess im Menschen. Der Merkurstab 60, H. 2, S. 108–115.

Anthroposophie will durch Erkenntnis des Menschenwesens das Wesen der Natur erkennen; denn sie weiß, dass letzteres in diesem sich ausspricht.

II. Die Natur der Gase als Beispiel einer hypothesenfreien Phänomenologie

Es soll versucht werden, zunächst an einem einzelnen Kapitel der physikalischen Chemie klarzumachen, worin der Unterschied einer phänomenologisch rationellen Methode und den gewöhnlichen Darstellungen besteht. Und zwar sollen die Eigenschaften der *Gase* in physikalischer und chemischer Beziehung von diesem Gesichtspunkt aus behandelt werden.

Wenn wir die Erscheinungen, welche uns die Gase bieten, zunächst auf uns wirken lassen, so werden wir vor allem gewahr, dass ihnen die *Gestaltung* mangelt. Sie streben, sich nach allen Richtungen auszubreiten. So wie die festen Körper sich eine bestimmte Form geben, so *verleugnen* die Gase *diese bestimmte Form. Ihre* Art ist es, sich der bestimmten Gestaltung zu entziehen. Dagegen kann ihnen von außen jede Form gegeben werden.[55] Sie unterliegen ganz den äußeren Einflüssen. Man kann sie zusammendrücken, bis sie die Dichte von flüssigen oder festen Stoffen annehmen. Die Wärme kann sie ebenfalls ihrem Volumen nach beeinflussen. Sie entfaltet vor allem in ihnen ihre dehnende Wirkung. Sie lassen der räumlich dehnenden Wirkung der Wärme freies Spiel. Die Wärme zeigt sich durch sie besonders deutlich in ihrer Wirkung im Raume.

Begrenzt man jenes Ausbreitungsbestreben der Gase durch einen mechanischen Widerstand, sei es durch eine Wand, sei es durch aktiven Druck, so zeigt sich ein Gegendruck, der von den Gasen ausgeht. Die

---

55 Auch Festkörpern und Flüssigkeiten kann jede Gestalt gegeben werden. Worauf es ankommt, ist, dass feste Körper aus sich heraus ihre dreidimensionale Gestalt bewahren, Flüssigkeiten zumindest immer eine Oberfläche behalten, während Gase keine Zwischenräume lassen, sondern von sich aus immer danach streben, sämtlichen zur Verfügung stehenden Raum vollständig und gleichmäßig zu erfüllen. Vgl. zu dieser Charakteristik des Festen, Flüssigen und Gasförmigen im Zusammenhang mit der Wärme, auf den auch Kolisko im Folgenden zu sprechen kommt, Rudolf Steiner (2000): Geisteswissenschaftliche Impulse zur Entwicklung der Physik II («Wärmekurs», GA 321), 4. Aufl., Vortrag Stuttgart 3. 3. 1920.

Gase *spannen* sich. Statt der *Ausdehnung*, die ihrer Natur entsprechen würde, zeigt sich *Spannung*.

Spannung ist behinderte *Dehnung*.

Das Gas erscheint je nach den Verhältnissen, unter denen es steht, entweder gedehnt oder gespannt. Der Gasdruck erscheint uns zunächst als eine *neue* Eigenschaft. Aber es zeigt sich, dass er auch die Offenbarung desselben Strebens nach Ausdehnung ist, das hier nur in anderer Form auftritt. Nur unsere Befangenheit erkannte das nicht gleich. Damit ist die Erscheinung dieses Gasdruckes in das Gesamtbild der Gasnatur eingegliedert, und damit ist auch unser Bedürfnis nach Erklärung befriedigt.

Volumen [V] des Gases und Druck [p], den es ausübt, sind daher verkehrt proportioniert.[56] Es ist dies jene Gesetzmäßigkeit, die gewöhnlich nach *Boyle* und *Mariotte* genannt wird.

$$[\, p \sim 1/V \text{, d. h.}]\ pV = \text{const [konstant]}$$

Das Produkt pV ist der Ausdruck für die nach der Seite der Ausdehnung und der Spannung hin sich äußernde, aber ihrem Wesen nach einheitliche Natur des Gases. (*6) Die Ausdehnsamkeit des Gases ist unter anderen Bedingungen eine Spannungsfähigkeit.

Die *Wärme* dehnt die Gase gleichmäßig aus, so verschieden sie chemisch sind. Tritt man an diese Ausdehnung mit dem Maße der gebräuchlichen Temperaturskalen heran, so beträgt sie pro 1 °Celsius [1 K] Erwärmung 1/273[57] des Ausgangsvolumens. Dieser Bruchteil wird Ausdehnungskoeffizient genannt. Verhindert man aber ein Gas, sich auszudehnen, und erwärmt es doch, so steigert sich seine Spannung. Der Druck, den es ausübt, wird größer. Auch hier beträgt die Steigerung der Spannung bei der Erwärmung um 1 °Celsius [1 K] 1/273 der Ausgangs-

56 «Verkehrt proportioniert» (umgekehrt proportional) bedeutet, dass mit der Vergrößerung oder Verkleinerung der einen Größe immer eine entsprechend starke Veränderung der anderen in umgekehrter Richtung einhergeht, die beiden Größen also gegenläufig aneinander gekoppelt sind. Daher ist ihr Produkt konstant, wie das nachfolgende, um die eigentliche Proportionalitätsformulierung ergänzte Boyle-Mariottesche Gesetz besagt, das bereits 1662 von dem irischstämmigen englischen Naturforscher Robert Boyle (1627–1691) und unabhängig davon 1676 von dem französischen Physiker Edme Mariotte (ca. 1620–1684) formuliert worden ist.

57 Hier und im Folgenden: genau 1/273,15.

spannung, unabhängig davon, welches Gas man vor sich hat. Ausdehnung und Spannung werden von der Wärme gleichmäßig gesteigert.[58]

$$V_T = V_0 + (V_0/273)T = V_0\,(1 + T/273) \qquad \text{\textit{Gay-Lussac}sches}$$
$$p_T = p_0 + (p_0/273)T = p_0\,(1 + T/273) \qquad \text{Ausdehnungsgesetz}$$

Das Bestreben der Gase, die Gestalt zu verleugnen, wird durch die Wärme *gesteigert*. Dieses Bestreben äußert sich nach den zwei Seiten der Spannung und Ausdehnung hin. Man kann also die beiden durch Gleichungen ausgedrückten Beziehungen zusammenziehen:[59]

$$p_T V_T = \{V_0 + (V_0/273)T\}\,\{p_0 + (p_0/273)T\} = p_0 V_0\,(1 + T/273)^2$$

Das Streben nach Gestaltlosigkeit wird durch Wärme gesteigert, durch Kälte geschwächt. Nun hat es ja auch vor einer bestimmten Wärme- oder Kälteeinwirkung eine bestimmte Größe, und diese ist ihm auch nur durch Wärmewirkung verliehen, die sich schon ausgelebt hat. Es scheint also dies Streben selbst mit dem Wärmeprinzip eins zu sein. Die Wärme ist es, die in ihrem räumlichen Wirken die negative Gestaltungskraft dem Gase verleiht und sie fortwährend steigert. (*7)

Dass Ausdehnungs- und Spannungszunahmen bei allen Gasen in weiten Grenzen gleich sind, wird dadurch verständlich, dass die chemische Differenz der Stofflichkeiten sich auf dem räumlichen Gebiete um so weniger ausleben kann, je mehr sich diese dem gasförmigen Zustande nähern. Denn die gestalteten Zustände, wie fester und flüssiger [Zustand], machen erst das Zutagetreten einer großen Anzahl chemischer Verschiedenheiten möglich. Man denke an die viel größere

---

58 Die direkte Proportionalität von Druck und Volumen einer gegebenen Menge eines Gases zu seiner Temperatur wurde erstmals 1787 von dem französischen Physiker Jacques Alexandre César Charles (1746–1823) festgestellt: $V \sim T$ bzw. $V/T = \text{const}$ und $p \sim T$ bzw. $p/T = \text{const}$ (Charlessches Gesetz). Die von Kolisko gebrauchte exakte Formulierung wird heute kurz als Gay-Lussacsches Gesetz bezeichnet, nach dem französischen Chemiker und Physiker Joseph Louis Gay-Lussac (1778–1850), der sie 1802 aufgestellt hat. In den folgenden Gleichungen ist T die Temperatur, V_T und p_T sind Volumen bzw. Druck bei T, V_0 und p_0 sind Volumen bzw. Druck bei 0 °C.

59 In der Erstveröffentlichung fehlt in der Formel die Quadrierung des letzten Terms, was für den Gedankengang jedoch ohne Bedeutung ist.

Zahl von «Modifikationen», welche gewisse Stofflichkeiten, wie Phosphor, Schwefel, in den dichteren Zuständen zeigen. Der feste Zustand ist nämlich mehr geeignet, Verschiedenheiten der chemischen Natur in Verschiedenheiten der Formen zum Ausdruck zu bringen. Die Änderung des Volumens durch die Wärme ist eine solche Eigenschaft, die vom Chemismus nicht beeinflusst wird, weil bei den Gasen die chemische Differenz nicht die allen Gasen eigene eigentümliche Ausdehnungsfähigkeit ergreift.

Wir beobachten auch, dass die Gase sich nach einfachen Volumenverhältnissen chemisch verbinden. Diejenigen Mengen der Gase, welche in die Verbindungen ein- und aus ihnen austreten, also die Verbindungsgewichte (vgl. S. 61 und Anm. 88 und 89) (Molekulargewichte der Chemie) der Gase nehmen unter gleichen Druck- und Temperaturverhältnissen den gleichen Raum ein. Die spezifischen Gewichte der Gase sind [folglich] zugleich ihre Verbindungsgewichte (Molekulargewichte der Chemie). Dies ist die ebenfalls von Gay-Lussac gefundene Gesetzmäßigkeit der einfachen Volumenverhältnisse. (*8) Es wird dieses Phänomen verständlich, wenn man erkennt, dass gerade das Volumen bei den Gasen nicht von spezifisch-chemischen Faktoren abhängt. Gerade das gleichmäßige Verhalten des Volumens im Vergleich zur Verschiedenheit etwa des Verbindungsgewichtes der einzelnen Gase macht das Charakteristische des Gaszustandes aus. Die chemisch charakteristischen Mengen der verschiedenen Gase nehmen bei gleichen Druck- und Temperaturverhältnissen denselben Raum ein oder sind bei gleichen Volumen- und Temperaturverhältnissen gleich gespannt. Eben was chemisch verschieden ist, ist bei den Gasen dem Volumen nach gleich. Es ist nur eine neue Seite der Gleichgültigkeit des Chemismus in Bezug auf die Ausdehnung der Gase und ihre Änderung, die wir hier kennen lernen. Man erklärt auch dieses Phänomen, indem man seinen Zusammenhang mit allen anderen Eigenschaften des Gaszustandes erkennt. (*9)

Atomistisch wird das Gesetz von *Boyle* und *Mariotte* folgendermaßen erklärt: Der Gasdruck ist schwer verständlich. Wie kann man ihn verstehen, wenn er von Bewegungen kleinster Teilchen bewirkt ist? Dann werden die Stöße dieser Teilchen häufiger werden, wenn das Gas mehr zusammengedrückt wird und den kleinsten Teilchen dadurch weniger Platz bleibt. Sie müssen dann öfter an die Wände stoßen. Dann ist der Effekt, als der eben der Gasdruck gedacht wird, ein größerer. Wenn also die Atomtheorie richtig ist, dann ist von ihrem Gesichtspunkte aus das Phänomen des Gasdruckes durch Molekularstöße erklärbar.

Ebenso das *Ausdehnungsgesetz*: Liegt *Bewegung* der Wärme zugrunde, so ist Zufuhr von Wärme als Bewegungszufuhr zu betrachten. Dann ist die Temperatur Ausdruck der mittleren kinetischen Energie der Moleküle.

Ebenso auch die Gesetzmäßigkeit der einfachen Volumenverhältnisse: Beruht die chemische Verbindung auf einem Zusammentreten von kleinsten Teilchen, so ist restlose Verbindung von gleichen Volumina nur möglich, wenn in diesen Volumina unter gleichen Temperatur- und Druckbedingungen gleichviel solcher Teilchen vorhanden sind; denn sonst kann nicht jedes Teilchen seinen Partner finden. Also, vorausgesetzt die Richtigkeit der Atomtheorie, ist dies die Erklärung des Tatbestandes von ihrem Gesichtspunkte aus (Avogadrosche Regel[60]). Es ist diese Regel der von Gay-Lussac gefundene Tatbestand, gesehen durch die Brille der Atomistik. (*10)

Diese Erklärungen setzen also die Atomtheorie voraus. Wie nehmen sich die Erscheinungen vom Gesichtspunkt des Atomismus aus? So fragt die *atomistische* Physik und Chemie. Eine *bloß phänomenologische* Wissenschaftsrichtung würde einfach nur die Phänomene anführen. Wir streben hier eine Physik und Chemie an, die zur *Einsicht* in den Tatbestand führt. Das Phänomen selbst wird zur Lehre, wenn es im Zusammenhang mit anderen Erscheinungen desselben Gebietes betrachtet wird.

Die von den Verbindungsgewichten erfüllten Volumina der Gase sind nicht gleich, weil sie gleichviel Teilchen enthalten, sondern weil Gas sein heißt: Unabhängig sein vom Chemismus betreffs des Volumens.

Die *Erklärung* einerseits vom atomistischen und andererseits vom

---

60 Der italienische Physiker und Chemiker Lorenzo Romano Amedeo Carlo Avogadro (1776–1856) formulierte bereits 1811 die nach ihm benannte Hypothese, dass gleiche Volumina verschiedener Gase bei gleichem Druck und gleicher Temperatur die gleiche Anzahl Atome bzw. Moleküle enthalten! Das zugrundeliegende Gay-Lussacsche Gesetz war erst 1802 entdeckt und Daltons Atomhypothese 1803 aufgestellt worden (vgl. Anm. 39). Avogadro war mit dieser den Atomismus sehr konkret anwendenden Hypothese seiner Zeit weit voraus. Es sollte bis zum Karlsruher Chemikerkongress 1860 dauern, bis sie allgemeine Anerkennung finden würde. Heute, d. h. unter Verwendung der SI-Definition der Stoffmenge als Grundgröße, wird der Hypothese der Status des Naturgesetzes zuerkannt.

Standpunkte, wie er hier gemeint ist, ist dem Werte nach ganz verschieden. Letztere ist eine *Eingliederung* in das Gesamtbild des betreffenden Gebietes, die erstere eine *willkürliche Zurückführung* auf eine mechanische Hypothese.

Man kann das Volumen, das das Verbindungsgewicht eines Stoffes einnimmt, Verbindungsvolumen (*8) nennen. Dieses ist also bei allen Gasen gleich. Um überhaupt messen zu können, muss man für das Verbindungsgewicht ein Maß festlegen. Natürliches Maß gleichsam ist jener Stoff, der mit der geringsten Gewichtsmenge in seine Verbindungen eintritt. Da im Gaszustand spezifisches und Verbindungsgewicht zusammenfallen, so ist dieser Stoff im Gaszustand zugleich der leichteste. Dies wäre von den gewöhnlich vorkommenden Gasen der Wasserstoff.

Es gibt aber noch ein leichteres Gas (bzw. ein solches, das mit noch geringerer Menge in seine Verbindungen eintreten kann), das sich zwar nicht rein darstellen lässt, das aber doch in seinen Eigenschaften sich vorübergehend manifestiert und im Verbindungszustand mit anderen Stoffen auftritt, das ist der naszierende Wasserstoff (H), dessen spezifisches Gewicht im Gaszustande und Verbindungsgewicht halb so groß angenommen werden muss wie das des Wasserstoffs.[61] Geht man, um messen zu können, vom Volumen aus, das von der Gewichtseinheit, also von 1 g (bzw. von 1,008 g, vgl. (*11)[62]) dieses Stoffes eingenommen wird,

---

61 Naszierender Wasserstoff (H) ist Wasserstoff im Moment seiner Bildung (lat. nasci = geboren werden, entstehen), zum Beispiel durch Umsetzung von metallischem Zink mit Salzsäure, in der Sprache der Chemie «atomarer» im Gegensatz zum gewöhnlichen «molekularen» Wasserstoff (H_2). Er ist hochreaktiv, und die im Bildungsprozess entstandene Menge kann nur indirekt, zum Beispiel über die Menge des dabei verbrauchten Zinks bestimmt werden. Diesen Umweg hat Kolisko vor Augen, wenn er im folgenden von dem «angenommenen» Verbindungsgewicht spricht, das sich jedoch mit demjenigen von gewöhnlichem Wasserstoff in ein Verhältnis von 1:2 setzen lässt, wie der Vergleich mit dessen Umsetzungen zeigt. Wird naszierender Wasserstoff nicht anderweitig sofort verbraucht, geht er unmittelbar in gewöhnlichen Wasserstoff über.

62 1,008 (heute: 1,00794) ist der Wert der relativen Atommassenzahl des chemischen Elements Wasserstoff (H). Ursprünglich war dieser Wert von John Dalton, der 1805 die erste Tabelle der Atom- und Molekülmassen veröffentlicht hatte, auf 1 festgelegt worden. Später hat sich Sauerstoff mit der Massenzahl 16 als Bezugspunkt durchgesetzt, wogegen Kolisko in seiner Anm. (*10) Stellung nimmt. Aus dieser Festlegung ergibt sich der unrunde Wert

so würde dieses 22,4 L sein (1013 mbar Druck[63] und 0 °[C] Temperatur vorausgesetzt).[64] Dasselbe Volumen nehmen 2 g gewöhnlicher Wasserstoff, 32 g gewöhnlicher Sauerstoff im Gaszustande unter gleichen Verhältnissen ein. 22,4 L ist also die Größe des Verbindungsvolumens aller Gase (*12), wenn das Gewicht von 1 g naszierenden (2 g gewöhnlichen Wasserstoffs bzw. 32 g Sauerstoffs usw.) als Maß zugrunde gelegt wird. Presste man umgekehrt die Verbindungsgewichte aller Gase auf das gleiche Volumen, zum Beispiel 1 [L][65], so würden diese Gasmengen sämtlich den gleichen Druck (hier von 22,4 atm[66]) ausüben. Dehnung und Spannung gilt auch hier gleich.

---

von 1,008 für Wasserstoff. 1961 ist dann von der IUPAC (International Union for Pure and Applied Chemistry) die Festlegung auf das Kohlenstoffisotop ^{12}C (mit je 6 Protonen und Neutronen im Kern und der Massenzahl 12) als Bezugsbasis für die relativen Atommassen getroffen worden, die eine Vereinheitlichung chemischer und physikalischer Daten erlaubte.

10 Jahre später, 1971, erfolgte dann durch die Definition des Mol als Basiseinheit der Stoffmenge innerhalb des Internationalen Einheitensystems (Système international d'unités, SI) ein entscheidender weiterer Schritt in dieser Entwicklung. Galt bis dahin die Zahl von Avogadro als prinzipiell abzählbare Anzahl der Teilchen in 1 Mol, wurde nun der Tatsache Rechnung getragen, dass im atomaren Bereich keine Massenerhaltung gilt, sondern Masse und Energie gemäß der Einstein-Beziehung $E = mc^2$ ineinander umgewandelt werden können. So enthalten 12 g Graphit und 12 g Diamant (beide aus reinem ^{12}C) aufgrund der unterschiedlichen Bindungsenergien unterschiedlich viele Atome! 1 Mol ist daher definitionsgemäß die *hypothetische* Stoffportion, die aus genau 12 g unverbundenen ^{12}C-Atomen besteht. Wie viele dies aber genau sind, lässt sich nicht bestimmen. Die Avogadro-Konstante muss daher als Naturkonstante aufgefasst werden, die eine Relation beschreibt. Ihr Wert wird heute mit $N_A = 6{,}0221 \cdot 10^{23}\,mol^{-1}$ angegeben; sie ist jedoch nicht abzählbar, also keine «Avogadro-Zahl».

63 Genau: 1013,25 mbar, ebenso im Folgenden.

64 Der genaue Wert ist 22,414 L bei, in modernen Einheiten, 0 °C (273,15 K) und 1013,25 mbar (101325 Pa). Gern wird auch der Wert von 24,789 L bei 25 °C (298,15 K) und 1 bar (100000 Pa) angegeben, den sog. Standard-Umgebungsbedingungen.

65 Im Original steht an dieser Stelle 1 ccm, also 1 mL. Dies hätte eine Komprimierung um den Faktor 22400 auf einen Druck von 22400 atm bedeutet. Die im folgenden Satz angegebenen 22,4 atm entsprechen einem Volumen von 1 L. Um die Korrespondenz der Werte zu erhalten, wurde hier das Volumen des Beispiels angepasst, anstatt den Druck für 1 mL zu korrigieren.

66 Physikalische Atmosphären; 1 atm = 1013 mbar.

Der 273. Teil von 22,4 L heißt gewöhnlich *R* oder *Gaskonstante*.[67] Also:

$$pV = (p_0V_0/273)T \text{ oder } pV = RT \text{ , wo } R = p_0V_0/273,$$

wenn für V_0 = 22,412 L und für p_0 = 1013 mbar gewählt wird. Der Wert von *R* ist genau *R* = 22,412/273,15 = 0,0821.[68] Um so viel wird also das für alle Gase gleiche, von ihrem Verbindungsgewicht (bezogen auf 1,008 g (*11) naszierenden Wasserstoff oder 32 g Sauerstoff) eingenommene Volumen bei 1013 mbar (1 atm) Druck durch Erwärmung um 1 °[C bzw. 1 K] ausgedehnt. Das ist die *Größe* dieser Gaskonstante *im Raum-*

---

67 Diese Formulierung und die folgende Berechnung von *R* setzt die Angabe des Standarddrucks p_0 = 1 atm in der alten Einheit «Physikalische Atmosphäre» voraus. Zu sagen, «der 273. Teil von 22,4 L heißt gewöhnlich *R*», ist dabei mathematisch nicht streng richtig, da sich daraus ein Volumen ergäbe, während *R* mit Joule pro Kelvin korrekt als Energie pro Temperatureinheit angegeben wird. *R* ist also kein Volumenteil, sondern gibt den Energieaufwand (physikalisch: die Arbeit) an, der erforderlich ist, um zum Beispiel durch Druckerhöhung bei konstanter Temperatur eine Volumenverringerung um 1/273 zu erreichen.
Weiterhin gelten diese Ausdrücke so nur für die Menge, die jeweils einmal dem Verbindungsvolumen entspricht, d. h. für 1 Mol. Ganz korrekt würde man daher schreiben: $pV_m = RT$, wobei V_m für das Verbindungs- oder Molvolumen steht. Geläufig ist die Formulierung $pV = nRT$, in der n die Molzahl ist. Diese «Thermische Zustandsgleichung idealer Gase» oder kurz «Allgemeine Gasgleichung» bzw. «Gasgesetz» verallgemeinert den Zusammenhang auf eine beliebige Stoffmenge bzw. ein beliebiges Volumen.

68 *R* wird heute als Universelle Gaskonstante bezeichnet und gilt als Naturkonstante mit einem Wert von 8,314 $J\,K^{-1}\,mol^{-1}$ (Joule pro Kelvin und Mol). Dieser von dem angegebenen abweichende Wert ergibt sich durch die Ersetzung der Druckangabe in Physikalischen Atmosphären durch die heute gebräuchliche Einheit «Pascal» mit 1 atm = 101325 Pa.
Die Angaben «im Raummaß bzw. Druckmaß», «im mechanischen Maß» und «im thermischen Maß», die Kolisko im Folgenden macht, sind vor dem Hintergrund zu verstehen, dass die früher verwendeten Einheiten oft in bestimmten Kontexten gebraucht worden sind, so die Kalorie als Maß für die bei einem Vorgang benötigte Wärmemenge. Kolisko verweist auf diese Kontexte, und er gibt den Wert von *R* in den entsprechenden Einheiten an. Die verschiedenen Einheiten für die Energie – Erg, Kalorie – sind heute zugunsten des Joule vereinheitlicht worden. Die im Folgenden angegebenen Zahlenwerte decken sich, wie sich beim Umrechnen zeigt.

maß bzw. Druckmaß oder ihrer Kombination. Da man diese Ausdehnung als eine mechanische Arbeitsleistung im Sinne einer Überwindung des Atmosphärendrucks über ein bestimmtes Volumen ansehen kann, so lässt sich diese Gaskonstante ihrer Größe nach auch *im mechanischen Maß* messen. Es ergibt sich $R = 0{,}8316 \cdot 10^8$ erg /°C[69]. Andererseits könnte man davon ausgehen, wie viel Wärmeeinheiten zu einer solchen Ausdehnung nötig sind, und würde da 1,985 Kalorien [/°C][70] finden. Es wäre dies eine Messung der Gaskonstante im *thermischen Maß*. In dieser Konstante hat man einen Ausdruck des Wesens des Gases zu sehen, dem man sich *messend* von verschiedenen Seiten her nähern kann, von der Seite der Ausdehnung, der Arbeitsleistung und der dazu nötigen Wärme. Die chemisch charakteristischen Mengen der Gase erfahren durch gleiche Erwärmung einen *gleichen* Zuwachs ihrer Intensität des Sich-Verbreitens, der sich als Ausdehnung, Spannung, Arbeitsleistung und Wärmeverbrauch zu diesem Zwecke äußern kann. (*13)

Die dehnende Wirkung der Wärme steht nun im Gaszustand im Vordergrund. Gas sein heißt ja nichts anderes, als in besonderer Weise nachgeben der Wärme. Das Gas gibt sich ganz an die Wärme hin, um deren Natur räumlich in der Ausdehnung zu offenbaren.

Darum unterscheidet man auch bei den Gasen eine *spezifische Wärme bei konstantem Volumen und bei konstantem Druck*. Denn das Gas verbraucht die ihm zugeführte Wärme zum großen Teil zur Dehnung, statt zur Erwärmung. Es ist durch die Dehnung sozusagen vor Erwärmung etwas geschützt. Bei festen und flüssigen Körpern ist dies weniger der Fall. Man braucht daher bei Gasen mehr Wärme zu einer Erwärmung um dieselbe Temperaturspanne, wenn man dem Gase die Ausdehnung dabei gestattet, als wenn man sie behindert. Geht man wieder bei der Messung der spezifischen Wärme von den Volumina der chemisch charakteristischen Gasmengen, von den Verbindungsvolumina aus, die für alle Gase unter gleichen Bedingungen gleich sind, ermittelt man also den Unterschied von spezifischer Wärme bei konstantem Druck und konstantem Volumen für 22,412 L eines Gases, so findet man jene 1,985 Kalorien, welche wir als das thermische Maß der Gaskonstante gefunden haben. Dieser Unterschied ist ja die für die Dehnung verbrauchte räumliche Wirkung des Wärmewesens, im thermischen Maß ausgedrückt.

---

69 1 erg = 10^{-7} J → $0{,}8316 \cdot 10^8$ erg = 8,316 J.
70 1 cal = 4,187 J → 1,985 cal = 8,311 J.

Die Gaskonstante ist dasselbe wie der Unterschied der spezifischen Wärmen der Verbindungsgewichte («Molekularwärmen») bei konstantem Druck und Volumen, das eine Mal ist sie im Gasgesetz betrachtet als der Ausdehnungszuwachs, den alle Gase gleichmäßig erleiden, das andere Mal als der gleiche Widerstand, den ihre chemisch charakteristischen Mengen dadurch der Erwärmung entgegensetzen, dass sie alle gleiche Mengen Wärme in den Raum, d. h. in ihre eigene Ausdehnung hineinwirken lassen, statt ihren Wärmezustand durch sie zu verändern.

Die *Gaskonstante* ist daher wie *jede Naturkonstante* nicht nur eine Größe, sondern eine *Qualität*, die nur, indem sie irgendwie messend betrachtet wird, einen quantitativen, einen Größencharakter annimmt. In ihr lebt sich ein Teil der Gasnatur aus.

Steigert man die Drucke stark, so zeigt sich, dass die Gase zunächst *stärker*, bei noch heftigerer Kompression *schwächer* zusammengedrückt werden, als der Proportionalität entspricht. Und zwar findet man, dass zunächst jene Überkompression um so deutlicher sich äußert, je näher man sich dem Verflüssigungspunkte befindet, und um so weniger, je ferner man ihm ist. Steigert man dann den Druck weiter, so tritt Verflüssigung ein, wenn man sich nicht oberhalb der kritischen Temperatur befindet, bei der durch bloßen mechanischen Druck keine Verflüssigung erreicht werden kann. In letzterem Falle bemerkt man ebenfalls eine solche Überkompression des Gases, obwohl keine Verflüssigung erfolgt. Man kann also sagen: Der Verflüssigung geht eine Art Zusammenziehung voran, die sie vorbereitet. Oberhalb des kritischen Punktes wird keine Verflüssigung, sondern *nur* diese Zusammenziehung bemerkt. Bei noch höherer Temperatur, also genügend weit vom Verflüssigungspunkt und kritischen Punkt, verschwindet auch diese. Der Wasserstoff zeigt sie erst bei Temperaturerniedrigung.[71] Er ist bei gewöhnlicher Temperatur so durchdrungen vom Wärmeprinzip, so ferne der Materialität und der Gestaltung zur Flüssigkeit, dass er durch bloßen Druck nicht zu jener Zusammenziehung und der ebenfalls darauffolgenden Verflüssigung gebracht werden kann.

Wird noch stärker gedrückt, so beobachtet man bei allen Gasen eine zu *langsame* Kompression, eine Unterkompression. Das Volumen bleibt

71 Die kritische Temperatur von Wasserstoff, unterhalb derer eine Verflüssigung erst möglich ist, beträgt 33,23 K (-239,92 °C).

immer größer, als der Proportionalität des *Boyle-Mariotte*schen Gesetzes entspricht. Warum? Die Kompression führt zur Verdichtung. Dadurch nimmt das Gas die *Dichte* eines flüssigen oder festen Körpers an, ohne deren Oberfläche und Gestalt zu bilden. Dann muss es sich aber auch ähnlich verhalten wie ein fester oder flüssiger Körper. Nämlich es wird inkompressibel, d. h. die Kompression selbst erzeugt einen Zustand, der mit Inkompressibilität verbunden ist und daher die Kompression aufhebt. Das kann man *einsehen*. (*14)

Molekulartheoretisch werden diese Phänomene folgendermaßen erklärt: Die Überkompression entsteht durch *Molekularattraktion*. Da die Molekel durch die Kompression einander nahekommen, so würden dadurch Attraktionskräfte wirksam; diese helfen von innen dem Drucke nach. Die Unterkompression bei stärkeren Drucken entstehe dadurch, dass die *Molekel selbst* nicht zusammendrückbar sind, wenn einmal ihre Abstände klein genug geworden sind.

Hier haben wir einen Versuch, die sogenannten Abweichungen von den Gasgesetzen aus einem *Vorurteil* im wahren Sinne des Wortes, nämlich dass sie durch Molekularvorgänge bewirkt sein sollen, zu erklären, bei unserer Betrachtungsweise dagegen eine Erklärung durch Einsicht.

Die Kinetische Gastheorie[72] beantwortet hier die Frage: Wie kann man die Phänomene so deuten, dass die atomistische Theorie haltbar bleibt?

Die hypothesenfreie Physik oder Chemie sucht nach der *Einsicht* in den Zusammenhang der Phänomene ohne eine Theorie, die sie stützen will. Nicht dadurch wird man die Phänomene los, dass man sie auf Theorien zurückführt, sondern dadurch, dass man ihre *Zusammenhänge* mit den verwandten Phänomenen begreift.

Van der Waals hat diese Abweichungen von den Gasgesetzen in eine Formel zusammengefasst, die er molekulartheoretisch gedeutet hat.

Diese Formel stellt eine Art Zusammenwirken der Gesetze der Flüssigkeiten mit denen des idealen Gaszustandes vor.[73]

---

72 Vgl. Anm. 49.

73 Die zuvor behandelten Gesetzmäßigkeiten des Gaszustandes gelten nur näherungsweise für echte, tatsächlich vorkommende Gase. Sie dienen der Behandlung sog. idealer Gase, einem Modell, das die Gasteilchen als Massepunkte ohne räumliche Ausdehnung behandelt und keine anderen Wechselwirkungen als elastische Stöße zwischen den Teilchen sowie zwischen Teilchen und Gefäßwand erlaubt. Je niedriger der Druck bzw. je größer das

Der *komprimierte Gaszustand* vereinigt eben die Dichte einer Flüssigkeit und auch andere Eigenschaften derselben mit der noch immer bis zu einem gewissen Grad vorhandenen Kompressibilität des Gases.

Die Richtigkeit der Formel, die bis zu einem gewissen Grade vorhanden ist, ist aber von der molekularen Ausdeutung ganz unabhängig. Ebensowenig ist jemals aus der *Avogadro*schen *Regel*[74] irgendeine Erscheinung in der Chemie abgeleitet worden, sondern nur aus dem Tatbestand, dass die Dichten im Gaszustand mit den Verbindungsgewichten identisch sind. Diesen Tatbestand kann man entweder aus der Natur der Gase heraus *verstehen* oder man kann ihn an der Krücke der Atomtheorie *zu verstehen glauben*, ja man kann sogar den unverstandenen Tatbestand als Phänomen registrieren und seine Geltung bis auf weiteres zur Kenntnis nehmen.[75]*

An einem solchen «Korrektionsgesetze» wie das von *van der Waals* sieht man, dass eigentlich «Ausnahmen» dadurch zustande kommen, dass eine andere Gesetzmäßigkeit die erste durchkreuzt. Dass die Gesetzmäßigkeiten der «idealen» Gase nicht mehr gelten, kommt nur daher, weil die Gesetzmäßigkeiten der dichteren Zustände in sie eingreifen. Ausnahmen sind Durchkreuzungen von Gesetzmäßigkeiten.

Dass die Gase sich gegenseitig *durchdringen* können, dass sie sich ineinander lösen, ergänzt nur das Bild, das wir uns vom Gaszustand

---

Volumen und je höher die Temperatur, desto besser ist diese Näherung. Was Kolisko als Gaszustand im Allgemeinen auffasst, ist dieser Bemerkung nach identisch mit dem, was modellhaft als ideales Gas bezeichnet wird.

Das «reale Gas» ist in der Thermodynamik ebenfalls ein Modell, nämlich eine Anpassung des Modells des idealen Gases im Hinblick auf «reale», empirisch gegebene Verhältnisse. Der niederländische Physiker Johannes Diderik van der Waals (1837–1923) stellte 1873 zu diesem Zweck die nach ihm benannte Van-der-Waals-Gleichung auf, die reale Gaseigenschaften explizit berücksichtigt: das Eigenvolumen der Teilchen sowie eine Form anziehender Wechselwirkungen zwischen den Teilchen, die ebenfalls nach ihm benannten Van-der-Waals-Kräfte. Für diese Arbeiten wurde er 1910 mit dem Physik-Nobelpreis ausgezeichnet. In einer Formulierung, die die Verwandtschaft zur allgemeinen Gasgleichung erkennen lässt, lautet die Gleichung:

$(p + an^2/V^2)(V - nb) = nRT$; a und b sind stoffspezifische Konstanten.

74 Vgl. Anm. 60.

75 (*EK) Es ist aber ein Unterschied, ob man aus einem falsch verstandenen (Atomismus), aus einem unverstandenen (bloßer Empirismus) oder aus einem richtig verstandenen Tatbestand zu Erkenntnissen kommt.

aus der Gesamtheit seiner Phänomene machen müssen. *Lösung* erfolgt, wo geringe Verschiedenheit ist. Wasser löst sich am besten in Wasser. Und ferner lösen sich in Wasser am besten die Stoffe, die durch häufige Verbindung mit Wasser entstanden sind, die sogenannten *Hydrate*. Die geringe Verschiedenheit kann aber auch anstatt durch *chemische* Ähnlichkeit durch die besonders hervortretenden Zustandseigenschaften bedingt sein. Gase sind eben in Bezug auf die Form gleichartig. Daher durchdringen sie sich alle trotz ihrer chemischen Verschiedenheit. Feste Stoffe, die jeder in einer anderen Kristallform kristallisieren, die also jeder schon bei der geringsten chemischen Verschiedenheit in eine andere Form gebannt sind, durchdringen sich nur bei größter Ähnlichkeit dieser Form (Isomorphie). Wieder zeigt sich das Unbeeinflusstsein der räumlichen Eigenschaften durch den Chemismus in den gestaltlosen Zuständen, besonders beim Gase.

Will man sich noch wundern, dass die Gase eine verschwindend kleine «innere Reibung» haben, d. h. dass sie ihrer Gestaltveränderung kaum einen Widerstand entgegensetzen, wo ihre Gestalt nur eine Verleugnung der Gestalt ist? Ihre Natur ist eben Gestaltlosigkeit. Die Konsequenzen dieser Eigenschaft muss man nur *in jedem Falle neu begreifen.*

Die Kinetische Gastheorie kann natürlich die Diffusion und die kleine innere Reibung dadurch erklären, dass sie sagt: Die große «mittlere Weglänge», d. h. der bei den Gasen nach den atomistischen Voraussetzungen große Abstand der bewegten Teilchen ist daran schuld. Da können sich die Teilchen einschieben, in die Abstände hineinschlüpfen. Also wieder eine Deutung unter Voraussetzung der Richtigkeit der Atomtheorie.

So gelangen wir von den verschiedensten Seiten her zu einem *Bild des Gaszustandes*. Langsam wird es deutlicher, indem aus allen Phänomenen neue Seiten dieses Bildes sich klären. An der Gesamtheit der in ihrer Reinheit dargestellten Phänomene entzündet sich die Einsicht in die Natur dieses Gasgebietes.

Die Denkarbeit muss darin bestehen, die Phänomene in ihrer Reinheit darzustellen; denn vorher verdecken sie sich gegenseitig. Stehen dann die Phänomene rein vor uns, so schließen sie sich von selbst für unsere Einsicht zusammen. Sie tragen sich in unserem Geiste. Wir können uns erinnern des *Goethe*schen Wortes aus seiner Farbenlehre:

«Denn eigentlich unternehmen wir umsonst, das Wesen eines Dinges auszudrücken. Wirkungen werden wir gewahr, und eine vollständige Geschichte dieser Wirkungen umfasste wohl allenfalls das Wesen jenes

Dinges. Vergebens bemühen wir uns, den Charakter eines Menschen zu schildern; man stelle dagegen seine Handlungen, seine Taten zusammen, und ein Bild des Charakters wird uns entgegentreten.»[76]

So umfassen die gesamten Wirkungen des *Gaswesens* allenfalls dieses Wesen. *Allenfalls* nur; denn je mehr wir davon auf uns wirken lassen, desto deutlicher formt sich das Bild, das die Einsicht in dieses Wesen vermittelt. Das Wesen des Gases liegt nicht in einem ausgedachten mechanischen Tatbestand, in einer Welt hinter den Phänomenen, auch nicht in subjektiv willkürlichen Begriffen, die wir uns machen und die nur «ordnenden» Charakter haben, sondern in der Gesamtheit der Phänomene dieses Gaszustandes, wenn sie sich dem Denken gegenüber zu einem Ganzen zusammenschließen.

Eine atomistische Betrachtungsweise hat am Ende ihrer Ausführungen nicht mehr gelernt wie am Anfang; denn was als Bild des Wesens entsteht, wird ja nicht in der Erkenntnis *errungen*, sondern wird *von vornherein mitgebracht*. Es ist keine Möglichkeit da, in einem stetigen Entwicklungsprozess mit dem Wesen der Sache zusammenzuwachsen; daher ist es ein *totes* Wissen, weil man sich nicht durch eigene Gedankenanstrengung in das Wesen des betreffenden Gebietes einlebt. Es ist durchaus so, dass die Auffassung der heutigen Naturwissenschaft dem folgt, was wir bei *Kant* finden, der der Natur vorschreibt, wie sie sein soll. Und wir können dem obigen Ausspruch *Goethes* einen Ausspruch *Kants* gegenüberstellen, der so ganz das Wesen der Betrachtungsart darstellt, die den Geist der klassischen modern naturwissenschaftlichen Anschauung ausmacht und wie sie auch bei allen anderen neueren naturwissenschaftlichen Richtungen wenigstens der *Denkform* nach noch immer auftritt:

Es steht dieser Ausspruch in der Einleitung [Vorrede] zur 2. Auflage der «Kritik der reinen Vernunft» und lautet:

«Die Vernunft muss mit ihren Prinzipien, nach denen allein übereinkommende Erscheinungen für Gesetze gelten können, in einer Hand, und mit dem Experiment, das sie nach jenen ausdachte, in der anderen, an die Natur gehen, zwar um von ihr belehrt zu werden, aber nicht in der Qualität eines Schülers, der sich alles vorsagen lässt, was der Lehrer

76 Johann Wolfgang von Goethe (1982): Zur Farbenlehre. In: Goethes Werke, Hamburger Ausgabe, Bd. XIII, Naturwissenschaftliche Schriften I. 9. Aufl., München: Beck, S. 314–523, hier S. 315.

will, sondern eines bestallten Richters, der die Zeugen nötigt, auf die Fragen zu antworten, die er ihnen vorlegt.»[77]

Wir wollen von all dem das Gegenteil tun, *denn wir folgen Goethe, nicht Kant.*

77 Immanuel Kant (1998): Kritik der reinen Vernunft, Vorrede zur 2. Aufl. 1787. Hamburg: Felix Meiner, S. 19.

III. Spezielle Probleme der Chemie in hypothesenfreier Darstellung

Es soll nun auf Erscheinungen der eigentlichen *Chemie* eingegangen werden, die lehren können, dass man auch auf diesem Gebiete, wo die Atomtheorie so weit Platz gegriffen hat, dass sogar ein Forscher wie *Wilhelm Ostwald* (*15), der einen Teil seiner Lebenstätigkeit ihrer Bekämpfung gewidmet hat, genötigt war, zuzugestehen, sie sei besonders für die organische Chemie als Arbeitshypothese unentbehrlich[78], zu einer hypothesenfreien Darstellung der Phänomene gelangen kann.

Wie bekannt, hat die Atomtheorie ihren Einzug in die moderne Chemie an der Hand des Phänomens der *konstanten Verbindungsverhältnisse* gehalten. Es war der englische Chemiker *John Dalton*, welcher glaubte, dieses und verwandte Phänomene nur durch Annahme der Existenz und Beteiligung von Atomen erklären zu können.[79] Dieser Forscher hat sich außerordentlich viel mit Atomistik beschäftigt, und man kann bei ihm besonders gut sehen, wie diese atomistischen Vorstellungen zu seinen Lieblingsvorstellungen geworden waren.[80] Er wurde auf die Konstanz dieser Verbindungsverhältnisse aufmerksam und suchte sie vom Standpunkt seiner atomistischen Vorstellungen zu erklären. Er nahm an, dass die mannigfaltigen, lebhaften Erscheinungen, die man bei der sogenannten chemischen Reaktion beobachtet, in Wahrheit [aus][81] dem Zusammenlegen der kleinsten Teilchen der chemischen Stoffe entstehen. Sind chemische Verbindungen nur Nebeneinanderlagerungen der verschiedenen Atome ihrer Bestandteile und sind die Atome derselben Stoffe an Gewicht einander gleich, so müssen die Gewichte, nach denen die Stoffe reagieren, ein Vielfaches von dem Gewichte der einzelnen Atome und die Verhältnisse dieser Gewichtsmengen konstant sein. Zum

78 Vgl. im ersten Vortrag, S. 34.
79 Hierzu vgl. den ersten Vortrag, S. 31.
80 Den Ausdruck «Lieblingsvorstellungen» gebraucht Kolisko bereits im ersten Vortrag, S. 33; vgl. dazu auch die vorangehenden Seiten. Er zeigt jedoch weder dort noch hier, inwiefern man bei Dalton «besonders gut sehen» kann, wie sich die atomistischen Lieblingsvorstellungen gebildet und durchgesetzt haben.
81 Im Original: auf.

Träger der Eigenschaft der sich bewahrenden Gewichtsmenge wurde das Atom gemacht. Der Tatbestand wurde von Dalton *atomistisch* gedeutet.

Wie kann man ihn aber *verstehen*, nicht ihn hypothetisch erklären? Jeder Stoff ist durch bestimmte Eigenschaften charakterisiert. Sie sind wenigstens relativ konstant. (*16) Denn woran sollte man sonst erkennen, dass etwas ein bestimmter Stoff sei? Die gelbe Farbe ist zum Beispiel dem Schwefel eigen. Nun muss man *einsehen*, dass die Gewichtsmenge, welche von einem Stoff in die Verbindungen ein- und aus ihnen austritt, die Stoffmenge, mit der er sich an einer Reaktion beteiligt, für diesen Stoff eine charakteristische Eigenschaft ist.[82] Sie ist zwar messbar, aber sie ist deshalb doch eine Qualität, eine *messbare Qualität*. Sie steht und fällt mit dem Stoffe. Die Menge, mit der ein Stoff sich am chemischen Prozess beteiligt, ist bedeutend und wichtig genug für seine Charakteristik, sodass sie unveränderlich und daher für den Stoff bezeichnend ist. Man versteht diesen Tatbestand nicht durch Zurückführung auf eine atomistische Hypothese, sondern durch die Einsicht, dass dieses Verbindungsgewicht ein typisches Merkmal des Stoffes sein muss. Man hat eine Art quantitatives Urphänomen der Chemie vor sich.

Findet diese Verbindung mit einem Stoffe mehrmals hintereinander statt, also tritt zum Beispiel das Metall Barium mit dem Sauerstoff in Verbindung und sodann der so entstandene Stoff Bariumoxid [BaO] neuerlich mit dem Sauerstoff, so entsteht wieder ein Stoff mit ganz neuen Eigenschaften, d.i. Bariumperoxid (BaO_2). Da der Sauerstoff mit einer ihm als Qualität eigenen Gewichtsmenge in seine Verbindungen eintritt, so wird er dies das erste und das zweite Mal in derselben Weise tun, und dieser zweifache Prozess wird zu dem Resultat führen, dass schließlich die doppelte Menge Sauerstoff in Reaktion getreten ist. Die Gewichtsmengen Sauerstoff, die zur Bildung von Bariumoxid und zur Bildung von Bariumperoxid notwendig sind, werden also im Verhältnis von 1:2 stehen. Daher eine «multiple» Proportion.

Das Gesetz der multiplen Proportionen ist die Wiederholung des Tatbestandes der konstanten Proportion.

Jedem Multiplum entspricht *phänomenologisch (nicht hypothetisch)* ein gesonderter chemischer Prozess. Im Beispiel Barium, Bariumoxid, Bariumperoxid sind diese Stufen *offenbar*. Im Beispiel: Schwefel und Sauerstoff geben Schwefeldioxid, sind sie *latent* ($S + O_2 \rightarrow SO_2$, d.i. S +

82 Vgl. hierzu S. 36 sowie S. 118.

$O + O \rightarrow SO_2$). Es wird der erste Prozess, der zur Bildung von Schwefelmonoxid führen müsste, übersprungen.[83] Aber dem Wesen nach liegt dasselbe vor.

Vom Gesichtspunkt der *Atomistik* liegt *auch* eine Wiederholung vor, aber eine solche im molekularen *unsichtbaren* Gebiet. Dort lagert sich das Atom zweimal an. In Wahrheit ist es aber der Stoff, der mit seinen sichtbaren Eigenschaften im *sichtbaren* Gebiet *zweimal* in Reaktion tritt oder wenigstens treten könnte und nur durch die Unbeständigkeit des ersten Produktes nur einmal in Reaktion zu treten scheint. Die Atomistik verlegt das, was im Sichtbaren geschieht, ins Unsichtbare. Statt das Sichtbare zu begreifen, wie es *ist*, sucht sie es vom Unsichtbaren aus zu erklären.

Im Gaszustande wird dieses Überspringen eines Reaktionsproduktes sogar *offenbar*. Dass zum Beispiel zwei Volumina Wasserstoff zugleich verschwinden, um mit einem Volumen Sauerstoff Wasser zu bilden, zeigt, dass der Wasserstoff zweimal in Reaktion tritt. Man sieht ihn gleichsam zweimal seine charakteristische Gewichtsmenge in den chemischen Prozess hineinschicken, obwohl das erste Produkt (Hydroxyl, OH) nicht erscheint, weil es unbeständig ist. Das *Gay-Lussac*sche Volumengesetz ist wirklich im *Goethe*schen Sinn *selbst* die Lehre, man braucht es nur mit *Geistesaugen* anzuschauen.

Verschwinden drei Volumina bei einer Verbindung (zum Beispiel von Stickstoff und Wasserstoff), so ist dies das Anzeichen dafür, dass der betreffende Stoff (hier Wasserstoff) dreimal reagiert. Die Zwischenverbindungen (Stoff NH, Imin-, Stoff NH_2, Amingruppe) werden übersprungen. Nicht drei Atome reagieren im *unsichtbaren* Gebiet, sondern der Stoff dreimal im *sichtbaren* oder der Möglichkeit nach sichtbaren Gebiet. (*18)

Man erkennt also, dass unter dem Anschein eines einheitlichen Prozesses mehrere solche Prozesse ablaufen können. Die Menge, die in irgendeinem Fall mit einer bestimmten Menge eines anderen Stoffes reagiert, ist durch *zwei* Faktoren bedingt: 1. dadurch, *wievielmal*

83 Mittlerweile ist es, sogar auf verschiedenen Wegen, gelungen das hochreaktive Schwefelmonoxid (SO) zu isolieren, u.a. bei der Verbrennung von Schwefel in Sauerstoff bei reduziertem Druck. Das bedeutet jedoch nicht, die normale Verbrennung von Schwefel zu SO_2 verlaufe über die Zwischenstufe SO (vgl. dazu S. 152: *Multiple Proportionen*).

der Stoff unter dem Anschein eines einzigen Prozesses reagiert, und 2. dadurch, wie groß die Menge ist, die bei einem *einmaligen* Reagieren eintritt. Man kann die letztere Menge der Stoffe Verbindungsgewicht im engeren Sinne nennen. Heute heißt man sie bei den sogenannten Elementen Atom-, bei den zusammengesetzten Stoffen Molekulargewicht. Man verbindet damit atomistische Vorstellungen. Diese Mengen aber werden entweder direkt ermittelt, indem man die Monoverbindungen analysiert, oder sie werden durch ein etwas komplizierteres Verfahren, das aber ganz innerhalb der Phänomene bleibt, erschlossen. Sie sind nicht diejenigen Mengen, die irgendwann untereinander reagieren, sondern die sich an solchen «einmaligen» Reaktionen beteiligen oder beteiligen würden, falls sie zustande kämen.

Nun sollte man entsprechend jener Gesetzmäßigkeit des Gaszustandes erwarten, dass das Volumen eines Gases, wenn es durch Reagieren mit anderen Stoffen zur Verbindung und damit zur chemischen Komplikation gebracht wird, unter gleichen Druck- und Temperaturverhältnissen sich nicht ändert. Entsteht nur ein Gas bei dem Prozesse, so sollte nur so viel von ihm entstehen, als dem Volumen eines nur einmal in Reaktion tretenden Ausgangsgases entspricht. Wenn 2 Vol. Wasserstoff sich mit 1 Vol. Sauerstoff verbinden, so müsste 1 Vol. Wasserdampf entstehen. Denn es entsteht nur ein Stoff. Dieser Stoff hätte die Summe der Dichten der Ausgangsgase zu seiner Gasdichte. Es muss ja das Verbindungsgewicht (hier Entstehungsgewicht) des neuen Stoffes aus den Verbindungsgewichten der Ausgangsprodukte entstehen, und dieses soll ja denselben Raum einnehmen wie alle Verbindungsgewichte von Gasen. Nun entstehen aber aus 1 Vol. Sauerstoff bzw. 2 Vol. Wasserstoff nicht 1 Vol., sondern 2 Vol. Wasserdampf.

Also 2 Vol. Wasserstoff + 1 Vol. Sauerstoff → 2 Vol. Wasserdampf.

Damit steht man vor der Frage: Ist das Volumen des Verbindungsgewichtes eines jeden Gases (Molekularvolumen der Chemie), wenn es auch noch so kompliziert ist, unter gleichen Verhältnissen gleich und wenn ja, wie ist es zu deuten, dass das Verbindungsgewicht des Wassers (Molekulargewicht der gewöhnlichen Nomenklatur) scheinbar den doppelten Raum einnimmt als der in die Reaktion eingehende Sauerstoff? Man kann auch sagen: Warum ist Wasserdampf 9mal und nicht 18mal so schwer wie Wasserstoff? Denn 16 g + 1 g + 1 g sollten 18 g geben als spezifisches Gewicht für den Wasserdampf, indem sich die Dichten der beteiligten Stoffe summieren.

Diese Frage hat die Chemie seinerzeit nur an der Krücke der Atomtheorie lösen können. Sie sagte: Am Schluss des Prozesses sind 2 Vol. Dampf da. Wie kommen wir damit zurecht? Um die schließlich vorhandenen 2 Vol. Dampf zu erklären, halten wir den Tatbestand der Konstanz des Volumens bei der Verbindung fest, den wir durch die *Avogadro*sche Regel[84] erklären. Also gleiche Volumina müssen gleichviel Molekel enthalten, wenn die Atomtheorie richtig ist. Die Wassermolekel enthält 3 Atome. Nun waren anfangs 3 Vol. da. Das entspräche 3 Atomen (2 Wasserstoff- und 1 Sauerstoffatom), entstanden sind aber daraus 2 Vol. (das entspricht 2 Wassermolekel). Dazu wären aber 6 Atome nötig. Also waren die Ausgangsatome zusammengesetzt, und zwar bildeten je 2 Wasserstoff- bzw. Sauerstoffatome ein solches zusammengesetztes Wasserstoff- bzw. Sauerstoffatom (Molekel). Also ist unser Wasserstoff und Sauerstoff so geartet, dass ihre Molekel zweiatomig sind.

Man kann aber auch *so* sagen: 2 Vol. Wasserdampf sind nach der Reaktion da. Das sieht so aus, wie wenn zwei Stoffe entstanden wären. Aber man sieht nur *einen* Stoff. Also, wenn *ein* Stoff in der Menge von 2 Vol. entsteht, so zeigt das an, dass er *zweimal* mit der ihm eigenen chemischen Menge entsteht. Wie kann er aber *zweimal* entstehen? Doch nur, wenn die Ausgangsstoffe ihn zweimal entstehen lassen. Sauerstoff muss also den Stoff, der sich an der Wasserbildung einmal beteiligt, zweimal entstehen lassen. Er muss eine Verbindung dieses Stoffes mit sich selbst sein. Ebenso muss der Wasserstoff einen Stoff, der sich bei der Wasserbildung je zweimal beteiligt, zweimal aus sich entbinden können. Diese beiden sogenannten Elemente sind also Verbindungen eines halbmal so leichten Stoffes mit sich selbst. Wasserdampf ist 18mal schwerer wie jener Stoff, aber nur 9mal schwerer wie gewöhnlicher Wasserstoff. Es ist gar nicht der Wasserstoff, der das Wasser bildet, sondern ein halbmal so leichter Stoff. Ebenso beim Sauerstoff. (*18)

Nun gibt es tatsächlich einen naszierenden Wasserstoff. Er ist zwar nicht rein darstellbar, aber er zeigt ganz scharf umschriebene Eigenschaften. Er leitet die Elektrizität, er reagiert besser, bildet ein Amalgam usw. Dieser ist also der reale Stoff, der mit sich selbst reagierend zu Wasserstoff wird.[85]

84 Vgl. Anm. 60.

85 (*EK) Muss denn ein Stoff kristallisiert und mit Schmelzpunkt behaftet vorliegen, um als real gelten zu können? Sind die weniger handgreiflichen Eigenschaften nicht geradeso bezeichnend für ihn?

Beim Sauerstoff ist ein solcher naszierender Stoff nicht selbständig bekannt, wohl aber das Ozon, das als seine Verbindung mit gewöhnlichem Sauerstoff aufgefasst werden kann ($O_2 + O \rightarrow O_3$).

Bei der Wasserbildung findet also Spaltung und Vereinigung statt. Erst die naszierenden Stoffe bilden zweimal Wasser. All das vollzieht sich unter dem Anschein eines einheitlichen Prozesses.

Es gibt also eine *Verbindung mit sich selbst* (Kondensation). Das ist ein neuer Begriff, den man sich erringen muss. Die Chemie konnte das nur an der Krücke der Atomtheorie. Die ganze «organische» Chemie ist voll von solchen realen Kondensationen (z. B. Formaldehyd – Paraldehyd[86] usw.). Zwischen die Verdichtung beim Zustandswechsel ohne konstantes Verhältnis und die nach konstanten Verhältnissen erfolgende Verbindung *heterogener* Stoffe schiebt sich die *Verbindung mit sich selbst nach konstantem Verhältnis* ein. Hier berührt sich Chemie und Physik.

So wenig wie der Begriff der Flüssigkeit sich aus dem des Gases und des festen Körpers zusammensetzen lässt, sondern wie man ihn *neu* fassen muss, so kann man auch der Aufgabe nicht entraten, den *Begriff der Verbindung mit sich selbst* neu zu fassen.

Was im Phänomen liegt, verlegt der Atomist nach hinten ins Unsichtbare:

$$2 \text{ Vol. } H_2 + 1 \text{ Vol. } O_2 \rightarrow 2 \text{ Vol. } H_2O.$$

Die 2 Vol., die verschwinden, zeigen nicht 2 in Reaktion tretende *Molekel*, sondern den zweimal sich an der Reaktion beteiligenden *Stoff* an, und die 2 Vol., die entstehen, weisen nicht auf 2 *Molekel* Wasser hin, sondern sie zeigen, wie das Wasser zweimal mit seiner wirksamen, dem Volumen nach immer gleichen, Menge (Verbindungsgewicht) entsteht.

Wieder ist das Phänomen selbst die Lehre, aber nur für die *Geistesaugen*.

Als Grundlage eines Systems der Verbindungsgewichte (Atomgewichte oder Molekulargewichte) hat man den Wasserstoff gewählt, weil er der leichteste ist. Dichten und Verbindungsgewichte fallen im Gaszustand zusammen. Nun gibt es, wie wir gesehen haben, einen noch

86 Hier liegt eine Verwechslung vor: Formaldehyd kondensiert zu Paraformaldehyd; Paraldehyd heißt hingegen das Kondensationsprodukt des Acetaldehyds.

leichteren Stoff, den naszierenden Wasserstoff. Er ist also der Stoff, der mit der geringsten Gewichtsmenge in die Verbindungen eintritt. Er ist das *natürliche* Maß der Verbindungsgewichte. (Es wird aus *rein äußerlichen* Gründen nicht die Gewichtseinheit, sondern 1,008 g naszierender Wasserstoff zugrundegelegt.) (*11)

Die Verbindungsgewichte sind additive Eigenschaften. Das Verbindungsgewicht einer Verbindung ist der Summe der Verbindungsgewichte der Bestandteile gleich. Es findet eine Summation der Eigenschaften statt (keine *Mittelwertsbildung* wie bei einer Mischung[87]). Die Verbindung vereinigt in sich die charakteristischen Eigenschaften und natürlich auch die Qualitäten, die quantitativ sich darstellen lassen, auf dynamische Weise.

Daher lassen sich aus den *Verbindungsgewichten* (*17) der einfachen Stoffe die der komplizierteren *berechnen*. Dies gibt den Verbindungsgewichten der sogenannten Elemente eine besondere Bedeutung.

Im Sinne einer hypothesenfreien Chemie sind die Verbindungsgewichte diejenigen für die Qualität des Stoffes charakteristischen Mengen, mit welchen die Stoffe untereinander sich chemisch verbinden, wenn sie *nur einmal* reagieren. Würden sämtliche bekannten Stoffe sich untereinander zu einer chemischen Verbindung vereinigen lassen und jeder Stoff nur einmal reagieren, so würden bei Analyse dieser Einheitsverbindung *unmittelbar* alle Stoffe im Verhältnis der sogenannten Atom- und Molekulargewichte, die man hypothesenfrei Verbindungsgewichte nennen kann, entstehen. Einer unter diesen Stoffen, der Wasserstoff (eigentlich der naszierende Wasserstoff) würde sich dadurch auszeichnen, dass seine Menge die geringste wäre, und man könnte ihn naturgemäß zum Maß wählen oder vielmehr diejenigen Mengen aller Stoffe, die mit einer festgesetzten Gewichtsmenge von diesem Wasserstoff zu jener Einheitsverbindung reagieren. Dass in Wirklichkeit niemals eine solche Monoverbindung entstehen kann, tut nichts zur Sache.

---

87 So fraglos Mischung und Verbindung unterschiedlichen Gesetzmäßigkeiten gehorchen und so gewiss sich erstere nicht additiv verhält, so oft weichen die tatsächlichen Eigenschaften von realen Mischungen von einer Mittelwertsbildung aus den Eigenschaften der Mischungspartner ab. Dichten etwa sind nur ungefähre Mittelwerte, Farben weichen u.U. sogar grob vom Mittelwert ab, zum Beispiel bei Nickel-Kupfer-Legierungen, die bis zu hohen Kupfergehalten silberfarbig bleiben. Additiv verhalten sich Mischungseigenschaften allerdings nie.

Diejenigen Mengen der Stoffe, die heute Atom- und Molekulargewichte genannt werden, sind also ganz *innerhalb* der Phänomene befindliche quantitativ messbare Eigenschaften dieser Stoffe.

Die Verbindungsgewichte der sogenannten zusammengesetzten Stoffe unterscheiden sich von denen der einfachen nur dadurch, dass erstere aus letzteren berechnet werden können.

Der naszierende Wasserstoff hat ein anderes, halb so großes Verbindungsgewicht wie der gewöhnliche Wasserstoff.

Von Atom- und Molekulargewicht des Wasserstoffs zu sprechen, ist überflüssig. Es sind *zwei verschiedene Stoffe*, die daher auch verschiedenes, hier im Verhältnis 1:2 stehendes Verbindungsgewicht haben: naszierender und gewöhnlicher Wasserstoff.

Der Begriff *Molekulargewicht* fällt überhaupt fort. Das sogenannte *Atomgewicht* wird zum Verbindungsgewicht der sogenannten Elemente, die im periodischen System stehen.

Das Äquivalentgewicht gehört nicht hierher. Es spielt nur dort eine Rolle, wo die Wertigkeit in Frage kommt, zum Beispiel in der Elektrochemie, wo eine gleichgroße Elektrizitätsmenge an das *Äquivalent*,[88] nicht an das *Verbindungsgewicht* sich bindet.[89]*

---

88 Die Stoffmenge in chemischen Äquivalenten mit einem zugehörigen Äquivalentgewicht (bzw. -masse) gibt die bei einem Vorgang in Betracht kommende Menge eines Stoffes relativ zu seiner Wertigkeit, d. h. seinem stöchiometrischen Verhältnis in dem Vorgang an. Dies ist näher an dem konkreten chemischen Vorgang, erschwert aber die Vergleichbarkeit. Äquivalent, Äquivalentmasse und die zugehörige Einheit Val sind daher heute nicht mehr gebräuchlich, sondern durch Stoffmenge in Mol und Atom- bzw. Molekülmasse ersetzt, deren einheitliche, vom Prozess unabhängige Werte die Stoffe gegenständlicher erscheinen lassen, aber leichteren Überblick erlauben. Das Verbindungsgewicht bringt dieselben Vorteile wie die Atom- bzw. Molekülmasse mit sich – in der folgenden Anmerkung des Autors wird das Verbindungsgewicht als «absolut» bezeichnet –, es vermeidet aber die diesen Konzepten inhärente atomistische Sicht auf die Chemie.

89 (*EK) Es wird oft gesagt, dass die im periodischen System stehenden Zahlen nur die relativen, nicht die absoluten Atomgewichte seien. Ein absolutes Atomgewicht in dem Sinne, dass es das Gewicht des Atoms selbst wäre, das sich wegen der Kleinheit nicht bestimmen lasse, kennt die hier vertretene Ansicht nicht. Die im periodischen System stehenden Zahlen sind allerdings relativ, indem das Verbindungsgewicht eben eine Eigenschaft ist, die sich in dem Verhältnis der Stoffe untereinander offenbart. Nimmt man aber von

einem Stoffe eine bestimmte Gewichtsmenge zur Grundlage, zum Beispiel 1,008 g naszierenden Wasserstoff oder 32 g Sauerstoff, und berücksichtigt nur die Menge, die dann in Reaktion tritt, wenn der Stoff wirklich nur *einmal* reagiert, so hat man für jedes sogenannte Element und auch für jeden sogenannten zusammengesetzten Stoff eine charakteristische, eindeutige Zahl. Diese nenne ich das Verbindungsgewicht. Sie ist so absolut, als etwas in der Natur absolut sein kann. Gäbe es eine chemische Verbindung, in die alle sogenannten Elemente *einmal* eingetreten wären, so würde sie, wenn sie Wasserstoff in der Menge von 2 g (2,016 g) enthielte, bei der Analyse genau die den sogenannten Atomgewichten entsprechenden Mengen, die im periodischen System stehen, liefern. Man würde dann die einzelnen Elemente unmittelbar im Phänomen mit der ihnen eigenen Gewichtsmenge entstehen sehen. Der Ausdruck «Verbindungsgewicht» wird fast immer gleichbedeutend mit «Äquivalentgewicht» gebraucht. Das tue ich nicht. *Verbindungsgewicht nenne ich das, was man bei sogenannten Elementen Atom- und bei zusammengesetzten Stoffen Molekulargewicht nennt*, jene jedem Stoff eigene Größe, die man nicht hypothetisch zu deuten braucht. Hierin liegt auch die Antwort auf einen Vorwurf, den man erheben könnte, dass dieser Versuch eine Rückkehr zu den Anschauungen von Chemikern im Beginn des 19. Jahrhunderts, zum Beispiel von *Gmelin*, sei, der am Erfolg der atomistischen Spekulation verzweifelte, vom Atomgewicht usw. nichts wissen wollte und sich auf die bloß aus der Sinnesanschauung gewonnenen «Verbindungs- oder Äquivalentgewichte» zurückzog. Da kam er aber zu ganz falschen Zahlen; denn ob eine in Reaktion tretende Menge davon herrührt, ob der Stoff *einmal* oder mehrmals in Reaktion tritt, das kann nur durch allerlei Erwägungen und Experimente festgestellt werden, nicht bloß durch die Analyse. Hier soll eben gezeigt werden, wie gerade die *Atomisten*, wie zum Beispiel *Avogadro* und vor allem *Cannizarro*, recht hatten, wie aber ihre Ergebnisse anstatt durch die Atomtheorie durch *Einsicht* in die Sache selbst begriffen werden können. (Der Ausdruck Verbindungsgewicht für das, was man sonst als Atomgewicht oder auch bei zusammengesetzten Stoffen als Molekulargewicht bezeichnet, findet sich auch bei *Wilhelm Ostwald* (1919): Grundlinien der anorganischen Chemie. 4. Aufl., Dresden & Leipzig: Steinkopff, S. 180 bis 183, und auch von *Fajans* wird neuerlich das Atomgewicht, soweit man dabei nicht die einzelnen es bildenden, ebenfalls charakteristischen Mengen der Isotopen berücksichtigt, «Verbindungsgewicht» genannt, wobei dieser Begriff streng von dem des Äquivalentgewichtes getrennt wird (vgl. Kasimir Fajans (1919): Radioaktivität und die neueste Entwicklung der Lehre von den chemischen Elementen. Braunschweig: Vieweg, S. 55 und Anm. 20, S. 104).)

[Leopold Gmelin (1788–1853), deutscher Chemiker, Begründer von «Gmelins Handbuch der anorganischen Chemie», schlug angesichts bestehender Verwirrung über den atomaren Aufbau der Stoffe und demzufolge uneinheitliche Atomgewichtsangaben vor, zu den experimentell gesicherten Äquivalentgewichten zurückzukehren, konnte sich damit jedoch nicht durchset-

Die Schwierigkeit der Bestimmung des Verbindungsgewichts besteht vor allem darin, zu ermitteln, wie oft der betreffende Stoff in die Verbindung eingetreten ist. Denn nur eine Verbindung, in welche die betreffenden Stoffe nur je *einmal* eingetreten sind, ist zur analytischen Ermittlung dieser Größe geeignet.

Die Bedeutung des Tatbestandes, dass Dichte und Verbindungsgewicht im Gaszustand gleich sind, liegt auch darinnen, dass dadurch das Verbindungsgewicht *physikalisch* bestimmbar wird. Die Dichtebestimmung führt direkt zur Ermittlung der sonst nur chemisch zu bestimmenden Größe.

Man kann diesen wichtigen Tatbestand auch noch von der folgenden Seite beleuchten. Das Gas ist verdichtbar durch Druck in *mechanischer* Weise. Aber es ist auch verdichtbar in *chemischer* Weise, indem man es durch Verbindung komplizierter macht. Das Volumen bleibt dabei unter gleicher Außentemperatur und Außendruck gleich. Die festen Stoffe gehen bei der steigenden chemischen Komplikation sozusagen «aus dem Leim», ihr Verbindungsvolumen (Molekularvolumen der Chemie) steigt, denn weil sie äußerlich schon verdichtet sind, können sie keine innerliche (chemische) Verdichtung mehr vertragen, ohne ihr Ausgangsvolumen zu verlieren. Die Gase aber können, da sie *äußerlich* unverdichtet sind, die *innere* Verdichtung ohne Änderung des Volumens ertragen. Es triumphiert das vom Chemismus unbeeinflusste Volumen der Gase. Steigende Komplikation führt durch *innere* Verdichtung, die natürlich keine molekulare Intussusception[90], sondern ein Eigenartiges ist, ebenso zur Verflüssigung und Verfestigung wie äußere Verdichtung durch Druck. Man kann eben diesen Tatbestand von den *verschiedensten* Seiten her begreifen. Nicht die Berufung auf die einseitige *Avogadrosche* Regel, sondern die fortwährende Vertiefung der Einsicht in die von allen Seiten

---

zen. – Der italienische Chemiker Stanislao Cannizzaro (1826–1910) verhalf auf dem Karlsruher Chemikerkongress von 1860 unter Einbeziehung aller bis dahin bekannten die Stoffmengen und die Stöchiometrie betreffenden Gesetzmäßigkeiten Avogadros Hypothese zur allgemeinen Anerkennung und damit der atomistischen Theorie zum Durchbruch (vgl. Anm. 60). – Kasimir Fajans (1887–1975), polnischer Chemiker.]

90 Als Intussuszeption wird in der Pathologie das in Längsachse erfolgende Stauchen und Ineinanderschieben eines Darmabschnitts bezeichnet. Dabei kommt es in gewisser Weise zu einer «Verdichtung» des Darmes, was Kolisko hier als Tertium Comparationis heranzieht.

her sich immer mehr erhellende Natur des Gaszustandes führt hier zur Klarheit.

Hier ist wohl der Ort, auf den Begriff der *chemischen Zusammensetzung* einzugehen. Dem Phänomen nach gibt es diese nicht. Das Wasser ist als ebenso einfach zu betrachten wie der Wasserstoff. Die Zusammensetzung ist nur eine dynamische. So wenig die sogenannte «latente Wärme» in dem Gase oder der Flüssigkeit als Wärme enthalten ist, so wenig der Wasserstoff im Wasser. Wasser ist eine Form, die der Wasserstoff unter gewissen Bedingungen, nämlich wenn Sauerstoff und eine bestimmte Temperatur usw. vorhanden sind, annimmt. Wasser ist also keine Zusammensetzung, sondern es ist modifizierter, und zwar am Sauerstoff modifizierter Wasserstoff oder am Wasserstoff modifizierter Sauerstoff. Wasserstoff ist in Wasser auf die eigenartige Weise enthalten, die man eben nur die *chemische* nennen kann. Es gibt ja *unzählige* Arten des *Enthaltenseins*. Der bloß räumliche Begriff des «Enthaltenseins» ist nur die niederste Art. Sie ist auf den Chemismus nicht anwendbar. Aber man will ja keine *neuen* Begriffe bilden, sondern die alten Denkschablonen anwenden. Dass zum Beispiel die einzelnen Blei- oder Benzolverbindungen ähnlich sind, beweist natürlich nicht, dass Blei oder Benzol in ihnen unverändert enthalten sind, sondern es vermag nur das in der chemischen Verbindung Hinzukommende die Eigenschaften nicht völlig abzuändern. Sowenig der Vater wegen der Ähnlichkeit im Sohn drinnen steckt, sowenig das Blei im Bleisulfid, sondern das Bleisulfid erinnert nur an das Blei, weil der Schwefel die Eigenschaften des Bleies nicht hat ganz verändern können.

Wenn man auch sagen kann, dass Wasser nur ein Zustand des Wasserstoffs ist, und ebenso, dass alle Verbindungen nur Zustandsformen ihrer Elemente sind, so darf man doch nicht glauben, dass etwa nun die sogenannten Elemente etwas Letztes wären. Die Radiologie[91] zeigt heute schon, dass auch sie nur Zustandsformen sind. Auch Gold ist Gold nur durch die äußeren Bedingungen, unter denen es steht. So wird Radium unter gewissen Bedingungen zu Helium und Blei, und ähnliches sieht

91 Radiologie wird hier Sinne einer Wissenschaft von den radioaktiven Erscheinungen verwendet. Heute müsste es Radiochemie heißen, während unter Radiologie der Teilbereich der Medizin verstanden wird, der radioaktive Strahlung nutzt, zum Beispiel beim Röntgen oder in der Krebstherapie.

man wenigstens der Möglichkeit nach auch für die anderen sogenannten Elemente ein.

Die chemische Verbindung ist somit etwas ganz Eigenartiges. Sie kann nicht als eine mechanische Verbindung gedeutet werden. Die latente Wärme ist ja auch nicht als Wärme in dem Gase vorhanden, sondern das, was als Wärme beim Verflüssigen frei wird, zeigte sich früher in den mehr ausdehnsamen, gestaltverleugnenden Eigenschaften des Gases. Was früher in dem Gase räumlich wirkte, tritt in Erscheinung als freiwerdende Wärme. Ebenso ist nicht der Wasserstoff irgendwie atomistisch im Wasser enthalten, sondern er stellt sich in seinem Zusammenwirken mit dem Sauerstoff als Wasser dar und nimmt, wenn er durch andere Einflüsse von diesem Einflusse des Sauerstoffes befreit wird, die Form an, die wir Wasserstoff nennen. Freilich kann Wasserstoff nur aus den sogenannten Wasserstoffverbindungen erhalten werden, aber dies weist nur auf ein dynamisches Enthaltensein des Wasserstoffes im Wasser hin. Genauso kann Wärme eben nur aus den mehr gestaltlosen «Aggregatzuständen» erhalten werden, weil in diesen Zuständen das Wärmewesen bis in ihre letzten Eigenschaften hinein lebt und daher aus ihnen sich in der Form der freien Wärme entbinden kann.

Ebenso kann die *Lösung* nie dadurch verstanden werden, dass man sich dieselbe nur als molekulare Suspension denkt, sondern nur durch ein Sichversenken in die Eigenart des gelösten Zustandes. Die Verbindung, in der hier das Lösungsmittel mit dem gelösten Stoff steht, ist eine ebenso eigenartige wie bei der chemischen Verbindung oder bei dem verschiedenen Sichvereinigen der Wärme mit den Stofflichkeiten, wie wir es beim Wechsel der Aggregatzustände sehen. Bei der sogenannten kristalloiden Lösung[92] entsteht etwas völlig Neues gegenüber ungelöstem Stoff und Lösungsmittel. Dem Wesen des Lösungszustandes kommt man auch nur bei, indem man es in *allen* seinen Erscheinungen auf sich wirken lässt.[93] Eine mechanische Erscheinung dieses Wesens, den osmotischen Druck zum Beispiel, irgendwie durch eine mechanische Vorstellung zu erklären und dann diese Erklärung auf alle anderen Erscheinun-

---

92 Kristalloide Lösung: heute veralteter Ausdruck für eine Lösung kristalliner Stoffe.

93 Für Erläuterungen zu den im Folgenden besprochenen Phänomenen vgl. S. 160: Erscheinungen an Lösungen.

gen zu übertragen, wäre verfehlt. Der osmotische Druck ist genau so die *mechanisch* behinderte Lösung wie der Gasdruck die mechanisch behinderte Ausdehnung. Er ist nicht von den Stößen der kleinsten Teilchen des gelösten Stoffes auf die semipermeable Membran bedingt. Behindert man die Lösung *thermisch*, d. h. sucht man durch Verdampfen oder Gefrieren das Lösungsmittel in eine Form zu bringen, die ein Zusammenwirken mit dem gelösten Stoff unmöglich macht, so bekommt man eine *thermische* Widerstandserscheinung, nämlich die Siedepunktserhöhung und Gefrierpunktserniedrigung. Oder man kann beobachten, wie gewisse unbeständige chemische Stofflichkeiten einfach dadurch vor der Veränderung geschützt werden, dass man sie in Lösung bringt, zum Beispiel die unbeständige Form des Arsens in Schwefelkohlenstoff. Hier wird dann eine chemische Widerstandserscheinung, verringerte chemische Zersetzlichkeit, sichtbar. Die Lösungstendenz offenbart sich in ihren Behinderungen, je nachdem man diese Hindernisse mechanisch, thermisch, chemisch usw. gestaltet, in entsprechender Weise. Wer unbefangen alle Erscheinungen des Lösungszustandes untersucht, wird ihn nicht durch mechanisch-atomistische Hypothesen deuten, sondern er wird versuchen, für seine Eigenart aus der Gesamtheit seiner Phänomene sich Begriffe zu bilden. Die Lösung stellt sich in eigentümlicher Art hinein zwischen das Zusammenwirken der imponderablen Wärme mit den Stofflichkeiten in der Aggregatzustandsänderung und das Zusammenwirken der Stofflichkeiten untereinander nach chemischen Gesetzen. In dieser ihrer Eigenart muss sie verstanden werden. (*19)

Auch solche Erscheinungen wie die *Dissoziation* können verstanden werden, ohne sich eines hypothetischen Elementes zu bedienen. Im Gaszustande beobachten wir häufig Dissoziationen von Stoffen, die sich bei sinkender Temperatur verbinden. Es führt also das Übergehen in die gestaltloseren Zustände des Materiellen, zum Beispiel in den Gaszustand, dazu, dass zugleich die chemische Verbindung unmöglich wird. So wie die chemische Komplikation durch innere Verdichtung schließlich zum Übergehen in dichtere Zustände führt, wie also Verdichtung und chemische Kompliziertheit zusammenhängen, so meist Verdünnung und Dissoziation. Der gelöste Zustand ist auch ein die Gestalt verleugnender Zustand, der noch den Stofflichkeiten die Möglichkeit gibt, sich aus sich selbst heraus zu verbreiten. Er führt auch zu einer Art Aufhebung der chemischen Verbindung, nämlich zur sogenannten elektrolytischen Dissoziation. Da tritt auch Spaltung auf, aber nicht in allen Eigenschaften.

Die Stoffe verhalten sich, als ob sie teilweise noch einheitlich wären, d.h. die Eigenschaften der Verbindungen zeigten, teilweise als ob sie schon gespalten wären, d.h. die Eigenschaften der Dissoziationsprodukte aufwiesen. Es führt der gelöste Zustand nur zu einer Art Labilität der chemischen Verbindung, zu einer teilweisen Spaltung der chemischen Eigenschaften und zu einer Art Bereitschaft, sich umzusetzen, nicht zu einer so diskreten, räumlichen Spaltung wie der gasförmige Zustand. Man kann sagen, dass die allereinfachsten chemischen Verbindungen, die nur auch löslich sind, wie die Salze, Säuren und Basen, zur Dissoziation neigen. Je komplizierter die Verbindung und je weniger diejenigen Stofflichkeiten in sie eingehen, die eine besondere Tendenz nach dem gelösten Salzzustand haben, wie zum Beispiel Alkalien und Halogene, desto mehr verliert sich die Möglichkeit der Dissoziation. Dasselbe gilt auch vom Lösungsmittel. Man kann sagen, dass diejenigen chemischen Verbindungen zur Dissoziation neigen, die durch chemischen Ausgleich der ursprünglichsten Gegensätze der im periodischen System der Elemente stehenden Elemente entstanden sind. Also zum Beispiel durch Ausgleich von Natrium und Chlor entsteht ein Salzartiges, das kristalloid löslich ist und zugleich dissoziiert. Die Salze, Säuren und Basen sind relativ einfache Stoffe, die durch die ursprünglichste Vereinigung der in den sogenannten Elementen liegenden Gegensätze entstehen. Die kompliziertere chemische Zusammensetzung verhindert das Bestehen der gestaltverleugnenden Zustände. Sie führt daher zur Aufhebung der Löslichkeit. Es bleibt nur die Möglichkeit der *kolloidalen* Lösung mehr übrig. Ebenso verhindert sie aber auch die Dissoziation, die mit der Gestaltverleugnung Hand in Hand geht. Daher dissoziieren nur einfach zusammengesetzte Stoffe in einfach zusammengesetzten Lösungsmitteln. Andererseits bietet die chemische Polarität, die zwischen solchen gegensätzlichen Stoffen besteht, die sich eben erst ausgeglichen haben und im Lösungszustand die Tendenz einer Dissoziation bekommen, der elektrischen Polarität die Möglichkeit, sich an ihr zu äußern. Gerade dort, wo die chemische Polarität sich auslebt, kann die elektrische offenbar werden. Daher ist die Dissoziation der Salze, Säuren, Basen zugleich von elektrischen Phänomenen begleitet. Die Elektrizität wandert mit den polar sich sondernden Eigenschaften der Stofflichkeiten. Durch Zusammenwirken jener Dissoziationstendenz, die nur an einzelnen Eigenschaften offenbar wird, mit dem elektrischen Strom entstehen dann erst die eigentlichen elektrolytischen Erscheinungen. Man hat es auch nicht nötig, mit den Ionen (d. h. phänomenologisch: mit den wandernden Eigenschaften der Stofflichkeiten) irgendwie atomistische Begriffe zu verbinden. Verständlich wird auch der dissoziierte Zustand nur durch ein Neuherausbilden von Begriffen, die seiner Eigenart gerecht werden.

Auch das Gebiet der sogenannten *organischen Chemie*, besonders der Strukturchemie, ist ja durchaus einer hypothesenfreien Betrachtungsweise zugänglich, wenn man nur, anstatt die Erscheinungen in atomistische Worthülsen zu bringen, die adäquaten Begriffe entwickelt. Man muss sich da vor allem klarmachen, dass die sogenannten Radikale[94] reelle Stoffe sind, die nur oft nicht für sich rein darstellbar sind. Methyl ist zum Beispiel ein Stoff, der infolge der Tendenz des Kohlenstoffs, den Wasserstoff gleich viermal aufzunehmen, nicht beständig ist, übersprungen wird. Aber darum ist er doch ein realer Stoff. Durch entsprechende Substitution kann er sogar darstellbar, d.h. sichtbar gemacht werden (Triphenylmethyl). Man muss sich nur von der Vorstellung freimachen, dass ein Stoff erst dann für uns Realität ist, wenn er rein dargestellt, womöglich in fester Form vor uns liegt. Er ist im Verbindungszustand genauso real wirksam wie im sogenannten freien Zustand. Ja selbst, wenn man Natrium im festen oder flüssigen Zustand vor sich hat, dann hat man ja auch nicht den Stoff als solchen, sondern in einer ganz bestimmten Verbindung mit der Wärme usw. Das Fluor war bekannt, ehe man es darstellen konnte. Man wusste, dass der Flusssäure ebenso ein sogenanntes Element zugrundeliegen müsse wie der Salzsäure. Ebenso ist zum Beispiel das Hydroxyl, das Methyl usw. ganz real wirksam, obwohl sie nur in Verbindung mit anderen Stofflichkeiten erscheinen. Andere sogenannte «Gruppen» kennt man als reale Stoffe wie zum Beispiel die sogenannte Nitrogruppe als Stickstoffdioxid. Anstatt von Nitrogruppe zu sprechen, müsste man eigentlich reden von dem realen Stoff Stickstoffdioxid, der sich mit anderen Stoffen verbinden kann, wodurch die Nitroverbindungen entstehen. So ist jede organische «Gruppe» als ein realer Stoff zu betrachten, gleichgültig ob er darstellbar ist oder nicht. Es gibt zum Beispiel drei Stofflichkeiten, die unter dem Methan stehen: Methyl, Methylen, Methenyl, CH_3, CH_2, CH_1, welche in ihrer Verbindung die mannigfaltigen Kohlenwasserstoffverbindungen entstehen lassen.

94 Heute spricht man von funktionellen Gruppen und Strukturbausteinen der betreffenden Moleküle; Kolisko benutzt im Folgenden auch den Begriff Gruppe, jedoch in Anführungszeichen.

Die Strukturchemie hat nur die Frage zu lösen, aus welchen Verbindungen ein Stoff «zusammengesetzt» ist. (*21) Sie muss mit Verbindungen (sogenannten «Gruppen») ebenso als einheitlichen konstituierenden Faktoren rechnen, wie man mit Wasserstoff und Sauerstoff als den realen, konstituierenden Faktoren des Wassers rechnen muss. Statt von «Atomgruppen» kann man einfach von den betreffenden *Stoffen* reden, die in ihrer Wechselwirkung Stofflichkeiten von neuen Eigenschaften erzeugen. (*22)

Hat man von der Natur der chemischen Verbindung nicht eine atomistische Vorstellung, lässt man sie als ein *völlig Neuartiges* gegenüber den sogenannten Komponenten gelten, dann kann es einen durchaus nicht wundernehmen, dass chemische Verbindungen ebenso wie sogenannte Elemente ihre Natur einheitlich in die neuen Verbindungen einfließen lassen, die sie zusammen bilden. Die «*Radikale*» sind, gleichgültig ob für sich darstellbar oder nicht, eigenschaftsbestimmende Faktoren. In dem Augenblick, wo man mit einem nicht darstellbaren Stoff als einer Realität operiert, kann man sich die atomistische Folgerung, die für ihn einen atomistischen Träger, die sogenannte «Atomgruppe» annimmt, ersparen. Wo der Atomist mit Atomen und Atomgruppen operiert, kann man mit den realen Stoffen selbst operieren.

Es muss besonders betont werden, dass dies nur ein Versuch ist, Richtlinien zu geben, nach welcher Richtung die hypothesenfreie Darstellung des vorliegenden chemischen Tatsachenmaterials erfolgen muss. Auf einem beschränkten Raume können daher nur Andeutungen gegeben werden. Aber diese sind unbegrenzt erweiterbar für den, der die darin liegende Denkweise sich zu eigen macht. Auch hier möchte ich darauf hinweisen, dass diesem Versuch, Richtlinien für die hypothesenfreie Gestaltung der rein außermenschlichen Chemie zu geben, – einer kleinen Vorarbeit – eine Darstellung der Chemie mit Berücksichtigung der *physiologischen* Phänomenologie der Stoffe nachfolgen muss.[95]

---

95 Dass Kolisko die angegebene Richtung eingeschlagen hat, geht u.a. aus dem ein Dreivierteljahr später im Rahmen des Darmstädter anthroposophischen Hochschulkurses am 28. Juli 1921 gehaltenen Vortrag «Die Neugestaltung des chemischen Stoffbegriffs durch Zusammenschauen von Physiologie und Chemie» hervor (Besprechung in der Darmstädter Zeitung, 145. Jg., Nr. 175, 29. 7. 1921, S. 716, abgedruckt in: Rudolf Steiner (1997): Die Aufgabe der Anthroposophie gegenüber Wissenschaft und Leben. 1921, GA 77a). Am

Man hat oft darüber nachgegrübelt, was das Wesen der chemischen *Affinität* sei. Heute noch findet man in vielen Lehrbüchern der Chemie, dass ihr Wesen leider noch immer so dunkel sei wie vor 150 Jahren. Aber dieser Frage liegt der Wunsch zugrunde, sie möchte doch *mechanischer* Natur sein, sie möchte sich einst als eine Art Gravitationskraft darstellen. Man bedenkt nicht, dass die Stoffe reagieren, weil sie ihre Polaritäten ausgleichen. Aber, wenn wir im periodischen Systeme der Elemente lebendig die chemischen Polaritäten vor uns haben, so haben wir zugleich auch das Wesen der chemischen Affinität vor uns. Sie ist ja nur die sich ausgleichende chemische Polarität selbst. Man *sucht nur die Affinität nicht im chemischen, sondern im mechanischen Gebiet.* (*20) Und weil man sie dort sucht, so bleibt ihr Wesen dunkel, obwohl man daneben die sich entwickelnde Chemie selbst hat, die nichts anderes ist als ein immer mehr sich gestaltendes Bild dieser Affinität. In den Gegensätzen des periodischen Systems der Elemente oder schon in dem Gegensatz von Säure und Base, der auf den ersteren zurückführt, hat man unmittelbar vor sich die Polaritäten, deren Ausgleich eben die chemische Verbindung ist. Man beobachte nur diese Gegensätze und man findet in ihnen zugleich die verschiedene Wirkungsart der Affinität. Es gibt Leute, die ein ganzes Buch schreiben über Chemie, also über die Affinität und ihre Auswirkungen, und dabei auf der ersten Seite stehen haben, dass sie nicht wüssten, was chemische Affinität ist.

Der Chemiker *Berzelius,*[96] der die moderne Chemie mitbegründet

---

30. März 1920 hatte Kolisko überdies bereits einen Vortrag über Chemie in diesem Sinne in Stuttgart gehalten, auf den sich Rudolf Steiners häufig gebrauchte anerkennende Wendung von der «Koliskoschen Chemie» gründete (vgl. Joop van Dam (2003): Eugen Kolisko. In: Bodo v. Plato (Hg.): Anthroposophie im 20. Jahrhundert. Dornach: Verlag am Goetheanum, S. 389–393, abgedruckt in diesem Band, S. 329: Eugen Kolisko). Ein 1932 gehaltener Vortrag über den Zusammenhang von Blei und Saturn dokumentiert darüber hinaus auch die diesbezügliche Zusammenarbeit Koliskos mit Lili Kolisko, seiner Frau (abgedruckt in: Lili Kolisko (1952): Sternenwirken in Erdenstoffen – Saturn und Blei. Ein Versuch, die Phänomene der Chemie, Astronomie und Physiologie zusammenzuschauen. Heidenheim: ohne Verlag, S. 161–172). Schließlich finden sich im Nachlass weitere entsprechende Manuskripte von Vorträgen und Kursen aus den 1920er und 30er Jahren (vgl. Bibliografie Eugen Kolisko, Archiv der Pädagogischen Forschungsstelle beim Bund der Freien Waldorfschulen in Stuttgart).

96 Jöns Jakob Berzelius (1779–1848), schwedischer Chemiker.

hat, wollte einmal die chemische Affinität zurückführen auf die *Elektrizität*. Das ging nicht. Eine große Arbeit wurde von ihm geleistet, um alle organischen Verbindungen irgendwie als aus elektrischen polaren Bestandteilen zusammengesetzt zu begreifen. Und nachdem die Chemie sich über 30 Jahre in dieser Richtung bewegt hatte, kam eine neue, die diese dualistische Anschauung wegräumte und einen unitarischen Standpunkt an deren Stelle setzte. Dies ging so weit, dass man lange Zeit im Allgemeinen in der Chemie, wo der polarische Gegensatz der Stoffe sich eigentlich in jeder Erscheinung aufdrängt, überhaupt keine Polarität gelten lassen wollte. Die chemische Polarität, der chemische Gegensatz der Stoffe, ist aber selbst beim Galvanismus das Ursprüngliche, an den sich der elektrische Gegensatz nur anlehnt. Das Elektrische entwickelt eben diese eigentümliche Art der Polarität, die sich überall an andere Polaritäten gleichsam anlehnen will.[97]*

So kann man sehen, wie die moderne Naturwissenschaft gezwungen ist, gewissermaßen nur auf großen *Umwegen* zum Ziel zu kommen. Da ist zum Beispiel die Kinetische Gastheorie ein solches Gebiet, wo eine ungeheure, in gewissem Sinne bemerkenswerte Gedankenarbeit geleistet worden ist, um die Frage zu beantworten, wie man die Phänomene des Gaszustandes erklären kann, wenn man mechanisch-atomistische Grundannahmen macht. Nicht in das Wesen will man da hinein, sondern man denkt mechanische Annahmen und Zusatzhypothesen aus, um die Berechtigung seiner eigenen Vorurteile zu beweisen. Die heutige naturwissenschaftliche Anschauung von mehr *revolutionärer* Richtung war gezwungen, vieles, was von der sogenannten klassischen Richtung herkommt, abzubauen. Wir beobachten eine Art *Zertrümmerungsprozess des gesamten früheren naturwissenschaftlichen Weltbildes*. Bis zu *Einstein* herauf ist das immer deutlicher geworden.[98] Es muss uns tra-

---

97 (*EK) Die Druck-, Wärme-, chemische oder andere Differenzen geben dem polaren Wesen der Elektrizität die Möglichkeit, sich zu manifestieren. Die chemischen Gegensätze müssen in der Chemie, zum Beispiel im periodischen System der Elemente, studiert werden. Sie sind eigenartig. Ihre Ausgleiche sind die chemischen Prozesse. Es handelt sich im Sinne dieser Vorträge nicht darum, das Chemische auf etwas anderes zurückzuführen, sondern neue chemische Begriffe zu entwickeln.

98 Albert Einstein (1879–1955), deutscher theoretischer Physiker, Schöpfer der Relativitätstheorie. – Kolisko spricht hier den Umsturz des Weltbilds der klassischen Physik an, der Ende des 19. Jahrhunderts u. a. mit der Entde-

gisch berühren, dass diese unendliche Gedankenarbeit wieder aufgehoben werden muss, dass das, was in diese Sackgasse hineingearbeitet worden ist, wieder abgebaut werden muss durch Triebkräfte, die von innen heraus kommen, die sich im historischen Verlauf der Entwicklung der Wissenschaft ergeben, wie von selbst zerstört werden muss. Es kommt das daher, weil die Menschen sich nicht daran gewöhnt haben, wahrheitsgemäß zu urteilen.

Dafür ein symptomatisches Beispiel: In einer Diskussion, nachdem ich in meinem Vortrage darauf hingewiesen hatte, dass Gedanken zu Realitäten führen können, sagte mir einmal ein Universitätsprofessor ungefähr Folgendes: Was man von der Realität der Gedanken halten kann, geht daraus hervor, dass man auch einen Unsinn denken kann. Denn man kann ja auch sagen $2 \times 2 = 5$ statt $2 \times 2 = 4$. Das beweist aber nur, dass sich für diesen Professor die Urteile $2 \times 2 = 4$ und $2 \times 2 = 5$ phänomenologisch nicht unterscheiden. Er berücksichtigt nicht das, was einem unerträglich ist bei dem Urteil $2 \times 2 = 5$. Diese Unerträglichkeit ist auch ein Phänomen. Und ebenso das Erlebnis der Einsicht des Zusammenhanges, das man bei dem Urteil $2 \times 2 = 4$ hat und bei $2 \times 2 = 5$ nicht haben kann. Das heißt, er hat es natürlich auch erlebt, aber er will es sich nicht klarmachen. Es hat sich eben in neuerer Zeit immer mehr die Ansicht herausgebildet, Urteile seien *willkürliche* Verbindungen von Tatsachen und es komme nur auf diese Willkür an. Man kann auch Widersprechendes verbinden. Warum denn nicht? Der andere Faktor, der auch da sein muss und den die moderne Philosophie und Naturwissenschaft verloren hat, dass man nämlich die Verpflichtung hat, ein Urteil nur dann zu bilden, wenn einem ein Zusammenhang einleuchtet, ist ganz verloren gegangen. *E. A. K. Stockmeyer*[99]* hat diesen Faktor in einem Aufsatz in der Zeitschrift «Das Reich» das intellektuelle, das *Wahrheitsgewissen* genannt. Denken ist nicht nur eine subjektive Verbindung von Tatsachen etwa nach Zweckmäßigkeitsgründen. Man hat nicht das Gefühl dafür, dass man die Verpflichtung hat, nur solche Urteile zu bil-

ckung von Röntgenstrahlen und Radioaktivität eingeleitet worden ist und zu Relativitätstheorie und Quantenphysik geführt hat; vgl. dazu z. B. Martin Basfeld (1992): Erkenntnis des Geistes an der Materie. Stuttgart: Freies Geistesleben, S. 115–233.

99 (*EK) E. A. Karl Stockmeyer (1918): Erkenntnis und Wirklichkeit. Das Reich 3, S. 336–348, hier S. 338.

den, bei denen einem, wie oben geschildert, einleuchtet, dass man nur durch Befangenheit vorher die Begriffe auseinandergehalten hat, die sich jetzt im Lichte der Einsicht verbinden.

Wahrheit muss in die Wissenschaft hineinkommen. Denn unsere Philosophie und Wissenschaft ist eine solche, die das Wahrheitserleben in ihrem Urteil nicht produzieren kann. Daher ist es auch so, dass die Philosophie und Naturwissenschaft den ungeheuren Weg, den sie seit einigen Jahrhunderten gegangen sind, nun in revolutionärer Weise zurückgehen [müssen]. *[Müssen]*, nicht [wollen][99a]. Das ist das Eigentümliche der *Goethe*schen Art der Naturbetrachtung, dass in ihr nichts zurückgenommen werden muss. So vorsichtig ist *Goethe* in Bezug auf das, was sich auf noch nicht genau erforschte Phänomene bezieht, dass man ihn nur wenig heute zu korrigieren hat. Und dasselbe liegt in dem vor, was als Lebenswerk *Rudolf Steiners* dasteht. Man nehme den Inhalt der von ihm geschriebenen Einleitungen zu *Goethes* naturwissenschaftlichen Schriften aus den achtziger und neunziger Jahren des vorigen Jahrhunderts oder den von «Wahrheit und Wissenschaft»[100]. Da treten die Begriffe ursprünglich in einfacher Form auf, aber sie sind so, dass sie immer weiter wachsen können, dass sich an sie immer etwas Neues ansetzen kann. So wuchs auch das Urphänomen in der *Goethe*schen Farbenlehre immer weiter im Laufe seines Lebens, nachdem er es einmal erfahren und den Punkt gewonnen hatte, an den alles andere in Bezug auf die Farben sich anschließen konnte. Immer reicher wurden die Erlebnisse, die in immer erneuter Gestalt sich auf dieses Urphänomen bezogen. Seine Begriffe waren lebendige, sie konnten *wachsen.* Nicht solche Begriffe waren es, die nicht wachsen können, es sei denn, dass man ihnen von *außen* her Zusatzhypothesen zuwirft. Der Mensch braucht aber lebende, wachstumsfähige Begriffe. Die muss er haben, sonst verkümmert er.

So wird es notwendig sein, dass diese großen Wellenschläge, die die wissenschaftliche Entwicklung macht, indem sich das klassisch naturwissenschaftliche Weltbild herausbildet und dann zertrümmert werden

---

99a Im Original: «muss» bzw. «will» anstatt müssen und wollen.

100 Rudolf Steiner (1987): Einleitungen zu Goethes naturwissenschaftlichen Schriften (1884–97/posthum 1926, GA 1), 4. Aufl. Ders. (1980): Wahrheit und Wissenschaft. Vorspiel einer «Philosophie der Freiheit» (1892, GA 3), 5. Aufl.

muss, wie man es heute beobachten kann, dass diese großen Wellenschläge, die Menschengenerationen umfassen, hereingenommen werden ins einzelne menschliche Leben. *Goethe* sprach nicht früher ein wissenschaftliches Urteil aus, bevor er den Kampf durchgemacht hatte, den unvorsichtige Menschen einer Generation übertragen. Wir dürfen es nicht der Mit- und Nachwelt überlassen, im Laufe von Generationen den Kampf auszukämpfen, der auf dem Grunde unserer eigenen Seele ausgekämpft werden muss.

Finden die Menschen für Probleme keine Lösung, so drängen sich diese von selbst herauf. Die gemarterten reinen Phänomene empören sich schließlich und zertrümmern das aus Vorurteilen gestaltete Weltbild. Es gibt nur *zwei* Arten der Entwicklung. Entweder im Lichte der Erkenntnis oder indem sich das, was doch eingesehen werden muss, aus dem Dunkeln heraus die Bahn bricht. Unsere Aufgabe ist es immer mehr und mehr, das Werden der Wissenschaft im Lichte der *Einsicht* sich vollziehen zu lassen.

Zusätze und Anmerkungen

Diese Anmerkungen entstammen zum Teil zwei im Anschluss an die Dornacher Hochschulkurse gehaltenen Fragebeantwortungen.

I.

(*1) Der Begriff von Ursache und Wirkung darf nur dort angewendet werden, wo dazu in der Erfahrung sich ein Anlass bietet. Es handelt sich darum, sich darin zu schulen, dass man den Begriff von Ursache und Wirkung an den Stellen anzuwenden lernt, wo er der *von der Wirklichkeit geforderte Begriff* ist. Wenn ich zum Beispiel eine Fußspur im Sande sehe, und ich schließe daraus auf den Fuß, der sich in den Sand eindrückte, so ist das eine *berechtigte* Anwendung dieses Begriffes. Nicht so, wenn ich zum Beispiel den Gasdruck als Wirkung von kleinsten Teilchen, die sich bewegen, auffasse. Im ersten Fall liegt in der Erscheinung der Fußspur etwas für mein Denken als Organ der Auffassung, was mich veranlasst, den Begriff der Wirkung darauf anzuwenden. Im zweiten Fall denke ich *willkürlich* eine Ursache dazu, um das Phänomen als eine Wirkung von etwas, nämlich der hinzugedachten mechanischen Ursache, begreifen zu können. Nur dort darf ich der Wirklichkeit den Begriff der Kausalität entgegenbringen, wo er von ihr gefordert wird. Ob dies der Fall ist, erkennt man durch einen gewissen *Wirklichkeitssinn*, der gerade heute immer mehr verloren geht. Ebenso gibt es Fälle, wo es berechtigt ist, den Begriff des *Zweckes* zu verwenden, nämlich dort, wo es sich wirklich um menschliche Zwecke handelt. Ein Werkzeug ist zum Beispiel zweckmäßig gestaltet. Da hat man zuerst die Vorstellung des Werkzeuges im Kopfe des Konstrukteurs und dann verwirklicht sich diese im Werkzeug. Es ist zweckmäßig gestaltet, weil es tatsächlich nach einer menschlichen Vorstellung gebildet ist. Wenn dagegen gesagt wird, die Korkbäume seien dazu da, damit der Mensch Kork bekommen könne, so denkt man ein menschenähnliches Wesen, das die Natur auf den Zweck des Menschen hin schafft. Es ist dies eine willkürliche Anwendung des *Zweckbegriffs*. Das gilt von aller Teleologie.

(*2) Die Naturwissenschaft entwickelt zuerst ein mechanisches Weltbild. Das Wesen der Welt wird so gedacht, dass vom Seelischen des Menschen darin nichts vorkommen darf (vgl. *Rudolf Steiner*, «Die Rätsel der Philosophie», «Vom Menschenrätsel»[101]). Äther, Atome, Atombewegungen, Schwingungen usw. werden als Wesen der Welt gedacht. Diese Entwicklung des naturwissenschaftlichen Weltbildes reicht bis in die neunziger Jahre des vorigen Jahrhunderts. Schon in den achtziger Jahren beginnend, dann immer mehr sich steigernd in den neunziger Jahren, besonders aber im zwanzigsten Jahrhundert vollzieht sich der Abbau dieses mechanisch-atomistischen Weltbildes auf allen Linien. *Mach, Ostwald* und viele andere in den letzten Jahrzehnten, zuletzt *Einstein*, kommen immer mehr zur Auflösung des alten Begriffsgebäudes. Heute ist ziemlich das gesamte Arsenal der alten naturwissenschaftlichen Begriffe untergraben. Die Begriffe des Äthers, des Atoms, der Materie, Raum, Zeit, der Vorstellungen über Gravitation, über die Natur der chemischen Elemente usw., alles ist im Wanken, wird angezweifelt und kritisiert. Daneben geht freilich auch eine Weiterentwicklung des mechanisch-atomistischen Weltbildes ins noch Materialistischere. Das Alte wirkt ja immer neben dem Neuen fort, ohne sogleich zu verschwinden. Bei der neuesten Entwicklung atomistischer Vorstellungen handelt es sich auch vielfach um die Entdeckung atomistischer Phänomene und durchaus nicht um eine Bestätigung der atomistischen Denkweise.

(*3) Das ist nämlich die Art der mehr positivistischen Wissenschaftler, dass sie wie beim sogenannten psycho-physischen Parallelismus die Erscheinungen einfach parallel laufen lassen, ohne sie durch *Einsicht* zu verbinden. Sie betrachten nicht alles als *Wirkung* eines ausgedachten Tatbestandes, sie sehen nicht durch die Brille der *Kausalität*, aber sie haben dafür Angst, über die sinnlichen Phänomene mit dem Denken hinauszugehen, sie blicken immer durch die Brille eines Parallelgehens, ohne dass man weiß, *warum* dieses stattfindet. *Ursachenrationalismus das Eine, bloße Phänomenologie das Andere.*

(*4) *Ostwald* kommt dieser Erklärung in seinem Buch «Die Grundlinien der anorganischen Chemie» ganz nahe, indem er sagt:

«Man kann das eben aus der Erfahrung entnommene Gesetz von der Unveränderlichkeit der Verbindungsverhältnisse als eine Folge des frü-

101 Rudolf Steiner (1985): Die Rätsel der Philosophie (1914, GA 18), 9. Aufl.; Ders. (1984): Vom Menschenrätsel (1916, GA 20), 5. Aufl.

her ausgesprochenen Gesetzes von der *Bestimmtheit der Eigenschaften*, die den Stoffen zukommen, ansehen, wenn zu den Eigenschaften alle Beziehungen gerechnet werden, in welche der Stoff mit anderen gesetzt werden kann. Denn die Entstehungsverhältnisse eines Stoffes aus anderen Stoffen gehören sicherlich zu diesen Beziehungen, und es ist durchaus sachgemäß zu erwarten, dass, wenn durch Wechselwirkung zweier Stoffe ein dritter mit ganz bestimmten Eigenschaften entsteht, die für diesen Erfolg erforderlichen *Mengen* der erzeugenden Stoffe nicht in willkürlichen Verhältnissen zusammenwirken können, sondern es in *bestimmten* Verhältnissen tun müssen.

Eine solche Schlussweise wird in der Wissenschaft häufig angewandt, um aus bekannten Beziehungen andere, noch unbekannte abzuleiten. Man nennt den Vorgang *Deduktion* und eine Wissenschaft, welche ganz oder vorwiegend auf solchem Verfahren beruht, eine *deduktive* Wissenschaft. Früher wurde eine solche Wissenschaft als unfehlbar richtig angesehen, doch haftet den deduktiven Schlüssen offenbar eine doppelte Fehlermöglichkeit an. Einmal nehmen die Schlüsse teil an allen Unsicherheiten, welche den Voraussetzungen zukommen, aus denen sie abgeleitet sind. Zweitens aber kommen noch die Unsicherheiten dazu, die in dem Ableitungsverfahren liegen können. Zwar lehrt die formale Logik, grobe Fehler der letzteren Art zu vermeiden; verstecktere Fehler aber, die namentlich in der schwankenden Beschaffenheit der benutzten Namen und in der Unvollkommenheit der gemachten Unterscheidungen liegen, lassen sich oft nur schwer vermeiden oder entdecken.

In den Naturwissenschaften gibt es nun ein unschätzbares Mittel zur Prüfung deduktiver Schlüsse: man *vergleicht ihre Ergebnisse unmittelbar mit der Erfahrung*. So wäre es ganz wohl möglich gewesen, dass ein nachdenkender Forscher aus dem erfahrungsmäßigen Begriff des mit bestimmten Eigenschaften ausgestatteten Stoffes das Gesetz der unveränderlichen Verbindungsverhältnisse abgeleitet hätte. Er hätte dann dieses Gesetz als eine Deduktion aus jenem andern aussprechen können; in der Wissenschaft hätte es jedoch erst dann Geltung erlangt, wenn er oder ein anderer Forscher durch eine Anzahl entsprechender *Messungen* die Richtigkeit der Deduktion bewiesen hätte.

Es scheint hiernach, als sei das Verfahren der Deduktion überhaupt entbehrlich, da die Ergebnisse doch hernach erst durch die Erfahrung geprüft und bestätigt werden müssen, ehe sie erkannt werden. Man könnte ja die Auffindung neuer Gesetze ganz der Erfahrung überlassen.

Doch ist hiergegen zu sagen, dass die Auffindung der Gesetze durch die Erfahrung gar zu sehr vom Zufalle abhängig wäre, während die Schlussfolgerung aus vorhandenen Gesetzen ein rationelles Verfahren zur Auffindung neuer bietet. [... – Auslassung EK] Und deshalb liegt in diesem [dem deduktiven Verfahren – EK] ein wichtiges Hilfsmittel für den Fortschritt der Wissenschaft und die Sicherung ihres Bestandes.»[102*]

Man sieht: *Ostwald* hat einen richtigen Gedanken, er hat die Einsicht in den Zusammenhang. Er überwindet die Befangenheit, die darin besteht, dass man zunächst diesen Zusammenhang zwischen Eigenschaftlichkeit und Verbindungsgewicht nicht bemerkt. Er wird den notwendigen Bezug durch sein Denken gewahr. Aber er zerstört die Durchschlagskraft dieses Gedankens, indem er ihn infolge seines positivistischen Ausgangspunktes nur als einen «Schluss» bezeichnen kann, der seine wissenschaftliche Berechtigung, ja sogar seine Richtigkeit erst wieder durch Bestätigung im sinnlichen Gebiet bekommen könne. In Wahrheit ist das Denken ebenso «*Organ der Auffassung*» für die *Zusammenhänge der Sinneswahrnehmungen*, wie die Sinne Organe für die *Sinnestatsachen selbst* sind (vgl. *Rudolf Steiner*: Einleitungen zu Goethes naturwissenschaftlichen Schriften[103*]).

Es kann überhaupt gar kein Gesetz anders gefunden werden als durch das Denken. Es würde nicht nur die Auffindung der Gesetze «gar zu sehr dem Zufall überlassen sein», wenn man nur die Sinneswahrnehmung dazu benützte, sondern es würde überhaupt keine *Erkenntnis* eines Gesetzmäßigen zustande kommen.

Die Erfahrung kann allerdings die durch das Denken einsichtig gemachten Zusammenhänge bestätigen, aber diese Bestätigung ist um so mehr akzidentell, je durchschlagender die Einsicht ist. Freilich besteht im Hin-und-her-Gehen von den gewonnenen Einsichten zu den Tatsa-

---

102 (*EK) Wilhelm Ostwald (1919): Grundlinien der anorganischen Chemie. 4. Aufl., Dresden & Leipzig: Steinkopff, S. 90f.

103 (*EK) Johann Wolfgang von Goethe (1887): Naturwissenschaftliche Schriften, 2. Bd., herausgegeben und eingeleitet von Rudolf Steiner. In: Joseph Kürschner (Hg.): Deutsche National-Litteratur. Historisch kritische Ausgabe, Bd. 115, Goethes Werke XXXIV, Stuttgart, Berlin & Leipzig: Union Deutsche Verlagsgesellschaft, S. IV. Reprint im Rahmen der Rudolf Steiner Gesamtausgabe als GA 1b, 1982. Außerdem in: Rudolf Steiner (1987): Einleitungen zu Goethes naturwissenschaftlichen Schriften (1884–97/posthum 1926, GA 1), 4. Aufl., S. 126.

chen eine notwendige Systole und Diastole des menschlichen Geistes. Die Einsicht gewinnt neue Kraft an neuen Phänomenen, an denen man sie erneut gewinnen kann. Aber darum darf man nicht verkennen, dass das Denken unmittelbar, wenn es wirklichkeitsgemäß ist, in die zwischen den Tatsachen liegenden Zusammenhänge hineinleuchtet. Weder ein abstraktes Deduzieren noch eine bloße sinnliche Erfahrung können die Wirklichkeit liefern.

Daraus erklärt sich auch, dass *Ostwald*, weil seine hypothesenfreien «Deduktionen» nicht genug Durchschlagskraft haben, nebenher die Atomtheorie als Arbeitshypothese bestehen lässt. Wer dagegen wahrhaft Einsichten gewinnt, wird auf diese Hypothesen *völlig* verzichten können.

(*5) Die Grundlagen dieser *neuen Physiologie* finden sich in dem Buche von *Dr. Rudolf Steiner: «Von Seelenrätseln»*[104] sowie in zahlreichen seiner Vorträge, besonders auch den im Rahmen dieser Hochschulkurse gehaltenen.

II.

(*6) Das Produkt pV wird gewöhnlich Volumenenergie[105] genannt. Damit sieht man auf die Fähigkeit der Gase hin, durch ihr Ausdehnungsbestreben eine mechanische Arbeit zu leisten. Man fasst da von der reichhalti-

---

104 Rudolf Steiner (1983): Von Seelenrätseln (1917, GA 21), 5. Aufl. Vgl. auch Johannes W. Rohen (2007): Morphologie des menschlichen Organismus. 3. Aufl., Stuttgart: Freies Geistesleben; Ders. (2000): Funktionelle Histologie. 4. Aufl., Stuttgart: Schattauer; Lothar Vogel (2005): Der dreigliedrige Mensch. 4. Aufl., Dornach: Verlag am Goetheanum; Ernst-Michael Kranich (2003): Der innere Mensch und sein Leib. Stuttgart: Freies Geistesleben; Armin J. Husemann (2003): Der musikalische Bau des Menschen. 4. Aufl., Stuttgart: Freies Geistesleben. Für ein neueres Beispiel vgl. Armin J. Husemann (2010): Der Fluorprozess im Menschen. In: Ders.: Der hörende Mensch und die Wirklichkeit der Musik. Stuttgart: Freies Geistesleben.

105 Bei einer tatsächlich erfolgten Volumenänderung würde man von Volumen*arbeit* sprechen, während Volumen*energie* die Fähigkeit meint, ein bestimmtes Maß an Arbeit zu leisten (Energie ist definiert als Fähigkeit, Arbeit zu leisten; Arbeit und Energie haben dieselbe physikalische Einheit).

gen Eigenschaftlichkeit des Gases nur *einen*, und zwar den *mechanisch* erfassbaren Teil. «Volumenenergie» ist eine Abstraktion. Der Energiebegriff leidet überhaupt daran, dass er von den verschiedenen Qualitäten in der Natur wie Licht, Elektrizität, Wärme, Gasförmiges usw. nur das allen Gemeinsame, nämlich mechanische Kraftleistungen vollbringen zu können, nicht das ihnen *Eigenartige* berücksichtigt (vgl. *Rudolf Steiner:* Einleitungen zu Goethes naturwissenschaftlichen Schriften[106]*).

(*7) Man könnte denken, dass in einer solchen Anschauung eine Rückkehr zu einer Wärmestofftheorie läge. Aber die Wärme ist in dem Gase nicht etwa als solche unsichtbar in irgendeiner Form enthalten, sondern sie lebt in den räumlich ausdehnsamen Eigenschaften der Gase. Die Gase haben ihre Bestrebungen, jede Gestalt zu verleugnen, dadurch, dass sie den Imponderabilien ähnlich sind. Die Gase sind die räumlich gewordene Wärme.[107]

Es muss auch eingesehen werden, dass zwischen den Zuständen des Ponderablen und den Imponderabilien ein diametraler Gegensatz besteht, zwischen dem die Wärme vermittelt.

---

106 (*EK) Johann Wolfgang von Goethe (1897): Naturwissenschaftliche Schriften, 4. Bd., 1. Abt., herausgegeben und eingeleitet von Rudolf Steiner. In: Joseph Kürschner (Hg.): Deutsche National-Litteratur. Historisch kritische Ausgabe, Bd. 117.1, Goethes Werke XXXVI.1, Stuttgart: Union Deutsche Verlagsgesellschaft, S. XIV. Reprint im Rahmen der Rudolf Steiner Gesamtausgabe als GA 1d, 1982. Außerdem in: Rudolf Steiner (1987): Einleitungen zu Goethes naturwissenschaftlichen Schriften (1884–97/posthum 1926, GA 1), 4. Aufl., S. 325.

107 Eine für die Chemie bedeutsame Wärmestofftheorie war die von dem deutschen Alchimisten Johann Joachim Becher (1635–1682) und dem deutschen Arzt und Chemiker Georg Ernst Stahl (1659–1734) ausgearbeitete Phlogistontheorie, deren Überwindung u.a. durch die Arbeit des französischen Chemikers Antoine Laurent de Lavoisier (1743–1794) zur Geburt der modernen Chemie beigetragen hat. Aus dieser Zeit ist der Begriff der Imponderabilien geläufig, der im Gegensatz zu den Ponderabilien nicht wägbaren «Substanzen» wie Licht und Wärme. Bei Rudolf Steiner finden sich zahlreiche Ansätze zu einer neuen Auffassung der Imponderabilien, die ohne die Annahme hypothetischer Substanzen auskommt (vgl. dazu u.a. Rudolf Steiner: Geisteswissenschaftliche Impulse zur Entwicklung der Physik I («Lichtkurs», 1919/20, GA 320) und II («Wärmekurs», 1920, GA 321), beide 2000, 4. Aufl.). Hierauf beziehen sich Koliskos entsprechende Bemerkungen.

(*8) Genau genommen hat *Gay-Lussac* nur gefunden, dass sich die Gase nach einfachen oder rationalen Vielfachen des Volumens verbinden. Aber er zog in seiner Schrift schon den Schluss, es möchten die *Vielfachen* der Volumina nur auf einem *mehrfachen* In-Reaktion-Treten der Stoffe beruhen. Es ist ja klar, dass die rationellen Vielfachen nur als wiederholtes In-Reaktion-Treten des für alle Stoffe gleichen Verbindungsvolumens entstehen (Molekularvolumen der Chemie). (Über den Ausdruck «Verbindungsvolumen», der hier etwas abweichend vom gewöhnlichen Gebrauch verwendet wird, vgl. Anm. 88 und 89.)

(*9) Auch hier strebt die Erklärung nicht ein Ausdenken einer mechanischen Ursache für die Phänomene an, sondern ein Zusammendenken mit bekannten Phänomenen derselben Sphäre (vgl. S. 55).

(*10) *Avogadro und auch Ampère*[108] waren nicht imstande, die Erkenntnis von der Gleichheit aller Verbindungsvolumina im Gaszustande oder von der Identität von Dichte und Verbindungsgewicht bei den Gasen anders zu fassen als unter dem Bilde der Atomtheorie oder Molekulartheorie. Anstatt einzusehen, dass die Dichte bei den Gasen zugleich das sich Verbindende sein muss, weil diese Dichte dort noch nicht von anderen Faktoren bestimmt wird, wie dies bei Flüssigkeiten und festen Körpern der Fall ist, als eben vom Verbindungsgewicht und daher mit ihm zusammenfällt, machten sie die *Hypothese*, dass die Dichten (gleiche Volumina verschiedener Gase) gleichviel spezifische kleinste Teilchen enthielten und daher Vielfache der Gewichte dieser spezifischen Teilchen Vielfache der «Molekulargewichte» repräsentieren müssten.

(*11) Genau genommen geht man heute nicht von der Gewichtseinheit des naszierenden oder zwei Gewichtseinheiten des gewöhnlichen Wasserstoffes, sondern von 1,008 g bzw. 2,016 g aus oder von so viel, als jeweils das wissenschaftlich anerkannte Verhältnis zwischen Sauerstoff und Wasserstoff, berechnet aus der Analyse des Wassers usw., beträgt. In Wahrheit wird ja *doch* auf Wasserstoff bezogen; denn die Zahlen 32

---

108 Zu Avogadro vgl. Anm. 60. Der französische Physiker und Mathematiker André-Marie Ampère (1775–1836) kam 1814 zu denselben Ergebnissen wie Avogadro drei Jahre zuvor.

usw. haben nur Sinn in Bezug auf Wasserstoff, es wird nicht auf Sauerstoff bezogen, sondern auf 1,008 g Wasserstoff. Man dürfte nicht sagen, dass Sauerstoff die Grundlage bildet, sondern dass der Wasserstoff nach wie vor die Grundlage ist, nur ist nicht mehr die Gewichtseinheit des naszierenden Wasserstoffes, sondern ein etwas größeres Gewicht die Maßgrundlage (1,008 g), man ist also nicht vom Wasserstoff als Maß abgekommen, sondern davon, seine Gewichts*einheit* als Maß zu verwenden. Man ging davon aus, die Gewichts*einheit* des mit der geringsten Gewichtsmenge reagierenden Stoffes als Einheit zu nehmen, und kam von dieser Annahme ab, als die Bequemlichkeit die Annahme einer anderen Menge als der Gewichtseinheit erforderte. Es handelt sich nur um einen Wechsel der *Einheitsmenge*, nicht um einen Wechsel des *Einheitsstoffes*. Man hat sich so sehr gewöhnt, die messbare Größe für das Wesen der Sache zu halten, dass man geglaubt hat, wenn die Menge geändert wird, die man als Grundlage nimmt, sei damit zugleich die Qualität, auf die man bezieht, aufgehoben.

(*12) Die Gasgleichung liefert zunächst ein Ausgangsvolumen, das für jedes Gas verschieden ist, wenn man etwa *gleiche* Gewichte verschiedener Gase zum Ausgangsvolumen nehmen würde. Da nur den Verbindungsgewichten entsprechende Gasvolumina unter gleichen Bedingungen gleich sind und man 2 g (2,016 g) Wasserstoff als Grundlage der Verbindungsgewichte nimmt (man würde heute sagen Molekulargewichte), so ist es berechtigt, das Volumen von 2,016 g Wasserstoff = 22,4 L als Ausgangsvolumen zu nehmen. Es ist eben das Volumen, das von der willkürlich als Grundlage angenommenen Menge naszierenden Wasserstoffs (jetzt 1,008 g) eingenommen wird.

(*13) Es ist klar, dass die Wärmemenge und die Arbeitsmenge äquivalent sind, dass man hier ein mechanisches Wärmeäquivalent hat: 1,985 Kal. = $0,8316 \cdot 10^8$ erg. Das übliche mechanische Wärmeäquivalent ist ja allerdings dasjenige, welches zur Erwärmung von 1 kg Wasser von 15 °C um 1 °C, also zur Erzeugung der Kilogrammkalorie dient, d. i. $0,4189 \cdot 10^8$ erg. Aber man könnte ja ebenso wie die Erwärmung des Wassers auch die Ausdehnung der Gase für die Messung dieses Äquivalentes heranziehen und ferner, anstatt eine Wärmeeinheit festzusetzen und nach ihr das Äquivalent zu bestimmen, letzteres sowohl der Wärmegröße wie der mechanischen Größe nach an jener Gaskonstante ermitteln.

(*14) Auch hier könnte wieder eine Verwechslung entstehen zwischen einer bloßen Beschreibung der Phänomene und dem Einsehen ihres Zusammenhanges. Ist zum Beispiel die Überkompression des Gases, bei Drucken nicht zu ferne dem Verflüssigungspunkte, als eine Vorstufe der Verflüssigung, als eine Art Zwischenzustand erkannt, so ist die Erscheinung nicht bloß beschrieben worden, sondern sie ist in ihrem Zusammenhang mit anderen Erscheinungen begriffen.

III.

(*15) Es ist mir natürlich bekannt, dass *Ostwald* in der letzten Zeit wieder den Atomismus zum Teil angenommen hat. Siehe darüber Anm. Nr. (*4) und Nr. (*19).

(*16) Die Verbindungsgewichte der sogenannten Elemente (Atomgewichte) sind, wie die neuen Versuche im Gebiete der Radiologie[109] zeigen, selbst veränderlich. Dies zeigt nur, dass alle Stofflichkeiten – und diese sind ja im Grunde genommen nur die Summe ihrer Eigenschaften – nur *unter gewissen äußeren Bedingungen* in Bezug auf alle ihre Eigenschaften konstant sind. So wie Wasser bei 2000 °C nicht mehr Wasser ist, sondern Wasserstoff und Sauerstoff, so sind auch die sogenannten Elemente unter anderen Bedingungen nicht mehr das, was sie vorher waren, selbst in Bezug auf diese so charakteristischen Eigenschaften. Es gibt eben keine *absolut* konstanten stofflichen Eigenschaften. Eine Stofflichkeit hat unter anderen Bedingungen andere Eigenschaften. Aber die Verbindungsgewichte sind doch sehr charakteristische Eigenschaften des Stofflichen innerhalb bestimmter Grenzen.

(*17) Hier soll nochmals bemerkt werden, dass hier «Verbindungsgewicht» für die *einmal* in Reaktion tretende Menge gebraucht wird, wie sie die Chemie auf verschiedenen Wegen ermittelt. Diese Menge wird bei sogenannten Elementen Atom-, bei sogenannten Verbindungen heute Molekulargewicht genannt (vgl. Anm. 88 und 89).

---

109 Zum Ausdruck Radiologie vgl. Anm. 91.

(*18) Nehmen wir zur Verdeutlichung noch einige Beispiele, wo mehr Volumina sich verbinden:

Zum Beispiel Stickstoff und Wasserstoff verbinden sich zu Ammoniak, wenn wir zum Beispiel durch ihr Gemenge einen elektrischen Funken schlagen lassen. Dann hätten wir folgenden Prozess: 1 Vol. Stickstoff und 3 Vol. Wasserstoff geben 2 Vol. Ammoniak.

Der Atomist sagt: 2 Atome Stickstoff, die in einer Molekel Stickstoff enthalten sind, müssen mit 6 Atomen Wasserstoff [d.h. 3 zweiatomige Moleküle Wasserstoff, deswegen 3 Vol.] zusammentreten, um 2 Molekel Ammoniak zu bilden:

$$[N_2 + 3\,H_2 \rightarrow 2\,NH_3].$$

Von dem hier gemeinten Standpunkt würde das so ausgedrückt werden: Die 3 Vol. Wasserstoff zeigen an, dass der Wasserstoff die ihm eigene Gewichtsmenge dreimal in den Prozess eingehen lässt; dass 2 Vol. Ammoniak entstehen, beweist, dass das Ammoniak zweimal mit der ihm eigenen Gewichtsmenge aus dem Prozess hervorgeht. Wie kann aber Ammoniak zweimal gebildet werden? Doch nur, wenn der sogenannte elementare Stickstoff den Stoff, der mit Wasserstoff zusammen Ammoniak bildet, zweimal entstehen lässt. Ebenso muss der Wasserstoff denjenigen Stoff, der, dreimal in Reaktion tretend, mit dem Stickstoff Ammoniak bildet, je zweimal entbinden. Mithin sind die Ausgangsprodukte keine «Elemente»[110], sondern Verbindungen eines halbmal so leichten Stoffes mit sich selbst.

Oder nehmen wir ein noch komplizierteres Beispiel: Phosphorwasserstoff bildet sich aus Phosphor und Wasserstoff. Aus 7 Vol. (6 Vol. Wasserstoff + 1 Vol. Phosphordampf) entstehen 4 Vol. Phosphorwasserstoff. Warum? Die entstehenden 4 Vol. Phosphorwasserstoff weisen wieder darauf hin, dass dieser viermal gebildet wird, die 6 Vol. Wasserstoff auf eine sechsfache Beteiligung dieses Stoffes in sechs, dem Wesen, nicht aber der Erscheinung nach, gesonderten Prozessen. Wie kann Phosphorwasserstoff aus Phosphor viermal entstehen? Nur wenn Phosphor jenen Stoff, der Phosphorwasserstoff bildet, viermal aus sich hervor-

110 Die «Elemente» wären für Kolisko nicht der «normale» Wasserstoff bzw. Stickstoff, wie sie als Gase vorliegen, sondern der naszierende Wasserstoff bzw. seine (hypothetische) Entsprechung beim Stickstoff.

gehen lässt, d. h., wenn Phosphordampf vierfach kondensiert ist, eine vierfache Verbindung mit sich selbst vorstellt. Die sechsfache Beteiligung von Wasserstoff bei vierfacher Bildung von Phosphorwasserstoff ist nur erklärlich, indem der Wasserstoff jenen Stoff je zweimal entbindet, der mit dem Phosphor zu Phosphorwasserstoff zusammentritt, und letzteres Zusammentreten so geschieht, dass der so entbundene naszierende Wasserstoff gleich dreimal sich mit dem Phosphor vereinigt. (Ein vierfach kondensierter dreiwertiger Stoff kann sich mit einem zweifach kondensierten nur so vereinigen, dass die Verbindung viermal gebildet wird durch sechsmaliges Heranziehen des doppelt kondensierten Stoffes.)

$$P_4 + 6\,H_2 \rightarrow 4\,PH_3.$$

Also eigentlich müsste jede Gasreaktion so verlaufen, dass die Gleichung lauten würde:

1 Vol. + 1 Vol. + 1 Vol. … → 1 Vol. eines neuen Gases.

Die Abweichungen auf der linken Seite der Gleichung, wenn also mehr Volumina in Reaktion treten, kommen daher, dass die betreffenden Stoffe sich unter dem Anschein eines einfachen Prozesses mehrfach an der Reaktion beteiligen, die Abweichungen auf der rechten Seite der Gleichung entstehen dadurch, dass die Ausgangsprodukte Verbindungen mit sich selbst sind. Und zwar ist die Abweichung um so größer, je kondensierter das Gas ist ist. Denn es macht bei seiner Verbindung eine Selbstentbindung durch. Man versteht das am besten etwa an folgender chemischer Gleichung:

$$H_2 + Cl_2 \rightarrow 2\,HCl.$$

Dies ist eben keine Addition, sondern eine kreuzweise Umsetzung

$$HH + ClCl \rightarrow HCl + HCl,$$

ganz analog wie

$$BaCl_2 + Na_2SO_4 \rightarrow BaSO_4 + 2\,NaCl.$$

Nur dass man in letzterem Fall zwei verschiedene Stoffe entstehen sieht, während in ersterem Falle nur das Entstehen von 2 Vol. desselben Stoffes, nämlich Chlorwasserstoff, die zweimalige Bildung von zwei, diesmal gleichen Stoffen beweist. Der Atomist stellt den Prozess auf seine Weise dar, d. h. er verlegt das im Realen sich Abspielende ins unsichtbare Gebiet. Er spricht von den Atomen und Molekülen[111], die entstehen sollen, statt zu begreifen, dass es die Stoffe selbst sind, die mit der ihnen eigenen Gewichtsmenge, die im Gaszustand für alle Gase gleich groß ist, phänomenologisch in die Prozesse eingehen.

Man kann die chemischen Formeln und Gleichungen gebrauchen, ohne dabei an irgend etwas Atomistisches zu denken. Die Symbole der Elemente sind einfach die Zeichen für die gesamte Eigenschaftlichkeit dieser Stoffe, und eine Formel wie H_2O weist nur auf die Qualitäten jener Stoffe hin, die durch ihr chemisches In-Beziehung-Treten jenes Neue, die Stofflichkeit Wasser, entstehen lassen.

Es ist zu bemerken, dass die besondere Betonung dieser mehr quantitativen Erscheinungen einen mehr historischen Charakter hat. An diesen Phänomenen hat sich seinerzeit die atomistische Theorie entzündet, und es kann daher verständlich erscheinen, wenn auch hier an ihnen zunächst gezeigt wird, dass sie zu ihrem Verständnis keines hypothetischen Elementes bedurft hätten.

(*19) Man kann dagegen einwenden, dass die kristalloiden Lösungen durch unmerkbare Übergänge verbunden sind mit den sogenannten kolloidalen Lösungen, bei denen die kleinsten Teile für das Ultramikroskop usw. Phänomene sind. Dazu kann man sagen: Übergänge beweisen nie Wesensgleichheit. Sowenig die Pflanzen darum qualitativ gleichartig sind mit den Tieren, weil es Übergangsformen wie die Protozoen usw. gibt, sowenig ist der sogenannte kristalloide Lösungszustand aus dem kolloidalen zu verstehen. Der erstere ist noch ein Zustand, in dem es den Stofflichkeiten möglich wird, sich im Raume, soweit er ihnen durch das Lösungmittel zur Verfügung gestellt wird, so zu verbreiten, dass eine dynamische Durchdringung eigener Art entsteht. Es ist noch Verleugnung der Gestalt, wie die beim Gaszustand. Der kolloidale Zustand ist die letzte Möglichkeit für die schon weitgehend verdichteten Stofflichkeiten – es handelt sich um innere chemische Verdichtung; denn

111 Im Original: Molekeln.

chemische Komplikation führt immer zum kolloidalen Zustand –, noch sich zu verbreiten. Sie können es aber nur mehr durch Atomisierung. Hier wird das Atomistische Phänomen. Aber verstanden wird es nur aus dem Nichtatomistischen: Es ist die kolloidale Ausbreitung der letzte Rest einer negativen Gestaltungskraft, die wir bei den Gasen noch voll ausgebildet finden. Man wird an vielen Stellen der Natur Gebiete finden, die atomistisch dem Phänomen nach sind, aber diese müssen selbst aus nichtatomistischen Begriffen heraus erklärt werden. Diejenigen, welche durch das Zutagetreten atomistischer Phänomenreihen (Brownsche Bewegung, kolloidaler Zustand, sogenannte Gasatome usw.) irre werden an einer Bekämpfung atomistischer Erklärungsversuche, wie zum Beispiel *Wilhelm Ostwald*[112]*, verstehen nicht den Unterschied zwischen *Atomismus als Phänomen und als Denkmethode*. Nur die letztere soll hier bekämpft werden. Es besteht hier für die Anthroposophie ein ähnliches Verhältnis wie für *Goethe* zu einer Zeit, als die Zellen noch nicht bekannt waren. Man hatte damals die Zellen schon hypothetisch angenommen und wollte aus dieser Hypothese heraus vieles in der Gestaltung und Funktion der Organismen erklären; dann erst entdeckte man sie; es begann dann die Tendenz, alle Erscheinungen im lebenden Organismus auf die Zellularphänomene als Ursachen zurückzuführen. *Goethe* kam zu einer wirklichkeitsgemäßen Einsicht über das Wesen des Organismus, ohne die Zellen zu kennen, er wusste, dass umgekehrt die Eigenschaften solcher Gebilde, wenn sie existieren sollen – er nannte sie da Similarteile –, aus dem Wesen des ganzen Organismus oder Organs ebenso bedingt in ihren Eigenschaften sein müssten, wie das Makroskopische des Organismus dadurch bedingt ist. Die Entdeckung der Zellen und die Erfolge der Histologie hätten ihn, wenn er sie miterlebt hätte, nur dazu veranlasst, aus den Vorstellungen, die er sich über das Wesen der Organismen gebildet hatte, auch diese mikroskopischen Erscheinungen zu verstehen. Ebenso kann die Entdeckung atomistisch gestalteter Naturerscheinungen nur dazu führen, sie selbst aus der Natur der einzelnen Gebiete heraus zu verstehen, statt die anderen Gebiete auf diese atomistischen Phänomene zurückzuführen. Es ist zum Beispiel etwas ganz anderes, wenn man etwa die *Laue*schen[113] Kristallgitter für eine

112 (*EK) Wilhelm Ostwald (1920): Grundriss der allgemeinen Chemie. 6. Aufl., Dresden u. a.: Steinkopff, Einleitung.

113 Max von Laue (1879–1960), deutscher Physiker.

Abbildung einer räumlichen molekularen, unter gewöhnlichen Verhältnissen unsichtbaren Struktur der Kristalle hält oder für ein Bild, das durch Zusammenwirken des Röntgenlichtes mit der den ganzen Kristall dynamisch durchsetzenden chemischen Gestaltung entsteht, die nicht materiell zu sein braucht. Man fasst dann das vorliegende *Phänomen* als entstehend auf aus dem Zusammenwirken von chemischer Struktur mit dem Licht. Das atomistische Bild wird nicht als präformierter Tatbestand gedacht, sondern im Versuch durch dynamisches Zusammenwirken entstehend.

(*20) Man hat in der Abhängigkeit der Geschwindigkeit der chemischen Reaktion von der vorhandenen Menge der reagierenden Stoffe eine besondere Stütze einer mechanischen Auffassung der chemischen Affinität gesehen. Als sich herausstellte, dass die Geschwindigkeit des chemischen Prozesses nicht nur durch spezifisch chemische Faktoren, sondern auch durch andere bestimmt wird, hat man gehofft, von dieser Seite her dem Rätsel der chemischen Affinität nahe zu kommen. Die Geschwindigkeit des Reaktionsverlaufes schien zunächst ein Ausdruck der chemischen Affinität zu sein. Aber sie hängt von verschiedenen Faktoren ab. In der Darstellung des sogenannten *Massenwirkungsgesetzes* hat man einen dieser spezifisch chemischen Faktoren in der Geschwindigkeitskonstante. Dieser Faktor ist von überragender Bedeutung der Erscheinung nach überall dort, wo die chemischen Prozesse heftig verlaufen. Da verläuft der ganze Prozess so schnell, dass man gar nicht beobachten kann, dass eigentlich fortwährend eine Verzögerung durch Abnahme der wirksamen Menge eintritt. Zum Studium der sogenannten «Massenwirkung» sind mehr geeignet solche Prozesse, die schon ihrer Natur nach langsamer verlaufen, wie etwa die Zuckerinversion usw. An ihnen treten die anderen nicht spezifischen Faktoren mehr hervor. Das Wesentliche steckt ja in vielen Formeln in den Konstanten, während die Variablen vielfach nur die Faktoren bezeichnen, die dieses Wesentliche modifizieren.

Es wird gesagt, dass die Abhängigkeit der Geschwindigkeit von [der] Konzentration der reagierenden Stoffe so erklärt werden könnte, dass man annimmt, die größere vorhandene Menge bedinge ein häufigeres Auftreten molekularer Stöße, da mehr sich bewegende Molekel auf einen Raumteil vorhanden wären, dieses häufigere Aufeinanderprallen verursache wieder ein häufigeres Zertrümmern von Molekeln, wodurch die chemische Zersetzung auf eine größere Geschwindigkeit gebracht würde. Also die Masse *wirkte* hier wirklich *mechanisch*, aber im Unsichtbaren. Schon der Ausdruck «Massenwirkung» weist auf eine solche Vorstellung hin.

Andere gebrauchen dies nur als Hilfsvorstellung, ohne wirklich an die Realität eines solchen molekularen Zertrümmerungsprozesses zu glauben. Aber sie können dann nur die Tatsache des Zusammenhanges oder vielmehr des Parallelgehens von wirksamer Menge und Geschwindigkeit konstatieren, sie beschreiben, ohne sie zu verstehen.

Um zu verstehen, warum die Konzentration die Geschwindigkeit beeinflusst, warum also der chemische Prozess sich selbst verlangsamt, indem er verläuft, muss man etwa Folgendes bedenken. Dass überhaupt mit einer gewissen Geschwindigkeit chemische Prozesse von selbst verlaufen, ist der Ausdruck dafür, dass das Endprodukt der chemischen Prozesse eigentlich der natürliche Zustand ist. Für Natrium und Chlor ist es das Natürliche, das Angemessene, als Kochsalz zu erscheinen. Sie streben zum salzartigen Zustand hin, es ist ihnen im Grunde ganz unangemessen, als metallisches Natrium oder Chlorgas aufzutreten. Das sind gleichsam künstlich erzeugte Produkte. Von selbst werden sie aneinander zu Kochsalz. Ebenso ist es bei allen Stoffen, die von selbst reagieren. Umgekehrt erfordert die Darstellung solcher Stoffe, die dann von selbst miteinander reagieren und dabei verschwinden, einen gewissen Aufwand. Man muss äußere Bedingungen herstellen, Zufuhr von Wärme usw., die solches erzwingen. Nun ist klar, dass mehr von einem solchen unbeständigen System zu erzeugen auch einen größeren Aufwand fordert. Mehr Stofflichkeit, die von selbst die Tendenz hat zu verschwinden, d. h. umgekehrt: sich nicht darstellen zu lassen, lässt sich schwerer herstellen. Die Umkehrung davon aber ist, dass dieses Mehr von Stofflichkeit, das hergestellt ist, auch schneller verschwindet. Das Sichverringern der Konzentration der unbeständigen Ausgangsprodukte erzeugt zugleich ein Erlahmen des chemischen Prozesses. Es ist also begreiflich, warum die Reaktionsgeschwindigkeit von der Konzentration abhängt. Man braucht dazu nicht die Masse mechanisch wirksam zu denken, sondern nur die Erscheinungen in ihrer Eigenart auf sich wirken zu lassen, um den Zusammenhang zu finden. Wesen der Erklärung ist auch hier die Einsicht in den Zusammenhang, nicht das Zurückführen auf eine ausgedachte Hypothese.

(*21) Man muss da zu einer sinngemäßen Auffassung der sogenannten Isomerie kommen. Die Erscheinungen der Isomerie sind nur verständlich, wenn man sich klarmacht, dass eine sogenannte chemische Verbindung genauso als ein Einheitliches wirkt wie ein «chemisches Element».

Eine Verbindung von Methyl, Methylen und primärer Alkoholgruppe (CH_3, CH_2 und Stoff CH_2OH) hat eben andere Eigenschaften wie eine Verbindung von zweimal Methyl und der sogenannten sekundären Alkoholgruppe (CH_3, CH_3 und Stoff CHOH). Wenn man die Geschichte der Lehre von der Isomerie verfolgt, so sieht man, dass zunächst von der Vorstellung ausgegangen wurde, dass die Qualitäten der chemischen Verbindung eindeutig bestimmt seien durch die Qualität der erzeugenden sogenannten Elemente. Dann bemerkt man, dass dieser Eigenschaftscharakter auch noch bestimmt wird dadurch, *wie oft* das «Element» in die Verbindung eingetreten ist. Stickstoffmonoxid und -dioxid sind ebenso sehr verschieden wie etwa Stickstoffmonoxid und Schwefeldioxid. Also sowohl Qualität wie Quantität ist maßgeblich. Dann glaubte man einige Zeit, dass die sogenannte Bruttoformel, die der Ausdruck für diese beiden Faktoren ist, eindeutig die Eigenschaftlichkeit bestimme. Es zeigte sich aber, dass außerdem ein dritter Faktor umso mehr maßgeblich wird, je chemisch komplizierter der Stoff wird. Nämlich die Verbindung *welcher* chemischen Verbindungen [heute würde man sagen: welcher Gruppen] eine Stofflichkeit darstellt. Der Atomist sagt dafür überflüssigerweise: «Anordnung der Atome im Molekül», indem er vor das vorliegende Phänomen ein hypothetisches Bild vorschiebt. Bei der Stereoisomerie zeigt sich dann noch ein neuer Faktor, der mitbestimmend ist, nämlich das Verbundensein mit so viel verschiedenen Stoffen, als der betreffenden Valenz entspricht («asymmetrisches Atom»). Es zeigt sich eben die Eigenschaftlichkeit von vielen Faktoren bestimmt, die man aber alle völlig ohne hypothetisches Element charakterisieren kann.

(*22) Selbst solche Tatbestände, wie sie in der Strukturchemie in den sogenannten Ringformeln ausgedrückt werden, unterliegen in Bezug auf eine hypothesenfreie Erklärung keinen prinzipiellen Schwierigkeiten. Man muss sich nur klar machen, was ein «Ring» überhaupt ist. Man kann sich das auf folgende Weise klar machen: Es ist bekannt, dass der saure und der basische Charakter, wenn er stark ausgebildet ist, an einem und demselben Stoffe nicht zugleich vorkommen kann. So kann zum Beispiel die Kalilauge nicht zugleich eine Säure sein. Nur wenn der saure und der basische Charakter schwach entwickelt ist, dann kommt es vor, dass eine Stofflichkeit *hintereinander* beide Charaktere annehmen kann. So ist zum Beispiel das Aluminiumhydroxid ein sogenanntes amphoteres Hydroxid, d. h. lässt man eine starke Base darauf einwirken, so verhält es sich wie eine Säure, lässt man aber umgekehrt eine starke Säure darauf wirken, dann zeigt es sich als Base, also der Charakter ist so wenig innerlich bestimmt, dass man ihn von außen willkürlich bestimmen kann. Nun weiß man, dass in der «organischen» Chemie der Alkohol den Säuren gegenüber eine ähnliche Rolle spielt, wie die Basen es tun, nur dass eben der Gegensatz schwächer entwickelt ist. Ein amphoteres Hydroxid konnte *hintereinander* gegensätzliche Eigenschaften entwickeln, in der sogenannten organischen Chemie sind entgegengesetzte Eigenschaften sogar an ein und demselben Stoff zugleich verträglich. Er kann zum Beispiel *zugleich* Alkohol und Säure sein (Oxysäure[114]). Da nun jeder Alkohol mit einer Säure einen Ester bilden kann, so kann ein solcher Stoff, der zugleich Alkohol und Säure ist, eine *Verbindung in sich selbst* eingehen. Was sich sonst zwischen zwei räumlich getrennten Stofflichkeiten abspielt, geht hier zwischen den entgegengesetzten Eigenschaften des Stoffes selbst vor sich in mehr innerlicher Weise, die aber doch äußerlich durch den Eigenschaftswechsel und die äußeren Anzeichen eines chemischen Ausgleiches sich manifestiert. Dadurch entsteht etwas, was man durch eine Ringformel ausdrücken kann. Ein Ring ist eigentlich eine Verbindung in sich selbst. Es ist ein neuer chemischer Begriff, den man neu bilden muss aus den eigenartigen Phänomenen heraus, die man da beobachtet. Man kann ihn nicht ersetzen durch die Vorstellung eines mechanischen Ringes, der zwischen den «Atomen» gespannt ist. Es gibt eben nicht nur mechanische Ringe, sondern dasselbe, was im Mechanischen ein Ring ist, ist im Chemischen eine solche Verbindung in sich selbst. Die Ringformel ist also gut, wenn man sich nur nichts Mechanisches darunter vorstellt. So wie es eine Verbindung *mit sich selbst* gibt, wenn zum Beispiel naszierender Wasserstoff

---

114 Oxysäuren: Uneindeutige veraltete Bezeichnung sowohl für Hydroxycarbonsäuren als auch für Oxosäuren. (Römpp Online, www.roempp.com/prod/index1.html, Copyright © 2008 Georg Thieme Verlag, besucht 6. 7. 2010.) Kolisko spricht hier von Hydroxycarbonsäuren, die innere Ester, sogenannte Lactone bilden können.

sich kondensiert, so gibt es auch dieses eigentümliche Phänomen des *In-sich-selbst*-Reagierens, wenn ein Stoff Gegensätze *in* sich vereinigt. Auch bei der sogenannten «Umlagerung», beim «Bindungswechsel» usw. ist es nicht anders. Was sich bei den einfachen chemischen Stoffen zwischen äußerlich reagierenden Stofflichkeiten abspielt, kann sich in mehr innerlicher Weise innerhalb eines komplizierten Stoffgefüges abspielen, indem es sich aber doch äußerlich durch Phänomene verrät. Um das einzusehen, [bedarf][115] es keines Atomismus, sondern nur einer feiner entwickelten Phänomenologie. Wenn eine Säure und eine Base *äußerlich räumlich* aus zwei Stoffen zu einem werden, so ist es leicht, den Begriff eines chemischen Ausgleiches daran zu finden, schwerer, wenn man nicht im äußerlichen Verschwinden zweier Stoffe den Anlass hat, von einem In-Reaktion-Treten chemischer Gegensätze zu sprechen.

115 Im Original: braucht.

Teil II
Grundideen einer «hypothesenfreien Chemie» – Kommentar

Martin Rozumek

Einleitung

Eugen Kolisko entwickelt und begründet die goetheanistisch-anthroposophische Naturwissenschaftsrichtung in seinen drei Vorträgen über «hypothesenfreie Chemie» zunächst in allgemeinerer Weise. Im methodisch-kritisch ausgerichteten ersten Vortrag diskutiert er grundlegende Fragen der wissenschaftlichen Erkenntnisgewinnung insbesondere im Hinblick auf die atomistische Theorie der Materie und ihre Anwendung in der Chemie, geht darüber hinaus jedoch kaum auf chemische Fragen im engeren Sinne ein. Dies geschieht dann im zweiten Vortrag in Form physikalisch-chemischer Betrachtungen über den Gaszustand sowie im dritten, in dem Kolisko weitreichende Ansätze zu einem phänomenologisch begründeten Stoffverständnis skizziert, das gegenüber den erfolgreichen atomistischen Erklärungsansätzen konkurrenzfähig ist.

Mein Kommentar zeichnet die wissenschaftstheoretischen Hauptlinien von Koliskos Argumentation sowie seine inhaltlichen Beiträge zur Chemie nach, erläutert chemische und wissenschaftshistorische Zusammenhänge und diskutiert sie, auch vor dem Hintergrund beinahe eines Jahrhunderts an zeitlichem Abstand. Er folgt dabei grob dem Gang der Vorträge, fasst jedoch Gedankenstränge zusammen. Den ersten Teil bilden Koliskos Naturwissenschaftskritik und der goetheanistische Wissenschaftsansatz, den er der materialistischen Naturwissenschaft entgegenstellt. Einige wissenschaftstheoretische Bemerkungen zu seiner Position aus heutiger Perspektive schließen sich in einem gesonderten Abschnitt an. Sie münden in Überlegungen zu einer Neupositionierung von Atomismus und Goetheanismus, die über das bei Kolisko Dargestellte hinausgeht, die man aber bei ihm bereits angelegt finden kann. Zweiter und dritter Teil des Kommentars widmen sich den von Kolisko behandelten chemischen Fragestellungen.

Naturwissenschaftskritik und goetheanistische Methode

Im Titel seines ersten Vortrags konstatiert Kolisko einen «Gegensatz» der «Vorstellungsart der Anthroposophie» zu derjenigen der an den Universitäten gelehrten herkömmlichen Naturwissenschaft. Er nimmt damit

Stellung gegen eine bestimmte Art des naturwissenschaftlichen Denkens. Gleichzeitig hebt er den Wert und die Bedeutung von Naturwissenschaft überhaupt hervor: «Ein Verständnis der Welt durch eigenes Denken, durch freie Erkenntnis sich zu erringen, ist das Ziel des modernen Menschen» (S. 27). Dieser Wert soll durch Anthroposophie gesteigert werden: «Die Geisteswissenschaft [synonym für Anthroposophie; auch anthroposophische Geisteswissenschaft] setzt sich die Aufgabe, gerade dieses Ziel immer bewusster und bewusster zu gestalten» (ebd.). Es geht demnach zunächst um das Wie des naturwissenschaftlichen Erkennens und das Weltverhältnis, in das dieses Erkennen den Menschen führt. Entsprechend dieser differenzierten Sicht auf die Naturwissenschaft bezieht Kolisko selbstverständlich zahlreiche naturwissenschaftliche Forschungsergebnisse ein, kritisiert aber – trotz des beigemessenen hohen menschheitlichen Wertes – die Erkenntnisweise fundamental, die zu vielen Theoriebildungen geführt hat und auch heute noch führt.

In seiner Kritik an der herkömmlichen Naturwissenschaft und seinem auf Goethe und Rudolf Steiner ruhenden Gegenentwurf stellt Kolisko «Vorstellungsarten», d.h. Erkenntnisweisen gegenüber, und zwar im Hinblick auf den Umgang mit den Naturerscheinungen und dem sich daran knüpfenden wissenschaftlichen Denken. Er skizziert dabei jedoch nicht nur, wie zunächst vielleicht zu erwarten, zwei, sondern drei Positionen, neben der materialistisch-reduktionistischen Naturwissenschaft und dem Goetheanismus auch den «bloßen Phänomenalismus». Damit greift er zugleich den zeitgenössischen wissenschaftlichen Disput über die «Atomhypothese» auf, der Ende des 19., Anfang des 20. Jahrhunderts geführt und 1909 mit der «Bekehrung» ihres Hauptgegners Wilhelm Ostwald endgültig zugunsten des Atomismus entschieden worden ist.

Kritik der materialistisch-reduktionistischen Naturwissenschaft und des Atomismus

An der Naturwissenschaft, wie sie sich durchgesetzt hat, kritisiert Kolisko das hypothesenbildende Vorgehen, das die Natur aus bestimmten Voraussetzungen heraus – möglichst in mathematisch-mechanischen Kategorien – kausal zu erklären versuche. Infolge dieses Vorgehens sieht Kolisko die Phänomene in Gefahr, hinter ihren Erklärungen zu verschwinden: «Die Vorstellung eines Mathematisch-Mechanischen tritt an die Stelle des Phänomens» (S. 30), indem «Qualitatives auf bloß Quantitatives, Mechanisch-Mathematisches» reduziert wird (S. 29). Naturwissenschaft habe nicht Einsichten gebracht, sondern ein «Hypothesengebäude [errichtet], das nicht darstellt, wie das Wesen der Natur beschaffen ist, sondern, wie man es sich vorstellen könnte, wenn man von gewissen Voraussetzungen ausgeht» (S. 27).

In seiner Anmerkung (*1) differenziert Kolisko diese Kritik dahingehend, dass es Erscheinungen gebe, für die die Suche nach ihrer Ursache angemessen sei, während dies für anderes nicht der Fall ist. «Ursachen» meint hier für Kolisko immer mechanische oder quasi-mechanische Wirkursachen, die, wenn es sich nicht um Mechanisches handelt, den Erscheinungen unterlegt, «hinzugedacht» (S. 79) werden und das Nichtmechanische fälschlicherweise mechanisch erscheinen lassen.

Für die Chemie bedeute dies, dass ein außerordentlicher Reichtum an sich verändernden Erscheinungen durch «eine ungeheure Gedankenarbeit» auf das bloße Umordnen kleinster Teilchen reduziert werde (S. 29). Dadurch jedoch, bedingt durch die Art der gekennzeichneten Voraussetzungen, werde der Materialismus gefördert und eine Richtung eingeschlagen, die der zukünftigen Entwicklung der Wissenschaft wie der geistigen Entwicklung der Menschheit, wie sie Kolisko mit Steiner sieht, entgegensteht: «Die reinen Phänomene herauszuarbeiten, ist aber immer mehr das, was für die moderne Geistesentwicklung notwendig ist» (S. 33).

Die mathematisch-mechanisch-kausalen Voraussetzungen, unter denen die Naturwissenschaft die Natur zu erklären versucht, hätten ihren Ursprung darin, dass sich die bewährten Denkweisen von Mathematik und Mechanik, zu denen wir Vertrauen gefasst haben, unmittelbar aufdrängen, sobald wir eine neue Beobachtung machen. «Wie selbstverständlich geht man von der unbewussten Voraussetzung aus, das Wesen der Welt müsse mechanisch sein» (S. 28), – und man erkläre dieses Wesen dementsprechend, indem man eine nicht in die Erscheinung fallende Ursache konstruiert, die die Phänomene auf mechanische Weise bewirkt haben soll. So vorzugehen sei Folge eines Mangels an «Wirklichkeitssinn», ein Fehler, vergleichbar fälschlich konstruierten teleologischen Erklärungen (S. 30 und (*1), S. 79).

Das Überborden mechanistischer Erklärungen scheint Kolisko demnach als erkenntnispsychologische, ja psychopathologische Erscheinung aufzufassen. Er hat den «Eindruck», es «würden wie eine Art Krankheitszustand, wie ein Alpdruck, der auf den Menschen lastet, sich aus dem Unterbewusstsein [...] die Vorstellungen der mechanischen Ursachen heraufdrängen» (S. 31). Später im Text (S. 37) wird deutlich, dass Kolisko hier keine psychologistischen Erklärungen konstruiert – was seiner eigenen Methodenkritik verfiele –, sondern dass er unter Rückgriff auf Rudolf Steiners «Grundlinien einer Erkenntnistheorie der Goetheschen Weltanschauung»[116] auf *Beobachtungen* von Denkprozessen rekurriert. Er unterscheidet dort in anderem Zusammenhang das Einsehen, bei dem neue Zusammenhänge aufgehen und neue, sachgemäße Begriffe gebildet werden, von dem Sich-Heraufdrängen bereits vorhandener Vorstellungen aus dem «Unterbewussten»[117] ins Bewusstsein, die dann auf die Phänomene angewendet werden.[118] Die zunächst psychologistisch anmutende These ist also in innerer Empirie begründet und nachvollziehbar. In vergleichbarer Weise in inneren Beobachtungen gründende Gedankenbildungen begegnen mehrfach in Koliskos Gedankengang.

Auf dieser Ebene bewegt sich auch Koliskos weiteres Argument, der Atomismus sei prinzipiell nicht einsehbar (S. 37). Kolisko versucht, seinen Einwand zu verdeutlichen, indem er auf die Erkenntnisbetätigung beim Fällen eines einfachen mathematischen Urteils wie «7 + 5 = 12» hinweist. Dabei erwartet er, dass der Leser diesen Vorgang aktiv mitvollzieht und dabei beobachtet, wie er zu der Einsicht kommt, «7 + 5» sei gleich «12»: «da fließen diese zwei Phänomene zusammen, die nur der Verstand auseinanderhielt. Da leuchtet die Identität beider ein» (ebd.). – Es ist das Erlebnis der Evidenz, das sich hier einstellt, und womöglich liegt die größte Schwierigkeit des Beispiels in seiner Einfachheit. Das Urteil wird so schnell und so gewohnheitsmä-

---

116 Rudolf Steiner (2002): Grundlinien einer Erkenntnistheorie der Goetheschen Weltanschauung (1886, GA 2), 8. Aufl.; vgl. auch Ders. (1995): Die Philosophie der Freiheit (1894/1918, GA 4), 16. Aufl.

117 Es ist nicht erforderlich anzunehmen, Kolisko verwende diesen Terminus im Sinne Freuds; er ist eher als Lokalisierung innerhalb des Bewusstseinsraumes zu verstehen, wie sie sich bei derartigen inneren Beobachtungen ergibt.

118 Zu diesen an ihrem jeweiligen Ort gleichermaßen berechtigten Erkenntnishaltungen vgl. Martin Rozumek (2004): Eine Frage der Erkenntnishaltung. Möglichkeiten und Grenzen bildschaffender Methoden. Das Goetheanum H. 21, S. 1–5. Auch in: Lebendige Erde H. 5, S. 44–48.

ßig gefällt, dass der Vorgang nicht mehr bemerkt wird. Der Leser kann sich jedoch ein beliebiges anderes, auch nicht-mathematisches Beispiel wählen, bei dem sein Denken stärker gefordert ist, und daran erleben: «Man macht einerseits die Denkanstrengung, und dann leuchtet etwas ein» (ebd.).

Kolisko konstatiert, dies sei bei der «Atomtheorie» nicht möglich, weil dort kein Zusammenhang eingesehen, sondern den Phänomenen eine gewohnheitsmäßig ablaufende Denkweise übergestülpt werde. Das Denken entzündet sich also zwar an den Erscheinungen und bestimmt sie begrifflich, aber es bleibt wie außen davor und bewegt sich nicht *in (zwischen)* ihnen, um sie zu verstehen und Zusammenhänge zu entdecken. Der Gegenstand der gedanklichen Beschäftigung ist ein ganz anderer: In dem angeführten mathematischen Beispiel werden verschiedene Phänomene («7 + 5», «12») zur Urteilsfindung auf die Waagschalen des Denkens gelegt, beim atomistischen Erklären dagegen ein Phänomen und eine begriffliche Bestimmung – die, wenn sie zu passen scheint, noch an der Erfahrung geprüft werden muss (vgl. auch S. 118). Wenn Kolisko sagt, dass «der Prozess des Einleuchtens hier fehlen muss» (S. 37), man also an der «Atomtheorie» kein Evidenzerlebnis haben kann, so liegt der Grund dafür in der bezeichneten Ungleichartigkeit der Denkobjekte[119].

Damit ist nicht gesagt, der Atomismus sei unverständlich. Auch können seine Begriffe als logische Gebilde wieder Phänomen sein und, vergleichbar «7 + 5 = 12», in einem evidenten Urteil in Beziehung gesetzt werden und sich zu einem Theoriegebäude zusammenschließen. Evidenz ist innerhalb der atomistischen und vergleichbarer Denkweisen nicht ausgeschlossen – nur entsteht sie nicht innerhalb der Phänomene, um die es Kolisko ja geht, sondern innerhalb begrifflicher Zusammenhänge. Dass der Atomismus uneinsehbar sei, ist, ebenso wie das Überflüssige und Scheinhafte seiner Erklärungen (vgl. S. 117), in der Hauptsache ein Argument gegen das Weltverhältnis, in das er uns bringt, gegen die mit dieser Denkweise verbundene Entfremdung von der Sinneswelt.

---

119 Selbstverständlich handhabt das Denken die Phänomene auch in begrifflicher oder vorstellungsmäßiger Form; ihren Ursprung haben sie jedoch, anders als begriffliche Konstrukte wie «Atome», in Sinneserlebnissen.

Goetheanistische Naturwissenschaft und Anthroposophie

Gegenüber der reduktionistischen Naturwissenschaft mit ihren mechanistischen Kausalerklärungen, die die sinnlich erscheinende Wirklichkeit verschleiern, hält Kolisko es für menschheitlich notwendig, eine fundamental neu orientierte Wissenschaft zu entwickeln, die den Erscheinungen besser gerecht wird. Das Ziel einer immer bewussteren Welterkenntnis «durch freie Erkenntnis» (S. 27) wurde in diesem Zusammenhang bereits erwähnt. Kolisko sucht hier insbesondere mit Goethe und Steiner eine Einsicht in das Wesen der Natur, die deren Verwandtschaft mit dem Wesen des Menschen erkennen lässt: «Anthroposophie will durch Erkenntnis des Menschenwesens das Wesen der Natur erkennen; denn sie weiß, dass letzteres in diesem sich ausspricht» (S. 42). Dies erfordert eine Naturbetrachtung, die sich mit «Wirklichkeitssinn» an die Phänomene hält. Dieser könne vermitteln, «welche Vorstellungen einem Wirklichkeitsgebiet adäquat» sind, welches der jeweils «von der Wirklichkeit geforderte Begriff» ist (S. 38 und (*1), S. 79).

Zudem müsse «Wahrheit [...] in die Wissenschaft hineinkommen» (S. 77). Die Entwicklung der Naturwissenschaft führe immer wieder in Situationen, wo die mühsam aufgebauten Wissensgebäude aufgrund neuer, umstürzender Erkenntnisse wieder eingerissen werden müssten, so zu Koliskos Zeit durch Relativitätstheorie und Quantenphysik. Dies habe seinen Grund darin, dass «die Menschen sich nicht daran gewöhnt haben, wahrheitsgemäß zu urteilen», sondern ihre wissenschaftlichen Urteile als «willkürliche Verbindungen von Tatsachen» ansähen. Demgegenüber verlangt Kolisko mit einem Wort seines Kollegen an der Stuttgarter Waldorfschule Ernst August Karl Stockmeyer (1886–1963), dass «das intellektuelle, das Wahrheitsgewissen» wieder zum Maßstab des Erkennens und Urteilens werden müsse. An die Stelle ihrer atomistischen und anderen Vorurteile, die die Wissenschaft dann selbst beweise, müsse wieder die unverstellte Einsicht treten, die sich aus dem Sich-Zusammenschließen der Begriffe ergebe, also aus der Sache selbst (S. 76). Darin klingt der erwähnte «Wirklichkeitssinn» als Voraussetzung an.

Damit bringt Kolisko zwei Forderungen in Verbindung: nach außen, gegenüber den Objekten eine Orientierung an den Phänomenen anstelle subjektiver, d. h. vom Subjekt vorgegebener Vorurteile; nach innen, gegenüber dem erkennenden Subjekt den Mut zu einem objektivistischeren Selbstverständnis, das die eigene Tätigkeit als wahrheitsfähig begreift und zur Wahrhaftigkeit gegenüber den Phänomenen aufruft.[120] Aufbau und Abriss der Hypothesengebäude sollen lebendigen, wachsenden Begriffen weichen, an die sich «immer etwas Neues ansetzen kann» – und die der Mensch brauche, um nicht zu «verkümmern» (S. 77).

Kolisko zielt damit auf die zentrale Frage nach dem Verhältnis des Menschen zur Welt. Soll dieser auf ewig von letzterer getrennt bleiben und ihr, dem «Objekt», als «Subjekt» unverbunden gegenüberstehen, oder findet sich eine Brücke über diesen Graben, der sich mit der Neuzeit aufgetan hat – ohne die neuzeitlichen Errungenschaften an menschlicher Selbständigkeit und Freiheit wieder in Frage zu stellen?[121] Die Antwort besteht in dem Versuch, zu einem Erkennen der Natur zu führen, das zugleich ein Selbsterkennen ist und so den Hiatus der Subjekt-Objekt-Spaltung heilen hilft (vgl. S. 33 und S. 42). – Diese Entwicklungsperspektive macht Gewicht und Engagement verständlich, die Kolisko in seine Ausführungen legt. Zugleich stellt er sich dadurch in eine hochaktuelle Diskussion, sind doch Folgen dieser bis heute unüberwundenen Spaltung nicht nur in Form der Umwelt- und Klimakrise heute allgegenwärtig.[122]

Erkenntnisweise und Weltverhältnis hängen nicht nur zusammen, sondern sind zwei Seiten derselben Sache, wie aus Koliskos Charakterisierung von Goethes Art, Wissenschaft zu betreiben, hervorgeht. Dessen Erkenntnishaltung sei eine «sich enthaltende», «negative». «Goethe wollte [...] *die reinen Phänomene herausarbeiten*. Es schien ihm eine Notwendigkeit, mit dem Denken erst an die Dinge heranzugehen, wenn die Phänomene in ihrer vollen Reinheit dargestellt sind. [...] Nur die reinen Phänomene können sich so verhalten, dass *sich ihr Zusammenhang wie von selbst dem Denken aufdrängt*. Das Denken ist bei Goethe eine Art negativer Tätigkeit. Es sucht *auszuschalten alles, was von Befangenheit aus dem menschlichen Inneren herauskommen könnte*, auch solche sich

---

120 Peter Heusser (2011) spricht von Steiners Erkenntnistheorie in diesem Sinne als «objektivem Idealismus» (Anthroposophische Medizin und Wissenschaft. Stuttgart: Schattauer, S. 36–40).

121 Vgl. dazu Rudolf Steiner (1989): Anthroposophische Leitsätze (1924/25, GA 26), 9. Aufl., S. 76–120.

122 Soweit es die Chemie betrifft, vgl. dazu Martin Rozumek (2006): Goetheanistische Chemie im aktuellen Kontext. Elemente der Naturwissenschaft 84, S. 37–71, sowie die dort zitierte Literatur.

heraufdrängenden mathematisch-mechanischen [...] Lieblingsvorstellungen. Es sucht *den Phänomenen die für sie geeignete Vorstellungsart abzulauschen* und mit diesen adäquaten Vorstellungen die Phänomene zu beleuchten. Nicht durch [...] die Brille der Kausalität hat Goethe die Welt angesehen, sondern so, *wie es der jeweilige Tatbestand erforderte*» (S. 32 f., Hervorhebungen MR).

Die angedeutete Handhabung des Denkens ist «negativ» bzw. «enthaltsam», insofern sie darauf verzichtet, Begriffe an die Erscheinungen zu heften, um sich fortan nur noch mit den Begriffsetiketten und ihren Verhältnissen zueinander zu beschäftigen. Es soll keine Brille aufgesetzt, sondern der Gegenstand zum Sprechen gebracht werden. Dies bedingt ein Denken, das nicht nur Begriffe *seiner logisch-mathematischen Eigengesetzmäßigkeit gemäß* verarbeitet, sondern innerhalb der Phänomene stehenbleibt[123] und seine Tätigkeit darauf beschränkt, deren Beziehungen aufzusuchen, um eine *Logik der Erscheinungen* zu entfalten. Es geht also um eine Umwendung des Denkens von einer von mir, dem Denkenden, ausgehenden, auf die Erscheinungen gerichteten und diese bestimmenden Tätigkeit in ein «Organ der Auffassung für die Zusammenhänge der Sinneswahrnehmungen», das deren Beziehungen und Gesetzmäßigkeiten «unmittelbar» erfasst (S. 82).

Kolisko bezeichnet diese Tätigkeit auch poetisch als «Zwischenhineinhorchen» zwischen die Erscheinungen, denn im Dazwischen lasse sich das Wesen erfassen (S. 38). Darin kommt die geforderte andersartige Erkenntnishaltung zum Ausdruck, die zugleich ein anderes Weltverhältnis begründet: Ich verzichte darauf, die Phänomene mit Begriffen, die ich bereits habe, zu bestimmen und zu erklären, sondern öffne mich, wende mich ihnen zu, um mich von ihnen belehren zu lassen. Erst dann können sie in ihrer Eigenart, ihrem Sosein, ihrem Wesen aufscheinen und zu sprechen, d. h. sich in mir auszusprechen beginnen.[124]

Ein solches Denken, bewusst vollzogen und sich im Vollzug selbst

---

123 Mit einem wenige Tage zuvor innerhalb derselben Veranstaltung von Rudolf Steiner geprägten Ausdruck: den «Sinnesteppich» nicht «durchsticht» (Rudolf Steiner (1981): Grenzen der Naturerkenntnis (GA 322), Vortrag Dornach 28. 9. 1920. 5. Aufl., S. 26).

124 Goethe fasst den Kern dieser Erkenntnishaltung in prägnante Sätze:
«In Kunst und Wissenschaft [...] kommt alles darauf an, dass die Objekte rein aufgefasst und ihrer Natur gemäß behandelt werden.»
«Kein Phänomen erklärt sich an und aus sich selbst; nur viele zusammen

führend, soll hier im Sinne Rudolf Steiners als intuitives Denken angesprochen werden.[125] Seine «Durchschlagskraft» ist als Folge seiner «negativen» Haltung gegenüber den Phänomenen zunächst, sofern es das Wesen der Erscheinungen betrifft, nicht an die empirische Prüfung seiner Ergebnisse gebunden (S. 82). Diese sind unmittelbar evident. Dadurch unterscheidet sich das intuitive von einem deduktiven Denken: Intuitives Denken erfasst Zusammenhänge, d. h. Gesetzmäßigkeiten, die ja nicht sinnlicher, sondern geistiger Natur sind, in der Sinneswelt, deduktives Denken leitet Gesetzmäßigkeiten aus Gesetzmäßigkeiten her und prüft sie an der Sinneswelt. Intuitives Denken bewegt sich also geistig in der Sinneswelt, während sich deduktives Denken in einem von der Sinneswelt losgelösten (abstrakten) Geistigen bewegt und den Bezug zur Sinneswelt, über die es ja etwas aussagen möchte, erst durch Hypothese und Prüfung nachträglich herstellen muss. Intuitives Denken hat die Sinneswelt dagegen nie verlassen.[126]

überschaut, methodisch geordnet, geben zuletzt etwas, was für Theorie gelten könnte.»

«Das Höchste wäre: zu begreifen, dass alles Faktische schon Theorie ist. Die Bläue des Himmels offenbart uns das Grundgesetz der Chromatik. Man suche nur nichts hinter den Phänomenen: sie selbst sind die Lehre.»

«Es gibt eine zarte Empirie, die sich mit dem Gegenstand innigst identisch macht und dadurch zur eigentlichen Theorie wird. [...]»

(Johann Wolfgang von Goethe (1967): Sprüche in Prosa. Einleitung und Anmerkungen von Rudolf Steiner, Sprüche Nr. 97, 161, 165, 167. Stuttgart: Freies Geistesleben, S. 33, 44 f. Auch in: Johann Wolfgang von Goethe (1982): Maximen und Reflexionen. Nr. 900, 500, 488, 509. In: Goethes Werke, Hamburger Ausgabe, Bd. XII, Kunst und Literatur, 10. Aufl., München: Beck, S. 492, 434, 432, 435. – Ich danke Armin Husemann für den entsprechenden Hinweis.)

125 Vgl. Rudolf Steiner (1995): Die Philosophie der Freiheit (1894/1918, GA 4), 16. Aufl., S. 95 f. Näheres hierzu s. u., S. 124: *Wahrheitsbestreben und Erkenntnisoptimismus.*

126 Die Prüfung geschieht im Sinne des heute breit anerkannten methodischen Falsifikationismus Karl Poppers in der Regel durch Ableitung von Vorhersagen über Beobachtungen und Messergebnisse aus der zu prüfenden Gesetzmäßigkeit unter Vorgabe konkreter Randbedingungen (vgl. Karl R. Popper (1989): Logik der Forschung (1934/1989). 9. Aufl., Tübingen: Mohr). – Dieses Vorgehen lässt erkennen, wie viel Mühe es dem Denken in allgemeinen Gesetzmäßigkeiten bereitet, sich an die einzelne konkrete Erscheinung heranzutasten.

Goethe hingegen war sehr einverstanden damit, dass sein Denken als

Das Zustandekommen einer intuitiven (wissenschaftlichen) Einsicht hat eine intensive Beschäftigung mit den betreffenden Phänomenen ebenso zur Voraussetzung wie ein Zuhausesein in dem Wissenschaftsgebiet, dem diese angehören. Dabei ist, wie Kolisko bemerkt, ein Atem, ein rhythmisches Sich-hin-und-her-Bewegen zwischen Phänomen und Begriff hilfreich, wenn nicht grundlegend erforderlich (vgl. (*4), S. 80). Der intuitiv gefundene Zusammenhang fügt sich, nicht zuletzt aufgrund der genannten Voraussetzungen, in das Gebäude der Wissenschaften ein, die sich dem Phänomengebiet widmen, nicht ohne möglicherweise Teile desselben in neuem Licht erscheinen zu lassen. Daher lässt er sich *nach* seiner Auffindung auch logisch herleiten.

Erreicht wird auf diesem Wege ein Verstehen der Phänomene durch Einsicht in ihre Zusammenhänge anstelle eines kausalen Erklärens und Subsumierens der Erscheinungen unter allgemeine Gesetze. Kolisko weist allerdings auch darauf hin, dass es eine durch Schulung zu entwickelnde «gewisse Kraft» im Denken erfordere, «alles andere, das sich einem aufdrängen könnte, fernzuhalten», um überhaupt an die reinen Phänomene heranzukommen (S. 39). Die Hauptarbeit des Erkennenden bestehe darin, die Phänomene aus ihrem gegenseitigen Sichverdecken herauszulösen und «in ihrer Reinheit darzustellen» (S. 55). Man kann sich vorstellen, dass dies auch bedeutet, sein eigenes Blicken auf die Erscheinungen von Vorurteilen und Sehgewohnheiten zu reinigen – wie unter anderem der Atomhypothese. Sei dies geleistet, tragen sich die Phänomene selbst, ohne Rückgriff auf anderes, vermeintlich Zugrundeliegendes, beleuchten sich gegenseitig (S. 39) und schließen sich zur Einsicht in die Natur (das Wesen) der Sache zusammen (S. 56).

Mit dem Begriff des «Wesens» für den umfassenden Zusammenhang, in dem die Einzelheiten ihre Erklärung, ihren Sinn und ihren Platz finden, greift Kolisko auf Goethes entsprechende Charakterisierung in seiner «Farbenlehre» zurück (S. 55). Jedes Einsehen des Zusammenhan-

---

«gegenständlich» bezeichnet worden ist, und beschreibt, «dass mein Denken sich von den Gegenständen nicht sondere, dass die Elemente der Gegenstände, die Anschauungen in dasselbe eingehen und von ihm auf das innigste durchdrungen werden, dass mein Anschauen selbst ein Denken, mein Denken ein Anschauen sei» (Johann Wolfgang von Goethe (1982): Bedeutende Fördernis durch ein einziges geistreiches Wort. In: Goethes Werke, Hamburger Ausgabe, Bd. XIII, Naturwissenschaftliche Schriften I. 9. Aufl., München: Beck, S. 37–41, hier S. 37).

ges eines einzelnen Phänomens ist ein Teilaspekt, der zu einer derart umfassenden Einsicht beiträgt, in dem jedoch das Ganze implizit schon anwesend ist, denn er bezieht sich ja darauf. Jede Einzelerkenntnis stellt dabei einen Schritt innerhalb eines «stetigen Entwicklungsprozess[es]» dar, in dessen Verlauf man sich «durch eigene Gedankenanstrengung» in das jeweilige Gebiet «einlebt», um damit «zusammenzuwachsen» und ein lebendiges Wissen davon zu erlangen. Der Atomismus würde demgegenüber am Ende des Erkenntnisvorgangs nicht mehr erkannt haben, als er von Anfang an hineingesteckt hat; er bringt nur «ein *totes* Wissen», das nicht entwicklungsfähig ist (S. 56).

In den Beispielen des ersten sowie den Ausführungen des zweiten und dritten Vortrags führt Kolisko die intuitiv-wahrnehmungsartige Betätigung des Denkens am konkreten Gegenstand vor. Seine Ergebnisse widersprechen in keinem Falle denen der herkömmlichen Naturwissenschaft, durchziehen diese jedoch mit einem kohärenten Verstehen anstelle einer einheitlichen Modellbildung. Damit erweist sich Kolisko auch als Praktiker einer verstehenden Naturwissenschaft und zugleich als Vorreiter einer Reihe späterer Bemühungen dieser Art, die zum Teil sogar explizit an seine Arbeit anknüpfen.[127]

Er sieht diese Arbeiten jedoch nur als «Vorarbeiten» (S. 41 und S. 73), die – insbesondere für das Verständnis des Menschen und seines inneren Zusammenhanges mit der Natur – erst wirklich fruchtbar werden, wenn die goetheanistische Chemie ihre Blickrichtungen von einer «neue[n] Physiologie im Sinne der Anthroposophie» (S. 40) hernimmt, d. h. insbesondere von der von Steiner erstmals beschriebenen funktionalen Gliederung der menschlichen Leiblichkeit in ein Nerven-Sinnes-

---

127 Beiträge zu einer verstehenden Chemie und Naturwissenschaft finden sich z. B. bei Peter Buck (1984): Was ist «Chlor»? Chimica didactica 10, S. 117–140; Ders. (Hg.) (2006): Wie gelangt ein Mensch zu Sinn? Stuttgart: Freies Geistesleben; Ders. & Ernst-Michael Kranich (Hg.) (1995): Auf der Suche nach dem erlebbaren Zusammenhang. Weinheim & Basel: Beltz; Ders. & Manfred v. Mackensen (2006): Naturphänomene erlebend verstehen. 7. Aufl., Köln: Aulis; Ernst-Michael Kranich (2002): Verstehen – auch der Natur-Dinge. In: Martin Basfeld & Thomas Kracht (Hg.): Subjekt und Wahrnehmung. Basel: Schwabe, S. 143–161; Ders. (Hg.) (2005): Chemie verstehen. Stuttgart: Freies Geistesleben; Georg Maier, Martin Rozumek & Hans-Christian Zehnter (2005): Wissenschaft des Besonderen. Das Goetheanum H. 29/30, S. 4–6; vgl. außerdem Anm. 52.

System, ein Rhythmisches System und ein Stoffwechsel-Gliedmaßen-System.[128]

«Bloßer Phänomenalismus»

Kolisko rückt die Entgegensetzung zweier Wissenschaftsansätze anschließend in eine historische Dimension, indem er die reduktionistische mathematisch-mechanistisch-kausale Wissenschaftsrichtung als «westlich» kennzeichnet und die an Goethe anknüpfende als «mitteleuropäische», die von der erstgenannten «überwältigt» worden sei (S. 32). Zwar sind nationale Ausprägungen in der Entwicklung der Naturwissenschaft eine Begleiterscheinung des aufkommenden Zeitalters der Nationalstaaten vom 17., 18. Jahrhundert an.[129] Dennoch kann es, keine zwei Jahre nach Ende des Ersten Weltkriegs, auch chauvinistisch verstanden werden, hier eine welthistorische Auseinandersetzung zu sehen. Kolisko bewegt sich dabei jedoch in menschheitlichen Denkweisen, die im Westen, im (nicht erwähnten) Osten und in der europäischen Mitte verschiedene, aufeinander bezogene Entwicklungsrichtungen der Menschheit erkennen, die zusammen ein Ganzes ergeben.[130]

---

128 Vgl. Rudolf Steiner (1983): Von Seelenrätseln (1917, GA 21), 5. Aufl., Anhang 6: Die physischen und die geistigen Abhängigkeiten der Menschen-Wesenheit. Für ein Beispiel von Koliskos weiterem Schaffen im Sinne dieser Perspektive siehe Eugen Kolisko (1989): Neue Wege in der Pathologie und Therapie durch Anthroposophie. Vortrag gehalten am 26. Mai 1922 in der Gesellschaft der Ärzte in Wien. In: Ders.: Auf der Suche nach neuen Wahrheiten. Goetheanistische Studien. Dornach: Philosophisch-Anthroposophischer Verlag am Goetheanum, S. 155–169. Koliskos Entwurf zur Physiologie der Atmung beim Singen und Hören wird aufgegriffen und fortgeführt in Armin Husemann (2010): Der hörende Mensch und die Wirklichkeit der Musik. Stuttgart: Freies Geistesleben.

129 Vgl. dazu z. B. Stephen F. Mason (1997): Geschichte der Naturwissenschaft in der Entwicklung ihrer Denkweisen (1974). Reprint, Bassum: Verlag für Geschichte der Naturwissenschaften und der Technik, S. 333 ff., oder Carol E. Harrison & Ann Johnson (Eds.) (2009): National Identity: The Role of Science and Technology. Osiris 24.

130 Vgl. dazu Eugen Kolisko (1989): Drei Hauptströmungen in der Weltgeschichte und ihr Verhältnis zur Anthroposophie. In: Ders.: Auf der Suche nach neuen Wahrheiten. Goetheanistische Studien. Dornach: Philosophisch-Anthroposophischer Verlag am Goetheanum, S. 171–186.

Sie sollten gegliedert zusammenwirken, ohne sich in ihrem Bestand zu gefährden. Letzteres sieht Kolisko für die «mitteleuropäische» Richtung, den bereits in Paracelsus wirksamen «anderen Geist» im Unterstrom der europäischen Wissenschaftsentwicklung, wie ihn der indische Wissenschaftstheoretiker Jit-Singh Uberoi bezeichnet[131], als gegeben an. Kolisko ist im Übrigen 1936, nach Entlassung aus seiner Tätigkeit als Lehrer und Schularzt an der Stuttgarter Waldorfschule (1934) sowie Ausschluss aus der Anthroposophischen Gesellschaft (1935), beides aufgrund interner Konflikte, und wohl auch im Hinblick auf die Verhältnisse im nationalsozialistischen Deutschland nach England emigriert[132] und hat in den letzten Jahren seines Lebens (bis 1939) unter anderem eine Reihe von Biographien bedeutender englischer Persönlichkeiten verfasst.[133] Nationalistische Tendenzen lagen ihm fern.

Für die Auseinandersetzung zwischen dem «westlichen» Materialismus und dem Goetheanismus besitzt der sich im 19. Jahrhundert durchsetzende, tatsächlich zunächst in England neu aufgekommene[134] Atomismus in der Chemie eine mehrfache Bedeutung. So wird mit der Chemie ein von Veränderung, von Prozessen geprägtes Weltgebiet mit überraschendem Erfolg atomistisch, d. h. aber gerade durch *unveränderlich* gedachte Teilchen erklärt[135] und damit zugleich der Atomismus

---

131 Jit-Singh Uberoi (1999): Der andere Geist Europas. Goethe und die Zukunft der Wissenschaft. Dornach: Pforte.

132 Vgl. Joop van Dam (2003): Eugen Kolisko. In: Bodo v. Plato (Hg.): Anthroposophie im 20. Jahrhundert. Dornach: Verlag am Goetheanum, S. 389–393.

133 Eugen Kolisko: Inductive biographies. I. Sir Christopher Wren. *The Modern Mystic and Monthly Science* Review II:10 (1938), p. 408–410, 415. II. Joan of Arc. Ebd. II:11 (1939), p. 471–473. III. Thomas Becket. Ebd. III:1 (1939), p. 34–36, 38. IV. Sir Thomas More. Ebd. III:2 (1939), p. 48–52. V. Oliver Cromwell. Ebd. III:3 (1939), p. 111–113, 130. VI. Benjamin Franklin. Ebd. III:4 (1939), p. 150–153. In deutscher Übersetzung: Eugen Kolisko (2002): Die Mission des englischsprachigen Westens. Basel: Perseus.

134 Entscheidend dafür war John Daltons 1808 veröffentlichtes Werk «A New System of Chemical Philosophy», in dem dieser u.a. die Gesetze der konstanten und multiplen Proportionen atomistisch erklärte (vgl. S. 31). Unabhängig davon hat Dalton Vorläufer nicht nur bei den griechischen Atomisten, sondern zum Beispiel auch in Newton (vgl. Anm. 36) und dessen Korpuskulartheorie des Lichts.

135 Im 19. Jahrhundert gab es zwar auch erste Vorstellungen über Bau und

auf die naturwissenschaftliche Grundfrage nach der Natur der Materie angewendet. Darüber hinaus stützt in Koliskos Augen dieser Erfolg den Materialismus überhaupt: «Die Stoffe der Natur nachmachen zu können, sie umsetzen, aufbauen, kurz: beherrschen zu können, Neues im Stoffgebiete schaffen zu können, und alles dieses scheinbar aus den Folgerungen der Atomtheorie heraus, das gab dem materialistischen Bewusstsein erst die rechte Unterlage» (S. 32).

Aus heutiger Sicht ist dem zuzustimmen. In der zweiten Hälfte des 19. Jahrhunderts haben sich Atomismus und Materialismus durchgesetzt, während Goethe schon zu Lebzeiten darum zu kämpfen hatte, auch als Naturwissenschaftler ernst genommen zu werden. Nach seinem Tod 1832 ist das lange, zum Teil bis heute, so geblieben.[136] Die Entwicklung im 20. Jahrhundert weist jedoch verschiedene Facetten auf. Einerseits sind die Erfolge des atomistischen Denkens in der Chemie bis auf den heutigen Tag außerordentlich beeindruckend, betreibt man doch «molekulares Design» und hat unter anderem mit der Rastertunnel- und Rasterkraftmikroskopie Methoden entwickelt, die Materie bis in die atomare Dimension hinein gezielt zu untersuchen und zu manipulieren.[137]

Struktur der Atome, nicht jedoch über deren Veränderung im Verlauf des Knüpfens und Lösens chemischer Bindungen. Vgl. dazu Britta Görs (1999): Chemischer Atomismus. Anwendung, Veränderung, Alternativen. Berlin: ERS-Verlag.

136 Zu Goethe als Naturwissenschaftler vgl. z. B. Otto Krätz (1998): Goethe und die Naturwissenschaften. 2. Aufl., München: Callway; Peter Heusser (Hg.) (2000): Goethes Beitrag zur Erneuerung der Naturwissenschaften. Bern, Stuttgart & Wien: Haupt; sowie Dušan Pleštil & Wolfgang Schad (Hg.) (2008): Naturwissenschaft heute im Ansatz Goethes. Stuttgart: Mayer.

137 Sehr eindrucksvoll belegen das z. B. die allgemeinverständlichen Darstellungen in Hans-Jürgen Quadbeck-Seeger & Axel Fischer (Hg.) (2000): Die Babywindel und 34 andere Chemiegeschichten. Weinheim: Wiley-VCH. Interessant sind in diesem Zusammenhang die Beobachtungen, dass die Philosophie der Chemie, also die Reflexion von Begriffen und Methoden, derjenigen in Physik und Biologie weit hinterherhinkt (vgl. z. B. Jaap van Brakel (1996): Über die Vernachlässigung der Philosophie der Chemie. In: Nikos Psarros, Klaus Ruthenberg & Joachim Schummer (Hg.): Philosophie der Chemie. Würzburg: Königshausen & Neumann, S. 13–26) und dass die Anzahl insbesondere biologischer, aber auch physikalischer goetheanistischer Arbeiten diejenige chemischer Publikationen bei weitem übersteigt (vgl. die von Erwin Haas zusammengestellte Online-Bibliografie Goetheanistische Naturwissenschaft, www.forschungsinstitut.ch/index.

Während im 19. und zu Beginn des 20. Jahrhunderts von Atomismus vor allem in einem «mereologischen» Sinne die Rede war, d. h. Atome als Teile (griech. meros = Teil) von größeren Einheiten angesehen wurden, trat mit der Untersuchung der Radioaktivität, der Kathodenstrahlen, der Atomspektren etc. zunehmend auch der «kausale» Aspekt in den quantenphysikalischen Befunden in das Zentrum der naturwissenschaftlichen Betrachtung.[138] Dadurch musste, nachdem der physikalische Atomismus mit seinen Atommodellen Anfang des 20. Jahrhunderts Einzug in die Chemie gehalten hat, diese die ihr von Kolisko zugewiesene Frage nach dem Wesen der Materie an die Physik abtreten. Dort wiederum hat unter anderem diese Frage zur Quantenphysik geführt und in deren Interpretation auch zu Einsichten, die über den Materialismus hinausweisen.[139]

Kolisko weist nun darauf hin, dass das, was seiner Ansicht nach an der Zeit war, aber zurückgedrängt worden ist, sich trotzdem gezeigt habe, nur eben in unbewusster und «chaotischer» Weise. So hätten Philosophen und Naturwissenschaftler wie Johannes Volkelt oder Ernst Mach erkannt, dass für unser Erkennen die Phänomene das Erste sind, nicht irgendwelche materiellen Vorgänge oder metaphysischen Gegenstände wie die Atome.[140] Nur hätten es diese Philosophen nicht bis zu einer Wissenschaft gebracht, die zu reinen Phänomenen und damit zu einem Verstehen der Natur führt, sondern seien «bloß phänomenalistisch» (S. 36) dabei stehengeblieben, die Phänomene einfach als Tatsachen hinzunehmen, ohne sie erklären zu wollen. Die philosophische Begründung des Goetheanismus als einer echt phänomenologischen Wissenschaft mit Erkenntnistiefe habe erst Rudolf Steiner geliefert.

Der lange gegen den Atomismus kämpfende Chemiker Wilhelm Ostwald,[141] auf den Kolisko mehrfach Bezug nimmt, wird in diesem Zusam-

php?id = 669). Beides kann als Indiz für eine starke Verankerung des Materialismus in der Chemie gelten.

138 Vgl. Brigitte Falkenburg (1995): Teilchenmetaphysik. 2. Aufl., Heidelberg, Berlin & Oxford: Spektrum.

139 Vgl. dazu Martin Basfeld (1992): Erkenntnis des Geistes an der Materie. Stuttgart: Freies Geistesleben, und Jos Verhulst (1994: Der Glanz von Kopenhagen. Stuttgart: Freies Geistesleben.

140 Zu Volkelt, Mach u.a. vgl. Anm. 42, 43 und 45.

141 Zu Ostwald vgl. Anm. 46, zu seiner Stellung zum Atomismus vgl. Britta Görs (1999): Chemischer Atomismus. Anwendung, Veränderung, Alternativen. Berlin: ERS-Verlag, S. 146–195; Dies. (2005): Atomist or anti-Atomist?

menhang als Phänomenologe angeführt, der sich jedoch nicht von der atomistischen Denkweise gelöst, sondern die kausale Betrachtungsweise und den Atomismus als «Arbeitshypothese» beibehalten habe.[142] In Anmerkung (*4) (S. 90) sucht Kolisko den Grund dafür in Ostwalds positivistischer Grundüberzeugung und der damit verbundenen deduktiv-empirischen Erkenntnisweise (vgl. dazu S. 118). Ostwald hat dem Atomismus bis zu seiner «Bekehrung» nur den Rang einer Hypothese, nicht aber einer «wissenschaftlich wohlbegründeten Theorie» zugebilligt und sich gegen die realistische Interpretation dieser Hypothese gewendet. In der 1909 erschienenen vierten Auflage seines weitverbreiteten Lehrbuchs «Grundriss der allgemeinen Chemie» erklärte Ostwald sich dann als von der Richtigkeit des Atomismus überzeugt.[144]

Darüber hinaus trifft die Kritik, «zusammenhanglos nebeneinanderstehende Phänomene, die das Denken höchstens in einer gewissen subjektiven Weise ordnen kann» (S. 34), für wissenschaftlich befriedigend zu halten, selbstverständlich nicht jede Phänomenologie, sondern wiederum einen bestimmten Umgang mit den Phänomenen und dem sie bearbeitenden Denken, der durch den Verzicht auf einen Erklärungsanspruch gekennzeichnet ist.

The Relationship between the German Chemical Community and Ostwald. In: Britta Görs, Nikos Psarros & Paul Ziche (eds.): Wilhelm Ostwald at the Crossroads between Chemistry, Philosophy and Media Culture. Leipzig: Leipziger Universitätsverlag, S. 79–86.

142 Diese Einschätzung vertritt auch Britta Görs (1999): Chemischer Atomismus. Anwendung, Veränderung, Alternativen. Berlin: ERS-Verlag, S. 183 und öfter. Vgl. dazu auch Koliskos Anm. (*19), S. 90.

143 Vgl. Wilhelm Ostwald (1909): Grundriss der allgemeinen Chemie. 4. Aufl., Leipzig: Engelmann, S. III f.

144 «Ich habe mich überzeugt, dass wir seit kurzer Zeit in den Besitz der experimentellen Nachweise für die diskrete oder körnige Natur der Stoffe gelangt sind, welche die Atomhypothese seit Jahrhunderten, ja Jahrtausenden vergeblich gesucht hatte. Die Isolierung und Zählung der Gasionen einerseits [...] und die Übereinstimmung der Brownschen Bewegungen mit den Forderungen der kinetischen Hypothese andererseits [...] berechtigen jetzt auch den vorsichtigen Wissenschaftler, von einem *experimentellen* Beweise der atomistischen Beschaffenheit der raumerfüllenden Stoffe zu sprechen. Damit ist die bisherige atomistische Hypothese zum Range einer wissenschaftlich wohlbegründeten Theorie aufgestiegen» (Wilhelm Ostwald: ebd.).

Kolisko hat damit insgesamt drei Positionen – den reduktionistischen Atomismus, den Phänomenalismus und den Goetheanismus – charakterisiert. Sie werden zur weiteren Verdeutlichung an Beispielen (konstante Verbindungsverhältnisse und Gasdruck, s.u.) vorgeführt. In seiner Anmerkung (*2) (S. 79) ergänzt Kolisko, dass sich die herrschende (atomistische) naturwissenschaftliche Lehre in Entwicklung befinde: Das «mechanische Weltbild», das sich bis in die neunziger Jahre des 19. Jahrhunderts hinein herausgebildet habe, sei mittlerweile in «Abbau» begriffen. Das naturwissenschaftliche Begriffsgebäude sei durch Mach, Ostwald, Einstein und andere ins «Wanken» gekommen. Gleichzeitig bestehe auch die Tendenz eines noch weitergehenden Ausbreitens und Festsetzens des Materialismus, für die Kolisko jedoch keine Beispiele angibt. Kolisko berücksichtigt damit Entwicklungen, die als Zusammenbruch der klassischen Physik am Ende des 19., Anfang des 20. Jahrhunderts geläufig sind und zu Relativitätstheorie und Quantenphysik geführt haben.[145]

Besondere Aufmerksamkeit im vorliegenden Zusammenhang verdient außerdem die Bemerkung: «Bei der neuesten Entwicklung atomistischer Vorstellungen handelt es sich auch vielfach um die Entdeckung atomistischer Phänomene und durchaus nicht um eine Bestätigung der atomistischen Denkweise» (S. 80, vgl. auch (*19), S. 90). Kolisko differenziert also auch hinsichtlich der Atome zwischen Theorien, die Atome als metaphysische Entitäten postulieren, und Phänomenen, deren Existenz nicht zu bestreiten ist (in Anmerkung (*19) werden als atomistische Phänomene angeführt: «Brownsche Bewegung, kolloidaler Zustand, sogenannte Gasatome usw.»). Es handelt sich bei dieser Unterscheidung um dieselbe Differenzierung, die Rudolf Steiner 1890 in seinen Einleitungen zu Goethes naturwissenschaftlichen Schriften für die von Joseph Kürschner herausgegebene «Deutsche Nationallitteratur» vorgenommen hat, als er zwischen der metaphysischen «Materie als das den Erscheinungen zugrundeliegende eigentlich Reale» und der «Materie als Phänomen» unterschieden hat. Die Welt, wie sie uns erscheint, sei «die Summe sich metamorphosierender Wahrnehmungsinhalte ohne eine zugrundeliegende Materie». Das schließe Materie als «das den Raum Erfüllende» ein. Dass der Raum erfüllt erscheint, ist ein

145 Hervorragend schildert dies Martin Basfeld (1992): Erkenntnis des Geistes an der Materie. Stuttgart: Freies Geistesleben, S. 115–233.

Phänomen wie jedes andere auch. Weder dieses, noch sonst ein anderes Phänomen rechtfertigt jedoch, die Existenz einer für sich bestehenden, anderes bewirkenden Materie anzunehmen. «Objektiv» gegeben ist einzig und allein die Wahrnehmung, nicht aber etwas dahinter oder darunter Liegendes, das die Wahrnehmung erst bewirken soll – einfach weil dieses Etwas zuletzt doch nur aufgrund von Wahrnehmungen postuliert werden kann.[146]

1. Beispiel: Atom- oder Verbindungsgewicht

Stoffe interagieren in der Regel in bestimmten unveränderlichen Mengenverhältnissen bzw. es entstehen bei ihrer Zerlegung stets dieselben neuen Stoffe in stets denselben Mengenverhältnissen. Darüber hinaus kann es vorkommen, dass zwischen zwei Stoffen verschiedene, aber immer konstante Mengenverhältnisse vorkommen. Diese «Erscheinung der konstanten Verbindungsverhältnisse» ist in den Gesetzen der konstanten und multiplen Proportionen (Verhältnisse) formuliert. John Dalton[147] hat mit der atomistischen Erklärung dieser Gesetze, die Kolisko wiedergibt, dem Atomismus in der Chemie im Anfang des 19. Jahrhunderts die Bahn gebrochen (im Einzelnen dazu S. 145: *Konstante Proportionen und chemischer Atomismus*).

Kolisko führt den Gedankenverlauf einer atomistischen Erklärung modellhaft vor und zeigt dabei, ohne es wirklich herauszustellen, wie wenig diese Erklärung tatsächlich erklärt, ja, dass sie regelrecht überflüssig ist (S. 35). Man sucht einen «Träger» für die konstanten Mengen, in denen die Stoffe in den Gleichungen der Chemie auftreten, etwas, woran man das Phänomen festmachen kann, dass diese Mengen nicht beliebig sind. Das Atom Daltons ist die kleinstmögliche (d. h. unteilbare, griech. a-tomos) Portion eines Stoffes, die ein bestimmtes, stoffspezifisches Gewicht besitzt, das Atomgewicht (heute würde man korrekt von

146 Rudolf Steiner (1987): Einleitungen zu Goethes naturwissenschaftlichen Schriften (1884–97, GA 1), 4. Aufl., S. 274f. Vgl. auch Ders. (2002): Grundlinien einer Erkenntnistheorie der Goetheschen Weltanschauung (1886, GA 2), 8. Aufl., Dornach; sowie Ders. (1995): Die Philosophie der Freiheit (1894/1918, GA 4), 16. Aufl., Dornach.

147 Zu Dalton vgl. Anm. 39.

«Masse» statt von «Gewicht» sprechen). Und weil die Atome so sind, gelten die Gesetze der konstanten und multiplen Proportionen, die ja nur ausdrücken, dass die Stoffe aus kleinen und unveränderlichen Anzahlen der Atome ihrer Bestandteile aufgebaut sind. – Die Erklärung besteht zuletzt in einem «so ist es eben, die Atome haben nun einmal diese Gewichte». Natürlich ist das nicht der Weisheit letzter Schluss. Heute denkt man Atome zusammengesetzt aus verschiedenen Elementarteilchen und sucht noch nach dem letzten Grund für ihre Masse. Dazu muss noch das nach dem britischen Physiker Peter Higgs (*1929) benannte Higgs-Teilchen nachgewiesen werden, das allen anderen Teilchen ihre Masse verleiht. Am Ende wird dann stehen: weil die Welt so eingerichtet ist, dass bestimmte fundamentale Naturkonstanten die Werte haben, die sie nun einmal haben, haben die Atome eben diese bestimmten Atommassen.

Wenn man aber am Ende doch nur, wenn auch auf sehr komplizierte Weise, «so ist es eben» sagen kann, kommt man nicht dazu, die Welt zu verstehen. Schlimmstenfalls bleibt das Erkenntnisbedürfnis in dem schön konstruierten System sogar ganz auf der Strecke.[148] Wäre da nicht der Erfolg der atomistischen Chemie, wären derartige Scheinerklärungen ein Fall für «Ockhams Rasiermesser» (Ockham's Razor), das nach dem englischen Philosophen Wilhelm von Ockham (um 1285 bis 1347) benannte Prinzip, von konkurrierenden Theorien nur die jeweils einfachste gelten zu lassen, die die wenigsten Zusatzannahmen macht. Unter diesem Blickwinkel könnte man die angenommenen Entitäten wie Atome und Elementarteilchen ohne Verlust an Einsicht streichen. – Überraschenderweise käme dabei heraus, was Kolisko als zweite Position charakterisiert: «bloßer Phänomenalismus», der die Tatsachen einfach hinnimmt, ohne sie erklären zu wollen. Jeder Stoff hätte eben sein Atomgewicht (das man dann eher als Verbindungsgewicht oder Ähnliches bezeichnen würde). Auch das ist nicht befriedigend.

---

148 Das ist die Regel im Schulunterricht! Wie Untersuchungen zeigen, gehen Schüler mit zumeist positiver Voreinstellung, Neugier und Interesse in den Chemie-Anfangsunterricht – und erleben Chemie schon kurze Zeit später als schweres und unverständliches Fach am unteren Ende der Beliebtheitsskala (vgl. Kerstin Höner & Timo Greiwe (2000): Chemie – nein danke? Eine empirische Untersuchung affektiver und kognitiver Aspekte des Chemieunterrichts der Sekundarstufe I in Abhängigkeit von der Jahrgangsstufe. Chimica didactica 26, S. 25–55).

Kolisko stellt den beiden Positionen entgegen: «Das Verbindungsgewicht hat Qualitätscharakter und ist darum konstant in weitem Umfange» (S. 36; vgl. auch S. 59). Das Verbindungsgewicht[149] sei weder kausal bewirkt noch einfach sich häufig wiederholend, sondern eine Eigenschaft des jeweiligen Stoffes und «Ausdruck der chemischen charakteristischen Natur» desselben, also eine Qualität des Stoffes und daher unveränderlich. – Dem kann man folgen, insbesondere weil es sich aus dem zuvor von Kolisko angeführten Stoffbegriff ergibt: «ein bestimmter Stoff sein, heißt ja nichts anderes, als bestimmte Eigenschaften haben» (S. 36).[150]

Aber woher nimmt Kolisko diese «Einsicht»? Und macht sie, wie er behauptet, das Phänomen verständlich? Sein Gedankengang erschließt sich nicht auf den ersten Blick. Zwar lässt sich die «Einsicht» aus dem Begriff des Stoffes ableiten (deduzieren). In seiner Anmerkung (*4) (S. 80) gesteht Kolisko folglich auch Ostwald zu, die richtige Einsicht zu haben. Er wendet sich aber gegen den von Ostwald angegebenen Weg, eine Hypothese abzuleiten und sie anschließend empirisch zu prüfen und zu bestätigen. Der Quell für die Richtigkeit einer solchen Einsicht liege im Denken selbst und nicht in der Empirie, d. h. der Sinneswelt. Damit rekurriert Kolisko erneut auf ein intuitives Denken im Sinne Goethes und der Erkenntnistheorie Rudolf Steiners. – Ob seine Argumentation überzeugen kann, ist daher weniger eine Frage der Logik. Es hängt vielmehr davon ab, ob es Kolisko gelingt, den Leser dahin zu führen, selbst die Intuitionen zu haben, die seinen Ausführungen zugrunde liegen.

Was bedeutet es nun, das Verbindungsgewicht als Stoffeigenschaft zu betrachten? Es kann sein, dass dem Leser zunächst das Fehlen einer Kausalerklärung aufstößt und er unbefriedigt gar nicht zwischen dem phänomenalistischen «das ist eben so» und Koliskos Einsicht unterscheiden kann. Kolisko nimmt das Phänomen der konstanten Verhältnisse ja auch

149 Der (nichtatomistische) Ausdruck «Verbindungsgewicht» ist synonym dem atomistischen «Atomgewicht», bleibt aber an den ursprünglichen Sachverhalt gebunden, nämlich die Beobachtung konstanter Massenverhältnisse der Stoffe (insbesondere der chemischen Elemente) in ihren Verbindungen, d. h. im Verhältnis zu anderen Stoffen.

150 Dieser Begriff des Stoffes ist nichts anderes als die Kategorie der Substanz, die erste der zehn aristotelischen Kategorien: ein Seiendes, das durch seine Eigenschaften, die Akzidenzien, näher charakterisiert wird.

als gegeben hin und lässt es stehen, anstatt es durch die Heranziehung hypothetischer massebehafteter Atome zu ersetzen. Aber, und damit geht er über den «bloßen Phänomenalismus» hinaus, ihm geht auf, dass das so sein muss, ja gar nicht anders sein kann. Da sich die meisten Stoffe in verschiedene Mengenanteile *derselben* chemischen Elemente zerlegen lassen,[151] müssen die Mengenverhältnisse dieser Elemente zueinander, d. h. deren relative Atommassen bzw. Verbindungsgewichte chemische Bedeutung haben, wie Aggregatzustände, Löslichkeiten und andere Stoffeigenschaften auch. Sie können daher nicht variabel sein. Wäre das anders, könnte es unendlich viele verschiedene Stoffe geben, die sich in jeweils andere Mengenanteile derselben Elemente zerlegen lassen, bzw. könnte die Analyse eines Stoffes immer andere Ergebnisse liefern.[152] – Diese Erkenntnis kann im Unterschied zum «bloßen Phänomenalismus» das Erklärungsbedürfnis befriedigen, auch wenn es sich nicht um eine Kausalerklärung handelt, denn sie gibt wie der Atomismus dem Phänomen eine Begründung, die ihm seine Zufälligkeit nimmt und es in einen auch logisch schlüssigen Zusammenhang mit anderen Erscheinungen und Gesetzen, zum Beispiel denen der Stöchiometrie, eingliedert.

2. Beispiel: der Gasdruck

Auch das zweite Beispiel des Gasdrucks wird von Kolisko nach den drei Positionen durchbuchstabiert, zunächst ebenfalls ohne die dritte, eigene Position wirklich herzuleiten (vgl. dazu den zweiten Vortrag). Deren Kern besteht im Verständnis des Gases als eines den Raum nach allen Richtungen gleichmäßig Erfüllenden bzw. erfüllen Wollenden, das

151 Zum Beispiel rotes und schwarzes Eisenoxid (Fe_2O_3 und Fe_3O_4) mit den Elementen Eisen (Fe) und Sauerstoff (O) im Massenverhältnis 111,7 : 48 bzw. 167,55 : 64 = 2 × 55,85 : 3 × 16 bzw. 3 × 55,85 : 4 × 16 bei Gebrauch der bekannten relativen Atommassenzahlen 55,85 (Fe) und 16 (O).

152 Im Hinblick auf Späteres sei bereits hier erwähnt, dass es auch sogenannte nichtstöchiometrische Verbindungen gibt, sogar unter den Eisenoxiden, zum Beispiel bei «FeO» = $Fe_{0,90-0,95}O$, bei denen ungeradzahlige und sogar schwankende Mengenverhältnisse auftreten. Bei den Kohlenwasserstoffen und ihren Derivaten liegen Kohlenstoff, Wasserstoff, Sauerstoff und andere Elemente in unzähligen verschiedenen, aber definierten, mathematisch beschreibbaren Verhältnissen vor.

ein «natürliche[s] Streben nach Ausdehnung» besitze (S. 37). Hat man dies einmal erfasst, ist die Argumentation schlüssig. Kolisko gibt dafür zunächst jedoch nur knappe Hinweise: «Das Gas verbreitet sich durch den Raum, es verleugnet jede Gestalt, das ist seine Natur.» Ausführlicher wird das Thema im zweiten Vortrag behandelt (S. 43: *II. Die Natur der Gase als Beispiel einer hypothesenfreien Phänomenologie*).

Die (angenommenen) Ursachen, Zwecke (Anwendungen) und Begleiterscheinungen des Gasdrucks machen diesen nicht oder bestenfalls durch Rückgriff auf anderes, wiederum Erklärungsbedürftiges verständlich. Erst die Einsicht, dass es Wesensmerkmal des Gasseins ist, sich auszudehnen, um den Raum gleichmäßig zu erfüllen, und dadurch eine Kraftwirkung auf Körper auszuüben, die sich dieser Ausdehnung entgegenstellen, lässt die Sache in ihrer inneren Notwendigkeit erscheinen, sodass unser Erkenntnisbedürfnis befriedigt wird.

Wissenschaftstheoretische Bemerkungen

Nach beinahe 90 Jahren vor dem Hintergrund neuerer wissenschaftstheoretischer Positionen gelesen, können manche Formulierungen und Argumente in Koliskos Vorträgen Anlass zu Fragen geben. So auf den Text zu blicken, bedeutet jedoch naturgemäß, über den Rahmen des historisch Gegebenen hinauszugehen. Daher möchte ich diesen Blickwinkel nur vorübergehend in einem gesonderten Abschnitt einnehmen. Dabei geht es auch um die Frage, wie sich der anthroposophisch-goetheanistische Wissenschaftsansatz in die heutige wissenschaftstheoretische Landschaft stellt.

Das Ergebnis dieser Betrachtung ist kein negatives. Vielmehr hat die wissenschaftstheoretische Entwicklung des 20. Jahrhunderts unter anderem zu einer Öffnung für neue Wege in der Wissenschaft geführt, die auch dem Goetheanismus entgegenkommt.[153] Dies gilt zunächst im pluralistischen Sinne gleichberechtigt nebeneinander stehender Positionen, mit der damit einhergehenden Gefahr der Beliebigkeit, kann aber

153 Vgl. hierzu z. B. Gernot Böhme (1993): Alternativen der Wissenschaft. 2. Aufl., Frankfurt am Main: Suhrkamp.

darüber hinaus in ein neues Verhältnis verschiedener klar umrissener und aufeinander bezogener Erkenntnisansätze führen. Auch dies ist bei Kolisko angelegt – im Kommentar ist mehrfach von verschiedenen Sprachen über einen Gegenstand die Rede –, es tritt jedoch hinter seiner Betonung des Gegensatzes der Erkenntnishaltungen zurück.

Auf zwei Momente in Koliskos Darstellung soll im Folgenden geblickt werden: auf die Bedeutung von Weltanschauung für die Wissenschaft sowie auf Koliskos Wahrheitsbestreben und Erkenntnisoptimismus.

Wissenschaft und Welt-Anschauung

Kolisko möchte der Naturwissenschaft seiner Zeit eine andere Art des Denkens gegenüberstellen, die in einer anderen Welt-Anschauung gründet (S. 27: *I. Die Vorstellungsart der Anthroposophie und der modernen Naturwissenschaft in ihrem Gegensatz*). Demgegenüber sind wir gewohnt, «Wissenschaft» und «Weltanschauung» als unvereinbar zu betrachten. Eine Aussage gilt entweder als wissenschaftlich *oder* als weltanschaulich (bzw. ideologisch).[154] Auf diesen Einwand geht Kolisko selbst in einem anderen Zusammenhang ein:[155] «Man kann fragen: Was hat Wissenschaft mit Weltanschauung zu tun? Aber man muss sich klar darüber sein, dass stets die *großen leitenden Ideen* das Wichtige für den Fortschritt der Wissenschaft gewesen sind.» – In diesem Sinne gibt es keine Wissenschaft ohne vorangehende «weltanschauliche» Richtungsgebung.

Diese Einsicht ist auch in der Wissenschaftstheorie des 20. Jahrhunderts gewachsen und hat sie dazu geführt, die Unterscheidung von Wissenschaft und «Weltanschauung» und damit zugleich das Streben nach einer in diesem Sinne «reinen» Wissenschaft als unhaltbar zu ver-

---

154 Zu Begriff und Begriffsgeschichte von «Weltanschauung» sowie «Weltbild» vgl. die entsprechenden Stichworte in: Joachim Ritter, Karlfried Gründer & Gottfried Gabriel (Hg.) (2005): Historisches Wörterbuch der Philosophie, Bd. 12: W–Z. Basel: Schwabe, Sp. 453–463.

155 Eugen Kolisko (1989): Neue Wege in der Pathologie und Therapie durch Anthroposophie. Vortrag gehalten am 26. Mai 1922 in der Gesellschaft der Ärzte in Wien. In: Ders.: Auf der Suche nach neuen Wahrheiten. Goetheanistische Studien. Dornach: Philosophisch-Anthroposophischer Verlag am Goetheanum, S. 155–169, hier S. 157, Hervorhebung dort.

werfen.[156] Zu Koliskos Zeit herrschte in der Wissenschaftstheorie der Naturwissenschaften der Neopositivismus vor, wie ihn in sehr prägnanter Art zum Beispiel der «Wiener Kreis» vertreten hat. Man wollte sich ausschließlich auf «positive», d. h. weltanschauungsfreie, empirisch beweisbare und intersubjektiv überprüfbare Aussagen («Beobachtungssätze») und deren mathematische und logische Verknüpfung stützen. Die Erschütterung und Demontage des Neopositivismus begann – von Vorläufern wie Pierre Duhem[157] und auch schon Goethe abgesehen – mit der 1934 erstmals publizierten Einsicht Karl Poppers[158], dass Allgemeinaussagen sich empirisch nicht beweisen, sondern nur widerlegen lassen. Thomas Kuhn[159] machte 1962 darüber hinaus klar, dass auch dieser letzte Rest eines früheren Objektivismus sich stets innerhalb eines «Paradigmas», eines theoretischen und weltanschaulichen Rah-

---

156 Zum Folgenden vgl. Karl R. Popper (1989): Logik der Forschung (1934/1989). 9. Aufl., Tübingen: Mohr; Thomas S. Kuhn (1989): Die Struktur wissenschaftlicher Revolutionen (1962/1970). 10. Aufl., Frankfurt am Main: Suhrkamp; Paul Feyerabend (1986): Wider den Methodenzwang (1975/1983). Frankfurt am Main: Suhrkamp; Verein Ernst Mach (Hg.) (1929): Wissenschaftliche Weltauffassung. Der Wiener Kreis. Wien: Wolf; Pierre Duhem (1998): Ziel und Struktur der physikalischen Theorien (1906). Hamburg: Meiner; Johann Wolfgang von Goethe (1982): Der Versuch als Vermittler von Objekt und Subjekt (1792). In: Ders.: Goethes Werke, Hamburger Ausgabe, Bd. XIII, Naturwissenschaftliche Schriften I. 9. Aufl., München: Beck, S. 10–20. Vgl. außerdem Karl-Martin Dietz (1988): Die Suche nach Wirklichkeit. Stuttgart: Freies Geistesleben, S. 127–137.

157 Pierre Duhem (1861–1916), französischer Physiker und Wissenschaftstheoretiker.

158 Sir Karl R. Popper (1902–1994), österreichisch-britischer Philosoph, Begründer des kritischen Rationalismus.

159 Thomas S. Kuhn (1922–1996), US-amerikanischer Wissenschaftshistoriker, -soziologe und -philosoph. Kuhn entwickelte in seinem epochemachenden Werk «The Structure of Scientific Revolutions» (1962, dt. 1970 «Die Struktur wissenschaftlicher Revolutionen») eine Theorie des wissenschaftlichen Fortschritts, nach der Phasen der «Normalwissenschaft» mit unhinterfragten Grundannahmen und methodischen Leitlinien durch «wissenschaftliche Revolutionen» abgelöst werden, die den alten Grundkonsens umstürzen und einen neuen etablieren. Durch solche «Paradigmenwechsel» wie den Übergang vom geo- zum heliozentrischen Weltbild oder die Entwicklung der Quantenphysik wird zugleich eine neue Phase des normalwissenschaftlichen Arbeitens in verändertem Rahmen eingeleitet.

mens der Wissenschaft abspielt. Paul Feyerabend[160] schließlich hat 1970 auch angesichts dieser Erkenntnisse das methodenanarchistische Prinzip «Anything goes!» formuliert, nach dem Erkenntnisfortschritt nicht durch vorgefasste methodologische Regeln gewährleistet werden kann, sondern sich sogar entgegen vordefinierten Kriterien von «Wissenschaftlichkeit» auf den verschiedensten rationalen und weniger rationalen Wegen vollzieht. Die neopositivistischen Bemühungen sind daher hinfällig. Schon innerhalb des Wiener Kreises war im Übrigen klar, dass Wissenschaft nicht ohne «weltanschaulichen» Rahmen funktioniert, der die Prämissen dessen absteckt, was als Wissenschaft zu gelten hat. So hat die vom Wiener Kreis vertretene «Wissenschaftliche Weltauffassung» von vornherein «sinnlose», weil empirisch gehaltlose «Metaphysik» zugunsten von Empirie und Logik abgelehnt.

Wissenschaft muss demnach grundsätzlich als paradigmengeleitet angesehen werden, wobei man zwischen methodologischen und inhaltlichen Aspekten des Paradigmas unterscheiden kann. Wenn Kolisko Erkenntnishaltung und Grundannahmen der materialistisch-reduktionistischen Naturwissenschaft einschließlich ihrer weltanschaulichen Voraussetzungen kritisiert und ihr einen alternativen Entwurf entgegenstellt, fordert er, mit Kuhn gesprochen, einen methodologisch fundamentalen Paradigmenwechsel, der inhaltliche Konsequenzen zeitigt. Die Voraussetzung dafür wäre eine Krise der bestehenden Wissenschaft – von der innerhalb der Chemie angesichts der bis heute andauernden erfolgreichen atomistischen Praxis kaum eine Rede sein kann![161] Die Umweltkrise macht jedoch darauf aufmerksam, dass durchaus Probleme im Verhältnis von Chemie und Wirklichkeit bestehen. Koliskos Feststellung,

---

160 Paul Feyerabend (1924–1994), aus Österreich stammender Philosoph und Wissenschaftstheoretiker. Nach Feyerabend lässt sich der Wissenschaft keine allgemeingültige Methodologie vorschreiben. Sie muss ihre Methoden und Regeln zweckmäßig verändern können, um produktiv bleiben zu können. Dieser «Methodenanarchismus» hat, als ihn Feyerabend 1970 in dem Aufsatz «Against Method» erstmals formulierte, großes Aufsehen und regen Anstoß erregt. Er führt in einen pluralistischen Relativismus, der keine allgemeingültige Wahrheit mehr kennt.

161 Vgl. Martin Rozumek (2006): Goetheanistische Chemie im aktuellen Kontext. Elemente der Naturwissenschaft 84, S. 37–71, und die dort zitierte Literatur. Für die anders geartete Situation in der Medizin vgl. das Vorwort von Armin Husemann zu diesem Band.

das chemische Denken werde den Erscheinungen nicht gerecht (vgl. S. 100: *Kritik der materialistisch-reduktionistischen Naturwissenschaft und des Atomismus*), deutet in dieselbe Richtung. Daher ist eine neue Ausrichtung gefragt, obwohl gegenwärtig in der Chemie keine gravierenden innerwissenschaftlichen Krisenmomente bestehen. Ob aber wissenschaftsphilosophische Einwände stark genug sind, eine wissenschaftliche Revolution auszulösen, darf bezweifelt werden – zumal sich zum Beispiel mit «Green Chemistry» Ansätze gefunden haben, die Spannungen zwischen Chemie und Natur zumindest ein Stück weit zu entschärfen, ohne das atomistische Paradigma umzustürzen. Alles, was darüber hinausgeht, ist zuletzt eine «weltanschauliche» Frage – und außerdem auch eine Machtfrage, sofern man die Mechanismen in Betracht zieht, durch die die etablierte Wissenschaft festzulegen versucht, was als Wissenschaft zu gelten hat.

Mit dieser pessimistischen Einschätzung sind Koliskos Einwände nicht entkräftet. Angesichts des wissenschaftstheoretischen Pluralismus, mit dem das 20. Jahrhundert zu Ende gegangen ist, ist jedoch eine Entscheidung darüber, welches die richtige Art sei, Wissenschaft zu betreiben, gar nicht mehr erforderlich. Verschiedene Wissenschaftsansätze können koexistieren und als gleichberechtigte konkurrieren oder sich ergänzen. Es wäre dann vielmehr zu fragen, wie sie vorgehen, was sie jeweils leisten und in welches Weltverhältnis sie uns führen. Koliskos Forderung nach Wirklichkeitssinn und Wahrhaftigkeit gegenüber den Phänomenen (vgl. S. 104: *Goetheanistische Naturwissenschaft und Anthroposophie*) könnte dafür ein zentrales Kriterium abgeben.

Wahrheitsbestreben und Erkenntnisoptimismus

Die Forderung nach Wirklichkeitssinn kann jedoch zunächst Einwände hervorrufen. Nicht nur konstruktivistische Wissenschaftstheoretiker werden die Annahme einer gegebenen Welt «da draußen» bestreiten, die wir nur zu erkennen hätten. Selbst wenn das Erkennen wissenschaftlich, in methodisch nachvollziehbarer Weise auf der Grundlage von Beobachtung und Experiment erfolgt, sprechen diese nicht naiv-realistisch von «der Wirklichkeit», sondern sind immer schon begrifflich bestimmt und dadurch zunächst an ein Paradigma gebunden. Hoffnungen auf eine wahre und objektive Wissenschaft, die ohne Irrtümer und Richtungswechsel auskommt (vgl. z. B. S. 77), erscheinen demgegenüber nicht unbedingt realistisch. Doch auch Steiners und Koliskos Begriff von Wirklichkeit ist kein naiv-realistischer. Wirklichkeit ist nicht, sondern entsteht im Erkenntnisvollzug aus Wahrnehmung und Begriff. Und man würde Kolisko geringschätzen, wenn man annähme, er verkenne, dass die Möglichkeit des Irrtums und seiner Korrektur als Merkmal eines gesunden und produktiven wissenschaftlichen Fortschritts gelten kann. Seine Kritik des herrschenden naturwissenschaftlichen Paradigmas zeigt, dass er sich der Gefahren einer begrifflichen Überformung der Phänomene ebenso bewusst ist wie Goethe, der sie in seinem grundlegenden methodischen Aufsatz «Der Versuch als Vermittler von Objekt und Subjekt»[162] ausführlich bespricht. – Worauf zielt also der von Kolisko angeführte «Wirklichkeitssinn» und worin gründet sein Erkenntnisoptimismus?

Einen nochmaliger Blick auf das von Kolisko eingeforderte neue naturwissenschaftliche Paradigma hilft, diese Frage zu beantworten. Man muss sich vergegenwärtigen, dass dieses Paradigma, obwohl es inhaltliche Konsequenzen hat, weniger inhaltlich als methodologisch bestimmt ist. So wendet sich Kolisko beispielsweise nicht gegen den Atomismus, um eine kontinuistische Theorie der Materie an dessen Stelle zu setzen, sondern er lehnt überhaupt die Erkenntnishaltung ab, Phänomene mit Hilfe vorgefasster Hypothesen welchen Inhalts auch immer zu erklären. Stattdessen möchte er im Sinne eines «objektiven empirischen Idealismus»[163] (vgl. Anm. 120) das Denken zu einem Organ entwickeln, durch das sich die Dinge selbst aussprechen können. Es geht also nicht um den Austausch von Denkinhalten, sondern, wie oben ausgeführt, um eine Umstülpung der Denkens selbst in eine «negative», d. h. geistig Raum gebende Tätigkeit (vgl. S. 104: *Goetheanistische Naturwissenschaft und Anthroposophie*). Wirklichkeitssinn dient demnach nicht dem naiv-realistischen Erfassen einer gegebenen Wirklichkeit, sondern in der Orientierung des Denkens auf seinen Gegenstand unter Zurücklassung alles bereits Gedachten, kurz: in voraussetzungsloser Sachorientierung. Die Frage, ob Erkenntnis (hier zunächst: begrifflich-idelle Erkenntnis) möglich ist, findet eine positive Antwort, wenn die angedeutete Verwandlung des Denkens gelingt.

---

162 Vgl. Anm. 156.

163 Peter Heusser (2011): Anthroposophische Medizin und Wissenschaft. Stuttgart: Schattauer, S. 41; vgl. auch S. 33–55.

Nicht umsonst besitzt daher das Motiv der Reinheit oder Reinigung bei Kolisko wie bei Goethe entscheidende Bedeutung: die Phänomene müssen «rein» dargestellt, alles Verfälschende «ferngehalten» werden, damit sich die Welt aussprechen kann (vgl. S. 30 bis 32 sowie S. 104 *Goetheanistische Naturwissenschaft und Anthroposophie* und öfter). Auch in der Erkenntnistheorie Rudolf Steiners, die Goethes überwiegend wissenschaftspraktische Anfänge philosophisch begründet und weiterführt und auf die sich Kolisko stützt, steht «Reinheit» an zentraler Stelle.[164] Steiner entwickelt seine Erkenntnislehre aus dem Gegensatz von Beobachtung bzw. Wahrnehmung und Denken. Ausgangspunkt ist dabei unser alltägliches Erkenntnisleben vor der philosophischen Reflexion, in dem Beobachtungen und gedankliche Bestimmungen ineinander verwoben sind. Aus dem alltäglichen wird zunächst das «reine Denken» herauspräpariert, das sich in seiner Tätigkeit anschauen und lenken kann: Es nimmt sich sich selbst beobachtend in die Hand und tritt in den «Ausnahmezustand» einer «Verständigung des philosophischen Bewusstseins mit sich selbst» (so der Untertitel von Steiners Dissertation). Daraus rührt eine inhärente Sicherheit – nicht Unfehlbarkeit – im begrifflich-ideellen Erkennen her. Von hier aus kann das Denken nun in Umkehrung seiner gewöhnlichen Tätigkeit alles aus dem Beobachtungsfeld aussondern, was es selbst dort hineingetragen hat, und so in einem «negativen» Akt des Sichzurücknehmens das «reine», begriffsfreie Erleben der Sinneswahrnehmung freilegen, die «reine Wahrnehmung» unter den begrifflichen Bestimmungen, in die sie im Alltag immer schon gefasst ist.[165]

---

164 Zum Folgenden vgl. Rudolf Steiner (1995): Die Philosophie der Freiheit (1894/1918, GA 4), 16. Aufl., Kap. III–V; Ders. (1981): Grenzen der Naturerkenntnis (GA 322), 5. Aufl.; Ders. (1982): Mein Lebensgang (1923–25, GA 28), 8. Aufl., Kap. XXII; sowie für eine neuere philosophische Untersuchung zu Steiners Erkenntnistheorie Jaap Sijmons (2008): Phänomenologie und Idealismus. Basel: Schwabe.

165 Vgl. Wolfgang Häußler, Wolfgang Kilthau & Martin Rozumek (2001): Zum Gedankengang des vierten Kapitels [der »Philosophie der Freiheit« Rudolf Steiners]. In: Thomas Kracht (Hg.): Erkennen und Wirklichkeit. Zum Studium der »Philosophie der Freiheit« Rudolf Steiners, Bd. 2. Stuttgart: Freies Geistesleben, S. 24–62. – Steiner diskutiert die sich hier stellenden Fragen der Zuverlässigkeit der Sinneswahrnehmung ausführlich und kommt zu dem Ergebnis, dass unter der angedeuteten Perspektive ihr gegenüber nur eine naiv-realistische Einstellung eingenommen werden kann, da jede

Mit diesen beiden «gereinigten» Tätigkeiten, der inhaltsentleerten Denk*tätigkeit* und dem begriffsbefreiten Wahrnehmungs*erleben* sind die polaren Quellen der Erkenntnis erschlossen. Zwischen ihnen wird im Vollzug dieses Weges eine intensive Spannung aufgebaut, die im alltäglichen Vorstellungsleben immer schon weitgehend zum Ausgleich gekommen ist, nun aber im höchsten Maße fühlbar wird. Sie entlädt sich im bewussten Erfassen der zur Wahrnehmung gehörigen begrifflichen Elemente (Begriff, Gesetzmäßigkeit, Zusammenhang, Wesen) und dem Einfließen des sinnlichen Gehalts der Wahrnehmung in dieselben, durch den sich der universelle Begriff auf die Wahrnehmung hin konkretisiert und zur Vorstellung gerinnt. In diesem Zusammenschluss, der in geistig gereinigtem, d. h. in vollkommener Bestimmbarkeit durch den Gegenstand bestehenden Milieu abläuft, kulminiert der Erkenntnisprozess in dem Sichaussprechen des Gegenstands: Der Begriff wird intuitiv, d. h. in geistiger Anschauung bewusst und unmittelbar evident erfasst, auf das Beobachtete bezogen, und das Phänomen verstanden.

Unter dieser Perspektive einer vom Denken ausgehenden geistigen Entwicklung muss Kolisko die Erkenntnis der Sinneswelt als möglich erachten, wenn auch nie als abgeschlossen. Eine Wahrheitsfrage stellt sich dabei nur als Entwicklungsfrage: je reiner die Quellen erschlossen werden können, desto tiefer und umfassender kann das Verstehen des Phänomens sich entfalten.

Methodenbewusstsein als Perspektive

Das Handhaben gleichberechtigt konkurrierender Wissenschaftsansätze (S. 121: *Wissenschaft und Welt-Anschauung*) und das bewusste Vollziehen einer intuitiven Begriffsbildung an der wahrgenommenen Erscheinung (S. 124: *Wahrheitsbestreben und Erkenntnisoptimismus*) haben eine Gemeinsamkeit im reflektierten Umgang mit den Erkenntnismitteln, insbesondere dem Denken. Während im ersten Fall die Voraussetzungen transparent gemacht werden müssen, unter denen Erkenntnisse gewon-

---

andere Einstellung bereits eine Interpretation des sinnlich Wahrgenommenen bedeutet. Im Verlauf des Reinigungsprozesses müssen derartige Interpretationen jedoch gerade zurückgenommen werden (vgl. Rudolf Steiner, wie Anm. 164).

nen werden und Gültigkeit beanspruchen, ist im zweiten Fall darüber hinaus verlangt, Aufmerksamkeit auf den Vollzug der Erkenntnisakte selbst zu verwenden.

Bei dem Ersten handelt es sich um eine erkenntnismethodische Reflexion, die sich dem eigentlichen Erkenntnisakt anschließt. Sie kann aus der pluralistischen Beliebigkeit nebeneinanderstehender Erkenntnisansätze hinaus in eine Charakterisierung derselben führen, die deren Verhältnisse, Abhängigkeiten, Ordnung etc. erschließt. Das Zweite stellt eine Steigerung der im Nachhinein vollzogenen Reflexion zu einer sich in ihren Akten selbst begleitenden und lenkenden Erkenntnistätigkeit dar. Beides kann als Ausbilden von Methodenbewusstsein bezeichnet werden, das sich stufenweise entwickelt.

Man kann in dem Methodenbewusstsein im ersten Sinne den Beginn eines anthroposophisch-philosophischen Erkenntnisweges erkennen, wie ihn Rudolf Steiner in einer Vortragsreihe entwickelt, in der er zwölf Weltanschauungen unterscheidet und in Beziehung setzt. Anthroposophie wird nicht zu denselben hinzugerechnet, sondern als Weg des Durchschreitens der verschiedenen weltanschaulichen Perspektiven charakterisiert, d. h. aber als Erkenntnisbewegung, die begriffliche Transparenz bringt.[166] Wissenschaft, die *zunächst* paradigmengeleitet ist, hebt sich auf diesem Weg auf eine neue, quasi selbstbewusste Stufe, auf der sie sich ihre Möglichkeiten, Grenzen, Bedingtheiten etc. sowie ihre «nachbarschaftlichen Verhältnisse» (Goethe) vergegenwärtigt. Sie überwindet ihr Paradigma, indem sie ihr Paradigma reflektiert.[167]

Auf diese erkenntniskritische Weise ist es möglich, auch theorielastige wissenschaftliche Gegenstände in eine goetheanistische Bearbeitung einzubeziehen, ohne sich dem Vorwurf eines unangebrachten naiven Realismus im Umgang zum Beispiel mit chemischen Modellvorstellungen auszusetzen. Einerseits können dadurch die Phänomene aus ihren begrifflichen Kleidern herausgeschält, andererseits diese Kleider ins Verhältnis gesetzt werden. Wissenschaft in diesem Sinne muss bestrebt sein, möglichst viele Ansichten eines Gegenstandes kennenzulernen.

---

166 Vgl. Rudolf Steiner (1990): Der menschliche und der kosmische Gedanke (1914, GA 151), 6. Aufl. Außerdem als Grundlage Ders. (1995): Die Philosophie der Freiheit (1894/1918, GA 4), 16. Aufl., Kap. III.

167 In anthroposophischen Termini könnte man dies als Fortschreiten von einer verstandesseelen- zu einer bewusstseinsseelengetragenen Wissenschaft bezeichnen.

Die Naturwissenschaft kann dabei im Sinne des Feyerabendschen Methodenanarchismus beinahe beliebig vorgehen, denn die goetheanistische Bearbeitung der Phänomene beginnt mit der von Kolisko beschriebenen «negativen» Tätigkeit des Denkens (S. 33), die «auszuschalten» sucht, «was von Befangenheit aus dem menschlichen Inneren herauskommen könnte, auch [...] mathematisch-mechanische [...] Lieblingsvorstellungen» – und was sonst durch das herrschende Paradigma in das Blickfeld hereingetragen wurde. Der Ausgangspunkt, um «den Phänomenen die für sie geeignete Vorstellungsart abzulauschen», braucht, ja kann paradoxerweise zunächst nicht «der jeweilige Tatbestand» in begrifflich unbehelligter Form sein. Es gibt keine «reinen» im Sinne von begriffsfrei vorliegenden Phänomene, das hat nicht erst die Wissenschaftstheorie des 20. Jahrhunderts gezeigt, sondern war bereits Goethe geläufig.[168] Wir haben es zunächst immer mit bereits gedanklich mehr oder weniger bestimmten Erscheinungen zu tun, an deren phänomenalen Gehalt wir uns erst heranarbeiten müssen.

Ob die bestehende gedankliche Bestimmung dabei atomistischer oder anderer Art ist, ist für diesen Beginn goetheanistischen Arbeitens nicht entscheidend. Vielleicht hat Dalton seine Ergebnisse erst gefunden und dann atomistisch interpretiert. Wahrscheinlicher ist es, dass er überhaupt nur mit Hilfe seiner atomistischen «Brille» hat sehen können, was in deren Ermangelung Richter und Proust gar nicht auffallen konnte (vgl. S. 145: *Konstante Proportionen und chemischer Atomismus*). Wie es tatsächlich war, kann hier nicht entschieden werden. Ohne Zweifel jedoch lassen unsere Begriffe uns erst sehen; und das funktioniert offensichtlich sogar, wenn sie modellhaft sind. Wie sonst könnte die

168 Wenn Kolisko den Ausdruck «reines Phänomen» insbesondere im ersten Vortrag häufig gebraucht, so besteht die Gefahr einer Verwechslung gleichlautender Begriffe: Goethe und Steiner bezeichnen Urphänomene (vgl. dazu S. 150) auch als «reine Phänomene». Nicht jedes im obigen Sinne gereinigte Phänomen ist jedoch ein Urphänomen, auch wenn die Gewinnung von Urphänomenen auch als «Reinigung» beschrieben wird (vgl. dazu Goethes Aufsätze «Der Versuch als Vermittler von Objekt und Subjekt» (1792) und «Erfahrung und Wissenschaft» (1798). In: Johann Wolfgang von Goethe (1982): Goethes Werke, Hamburger Ausgabe, Bd. XIII, Naturwissenschaftliche Schriften I. 9. Aufl., München: Beck, S. 10–20 bzw. 23–25, sowie Rudolf Steiner (1987): Einleitungen zu Goethes naturwissenschaftlichen Schriften (1884–1897/posthum 1926, GA 1), 4. Aufl., bes. S. 275–280).

atomistische Chemie zu den Ergebnissen kommen, die sie hervorbringt? Unter sachlichen Gesichtspunkten kann man dies anerkennen, ohne den methodischen Gegensatz «Goethe vs. Kant», um den es Kolisko geht (vgl. den Beginn des ersten Vortrags sowie S. 57), zu verwischen. Kolisko behandelt selbst im dritten Vortrag Themen wie die organisch-chemischen Strukturen, deren Entdeckung und Verständnis historisch an atomistische Begriffsbildungen gebunden ist. Er geht dann jedoch auf die diesen Dingen und den zugehörigen Begriffen und Modellen zugrundeliegenden Phänomene zurück, um sie in ein anderes Licht zu rücken.

Koliskos erster Vortrag kann demnach auch als Beispiel eines derartigen Vorgehens gelesen werden, wenn auch Kolisko wertet und dadurch Gefahr läuft, sich dem Missverständnis einer Ablehnung der herkömmlichen Naturwissenschaft auszusetzen.[169] Seine Wissenschaftskritik berührt sich mit jüngerer, vermehrt seit Aufkommen der Umweltkrise vorgebrachter Kritik wie mit zeitgenössischer, zum Beispiel von Edmund Husserl (1859–1938), dem Begründer der philosophischen Phänomenologie, in dessen Denken Kolisko viel Unterstützung für seine erkenntnistheoretischen Anliegen gefunden hätte und der darauf hinwies, dass Nüchternheit, Ahistorizität und Lebensweltferne der Wissenschaft dazu führen, wesentliche Fragen auszublenden, die zum Menschsein hinzugehören.[170] Diese Kritik darf nicht davon ablenken, dass unsere Urteilsfähigkeit gegenwärtig in dieser vorherrschenden Form der wissenschaftlichen Rationalität gründet und diese folglich unsere individuelle Freiheit gewährleistet. Darauf weist Steiner vielfach hin, und auch Kolisko bestreitet es nicht. Die geistige Entwicklung der Menschheit kann daher nur über die heutige Naturwissenschaft hinaus, nicht jedoch hinter sie zurück gehen. Methodenbewusstsein im gekennzeichneten ersten Sinne

---

169 Dieser Gefahr setzte sich auch Steiner zuweilen durch Formulierungen aus, die nicht verschiedene Aspekte einer Frage abwägen, sondern einzelne betonen. Manche Anhänger der Anthroposophie sind ihr, im Unterschied zu Kolisko und Steiner, im Herzen erlegen, auch wenn sie dem Worte nach die Naturwissenschaft anerkennen. Dass dies nicht sein muss, zeigen z. B. die Beiträge in Karl-Martin Dietz & Barbara Messmer (Hg.) (1990): Grenzen erweitern – Wirklichkeit erfahren. Perspektiven anthroposophischer Forschung. Stuttgart: Freies Geistesleben.

170 Vgl. Edmund Husserl (1982): Die Krisis der europäischen Wissenschaften und die transzendentale Phänomenologie (1936). 2. Aufl., Hamburg: Meiner.

kann ein Weg dazu sein. Dies ist die Perspektive Steiners und Koliskos, die die Naturwissenschaft in ihrem Entwicklungswert anerkennen, ebenso in den von ihr beschriebenen empirischen Ergebnissen, aber zugleich ihre Begrenztheit sehen.

Der neuere wissenschaftstheoretische Pluralismus kommt dem entgegen. Er führt jedoch dazu, den von Kolisko aufgezeigten «Gegensatz» der Erkenntnisarten nicht zum Verschwinden bringen zu wollen, sondern beide Wege als komplementär zu erkennen, d. h. sich in fruchtbarer Spannung gegenseitig ergänzend, aber unterschiedliche Sprachen über dieselbe Sache sprechend (vgl. S. 139: *Übergang vom idealen zum realen Gas: die Van-der-Waals-Gleichung,* und S. 154: *Zweiatomige Gase – Verbindung mit sich selbst*).

Physik und Chemie der Gase

Das erste Beispiel eines hypothesenfreien Vorgehens in der Chemie, das Kolisko im zweiten Vortrag entwickelt, stammt aus der physikalischen Chemie der Gase. Ziel sei es, aus den Erscheinungen heraus ein «Bild des Gaszustandes» zu zeichnen, in dem sich die Phänomene gegenseitig beleuchten und stützen (S. 55). Koliskos wählt damit zum Einstieg ein Gebiet, in dem, wie er selbst betont, Stoffeigenschaften nicht die primäre Rolle spielen, sondern hinter allgemeinen Eigenschaften des Gaszustandes etwas in den Hintergrund treten. Gase können näherungsweise als *ideale Gase* behandelt werden. Tatsächlich weicht das Verhalten echter Gase von den idealen Gesetzmäßigkeiten ab, worauf Kolisko gegen Ende des Vortrags auch eingeht.[171] Interessant ist vor allem auch, wie er dies zu verstehen sucht (vgl. S. 140).

Mechanik der Gase – der Gasdruck

In seiner Behandlung der Gase setzt sich Kolisko von der auch heute noch im Grundstudium gelehrten Kinetischen Theorie der Gase ab, die versucht, deren Eigenschaften aus den Bewegungen der Gasteilchen

171 Zu den Begriffen des idealen und realen Gases vgl. Anm. 73.

(Atome oder Moleküle) zu erklären.[172] Letztere sind bei Gasen nicht wie im Flüssigen und Festen dicht gepackt und mehr oder weniger hoch in Aggregaten oder Kristallgittern geordnet vorzustellen, sondern den Raum lockerer und beweglicher erfüllend. Um einen Eindruck von diesem Widerpart Koliskos zu geben, sei zunächst die Einführung der Kinetischen Gastheorie aus einem gängigen Physiklehrbuch zitiert:[173]

«Die Kinetische Gastheorie leitet die Eigenschaften der Gase aus mechanischen Bewegungsvorgängen der einzelnen Moleküle ab. Dazu schreibt sie diesen folgende Eigenschaften zu: Ihre Masse sei m; sie verhalten sich wie vollkommen elastische Kugeln, die keine Kräfte aufeinander ausüben, solange sie sich nicht berühren. Sie bewegen sich voneinander unabhängig, ohne irgendeine Richtung im Raum zu bevorzugen, mit der Geschwindigkeit v. Beim Zusammenstoß, der den Gesetzen des elastischen Stoßes gehorcht, tauschen sie Energie und Impuls aus. Dabei ändern sie im allgemeinen ihre Geschwindigkeit; wenn wir trotzdem zunächst von *einer* Geschwindigkeit v sprechen, kann sie daher nur die Bedeutung eines Mittelwertes haben. Er hängt von der Masse der Moleküle und der Temperatur des Gases ab.

Die von dem Gas auf die Wand ausgeübte Kraft führen wir auf Stöße der Moleküle gegen die Wand zurück.»

In dieser Passage sind die Voraussetzungen und Zusatzannahmen aufgeführt, die zu der Grundannahme des atomistischen Aufbaus der Materie noch hinzugedacht werden müssen, um die Erscheinung des Gasdrucks (Druck ist definiert als Kraft pro Fläche) zu erklären. Man sieht, dass es sich dabei um eine ganze Liste von Attributen handelt, mit denen die schon für sich genommen hypothetischen Teilchen ausgestattet werden müssen, um zu dieser Erklärung zu gelangen.

Koliskos Einsicht, «Spannung ist behinderte Dehnung» (S. 44), sagt dagegen den Sachverhalt unmittelbar und auf das Knappste verdichtet aus. Jeder, der sich mit der Sache beschäftigt, sei er Goetheanist, bloßer Phänomenologe oder Atomist, kann diese Einsicht nachvollzie-

---

172 Die Kinetische Theorie geht auf den Schweizer Mathematiker und Physiker Daniel Bernoulli (1700–1782) zurück. Zuvor hatte bereits Isaac Newton ein erstes statisch-atomistisches Modell des Gases entworfen, um das Boylesche Gesetz (vgl. den zweiten Vortrag) zu erklären.

173 Christian Gehrtsen, Hans O. Kneser & Helmut Vogel (1989): Physik. 16. Aufl., Berlin u.a.: Springer, S. 199.

hen, ja würde sie in eigenen Worten entsprechend formulieren, wenn er sich klarmacht, was vorliegt. Der Atomist würde sie jedoch nur als Beschreibung ansehen und weiter nach einer Erklärung fragen, während der Goetheanist, worauf Kolisko hinweist, in dieser Beschreibung ein Glied eines Geflechts stimmig aufeinander bezogener Phänomene erkennen würde: Ein sich ausdehnen wollender Körper (Phänomen 1), der daran gehindert wird, wird *notwendigerweise* eine Kraft aufbauen (Gasdruck, Phänomen 2), die diesem Hindernis entgegenwirkt: Der Gasdruck ist «Offenbarung desselben Strebens nach Ausdehnung […], das hier nur in anderer Form auftritt» (S. 44). Das ist unmittelbar einsichtig, nur ist es vielleicht zu einfach, um wirklich zur Geltung kommen zu können.

Gaszustand und Wärme – Gay-Lussacsches Gesetz

Im nächsten Gedankenschritt erweitert Kolisko die Betrachtung der mechanischen Eigenschaften der Gase um deren Abhängigkeit von der Temperatur, d. h. dem Wärmezustand, wie sie im Gay-Lussacschen Gesetz formuliert ist. Letzteres, obwohl als echte Gleichung noch einen Schritt weiter in die Berechenbarkeit hineinführend als die Boyle-Mariotteschen und Charlesschen Proportionalitätsformeln, stellt ebenfalls eine – quantifizierende – Beschreibung zweier Phänomene dar, eben der beiden Temperaturabhängigkeiten. In diese Beschreibung ist bereits einiges eingeflossen, was Kolisko nur mit der Wendung «mit dem Maße der gebräuchlichen Temperaturskalen» (S. 44) andeutet, unter anderem deren Definition und geeignete Messverfahren. Es ist darin jedoch nichts enthalten, was die Kinetische Theorie oder vergleichbare Modellvorstellungen voraussetzen würde.

Mit dem Wort «Wärme» wird dabei eine Erscheinung bezeichnet, die einerseits eine in der Regel messbare Intensität besitzt (in der Thermodynamik «Temperatur» genannt) und andererseits Mengencharakter (in der Thermodynamik wird *nur* dieser ebenfalls messbare Aspekt «Wärme» genannt). Wenn Kolisko in seiner Darstellung und ich in dieser Erörterung das Wort «Wärme» verwenden, ist das Phänomen «Wärme» mit seinen beiden Aspekten – dem intensiven und dem kapazitiven – gemeint. Kommt es dabei auf die Temperatur an, wird «Wärmeintensität» gebraucht, kommt es dagegen auf den Mengencharakter der

Wärme an, wird verkürzt von «Menge an Wärme» gesprochen, gemeint ist dabei aber die «Menge an Wärme bei gegebener, festgehaltener Intensität».

Gegenüber den mathematisch gefassten Abhängigkeiten anschaulicher und mehr auf den Prozess gerichtet sind Koliskos Formulierungen: «Ausdehnung und Spannung werden von der Wärme gleichmäßig gesteigert» bzw. «Das Bestreben der Gase, die Gestalt zu verleugnen, wird durch die Wärme gesteigert» (S. 45). Hier wird der eingangs vorweggenommene Hinweis, die Gase ließen «der räumlich dehnenden Wirkung der Wärme freies Spiel» (S. 43), am Phänomen nachvollziehbar. Damit ist zugleich der Grund für die nächste echte Erkenntnis über den inneren Zusammenhang der Gase mit der Wärme gelegt. Nebenbei weist Kolisko mehrfach auf die bereits erwähnte Einheitlichkeit der Gase hinsichtlich ihres nicht in erster Linie stoffspezifisch geprägten Verhaltens hin.

Mit dem Hinweis auf die bei einer gegebenen Temperatur, zum Beispiel bei T_0 = 0 °C bereits bestehende räumliche Ausdehnung eines Gases erweitert Kolisko seine Betrachtung nun auf den gesamten Prozess des Gasseins: Jedes Gas besitzt eine Kondensationstemperatur, bei der es sich verflüssigt (einen Siedepunkt) und eine Erstarrungstemperatur, bei der es sich verfestigt (einen Schmelzpunkt). D. h. der Gaszustand eines Stoffes besteht überhaupt nur in Abhängigkeit von einer bestimmten Wärmeintensität. Diese kann sehr niedrig sein und unter irdischen Bedingungen gar nicht natürlich eintreten – beim Wasserstoff liegt der Erstarrungspunkt bei –259 °C –, aber darauf kommt es nicht an. Entscheidend ist, dass der Gaszustand an ein gewisses Maß an Durchwärmung gebunden ist bzw., physikalisch gesprochen, am absoluten Nullpunkt (–273,15 °C = 0 Kelvin) alle Stoffe kondensiert vorliegen. Die «negative Gestaltungskraft» der Gase hinsichtlich des Raumes, wie Kolisko ihre Tendenz, den Raum vollständig zu erfüllen, hier bezeichnet, verändert sich also nicht nur mit der Temperatur, sondern hängt vollständig an der Wärme.

In seiner Anmerkung (*7) ergänzt Kolisko, dass mit diesen Feststellungen keine Auffassung eines Wärmestoffs gemeint sei. Dies wäre auch in höchstem Maße inkonsequent, wäre ein solcher Wärmestoff doch hypothetischer Natur und entstammte damit einer von Kolisko abgewiesenen Denkweise. Sein Hinweis auf die Ähnlichkeit der Gase mit «den Imponderabilien» (zum Begriff vgl. Anm. 107) und die Charakterisierung «Die Gase sind die räumlich gewordene Wärme» (S. 84) weisen über den

Zusammenhang dieser Vorträge hinaus auf eine goetheanistische bzw. anthroposophische Wärmelehre.

Stoffunabhängige Einheitlichkeit des Gaszustandes

Nun gilt es, um den Gaszustand zu verstehen, dessen stoffunabhängige Einheitlichkeit zu begreifen, die schon mehrfach erwähnt wurde. Kolisko weist in diesem Zusammenhang auf den Unterschied des festen zum Gaszustand hin: «[...] die gestalteten Zustände, wie fester und flüssiger [Zustand], machen erst das Zutagetreten einer großen Anzahl chemischer Verschiedenheiten möglich. [...] Der feste Zustand ist [...] mehr geeignet, Verschiedenheiten der chemischen Natur in Verschiedenheiten der Formen zum Ausdruck zu bringen» (S. 45). Im Zusammenhang mit den zuvor gewonnenen Phänomenen und Einsichten leuchten diese Feststellungen ein: Der feste Zustand ermöglicht nicht nur die räumliche Differenzierung der Körper und Stoffe, sondern auch deren chemische Differenzierung, angefangen mit der von Kolisko erwähnten höheren Zahl von Modifikationen mancher Stoffe im festen Zustand. So, wie die Wärme bei den Gasen zur Überwindung des geometrisch definierten festen Zustandes führt, führt sie auch über die chemischen Unterschiede der Stoffe hinaus. Diese bleiben natürlich erhalten, werden aber in gewisser Weise durch die allgemeinen Eigenschaften der Gasnatur überlagert. Eine, vielleicht die wesentliche allgemeine Eigenschaft des Festen ist demgegenüber gerade das Differenziertsein in räumlicher, stofflich-qualitativer, chemischer und anderer Hinsicht.

Das weitere 1808 von Gay-Lussac als Gesetz formulierte Phänomen, dass chemisch äquivalente Mengen verschiedener Gase dasselbe Volumen besitzen (im einfachsten Fall dasselbe Volumen, im komplizierteren Fall kleine ganzzahlige Volumenverhältnisse wie 1:2, 2:3 etc.), ordnet sich auf der Grundlage des Vorangegangenen mühelos in den Zusammenhang ein und erlaubt zugleich eine weitere Abgrenzung des festen vom Gaszustand. Wie bei allen Stoffen besitzen die chemisch äquivalenten Mengen verschiedener Stoffe auch bei den Gasen unterschiedliche Gewichte. Kolisko nennt sie hier etwas abweichend vom gewöhnlichen Wortgebrauch «Verbindungsgewichte» (vgl. Anm. 88 und 89); andere Ausdrücke sind «Äquivalentgewicht» oder – atomistisch – «Molekulargewicht» bzw. «relative molekulare Masse». Bei den Gasen nehmen diese unterschiedlich wiegenden Mengen jedoch immer dasselbe Volumen ein (bzw. Volumina, die in kleinen ganzzahligen Verhältnissen stehen). Dies wird verständlich, wenn man den bisherigen Ergebnissen entsprechend das Volumen in seiner Einheitlichkeit als unter der Regie des Gaszustandes stehend begreift, während das Gewicht (richtiger: die Masse) und die chemischen Eigenschaften in ihrer Verschiedenheit unter der Regie des Festen stehen. Auf den Gaszustand gewendet: «Gerade das gleichmäßige Verhalten des Volumens im Vergleich zur Verschiedenheit etwa des Verbindungsgewichtes der einzelnen Gase macht das Charakteristische des Gaszustandes aus» (S. 46). – Eine zusätzliche Bestätigung findet diese Abgrenzung darin, dass hier und im Folgenden ideale Gase behandelt werden, also das Gas im Allgemeinen, während reale Gase davon abweichen, worin sich die mehr oder weniger starke Färbung ihres gasartigen Verhaltens durch ihre Stofflichkeit ausdrückt (vgl. auch S. 139: *Übergang vom idealen zum realen Gas: die Van-der-Waals-Gleichung*).

Universelle Gaskonstante und allgemeine Gasgleichung

Der nächste Arbeitsschritt besteht in der Ableitung der universellen Gaskonstante *R*, einer Naturkonstante, die die Zustandsgrößen Druck, Volumen und Temperatur mit der Stoffmenge verknüpft und die Behandlung der (auch hier: idealen) Gase unter energetischen Gesichtspunkten ermöglicht. Mit ihrer Hilfe wird zum Beispiel die Leistung einer Dampfmaschine berechenbar.

Dass Kolisko sich dabei auf den naszierenden Wasserstoff als Basis bezieht, ist nicht nur ein geschickter und zudem phänomenologisch begründbarer Weg zur Vereinfachung stöchiometrischer[174] Schwierigkeiten, die sich aus der, atomistisch gesprochen, Zweiatomigkeit der chemisch aktiven Gase ergeben, sondern sagt auch etwas über Koliskos Verständnis von Phänomenologie aus: Naszierender Wasserstoff ist nur gedanklich fassbar, nicht aber als solcher stofflich isolierbar. Er ist

174 Die Stöchiometrie (von griech. stoicheion = Grundstoff und metrein = messen) behandelt die mengenmäßige Zusammensetzung der Stoffe und die Mengenverhältnisse bei chemischen Vorgängen. Als ihr Begründer gilt der deutsche Chemiker und Philosoph Jeremias Benjamin Richter (1762–1807).

damit – wie Vieles in der Chemie – nicht im einfachen Sinne sinnlich gegebene «Naturerscheinung» (auf die sich vielleicht ein «bloßer Phänomenalismus» beschränken würde). Aber es gibt Erscheinungen (Beobachtungen und Experimente), die die Annahme seiner Existenz nahelegen. So wirkt er als Reduktionsmittel, vergleichbar dem gewöhnlichen Wasserstoff unter anderen Bedingungen, und kann analytisch in den reduzierten Stoffen als «Wasserstoff» nachgewiesen werden, nur eben im stöchiometrischen Verhältnis von 2:1 zu dem gewöhnlichen Wasserstoff. – Diese angenommene Existenz ist jedoch ihrem Charakter nach etwas anderes als die Annahme von Atomen oder Ähnlichem, gegen die sich Kolisko ja wendet. Sie liegt zwar nicht mehr innerhalb des sinnlich direkt Beobachtbaren, bleibt aber vollständig in den experimentell fassbaren Zusammenhang eingebettet – alle zur Annahme der Existenz von naszierendem Wasserstoff erforderlichen Experimente sind aneinander anknüpfende chemische Umwandlungen; nichts muss aus einem anderen Erscheinungsbereich hinzugezogen werden – und wird vor allem nicht zur Erklärung anderer Erscheinungen konstruiert, sondern in der Art eines extrapolierten Nullpunkts verwendet.

Sobald das Verbindungsgewicht festgelegt ist, lässt sich das Verbindungs- oder Molvolumen experimentell bestimmen. Sein Wert ist für ideale Gase unabhängig von deren Stofflichkeit. Entsprechendes gilt für den Druck beim Komprimieren je eines Verbindungsvolumens verschiedener Gase auf dasselbe Endvolumen. Wir haben es auch hier mit den stoffunabhängigen allgemeinen Gesetzen des Gaszustandes zu tun.

Die bereits behandelten allgemeinen Gasgesetzmäßigkeiten lassen sich zu der von Kolisko angegebenen Formulierung[175] $pV = nRT$ der allgemeinen Gasgleichung zusammenfassen, aus der sich dann die Gaskonstante R errechnen lässt. Sie gibt die Ausdehnung des Verbindungs- oder Molvolumens eines idealen Gases unter Standardbedingungen bei Erwärmung um 1 °C an, wie Kolisko ausführt. Diese Ausdehnung erfolgt gegen den Umgebungsdruck und stellt daher eine bestimmte Volumenarbeit dar und erfordert eine bestimmte Wärmemenge. R hat also energetische Bedeutung, wie es auch die Einheit [J/K] (Joule pro Kelvin) verrät, die die Gaskonstante besitzt und die ein energetisches Maß darstellt. Kolisko spricht daher von dem Erwärmen eines Gases als von einem

175 Vgl. dazu Anm. 67.

Vorgang, der als «Ausdehnung, Spannung, Arbeitsleistung und Wärmeverbrauch zu diesem Zwecke» erscheinen, vielleicht besser: angesehen werden könne und insofern auch ein mechanisches Wärmeäquivalent darstelle (S. 51 und (*13), S. 86). Dies beschreibt seine ebenso präzise wie anschauliche zusammenfassende Formulierung: «Die dehnende Wirkung der Wärme steht nun im Gaszustand im Vordergrund. Gas sein heißt ja nichts anderes, als in besonderer Weise nachgeben der Wärme. Das Gas gibt sich ganz an die Wärme hin, um deren Natur räumlich in der Ausdehnung zu offenbaren» (S. 51). Im Gas tritt die Wärme in erster Linie in ein Verhältnis zum Raum, weniger in ein solches zur Stofflichkeit. Letzteres ist beim Erwärmen von Flüssigkeiten und Festkörpern der Fall, die sich bei Wärmezufuhr kaum dehnen, dafür aber aufheizen. Ein extremes Beispiel stellen dann Stoffe wie der Schwefel dar, der sich nicht bloß erwärmt, sondern, vor allem im Flüssigen, dabei seine Erscheinungsform verändert. Dort greift die Wärme also sehr tief in die Stofflichkeit ein.

Die Betrachtung der Gase bis hierhin erlaubt es nun auch, zu verstehen, warum bei den Gasen zwei Wärmekapazitäten auftreten, die isochore c_V bei konstantem Volumen und die isobare c_p bei konstantem Druck. Bei isobarer Erwärmung wird dem Gas erlaubt, die Wärme in Ausdehnung umzusetzen, weswegen sie nicht in demselben Maße als Temperaturerhöhung messbar wird wie im isochoren Fall.

Die Gaskonstante, deren Einheit [J/K] die einer Wärmekapazität ist, stellt dabei die Differenz der beiden Wärmekapazitäten dar: $c_p = c_V + R$. Das ist verständlich, denn die Gaskonstante gibt ja gerade das Maß der «Ausdehnsamkeit» (S. 44) des Gases bei Wärmezufuhr an, beschreibt also dessen Bereitwilligkeit, bei Erwärmung zu expandieren, bzw. dessen «Unwillen», seine Temperatur zu erhöhen. Insofern die Gaskonstante damit das Wesen des Gaszustandes charakterisiert, sieht Kolisko sie hier als Qualität an, unabhängig davon, dass sie quantifiziert werden kann: «Die Gaskonstante ist daher wie jede Naturkonstante nicht nur eine Größe, sondern eine Qualität, die nur, indem sie irgendwie messend betrachtet wird, einen quantitativen, einen Größencharakter annimmt. In ihr lebt sich ein Teil der Gasnatur aus» (S. 52).

Übergang vom idealen zum realen Gas: die Van-der-Waals-Gleichung

Nachdem mit der Herleitung der Gaskonstanten und deren Einordnung in das Verständnis des Gaszustandes dessen allgemeine Behandlung abgeschlossen ist, tritt Kolisko nun an dessen Grenzen heran: Wo stärkere Drucke wirken, beginnen Abweichungen vom idealen Verhalten aufzutreten, sodass die Gase von nun an als reale Gase behandelt werden müssen.[176] Der Beginn des Abweichens wird durch die mit Druckerhöhung einsetzende leicht überproportionale Verdichtung und Volumenverringerung der Gase[177] markiert (Abweichung 1). Steigt der Druck weiter, kulminiert das Abweichen vom idealen Verhalten in einer stark überproportionalen Verdichtung und Volumenverringerung bei der Kondensation des Gases (Abweichung 2). Die Kondensation ist beim idealen Gas gar nicht vorgesehen; das allgemeine Gasgesetz berücksichtigt keine Phasenübergänge. Außerdem tritt sie nur ein, wenn die Temperatur des Gases unterhalb der kritischen Temperatur T_k liegt. Im Gesamtverlauf des Verdichtungsvorganges erscheint Abweichung 1 daher wie eine «Vorstufe» (S. 87) von Abweichung 2. Dass letztere dann auch tatsächlich eintreten kann, hat jedoch darüber hinaus eine genügend niedrige Temperatur (unterhalb T_k) zur Voraussetzung.

Oberhalb von T_k unterbleibt die Kondensation, das Gas lässt sich nicht mehr verflüssigen bzw. die Phasengrenze zwischen Flüssigkeit und Gas verschwindet. Koliskos für den Wasserstoff getroffene Feststellung, er sei schon bei Raumtemperatur so stark «durchdrungen vom Wärmeprinzip», dass er nicht mehr zur Flüssigkeit kondensieren könne (S. 52), gilt für alle Gase oberhalb ihrer kritischen Temperatur. Mithilfe des zuvor herausgearbeiteten Zusammenhangs von Gassein und Wärme wird dies verständlich: Ab T_k wirkt die Wärme bereits so stark im Stoff, dass dieser die Möglichkeit verliert, flüssig oder gar fest zu werden. Ab

176 Die Grenztemperatur, oberhalb derer ein Gas sich bei kleinen Drucken in guter Näherung ideal verhält, ist die sog. Boyle-Temperatur T_B, benannt nach Robert Boyle (vgl. Anm. 56). Für Wasserstoff beträgt sie 110,0 K (–163,15 °C), für Luft 346,8 K (73,65 °C).

177 Kolisko weist zu Recht darauf hin, dass dies für Wasserstoff erst bei tieferen Temperaturen gilt. Wasserstoff ist dasjenige Gas, dessen reales Verhalten am weitgehendsten dem eines idealen Gases entspricht.

der Boyle-Temperatur T_B ist das Eingreifen der Wärme dann so weit fortgeschritten, dass das Gas – einen genügend niedrigen Druck vorausgesetzt – weitestgehend dem allgemeinen Gasgesetz gehorcht, sich also unabhängig von seiner Stofflichkeit als ideales Gas verhält.

Mit diesen Feststellungen und dem Verständnis der Abfolge der beiden Abweichungen vom idealen Verhalten sind die Phänomene und die mit ihnen verbundenen Größen T_k und T_B «nicht bloß beschrieben worden, sondern [...] in ihrem Zusammenhang mit anderen Erscheinungen begriffen» (S. 87), wie Kolisko in seiner Anmerkung (*14) hervorhebt.

Es gibt verschiedene Wege, die beiden Abweichungen vom idealen Verhalten mathematisch-physikalisch zu beschreiben. Dabei wird versucht, die allgemeine Gasgleichung durch Erweiterung um zusätzliche Terme, die stoffspezifische Konstanten enthalten, an das reale Verhalten anzupassen. Eine relativ einfache in dieser Weise erweiterte Gleichung ist die Van-der-Waals-Gleichung, die zwei zusätzliche Terme enthält, in denen sich die beiden Abweichungen 1 und 2 wiederfinden.[178]

Die Abweichungen vom idealen Verhalten werden atomistisch, wie Kolisko referiert, durch Anziehung der Gasteilchen bei einem gewissen Maß an Verdichtung sowie Abstoßung derselben (aufgrund ihrer Inkompressibilität) nach der noch stärkeren Verdichtung bei der Kondensation erklärt. Kolisko kritisiert daran, dass von dem Vorurteil des atomistischen Aufbaus der Materie ausgegangen und dieses durch Zusatzannahmen (wissenschaftstheoretisch: Ad-hoc-Hypothesen), die sogar den ursprünglichen Annahmen widersprechen, an den neuen Sachverhalt angepasst und dadurch aufrechterhalten würde. So rechnet die Kinetische Gastheorie mit ausdehnungslosen und, von elastischen Stößen abgesehen, wechselwirkungslosen Teilchen (vgl. S. 132). Van der Waals hat dagegen zusätzliche Anziehungskräfte und ein Eigenvolumen der Teilchen eingeführt. Die Kritik wird pointiert formuliert: «Die Kinetische Gastheorie beantwortet hier die Frage: Wie kann man die Phänomene so deuten, dass die atomistische Theorie haltbar bleibt?» (S. 53).

Obwohl die Van-der-Waals-Gleichung aufgrund der in ihr bemühten Modellvorstellungen der antiatomistischen Kritik verfällt, kann ihr jedoch die Richtigkeit «bis zu einem gewissen Grade» nicht abgesprochen werden. Diese sei aber «von der molekularen Ausdeutung ganz

---

178 Eine Formulierung der Van-der-Waals-Gleichung ist in Anm. 73, wiedergegeben. Vgl. dort auch zu Johannes Diderik van der Waals.

unabhängig» (S. 54). Kolisko hat die zugehörigen Phänomene beschrieben und in den Zusammenhang seines Gasverständnisses eingearbeitet. Die Gleichung beschreibt diese Phänomene, unabhängig davon, wie man die gegenüber der allgemeinen Gasgleichung eingeführten Ergänzungs- oder Korrekturterme interpretiert.

Die Van-der-Waals-Gleichung wurde, anders als die zuvor behandelten Gesetze, aufgrund atomistischer Überlegungen aufgestellt. Van der Waals empfand sich dabei, wie er in seinem Nobel-Vortrag knapp 40 Jahre später ausführt, sogar als Vorreiter einer realistischen Auffassung des Atomismus, die sich mittlerweile bestätigt und durchgesetzt habe.[179] Ob diese realistische Perspektive aus heutiger Sicht haltbar ist, wird an anderer Stelle diskutiert.[180] Unabhängig davon geben die beiden Auffassungen der Terme ein instruktives Beispiel dafür, wie verschiedene Sprachen über dieselben Phänomene gesprochen werden können, die unterschiedliche Voraussetzungen haben und je andere Implikationen

179 «It will be perfectly clear that in all my studies I was quite convinced of the real existence of molecules, that I never regarded them as a figment of my imagination, nor even as mere centres of force effects. I considered them to be the actual bodies, thus what we term ‹body› in daily speech ought better to be called ‹pseudo body›. It is an aggregate of bodies and empty space. We do not know the nature of a molecule consisting of a single chemical atom. It would be premature to seek to answer this question but to admit this ignorance in no way impairs the belief in its real existence. When I began my studies I had the feeling that I was almost alone in holding that view. And when, as occurred already in my 1873 treatise, I determined their number in one gram-mol, their size and the nature of their action, I was strengthened in my opinion, yet still there often arose within me the question whether in the final analysis a molecule is a figment of the imagination and the entire molecular theory too. And now I do not think it any exaggeration to state that the real existence of molecules is universally assumed by physicists. Many of those who opposed it most have ultimately been won over, and my theory may have been a contributory factor. And precisely this, I feel, is a step forward» (Johannes D. van der Waals (1967): The equation of state for gases and liquids. Nobel Lecture, December 12, 1910. In: The Nobel Foundation: Nobel Lectures, Physics 1901–1921. Amsterdam: Elsevier, S. 254–265, zit.n.: http://nobelprize.org/nobel_prizes/physics/laureates/1910/waals-lecture.pdf, besucht 6.7.2010, S. 264f.).

180 Vgl. Martin Rozumek (2006): Goetheanistische Chemie im aktuellen Kontext. Elemente der Naturwissenschaft 84, S. 37–71, sowie die dort zitierte Literatur.

mit sich bringen (vgl. das Folgende sowie für ein weiteres Beispiel S. 154: *Zweiatomige Gase – Verbindung mit sich selbst*).

Der tiefgreifende Gegensatz der beiden Auffassungen offenbart sich auch an Koliskos Begriffsbildung: «Ausnahmen sind Durchkreuzungen von Gesetzmäßigkeiten» (S. 54) im Vergleich zu van der Waals' entsprechendem Erklärungsansatz. Kolisko versucht mit diesem Begriff zu beschreiben, dass sich im realen Gas und im «komprimierten Gaszustand» (S. 54) anderes geltend macht als der allgemeine (ideale) Gaszustand. Dessen Gesetzmäßigkeiten gelten weiter, aber andere, diejenigen des flüssigen Zustandes, sowie die Stoffeigenschaften spielen nun eine nicht länger vernachlässigbare Rolle. Oben ist diese Denkfigur des Ineinanderspielens oder «Zusammenwirkens» (S. 53) von Gesetzmäßigkeiten bereits in umgekehrter Richtung gebraucht worden, als es im Hinblick auf die stofflichen Eigenschaften der Gase hieß, sie würden von den allgemeinen Eigenschaften des Gaszustandes überlagert (vgl. S. 135). Kolisko eröffnet damit die Möglichkeit, Übergänge zwischen verschiedenen, klarer fassbaren Zuständen und ihren Gesetzmäßigkeiten zu denken.

Van der Waals' Herangehensweise an den Zusammenhang des Gaszustandes mit dem flüssigen unter atomistischen Vorzeichen bestand darin, den Unterschied der beiden Zustände weitgehend zu negieren und sie nach Möglichkeit mit ein und derselben Gleichung zu umfassen: «I conceived the idea that there is no essential difference between the gaseous and the liquid state of matter»[181]. Das ist konsequent, wenn man den phänomenologisch zweifellos gegebenen Unterschied von Flüssigkeit und Gas auf zwei Aggregatzustände ein und desselben Stoffes reduziert, die nur durch die mehr oder weniger dichte Aneinanderlagerung der kleinsten Teilchen voneinander abweichen.

Kolisko hält sich dagegen, wie es einem phänomenologischen Vorgehen entspricht, an die Beobachtung. Für diese sind Flüssigkeit und Gas deutlich unterschieden, und wo die Unterschiede verschwimmen, zum Beispiel oberhalb der kritischen Temperatur, kann man versuchen, sie von den klar umrissenen Zuständen her zu verstehen. Für Kolisko zeigen sich demnach reales und komprimiertes Gas (er vermeidet hier sogar den Ausdruck «Flüssigkeit»!) als Übergänge zwischen klar unterscheidbaren Gegebenheiten, während die atomistische Theorie zuerst

181 Wie Anm. 179, S. 255.

die phänomenale Welt vereinheitlicht, um sie dann einheitlich behandeln zu können.

An dieser Gegenüberstellung wird deutlich, was die beiden Sprachen über die Welt leisten: Verschiedenes auf *eine* Ursache zurückzuführen und mit *einer* Gleichung zu umgreifen, kann auf verborgene, vielleicht eher mathematisch-ideale, Zusammenhänge aufmerksam machen – das gilt zum Beispiel auch für chemische Reaktionsgleichungen – und macht die Natur berechenbar und damit zugleich technisch verfügbar. Zugleich droht diese Erkenntnisweise jedoch, wie auch Kolisko ausführt (vgl. S. 30), unser Bild der Welt zu entsinnlichen, die Phänomene zu nivellieren oder ganz beiseitezuschaffen und eine erdachte Modellwelt an ihre Stelle zu setzen. Eine phänomenologische Sprache über die Natur würdigt dagegen die Welt, wie sie erscheint, und versucht, darinnen, nicht dahinter, Gesetzmäßigkeiten aufzufinden und die Welt aus deren Zusammenwirken heraus zu verstehen. Mathematik im Sinne von Gleichungen und Funktionen ist dabei nicht ausgeschlossen, aber kein Muss, dem sich die Erscheinungen zu fügen haben.

Zusammenfassung: das Wesen des Gaszustandes

Die unbegrenzte Löslichkeit der Gase ineinander und ihre geringe innere Reibung (Viskosität), die Kolisko anschließend behandelt, übergehend, leitet die Diskussion der Van-der-Waals-Gleichung bereits zu Koliskos Resümee über: Das Wesen des Gases liege «nicht in einem ausgedachten mechanischen Tatbestand, in einer Welt hinter den Phänomenen, auch nicht in subjektiv willkürlichen Begriffen, die wir uns machen und die nur ‹ordnenden› Charakter haben, sondern in der Gesamtheit der Phänomene dieses Gaszustandes, wenn sie sich dem Denken gegenüber zu einem Ganzen zusammenschließen» (S. 56). Nach und nach würden sich die Phänomene zu einem «Bild» des Gaszustandes fügen (S. 55).

Was für ein «Bild» ist es, das sich im Verfolgen des Vorangegangenen ergibt? Möglicherweise stellt sich das zuletzt beschriebene Erlebnis nicht sofort ein, sondern erst beim gründlicheren Studium des Koliskoschen Textes sowie der Phänomene. Trotzdem gewinnt der Leser schnell einen Eindruck davon, welche Art des Verstehens der Erscheinungen der Autor anstrebt und worin für ihn *Einsicht* besteht. Man merkt unmittelbar, wie Eines an das Andere anschließt und auf dem Vorherigen aufbaut, sodass sich nach und nach ein konsistenter Gesamtzusammenhang entfaltet, der mit jeder neu einbezogenen Erscheinung an Tragfähigkeit gewinnt: Das Gas hat keine Eigengestalt, es möchte den Raum ganz erfüllen. Daraus resultiert sein Druck als «behinderte Dehnung». Sein Druck bzw. sein Volumen ist von der Temperatur abhängig. Das im Gas im Hinblick auf sein Verhältnis zum Raum Wirksame ist die Wärme, anders als in Festkörper und Flüssigkeit mit ihrer minimalen Wärmeausdehnung. Mehr noch: das Gas ist nur durch die Wärme Gas; beim Abkühlen kondensiert es früher oder später. Als Gas verhält es sich nach Maßgabe der Wärme, es ist «räumlich gewordene Wärme». Im kondensierten, vor allem festen Zustand treten dagegen Eigenform und Eigencharakter der Stoffe in den Vordergrund. Anstelle des einheitlichen Verbindungsvolumens (Molvolumens) werden die unterschiedlichen Verbindungsgewichte (molare Massen) wichtig.

Im Gaszustand tritt die differenzierte Stofflichkeit hinter die vereinheitlichende, alles durchdringende Wirksamkeit der Wärme zurück. Obwohl das Schmelzen und Verdampfen eines Feststoffs dies suggerieren können, ist ein Gas demnach kein Festkörper in verdünnter Form, in dem die Teilchen (ein Begriff aus dem Gebiet des Festen!) nur lockerer und beweglicher gefügt sind, auch keine verflüchtigte Flüssigkeit, sondern ein in mehrerer Hinsicht polarer Zustand zum Festen.[182] Festes hat eine eigene Form und bewahrt sie – Gase erfüllen den Raum zwischen den festen Formen; feste Stoffe haben differenzierte physikalische und chemische Eigenschaften, auch gegenüber der Wärme – bei Gasen steht das einheitliche Verhalten im Vordergrund, auch die Wärme selbst wirkt einheitlich. Ist ein Stoff ein Gas, liegt darin nicht einfach Materie in weniger verdichteter *Form* vor, sondern der Stoff ist von ganz anderer *Art* und unterliegt ganz anderen Prinzipien. Vorsichtiger formuliert: Jeder reale Stoff hat Teil an dem Prinzip des Festen, d. h. er besitzt spezifische Eigenschaften, im Gas ist dieses Prinzip der Differenzierung jedoch in den Hintergrund gedrängt und wird von dem Prinzip der Vereinheitlichung und der rückhaltlosen Offenheit für die Wärme überlagert. –

So betrachtet können die Welterscheinungen in ihrer Vielfältigkeit verstanden und zueinander ins Verhältnis gesetzt werden, ohne dass sie durch Reduktion auf eine als zugrunde liegend und erklärend angenommene atomare Welt vereinheitlicht würden. Koliskos Vortrag erschließt

---

182 Vgl. Anm. 55.

dem Leser damit einen Anfang zu einer neuen Weise des Welterkundens, von dem aus er selbst den «Entwicklungsprozess» zu einem lebendigen Naturverstehen fortsetzen kann.

Spezielle Probleme der Chemie

Im dritten Vortrag behandelt Kolisko eine Reihe chemische Fragen vom Atomismus über die Stöchiometrie bis zu chemischen Strukturen. Darauf ist zum Teil bereits im ersten Vortrag unter erkenntnismethodischen Gesichtspunkten eingegangen worden (vgl. S. 31 und S. 35). Jetzt werden diese Themen inhaltlich bearbeitet. Damit treten die im zweiten Vortrag nur gestreiften Verbindungsgewichte – zu denen die Gase einen wichtigen Zugang eröffnen – ins Zentrum des Blickfelds.

Konstante Proportionen und chemischer Atomismus

Kolisko sieht in Daltons Entdeckung und atomistischer Deutung des Gesetzes der multiplen Proportionen den Ausgangspunkt des Siegeszuges des Atomismus in der Chemie (S. 58, vgl. dazu Anm. 39, sowie S. 116: *1. Beispiel: Atom- oder Verbindungsgewicht*). Dalton sei «auf die Konstanz [der] Verbindungsverhältnisse aufmerksam» geworden und habe den «Tatbestand» aus seinen «Lieblingsvorstellungen» heraus «atomistisch gedeutet» (S. 58).

Die Konstanz der Verbindungsverhältnisse, also die Beobachtung, dass Stoffe in bestimmten unveränderlichen Mengenverhältnissen miteinander chemisch reagieren, ist um die Wende des 18. zum 19. Jahrhundert entdeckt worden. Unabhängig davon, ob von dem einen oder anderen Stoff gerade mehr oder weniger vorhanden ist, bleibt das Verhältnis der bei einer Reaktion tatsächlich verbrauchten Mengen dasselbe. Und umgekehrt lassen sich die Stoffe in bestimmte, unveränderliche Mengenverhältnisse ihrer «Bestandteile» zerlegen. Diese Zusammenhänge sind Gegenstand zweier (sich überschneidender) Gesetze: des 1791 von Jeremias Benjamin Richter aufgestellten Gesetzes der *äquivalenten* Proportionen und des 1794 von Joseph Louis Proust (1754–1826) formulierten Gesetzes der *konstanten* Proportionen (Proustsches Gesetz). Der englische Chemiker John Dalton (1766–1844) hat dann 1808 als Drittes das Gesetz der *multiplen* Proportionen formuliert, das besagt, dass die Mengenverhältnisse sich als kleine ganzzahlige Vielfache der bekannten Äquivalentgewichte ausdrücken lassen.[183] Heute werden in der Chemie nur (in einem Atemzug) die Gesetze der konstanten und multiplen Proportionen erwähnt; das Richtersche Gesetz, das sie zum Teil vorweggenommen hat, ist gewissermaßen darin aufgegangen.

Ob die Verbindungsverhältnisse konstant sind, war zunächst keineswegs unumstritten, sondern Gegenstand der berühmt gewordenen zeitgenössischen Kontroverse zwischen Proust und Claude-Louis Berthollet (1748–1822), Chemiker wie sein Landsmann Proust. Berthollet hatte in zahlreichen Experimenten festgestellt, dass die Mengen der bei einer chemischen Reaktion eingesetzten Stoffe sehr wohl einen Einfluss auf den Vorgang und sein Ergebnis haben und dass Stoffe aus unterschiedlichen Anteilen derselben Elemente aufgebaut sein können. Die Proportionen konnten mithin nicht konstant sein. Nach langjähriger Auseinandersetzung, in deren Verlauf Proust erst die klare Unterscheidung von (physikalisch trennbaren) Mischungen und chemischen Verbindungen (den eigentlichen Reaktionsprodukten) entwickeln musste, um seine Überzeugungen überhaupt angemessen in Begriffe fassen zu können, setzten sich schließlich Prousts Ansichten über die konstanten stöchiometrischen Verhältnisse gegen Berthollets kontinuistisches Stoffverständnis durch.[184]

Die Gesetze von Richter und Proust sind aufgrund empirischer Arbeiten aufgestellt und von ihren Entdeckern nicht atomistisch gedeutet worden, obwohl auch zu ihrer Zeit schon atomistische Ideen verbreitet waren, zurückgehend unter anderem auf keinen Geringeren als

183 Zu Richter vgl. Anm. 174, zu Proust und Dalton Anm. 39.

184 Es waren allerdings nicht alle Einwände beseitigt, und Berthollet wurde später sowohl durch die Entdeckung des Massenwirkungsgesetzes (1867 durch die norwegischen Chemiker Cato Maximilian Guldberg (1836–1902) und Peter Waage (1833–1900) das den Einfluss der Stoffmengen auf chemische Prozesse beschreibt, als auch durch die Entdeckung nichtstöchiometrischer Verbindungen (sog. Berthollide im Gegensatz zu den stöchiometrischen Daltoniden; vgl. Anm. 152) rehabilitiert. Zum Beispiel ist das Eisensulfid-Mineral Pyrrhotin ein berthollider Stoff, für den die Zusammensetzung $Fe_{0,83-1}S$ ($Fe_{1-x}S$, $x = 0 - 0.17$) angegeben wird (http://webmineral.com/data/Pyrrhotite.shtml, besucht 9.7.2010).

Isaac Newton (vgl. Anm. 36), an dessen erstes atomistisches Modell des Gases (vgl. Anm. 134) Dalton in einer seiner Arbeiten anknüpfte. Der Chemiker Albert Ladenburg (1842–1911) bezeichnet die Vorstellungen von Atomen und Molekülen in seiner «Entwicklungsgeschichte der Chemie» sogar als die «Ideen des Tages».[185] Man hatte die philosophisch-physikalischen Hypothesen über den atomaren Aufbau der Materie allerdings noch nicht für die Chemie fruchtbar machen können, da die Atome noch nicht nach den Stoffen verschieden, sondern als einheitliche Grundbausteine der Materie gedacht wurden (diese Einheitlichkeit war dem Gaszustand angemessen, der daher schon erfolgreich behandelt werden konnte! – vgl. dazu Koliskos zweiten Vortrag). Die Atome der Chemiker in der Zeit zwischen Lavoisier (1743–1794)[186] und Dalton waren nur mehr kleinste, nicht weiter teilbare Mengen der Stoffe, und der vielleicht entscheidende von Daltons bahnbrechenden Gedanken bestand darin, die Atome mit einem stoffspezifischen Gewicht auszustatten. Für Lavoisier waren die chemischen Elemente real und experimentell zugänglich, die Atome hingegen Spekulation. Die Sätze in der Einleitung seines Hauptwerks «Traité élémentaire de chimie», in denen er das Element definiert, aber den Atombegriff abweist, enthalten jedoch den chemischen Sachverhalt, den Dalton mit der anfänglichen stoffspezifischen Differenzierung der Atome der atomistischen Hypothese einfügte: «Wenn wir mit dem Begriff Element einfache, unteilbare Atome bezeichnen, aus denen die Natur zusammengesetzt ist, so halte ich es für äußerst wahrscheinlich, dass wir nichts über sie erfahren. Wenn wir stattdessen den Begriff Element oder Stoffprinzip als den letzten Punkt bezeichnen, bis zu dem wir die Stoffe zerlegen können, müssen wir alle Substanzen, in die wir, egal wie, die Stoffe zerlegen können, als Elemente anerkennen».[187] – Dalton hat dann, könnte man formulieren, die Element-Atome erfunden.

---

185 Albert Ladenburg (1974): Vorträge über die Entwicklungsgeschichte der Chemie von Lavoisier bis zur Gegenwart. Reprint der 4. Auflage 1907. Darmstadt: Wissenschaftliche Buchgesellschaft, S. 57.

186 Antoine Laurent de Lavoisier, französischer Chemiker, Geburtshelfer der modernen Chemie (vgl. auch Anm. 107).

187 Antoine Laurent de Lavoisier: Traité élémentaire de chimie (1789). Zit. n. William H. Brock (1997): Viewegs Geschichte der Chemie. Braunschweig & Wiesbaden: Vieweg, S. 84.

Daltons Leistung bestand darin, nicht nur das Gesetz der multiplen Proportionen aufzustellen, das die beiden Vorläufer in gewisser Weise enthält, sondern darüber hinaus die den drei Gesetzen zugrundeliegenden Zusammenhänge atomistisch zu interpretieren. Dabei nimmt er Bezug auf die Proust-Berthollet-Kontroverse. In seinem Hauptwerk «A New System of Chemical Philosophy» führt er die in seinen Augen allgemein akzeptierte Grundannahme über den atomaren Bau der Materie ins Feld, um den von ihm als unhaltbar angesehenen Bertholletschen Ansichten entgegenzutreten. Die in verschiedener Hinsicht aufschlussreiche Passage sei hier zunächst wiedergegeben:

«Es gibt drei Unterschiede in der Art der Körper oder drei Zustände, welche in höherem Grade die Aufmerksamkeit der wissenschaftlichen Chemiker beansprucht haben; nämlich die, welche mit den Namen der elastisch flüssigen, flüssigen und festen Körper bezeichnet werden. Ein sehr bekanntes Beispiel bietet uns das Wasser als ein Stoff, welcher unter bestimmten Umständen alle drei Zustände einnehmen kann. Im Dampf erkennen wir einen vollkommen elastisch flüssigen, im Wasser einen vollkommen flüssigen und im Eis einen vollkommen festen Stoff. Diese Beobachtungen haben stillschweigend zu dem allgemein angenommenen Schluss geführt, dass alle Körper von merklicher Größe, ob flüssig oder fest, aus einer ungeheuren Anzahl von äußerst kleinen Teilchen oder Atomen der Materie bestehen, welche mit einander durch eine je nach den Umständen stärkere oder schwächere Anziehungskraft verbunden sind [...] Es ist nicht meine Absicht, diesen Schluss, welcher völlig befriedigend erscheint, in Frage zu ziehen, sondern zu zeigen, dass wir bisher keinen Gebrauch von ihm gemacht haben; und dass die Folge dieser Vernachlässigung ein sehr unklarer Begriff der chemischen Wirkung gewesen ist, welcher es täglich mehr wird im Verhältnis zu dem neuen Licht, welches man auf ihn zu werfen versucht.

Die Meinungen, auf welche ich besonders anspiele, sind die von Berthollet über die Gesetze der chemischen Verwandtschaft [...] Die Unvereinbarkeit dieser Meinung mit der Überlegung wie mit dem Versuch kann, wie ich glaube, nicht verfehlen jedem einzuleuchten, welcher eine angemessene Vorstellung von den Erscheinungen sich erwirbt.»[188]

---

188 John Dalton (1808): A New System of Chemical Philosophy. London: Bickerstaff, S. 142 f., zit. n.: Wilhelm Ostwald (Hg.) (1996): Grundlagen der Atom- und Molekulartheorie. Ostwalds Klassiker der exakten Wissenschaf-

Aufschlussreich ist, wie selbstverständlich Dalton die Atomhypothese als richtig ansieht («völlig befriedigend», «neues Licht»), als anerkannt bezeichnet («allgemein angenommener Schluss»; vgl. Ladenburgs «Idee des Tages») und im Folgenden handhabt, schon seit spätestens 1803, als er seine Ideen erstmals in einer Vorlesung vorgetragen hat, und wie zielgerichtet er sie anwendet («Gebrauch machen») und dabei wie angedeutet modifiziert. Des Weiteren erstaunen seine klaren, sehr konturierten, räumlich-gegenständlichen Vorstellungen über Gestalt und Wechselwirkung der Atome, die an anderer Stelle in seinen Veröffentlichungen begegnen.

Es zeigt sich aber an der angeführten Textstelle zugleich, dass Dalton nicht isoliert von der Gedankenwelt seiner Zeit betrachtet werden darf. Die vielschichtige Entwicklung, die zur Etablierung der atomistischen Theorie geführt hat, ist nicht von theoriefreien «Tatbeständen» ausgegangen, die von Dalton atomistisch gedeutet wurden. Zwar hat es viel experimentelles und Beobachtungsmaterial gegeben, darunter auch viel undurchschaubares und widersprüchliches; die Ergebnisse sind jedoch oft schon in chemisch-atomistischer Perspektive beschrieben worden, und es lag in der Zeit, den Gedanken verschiedener Atomsorten für die verschiedenen chemischen Elemente zu fassen. Dieser war in gewisser Weise bei Lavoisier vorgeprägt, und es fehlte nur der kleine große Schritt, den Dalton dann vollzogen hat, den noch weitgehend inhaltsleeren und allgemeinen chemischen Atombegriff mit konkreten Vorstellungsinhalten anzureichern.

Konstante Proportionen, goetheanistisch aufgefasst

Die (konstanten) Verbindungsverhältnisse, in denen die chemischen Elemente in ihren «Verbindungen» (d. h. den allermeisten Stoffen) stehen, werden in der Regel atomistisch interpretiert. Kolisko entwickelt ein phänomenologisches Verständnis dieser Verhältnisse, indem er sie als quantitativen Ausdruck des chemischen Charakters der Stoffe begreift. Auf dieser Grundlage kann er dann Fragen behandeln, die in noch stärkerem Maße an eine atomistische Interpretation gebunden schei-

---

ten Bd. 3. Reprint der Bände 3 und 8, 2. Aufl., Thun & Frankfurt am Main: Harri Deutsch, S. 14f.

nen, zum Beispiel die Zwei- oder Mehratomigkeit vieler Elementmoleküle.

Die (Mengen-)Verhältnisse der chemischen Elemente in ihren Verbindungen lassen sich als Massenzahlen der einzelnen Elemente ausdrücken, indem man eine Basis definiert, auf die die entsprechenden Verhältniszahlen bezogen werden. Historisch sind als Basis für diese relativen Massenzahlen zunächst Wasserstoff, dann Sauerstoff und zuletzt Kohlenstoff in isotopenreiner Zusammensetzung ^{12}C festgelegt worden (vgl. Anm. 62). Diese Verbindungsgewichte (um mit dem Autor bei der nichtatomistischen Bezeichnung für die Atommassenzahlen zu bleiben) sind, wie bereits im ersten Vortrag erwähnt, charakteristische quantitative *Eigenschaften* der Elemente: «Die Menge, mit der ein Stoff sich am chemischen Prozess beteiligt, ist bedeutend und wichtig genug für seine Charakteristik, sodass sie unveränderlich und daher für den Stoff bezeichnend ist» (S. 59; vgl. dazu S. 36 und S. 116 *1. Beispiel: Atom- oder Verbindungsgewicht*). Kolisko bezeichnet die Verbindungsgewichte in ihrer Konstanz sogar als «quantitatives Urphänomen der Chemie» (S. 59) und räumt ihnen damit einen erheblichen Rang ein.

Als «Urphänomen» oder «reines Phänomen» bezeichnet Goethe eine Erscheinung, die sich «rein» im doppelten Sinne darstellt: befreit von den Zufälligkeiten des Einzelfalles wie den vorbestehenden begrifflichen Bestimmungen, jedoch, anders als der Allgemeinbegriff, noch immer erfahrungsartig, eine «Erfahrung höherer Art»[189], eingebettet in einen Kontext verwandter Erscheinungen, als deren Zentrum sie sich erwiesen hat. «Das reine Phänomen steht nun zuletzt als Resultat aller Erfahrungen und Versuche da. Es kann niemals isoliert sein, sondern es zeigt sich in einer stetigen Folge der Erscheinungen. Um es darzustellen bestimmt der menschliche Geist das empirisch Wankende, schließt das Zufällige aus, sondert das Unreine, entwickelt das Verworrene, ja entdeckt das Unbekannte.»[190] Ausgehend vom «einfachen» oder «empirischen Phänomen», der schlichten, unverarbeiteten Naturerscheinung, über das «wis-

---

189 Johann Wolfgang von Goethe (1982). Der Versuch als Vermittler von Objekt und Subjekt (1792). In: Goethes Werke, Hamburger Ausgabe, Bd. XIII, Naturwissenschaftliche Schriften I. 9. Aufl., München: Beck, S. 10–20, hier S. 18f.

190 Johann Wolfgang von Goethe (1982): Erfahrung und Wissenschaft (1798). In: ebd., S. 23-25, hier S. 25.

senschaftliche Phänomen», das durch Wiederholung und Variation in Versuchen gesichert und mit anderen Phänomenen in Zusammenhang gerückt worden ist,[191] steht das «reine Phänomen» am Ende einer Art Läuterungs- und Abstraktionsvorgangs, der aber nicht zu einer – erfahrungsbefreiten rein begrifflichen – Abstraktion im herkömmlichen Sinne führt, sondern wiederum zu einem Phänomen, das nun jedoch eine Art *Primus inter pares* darstellt, indem es einen ganzen Erscheinungsbereich so in sich fasst, dass die anderen Phänomene daraus ableitbar sind.[192] Es ist zugleich Ergebnis und Mittel eines Erfahrens des Allgemeinen im Besonderen in dem Licht eines Geistes, der bereit ist, um der Wertschätzung der Phänomene willen auf herbeigeholte übergeordnete und erklärende Ideengebäude zu verzichten und innerhalb der Phänomene stehenzubleiben[193], diese mit Verstehen durchdringend. Goethes Beschreibung der Entstehung von Farbe aus dem Zusammenwirken von Licht und Finsternis – durchleuchtete «Trübe» erscheint gelb, orange, rot wie die Morgen- oder Abenddämmerung, beleuchtetes Dunkel erscheint blau wie der Tageshimmel – kann als klassisches und sorgfältig herausgearbeitetes Beispiel eines Urphänomens dienen, in dem ein allgemeines Gesetz unmittelbar anschaulich wird und aus dem sich verwandte Erscheinungen ableiten lassen.[194]

Kolisko führt nicht weiter aus, inwiefern die Verbindungsgewichte ein «quantitatives Urphänomen» der Chemie seien, weist aber darauf hin, es seien «messbare Qualitäten» (S. 59) – eine bemerkenswerte Formulierung! Führt man sich die Bedeutung der Verbindungsgewichte für

---

191 Vgl. ebd.

192 Zu Letzterem vgl. Johann Wolfgang von Goethe (1982): Bedeutende Fördernis durch ein einziges geistreiches Wort (1823). In: ebd., S. 37–41, hier S. 40f.

193 Diesen Ausdruck gebrauchen Rudolf Steiner wie auch der Schweizer Biologe Adolf Portmann (1897–1982) zur Charakterisierung von Goethes Erkenntnisanliegen. (Rudolf Steiner (1981): Grenzen der Naturerkenntnis (GA 322), 5. Aufl., S. 27f.; Adolf Portmann (1992): Goethes Naturforschung. In: Walter Sauer (Hg.): Verlassene Wege zur Natur. Impulse für eine Neubesinnung. Zug: Die Graue Edition, S. 63–85, hier S. 82).

194 Vgl. Johann Wolfgang von Goethe (1982): Zur Farbenlehre (1810). In: Goethes Werke, Hamburger Ausgabe, Bd. XIII, Naturwissenschaftliche Schriften I. 9. Aufl., München: Beck, S. 314–523, hier § 175, S. 367f., im Umkreis der dort behandelten verwandten Phänomene.

die Chemie vor Augen, wird Koliskos Einschätzung nachvollziehbar. Die Tatsache, dass man für jedes chemische Element ein Verbindungsgewicht ermitteln kann, bedeutet ja, die chemisch relevanten Massenverhältnisse der Elemente zu erfassen: Zuerst mussten dazu die Stoffe als aus den chemischen Elementen «aufgebaut»[195] angesehen werden, dann festgestellt, dass die einen Stoff konstituierenden Elemente dabei stets in bestimmten Mengenverhältnissen auftreten bzw. bei Bildung und Umwandlung der Stoffe in bestimmten Mengenverhältnissen beteiligt sind, und zuletzt ermöglichte die Setzung einer gemeinsamen Bezugsbasis für die Verhältniszahlen deren Vergleich unabhängig vom konkreten chemischen Vorgang. Erst damit sind chemische Vorgänge den Stoffmengen nach durchschaubar und die Stöchiometrie in vollem Umfang möglich geworden. Dass die Verbindungsgewichte ermittelt werden können und sich als konstant erweisen, kann demnach als zentrale Erscheinung innerhalb des Gebietes der an chemischen Vorgängen beteiligten Stoffmengen angesehen werden, aus dem heraus andere Erscheinungen verständlich werden,[196] eben als «quantitatives Urphänomen der Chemie».

Multiple Proportionen

An dem Erkenntnisschritt von den konstanten zu den multiplen Proportionen entwickelt Kolisko den Begriff des mehrfachen In-Verbindung-Tretens von Stoffen. Am Beispiel des Bariums und seiner beiden Oxide wird das Gesetz der multiplen Proportionen dazu als Wiederholung des Gesetzes der konstanten Proportionen charakterisiert. Der Begriff der Wiederholung weist darauf hin, dass es sich hier nicht um etwas Neues, sondern um eine Erweiterung eines bekannten einfacheren Sachverhalts handelt. Die Schilderung, wie Barium zunächst zum Oxid verbrennt und dieses dann weiter zum Peroxid umgewandelt werden kann, hebt den

---

195 «Aufgebaut» wird hier als Begriff, nicht als Metapher verwendet, daher spielt, was auch immer konkret darunter vorzustellen wäre, hier keine Rolle.

196 Sogar die Phänomene der nichtstöchiometrischen Verbindungen und der Massenabhängigkeit chemischer Vorgänge (vgl. Anm. 152 und Anm. 207) werden vor diesem Hintergrund erst erkennbar und verständlich.

Aspekt der Wiederholung hervor, der sich der quantitativen Betrachtung ergibt, obwohl sich die Prozesse chemisch durchaus unterscheiden. Aber hier geht es ja gerade um Quantitatives.

Die beim Barium beobachtete zweistufige Wiederholung wird anschließend verallgemeinert: «Jedem Multiplum entspricht phänomenologisch (nicht hypothetisch) ein gesonderter chemischer Prozess» (S. 59). Als weiteres Beispiel führt Kolisko zur Erläuterung die Verbrennung von Schwefel zu Schwefeldioxid (SO_2) an, in deren Verlauf nach diesem Prinzip der Wiederholung die Bildung von Schwefelmonoxid (SO) als «latenter» Zwischenschritt zu denken sei, der «übersprungen» werde. Zwar hat Kolisko keinen atomistisch gedachten Reaktionsmechanismus vor Augen, aber dieser Zwischenschritt ist doch ein *angenommener* Vorgang. Kolisko spricht von einem phänomenologisch gegebenen Prozess, der jedoch nicht im Offenbaren liege – eine Formulierung, die zu Verwechslungen einlädt. Man könnte auf die Annahme dieses Zwischenschrittes auch verzichten, ohne dem Wiederholungsgedanken zu widersprechen, denn die quantitative Erscheinung eines entsprechend hohen Sauerstoffgehalts beim SO_2 als Ergebnis des Vorgangs ist ja zweifellos gegeben. Warum soll es nicht Vorgänge geben, bei denen auf einmal geschieht, was in anderen Fällen in mehrere Schritte auseinandergelegt verläuft?

Man mag das für eine Frage der Wortwahl halten, aber Koliskos Absetzung von der atomistischen Interpretation der multiplen Proportionen als Reagieren so und so vieler Atome hätte ohne angenommene, aber übersprungene Zwischenschritte an Klarheit gewonnen. Auch die angeführten Beispiele der Bildung von Wasser und Ammoniak belegen nicht, dass die von Kolisko formulierten instabilen Zwischenstufen «übersprungen» werden, sondern dass es Prozesse gibt, die mehrere denk-, aber eben nicht beobachtbare[197] Stufen auf einmal nehmen. An den besprochenen Gasreaktionen kann man, entsprechend Koliskos Hinweis auf das Gay-Lussacsche Gesetz der einfachen Volumenverhältnisse (vgl. S. 46 und S. 135), hervorragend ablesen, wie viele denkbare Stufen bei einem Vorgang jeweils genommen werden, weil bei (idealen) Gasen die jeweilige Masse des für alle Gase einheitlichen Verbindungsvolumens gerade das Verbindungsgewicht des jeweiligen Gases ist.

---

197 Besser vielleicht: «nicht oder noch nicht beobachtbare», denn hier ist natürlich mit wissenschaftlichem Fortschritt zu rechnen.

Zweiatomige Gase – Verbindung mit sich selbst

Mit dem Wiederholungsprinzip als Grundlage steuert Kolisko eine weitere Frage an, die im 19. Jahrhundert lange große Schwierigkeiten bereitet hat, obwohl sie von Avogadro schon 1811 atomistisch gelöst worden ist, was viel zur Klarheit über die chemischen Erscheinungen hätte beitragen können, wäre Avogadros Arbeit besser aufgenommen worden (vgl. Anm. 60 und (*10), S. 85). Man hatte beobachtet, dass bestimmte Verhältnisse nicht dem entsprachen, was nach dem Kenntnisstand der Zeit zu erwarten gewesen wäre, zum Beispiel das Gewicht des aus Wasserstoff und Sauerstoff gebildeten Wasserdampfs, das Kolisko nun bespricht. Dieses Gewicht erwies sich in entsprechenden Experimenten als um die Hälfte zu klein im Verhältnis zu dem des Wasserstoffs und des Sauerstoffs bzw. es schien dem Volumen nach die doppelte Menge Wasserdampf entstanden zu sein. Ob man atomistisch oder nicht über derartige verwirrende Ergebnisse denkt, man musste auf den Gedanken kommen, dass auf irgendeine Weise die eingesetzen Mengen Wasserstoff und Sauerstoff doppelt wirken. Atomistisch scheint die Sache rückblickend einfach, aber darauf zu kommen, dass auch Stoffe, die chemisch nicht erkennbar zusammengesetzt sind, also chemische Elemente, trotzdem aus zusammengesetzten Teilchen bestehend gedacht werden müssen, war revolutionärer als der Atomismus selbst, denn dessen Entwicklung begann sich damit von den einfachen Grundannahmen zu entfernen und entlang der experimentellen Ergebnisse zu entfalten. Kolisko zeigt nun, dass atomistische Erklärungen nicht erforderlich sind, um die Sache zu verstehen, wenn man die Erscheinungen einmal geordnet hat. Dabei aber war der Atomismus historisch als Erkenntnismittel hilfreich.

Phänomenologisch ist das angesprochene Problem alles andere als trivial, da wieder einmal etwas Verborgenes wirksam war und durchschaut werden wollte. Das Wiederholungsprinzip im Sinne des Gesetzes der multiplen Proportionen und seine Verallgemeinerung auf Vorgänge, die sich gedanklich, aber nicht experimentell in mehrere Einzelvorgänge zerlegen lassen, stellen dafür eine Gedankenform bereit: Stoffe können mehrfach miteinander in Reaktion treten, womöglich auch ohne dass dies gesondert bemerkt werden kann.

An dieses erste bekannte Phänomen, das Kolisko neben das Unerklärte stellt, reiht er nun zwei weitere, nämlich die Existenz des naszierenden Wasserstoffs, der sich quantitativ im Verhältnis 2:1 zum gewöhnlichen Wasserstoff verhält (vgl. S. 48 und Anm. 61), und die Existenz des Ozons (O_3), das nur aus Sauerstoff besteht, aber im Gewichtsverhältnis von 3:2 zu diesem steht.[198] In diesem Kontext anderer Phänomene ergibt sich der nun von Kolisko gefasste neue chemische Begriff einer «Verbindung mit sich selbst» an den Phänomenen. Er fasst denselben Zusammenhang wie das atomistische «zweiatomige Molekül». – Damit ist zugleich ein weiteres Beispiel eines Sachverhalts gegeben, der in zwei verschiedenen Sprachen im Lichte unterschiedlicher Betrachtungsweisen formuliert wird (vgl. dazu S. 140).

Koliskos Sätze: «Bei der Wasserbildung findet also Spaltung und Vereinigung statt. Erst die naszierenden Stoffe bilden zweimal Wasser. All das vollzieht sich unter dem Anschein eines einheitlichen Prozesses» (S. 63), resümieren den Sachverhalt unter der Perspektive des neugefundenen Begriffs der Verbindung mit sich selbst. Auch diese Formulierung kann jedoch missverstanden werden, denn auch dieser Prozess verläuft phänomenal einheitlich und nicht über unbeobachtbare Teilprozesse wie «Spaltung» in naszierenden Wasserstoff und Sauerstoff und «Vereinigung» derselben zu Wasser. Hier liegt ein reaktionsmechanistisches Verständnis des Textes gefährlich nahe, und zumindest der atomistisch vorgebildete Leser muss sich noch mehr als oben (S. 152: *Multiple Proportionen*) klarmachen, dass nicht Vorgänge zwischen Teilchen, sondern zwischen chemischen Mengenäquivalenten – Kolisko spricht schlicht von «Stoffen» (S. 63) – beschrieben werden. Das gilt auch für manche Formulierung in den ergänzenden Beispielen, die in (*18) ausgebreitet werden.

Die hiermit vorgebrachte Kritik trifft jedoch nicht den Gedankengang selbst, sondern dessen Darstellung. Kolisko vermag außerdem zu zeigen, dass der Begriff einer «Verbindung mit sich selbst» größere Bedeutung hat und sich auf vieles anwenden lässt. Er nennt die Kondensation von Formaldehyd, und es gebe viele vergleichbare Beispiele, nicht zuletzt auch in dem zu Koliskos Zeit noch kaum entwickelten Bereich der Kunststoffe, Polymere und Ähnliche. Kolisko siedelt das Gebiet die-

198 Ozon ist eine sog. allotrope Modifikation des Sauerstoffs, also eine andere Erscheinungsform desselben Elements, wie es sie zum Beispiel auch beim Kohlenstoff gibt, der in den Modifikationen Graphit und Diamant vorkommt (seit 1985 gelten ferner die Fullerene als weitere Modifikation des Kohlenstoffs, Nanotubes und Graphen folgten kurze Zeit später).

ser Verbindungen mit sich selbst zwischen Physik (in die das Erstarren einer Flüssigkeit fällt) und Chemie (die die Umwandlungen von Stoffen behandelt) an. Interessanterweise treten gerade unter den Produkten der «Verbindung mit sich selbst», sofern man dabei Polymere, Gele und Ähnliches im Auge hat, Änderungen von Stoffeigenschaften auf, die zwischen Physik und Chemie liegen, zum Beispiel graduelle Viskositätszunahmen in Abhängigkeit von der Polymerisationsrate.

Verbindungsgewicht und Dichte

Eine Konsequenz des Gedankens, dass Stoffe mehrfach auf dieselbe Weise in eine Verbindung eintreten können, ist die Additivität der Verbindungsgewichte, die es ermöglicht, Verbindungsgewichte komplizierterer Stoffe aus denen der einfachen, vor allem der Elemente, aber auch jedweder Gruppen, zu berechnen. Trotzdem lehnt Kolisko den Begriff des Moleküls und den des Molekülgewichts natürlich ab. Die Unterscheidung von Atomen und Molekülen wird nämlich hinfällig: Es gibt Stoffe. Diese können einfach oder zusammengesetzt sein, letzteres durch Verbindung mit sich selbst oder mit anderen. Chemisch einfache Stoffe sind die chemischen Elemente, zusammengesetzte die Verbindungen, wobei es chemisch-phänomenologisch sinnvoll ist, die Verbindungen der Elemente mit sich selbst ebenfalls als Elemente anzusehen.

Dadurch, dass Kolisko sich auch vom Begriff des Äquivalents abgrenzt, wird die Stellung seines Begriffs des Verbindungsgewichts noch deutlicher: Es geht nicht um ein Zurück zu älteren Auffassungen, sondern um ein hypothesenfreies Verstehen dessen, was sonst unter Maßgabe der Atomhypothese als Atomgewicht bezeichnet wird. Bemerkenswerterweise bleibt bei dieser Reinigung der Begrifflichkeit von atomistischen Denkfiguren die Leistung des Atomismus erhalten, klare Verhältnisse in der Chemie zu etablieren.

Kolisko berührt mit der «Verbindung mit sich selbst» und der Additivität der Verbindungsgewichte bereits das im Vortrag folgende Thema der chemischen Zusammensetzung: Wie lässt sich das Mit- und Ineinander der Stoffe phänomenologisch einwandfrei fassen? Auf diesem Weg in das Innere der Stoffe begegnet zunächst ein Unterschied zwischen Gasen einerseits und Flüssigkeiten und Feststoffen andererseits hinsichtlich des Verhältnisses ihrer Masse zum Raum. Dieser Unterschied schließt an das im zweiten Vortrag Herausgearbeitete an, macht jedoch eine weitere neue Begriffsbildung erforderlich: die «innere Verdichtung».

Im zweiten Vortrag ist auf das unabhängig von der Stofflichkeit konstante Verbindungsvolumen der (idealen) Gase hingewiesen worden (vgl. S. 46). In einem chemischen Prozess, in dem ein Gas in ein anderes mit höherem Verbindungsgewicht umwandelt wird, also an Masse gewinnt, bleibt dieses Volumen (bei realen Gasen weitgehend) unverändert, und folglich steigt die Dichte. Es hat also eine nicht räumlich in Erscheinung tretende («innere») Verdichtung des Stoffes stattgefunden. Ein Beispiel für einen derartigen Prozess findet man in der Umwandlung von Sauerstoff in Kohlendioxid bei der Verbrennung von Holzkohle: Kohlendioxid ist «schwerer» als Sauerstoff, d. h. es hat eine höhere Dichte. Bei Feststoffen dagegen ist eine derartige Verdichtung nicht mehr möglich, da der Stoff hier bereits verdichtet ist. Verbrennt also zum Beispiel Magnesium zu seinem Oxid, so wird dieses ebenfalls der Summe der Verbindungsgewichte nach schwerer, aber die äußere Form des Magnesiums kann dabei nicht bestehen bleiben, das Volumen nimmt zu und die Dichte ab; es geht «aus dem Leim» (S. 67). – Allerdings gilt diese Regel für Feststoffe nicht so weitgehend allgemein wie für Gase. Es gibt Beispiele für Stoffe, die andere physikalisch oder chemisch in sich aufnehmen, ohne dabei an Dichte zu verlieren, man denke nur an Zeolithe, die unter Erhalt ihrer Kristallstruktur Wasser aufnehmen. Hier spielt, wie es von Kolisko für den festen Zustand herausgearbeitet wurde, die Stofflichkeit eine größere Rolle als im Gaszustand, sodass das Gesetz häufiger von anderen «durchkreuzt» wird (vgl. S. 54).

Der Begriff der «inneren Verdichtung» beschreibt damit qualitativ die Veränderungen der Dichte, die ein Stoff im Verlauf eines chemischen Vorgangs erleidet. Es liegt nahe, dem die «innere Verdünnung» oder «innere Ausdünnung» gegenüberzustellen, um ein qualitatives Begriffspaar anstelle des Mehr oder Weniger an innerer Verdichtung zur Verfügung zu haben.

Zusammensetzung von Stoffen – Enthaltensein

Bis hierher ist Kolisko, noch ohne es zu vermerken, schon tief in die Frage nach der Zusammensetzung von Stoffen eingedrungen. Er erweist sich nun als strenger Phänomenologe, wenn er schreibt: «Dem Phänomen nach gibt es diese [die Zusammensetzung von Stoffen] nicht. Das Wasser ist als ebenso einfach zu betrachten wie der Wasserstoff» (S. 68). Mit dieser Zuspitzung weist er darauf hin, dass man dem Wasser seine «Bestandteile» Wasserstoff und Sauerstoff nicht einfach ansieht, sondern dass man sie in das Wasser hineindenkt. Die einfachste Art des «Enthaltenseins» seiner «Bestandteile» in einem Stoff, das räumliche Enthaltensein, genüge nicht, um die Chemie zu verstehen (S. 68). Letzteres zielt auf die einfache atomistische Vorstellung, dass sich bei der Bildung von Wasser die Atome räumlich umgruppieren, aber als solche erhalten bleiben. Dass diese primitive Form des Atomismus für die Chemie nicht ausreicht, zeigt sich schon daran, dass heutige Vorstellungen wie das quantenphysikalische Atommodell und die Molekülorbitaltheorie durchaus mit sich verändernden und gegenseitig modifizierenden Atomen rechnen. Für die Chemie sind dies jedoch nur Anpassungen der Theorie an die Wirklichkeit, die das Gebäude nicht grundsätzlich in Frage stellen. In der Physik, wo die Frage nach dem Wesen der Materie heute gestellt wird, ist das anders, dort bedeutet die Quantenphysik einen gravierenden Einschnitt in das Weltbild. Für die Chemie brachte sie differenziertere Vorstellungen über Bau und räumliche Struktur der Atome und Moleküle, aber das atomistische Grundverständnis geriet nie ins Wanken.

Was schlägt Kolisko stattdessen vor? Er spricht von einer «nur dynamischen Zusammensetzung», von «Wasser als Zustand des Wasserstoffs», von Wasserstoff, der «sich im Zusammenwirken mit dem Sauerstoff als Wasser darstellt», von Wasser als «am Sauerstoff modifizierter Wasserstoff» und «am Wasserstoff modifizierter Sauerstoff», von «chemischem» und «dynamischem Enthaltensein» (S. 68). Die suchenden Formulierungen umkreisen etwas Undenkbares, das jedoch eine Kernfrage des Verstehens von Chemie betrifft: Wie ist es möglich, dass zwei Stoffe vollständig in einem Prozess aufgehen, aus dem ein völlig neuer Stoff mit ganz neuen Eigenschaften hervorgeht – und dass sie doch wieder daraus zurückkehren können und der neue Stoff Eigenschaften und Verhaltensweisen besitzt, die anzeigen, dass die Verschwundenen sich dennoch nicht verloren haben? Man muss dabei Konstanz mit Vergehen und Entstehen desselben Gegenstandes zusammendenken – für unser verstandesmäßiges Vorstellen eine Unmöglichkeit. Die atomistische Lösung, die Konstanz der Atome im Wandel der Erscheinungen unterstellt, erscheint daher womöglich als eleganter, auch bequemer Ausweg, aber eben um den Preis einer Modellkonstruktion hinter der phänomenalen Wirklichkeit.

Kolisko gibt für seine Versuche, das Gemeinte zu umschreiben, nur wenige Verständnishilfen. Eine besteht in dem Vergleich mit der latenten Wärme, die ja auch nicht «als Wärme in den Gasen vorhanden» (S. 69), sondern in ihnen, sie ausdehnend bzw. spannend, wirksam sei und erst als Wärme in Erscheinung trete, wenn zum Beispiel das Gas komprimiert oder verflüssigt werde. Analog muss der Wasserstoff im Wasser wirksam gedacht werden, als dessen «Bestandteil» er wie die Wärme nicht zur Erscheinung kommt, obwohl er daraus freigesetzt werden kann. Entsprechendes gilt zugleich für den Sauerstoff. Peter Buck arbeitet in Bezug auf diese Problematik die Unterscheidung von «Stoff», auch elementarem Stoff, und «Element» heraus. Ersterer verschwindet und entsteht neu, Letzteres ist das konstante Prinzip, das in den Stoffen wirksam ist, in den elementaren Stoffen allein, in deren Verbindungen in Kombination mit anderen Elementen.[199]

Eine zweite Verständnishilfe schließt hier an: Wasserstoff und Sauerstoff wirken im Wasser zusammen, wodurch der Wasserstoff unter dem «Einflusse des Sauerstoffs» steht (S. 69), und umgekehrt, muss man ergänzen. Etwas mehr sagt ein zusätzliches Beispiel: Blei und Bleisulfid, d. h. wohl auch: Blei und sein Hauptmineral Bleiglanz (Galenit), der chemisch Bleisulfid ist. Kolisko schreibt: «Sowenig der Vater wegen der Ähnlichkeit im Sohn drinnen steckt, sowenig das Blei im Bleisulfid, sondern das Bleisulfid erinnert nur an das Blei, weil der Schwefel die Eigenschaften des Bleies nicht hat ganz verändern können» (S. 68). Der zugrundeliegende Gedanke ist, dass die an einem Stoff beteiligten chemischen Elemente (oder andere stoffliche «Bestandteile» wie Säurereste und ähnliches) sich in ihrem «Zusammenwirken» gegenseitig modifizieren und dadurch die Eigenschaften des Stoffes hervorbringen, die gegenüber denen der «Bestandteile» mehr oder weniger abgewandelt sind. Man versteht, was daran «dynamisch» genannt werden kann: Die Elemente sind nicht einfach passiv in ihren Verbindungen enthalten wie Schuhe in ihrer Schachtel, sondern sie konstituieren den neuen Stoff aktiv, vergleichbar zusammenwirkenden Kräften. Ein Biegen hier, eine Drehung da bringen gemeinsam eine bestimmte Verformung an einem

---

199 Peter Buck (2005): Chemie verstehen verstehen. Chimica didactica 31, S. 121–135.

Stück Stahl zustande, sodass daraus ein Treppengeländer wird. Derartige gemeinsame Wirksamkeit muss nun ins Qualitative übertragen gedacht werden: Bleiglanz glänzt meist metallisch, sogar stärker als das immer mit einer matten Oxidhaut überzogene Blei selbst, das seinen Metallglanz nur an ganz frischen Oberflächen aufblitzen lässt, und er ist schwer wie Blei. Schwefel selbst glänzt nicht, ist leicht, aber als kristalliner Stoff spröde und elektrisch nichtleitend. Bleiglanz ist ebenfalls spröde, aber schwer und elektrisch leitend. Die Verformbarkeit des Bleis und die Leichte des Schwefels setzen sich in der Verbindung der beiden nicht durch, wohl aber der Glanz des Metalls, den der Bleiglanz sogar unverstellter als das Metall zeigen kann, da dieses durch den Schwefel der Einwirkung des Sauerstoffs entzogen ist, sowie Schwere und Leitfähigkeit des Metalls. So aufgefasst, erscheinen Stoffe als Kräftegefüge, die miteinander in ein Verhältnis treten.[200]

Erscheinungen an Lösungen

Mit den gewonnenen Begriffen des chemischen Enthaltenseins und der chemischen Verbindung können weitere Themen bearbeitet werden, zunächst die Lösung (vgl. S. 69). Diese Weise des Zusammenwirkens von Stoffen dürfe nicht atomistisch als «molekulare Suspension» vorgestellt, sondern müsse in ihrer Eigenart verstanden werden. Das geschieht nicht durch Übertragen desselben Modells auf einen neuen Erscheinungsbereich, sondern durch «Versenken» in die Besonderheiten

200 Dieses Konzept geht auf Rudolf Steiner zurück und wurde möglicherweise von Eugen Kolisko im Gespräch mit Steiner weiterentwickelt; vgl. Rudolf Steiner: «Ein Bergkristall bildet sich durch die dem Silizium und dem Sauerstoff innewohnenden Kräfte, die in ihm vereinigt sind» (Theosophie, 1904, GA 9, 31. Aufl. 1987, S. 35) oder: «Wasserstoff und Sauerstoff […] muss man sich im Wasser irgendwie ineinander denken» (Der Entstehungsmoment der Naturwissenschaft in der Weltgeschichte, 1922/23, GA 326, 3. Aufl. 1977, S. 110). Am weitesten hat das Konzept dann Ernst-Michael Kranich ausgearbeitet (für eine kurze Darstellung vgl.: Stoffe und ihre Bedeutung in der Natur chemisch verstehen. In: Martin Rozumek & Peter Buck (Hg.) (2008): Das Chemische und die Stoffe. Zugänge zur Chemie. Dornach: Verlag am Goetheanum, S. 141–158; ausführlicher: Ernst-Michael Kranich (Hg.) (2005): Chemie verstehen. Stuttgart: Freies Geistesleben).

und Unterschiede zu anderen Phänomenbereichen. Kolisko deutet hier einerseits die Verwandtschaft zur chemischen Verbindung an, wenn er hervorhebt, es entstehe beim Lösen «etwas völlig Neues», andererseits zieht er mit wenigen Strichen eine Analogie zu Erscheinungen der Gase, die im zweiten Vortrag behandelt worden sind. Dort war der Gasdruck ja als «verhinderte Gasausdehnung» (S. 36) verstanden und formuliert worden: «Spannung ist behinderte Dehnung» (S. 44). Es handelt sich also um eine «Widerstandserscheinung» (S. 70). Analog dazu werden nun der osmotische Druck einer Lösung, ihre Siedepunktserhöhung und Gefrierpunktserniedrigung sowie ihre in manchen Fällen «konservierende» Wirkung als mechanische, thermische bzw. chemische «Widerstandserscheinungen» verstanden. So angesehen erweist sich die Lösung tatsächlich als Zwischenglied in der Reihe: chemische Verbindung (chemisches Zusammenwirken von Stoffen) – Lösung – Phasenübergang (Änderung des Aggregatzustands durch Wärmewirkung in einem Stoff).

Die Lösung ist insofern verwandt mit dem Gaszustand, als der zur Verfügung stehende Raum (das Lösungsmittel) vollständig und gleichmäßig ergriffen wird: Etwas blaues Kupfersulfat löst und verteilt sich langsam und ohne Umrühren – der Prozess braucht seine Zeit – in dem ganzen Wasservolumen, in das es hineingegeben wurde. Dieses erscheint – ruhig stehend – am nächsten Tag einheitlich hellblau (und ungenießbar adstringierend). Der gelöste Stoff verhält sich im Lösungsmittel, was seine Verteilung betrifft, wie ein Gas in einem anderen. Dabei kann der gelöste Stoff auch selbst eine Lösung sein, sofern es sich um miteinander unter den gegebenen Bedingungen mischbare Flüssigkeiten handelt, also nicht Wasser und Öl oder Ähnliches, aber zum Beispiel Wasser und Wein oder (klarer) Fruchtsaft und Mineralwasser.

Das Phänomen des osmotischen Drucks tritt auf, wenn zwei unterschiedliche Flüssigkeiten oder Lösungen über eine beschränkt durchlässige Membran miteinander in Kontakt stehen. Der einfachste Fall sind eine Lösung und das reine Lösungsmittel, die durch eine sog. semipermeable Membran getrennt sind, die nur das Lösungsmittel, nicht aber den gelösten Stoff durchlässt, zum Beispiel eine Zelle (Zellplasma eingeschlossen in die Zellmembran) und die sie umgebende Gewebeflüssigkeit. Hier ist die gasartige Verteilung der Stoffe ineinander behindert; es kann nur Lösungsmittel eindringen, aber der Stoff nicht hinaus. Das Ergebnis des Bestrebens, sich zu verteilen und zu verdünnen, ist unter diesen Umständen, dass die Lösung zusätzliches Lösungsmittel anzieht. Befindet sie sich in einem geschlossenen Volumen, spannt sie sich infolgedessen, was als Druck auch mechanisch messbar ist: «mechanisch behinderte Lösung» (S. 70). Diese Erscheinung ist zum Beispiel Ursache für das Platzen reifer Kirschen bei Regen.

Siedepunktserhöhung und Gefrierpunktserniedrigung gegenüber dem reinen Lösungsmittel stellen sich ein, sobald ein Stoff darin gelöst wird. Das Ausmaß dieser Erscheinungen hängt von dem Lösungsmittel und der Menge des gelösten Stoffes ab und liegt bei verdünnten wässrigen Lösungen im Bereich einiger Zehntelgrad bis einiger Grad Celsius. So liegt der Gefrierpunkt von Meerwasser bei einem durchschnittlichen Salzgehalt von 3,5 % bei -1,9 °C. Der flüssige Bereich dehnt sich durch das Sichlösen eines Stoffes also aus und setzt insofern dem Wirken der Wärme einen Widerstand entgegen, denn dieses Wirken hätte ja eine Aufhebung des gelösten Zustandes zur Folge, wenn das Lösungsmittel verdampft oder erstarrt (wobei der gelöste Stoff ausgeschieden wird: der Salzgehalt von Meereis beträgt nur noch 0,3 – 0,5 %). Kolisko hat hier also keine mechanische Parallele vor Augen, sondern eine weitere «Widerstandserscheinung» in dem Sinne, dass ein Zustand sich gegen Veränderungen behauptet.[201] Dasselbe ist auch im dritten Fall, dem chemischen Widerstand gegeben: Der Stoff behauptet sich in Lösung gegen seine Zersetzung oder Umwandlung.

In seiner Anmerkung (*19) behandelt Kolisko ergänzend den Unterschied des kolloidalen Zustands zur Lösung. Im Unterschied zum gasartigen vollständigen Sichdurchdringen von gelöstem Stoff und Lösungsmittel bei der Lösung entstehe der kolloidale Zustand aus der inneren Verdichtung (vgl. S. 67 sowie S. 156) gelöster Stoffe infolge eines chemischen Vorgangs. Dabei werde «das Atomistische [zum] Phänomen», denn diese Verdichtung sei nicht mehr in der Lösung möglich, sondern nur noch durch Verdichtung zu kleinsten ungelösten, aber feinstverteilten Partikeln, also «durch Atomisierung» (S. 91). Wie schon in (*2) werden auch hier atomistische Phänomene von dem «Atomismus als Denkmethode» unterschieden. «Nur die letztere soll hier bekämpft werden», denn die atomistischen Phänomene «müssen selbst aus nichtatomisti-

201 Insofern es sich hier um die Verteilung von Stoffen im Raum und in anderen Stoffen handelt, besteht hier eine Brücke zu einer phänomenologischen Behandlung thermodynamischer Fragen, u.a. der Entropie.

schen Begriffen heraus erklärt werden» (S. 91; vgl. auch S. 80). Auf diese Unterscheidung und ihre Bedeutung ist bereits ausführlich eingegangen worden (vgl. S. 115).

Kolisko wendet sie in (*19) dann noch auf die biologische Zelllehre sowie auf «Lauesche Kristallgitter» an. Letzteres wirft ein Licht bis weit in die Gegenwart hinein, in der man meint, mit verschiedenen Verfahren Atome und Moleküle sehen zu können. Der deutsche Physiker Max von Laue (1879–1960) hat 1912 die Beugung von Röntgenstrahlen an Kristallgittern entdeckt, wofür er 1914 mit dem Nobelpreis für Physik ausgezeichnet worden ist. Diese in verschiedener Hinsicht bedeutungsvolle Entdeckung kann atomistisch als «Sichtbarmachen» der Gitterstruktur von Kristallen verstanden werden. Kolisko weist demgegenüber auf ein anderes Verständnis hin, das ohne atomistische Erklärung auskommt: man könne «die Laueschen Kristallgitter für eine Abbildung einer räumlichen molekularen, unter gewöhnlichen Verhältnissen unsichtbaren Struktur der Kristalle [halten] oder für ein Bild, das durch Zusammenwirken des Röntgenlichtes mit der den ganzen Kristall dynamisch durchsetzenden chemischen Gestaltung entsteht, die nicht materiell zu sein braucht. Man fasst dann das vorliegende Phänomen als entstehend auf aus dem Zusammenwirken von chemischer Struktur mit dem Licht. Das atomistische Bild wird nicht als präformierter Tatbestand gedacht, sondern im Versuch durch dynamisches Zusammenwirken entstehend» (S. 91). Eine vergleichbare Sichtweise ist auch im Hinblick auf die hochentwickelten modernen bildgebenden Verfahren möglich und angebracht, die uns eine atomistische Wirklichkeit vorgaukeln, aber keineswegs beweisen können, so sei es.[202]

Schon bei manchen Gasen beobachtbar, geht mit dem Lösen sehr häufig die Dissoziation des gelösten Stoffes einher. Sie wird nun behandelt, wobei Kolisko einen Ausblick auf elektrochemische Erscheinungen sowie einen phänomenologischen Ionenbegriff gibt. Die Grundidee ist, dass Dissoziation von Verdünnung begleitet wird. Bei Gasen wie Stickstoffdioxid (NO_2), das bei Raumtemperatur weitgehend als sog. Dimer (etwa: Zweiteiliges) Distickstofftetraoxid ($N_2O_4 = (NO_2)_2$) vorliegt, ist das an einer überproportionalen Zunahme des Volumens beim Erwär-

202 Vgl. dazu Martin Rozumek (2006): Goetheanistische Chemie im aktuellen Kontext. Elemente der Naturwissenschaft 84, S. 37–71, und die dort zitierte Literatur.

men direkt beobachtbar: Das Gas erwärmt sich nicht nur, sondern die «Verbindung mit sich selbst» dissoziiert zugleich, was erhöhten Raumbedarf (oder Druckanstieg) nach sich zieht. Entsprechend verteilt sich auch ein Salz wie Kupfersulfat oder Kochsalz beim Lösen nicht nur im Wasser, sondern dissoziiert ebenfalls. Die Erscheinungen der Dissoziation von Stoffen beim Erwärmen oder Lösen bzw. der räumlichen und der stofflichen Verdichtung beim Abkühlen fügen sich damit in die Reihe der Prozesse, die Kolisko im Zusammenhang mit den Lösungen aufgestellt hat: «chemische Verbindung - kolloidale Lösung - kristalloide Lösung - Phasenübergang» (vgl. S. 70 sowie S. 160: *Erscheinungen an Lösungen,* hier um den Unterschied kristalloid - kolloidal aus (*19), S. 90, erweitert). Auch in dieser Reihe bilden chemische Verdichtung und wärmebedingte Expansion in gewisser Weise einen Gegensatz.

Organische Chemie – innerer Bau der Stoffe und Isomerie

Mit dem Begriff von Stoffen, die wie der naszierende Wasserstoff nicht rein darstellbar, aber in ihren Verbindungen wirksam sind (vgl. S. 59 sowie S. 152: *Multiple Proportionen* und 154: *Zweiatomige Gase - Verbindung mit sich selbst*), tritt Kolisko nun an das Gebiet der «Molekülstrukturen» in der Organischen Chemie (heute besser: Chemie der Kohlenstoffverbindungen) heran, die ebenfalls einer hypothesenfreien Behandlung zugänglich gemacht werden sollen. Er gibt dazu nur erste «Richtlinien», die erkennen lassen, wie er sich diese Behandlung vorstellt. Sie stehen in Übereinstimmung mit dem Bisherigen. Elegant ist der Ansatz, als «Stoffe» in dem genannten Sinne nicht nur die chemischen Elemente gelten zu lassen, sondern jedwede «Zusammensetzung» mehrerer Elemente, auch Säurereste und insbesondere diejenigen, die in der Organischen Chemie früher als Radikale, heute als funktionelle Gruppen bezeichnet werden und nach denen sich die verschiedenen Stoffklassen unterscheiden: die Hydroxylgruppe der Alkohole, die Carboxylgruppe der Carbonsäuren, die Aminogruppe der Amine und Aminosäuren etc. mit ihren spezifischen chemischen Eigenschaften.[203] Diese Gruppen werden, auch wenn es sie nicht als isolierte Stoffe gibt, von Kolisko als

203 In ihnen kommt demnach chemisch Reales zum Ausdruck; sie sind nicht bloß gedachte «Atomgruppen».

konstituierend für die organischen Stoffe angesehen, in derselben Weise wie Wasserstoff und Sauerstoff das Wasser konstituieren (vgl. S. 157: *Zusammensetzung von Stoffen – Enthaltensein*). Die dabei wiederum in Betracht kommende Frage, inwieweit es als «hypothesenfrei» gelten kann, diese Stoffe als «reale» (S. 72) anzusprechen, ist bereits diskutiert worden (vgl. S. 152: *Multiple Proportionen* und 154: *Zweiatomige Gase – Verbindung mit sich selbst*). Vor dem Hintergrund von Koliskos Verständnis des Wassers als Erscheinungsform des Wasserstoffs und des Sauerstoffs ist es jedenfalls konsequent, wenn er schreibt: «Man muss sich nur von der Vorstellung freimachen, dass ein Stoff erst dann für uns Realität ist, wenn er rein dargestellt, womöglich in fester Form vor uns liegt. Er ist im Verbindungszustand genauso real wirksam wie im sogenannten freien Zustand» (S. 72).

Mit diesen Gedanken können bereits große Teile der Organischen Chemie in die hypothesenfreie Betrachtung einbezogen werden. Man bekommt das Bild einer Hierarchie zunehmend komplexer werdender Stoffe: zuunterst die Elemente, die sich zu den Stoffen der Anorganischen Chemie verbinden, dann die «Elemente» der Organischen Chemie, die «funktionellen Gruppen» und «Struktureinheiten», die selbst natürlich auch aus bestimmten chemischen Elementen konstituiert sind und die in den komplizierteren organischen Stoffen zusammenwirken. Bei alledem spielt zudem nicht nur das Was, sondern auch das Wie-oft des Sichverbindens eine Rolle (vgl. auch (*21), S. 94). Da der Ausdruck «Stoff» bei Kolisko zugleich für eine Substanz als auch für deren konstituierende Bestandteile gebraucht wird, wird, um Uneindeutigkeiten zu vermeiden, im Folgenden für Letztere der Ausdruck «Gruppen» im Sinne von «funktionellen Gruppen», nicht von «Atomgruppen», beibehalten. Ein Stoff hat dann Elemente und evtl. Gruppen als Konstituenten.

Die verschiedenen Isomerie-Phänomene, die es gibt und auf die Kolisko in seiner Anmerkung (*21) eingeht, erfordern jedoch noch zusätzliche Überlegungen. Von Isomerie spricht man bei Stoffen, die dieselbe Elementarzusammensetzung haben, sich aber in ihren chemischen Eigenschaften unterscheiden. Thiocyanate und Rhodanide (Isothiocyanate) sind ein Beispiel aus der Anorganischen Chemie, Nitroverbindungen und organische Salpetrigsäureester (Nitrite) ein solches aus der Organischen Chemie. Bei dieser hier zunächst in Betracht kommenden Konstitutions- oder Strukturisomerie muss man die verschiedenen Gruppen, zum Beispiel Nitrogruppe und Nitritgruppe, konsequenterweise als verschiedene Konstituenten ansehen, die in den Stoffen, die sie konstituieren verschiedene Eigenschaften veranlagen. So denkend, kommt man bei der Behandlung dieser Art von Isomerie ohne Überlegungen zu einer etwaigen «Anordnung der Atome im Molekül» (S. 94) aus. Die unterschiedlichen chemischen Eigenschaften der konstitutionsisomeren Stoffe deuten in dieselbe Richtung.

Bei der Stereoisomerie stellt sich die Sache komplizierter dar. Atomistisch wird sie im einfachsten Fall auf die Anordnung vier verschiedener Gruppen an den Ecken eines tetraedrisch gedachten Kohlenstoffatoms («asymmetrisches Kohlenstoffatom», «stereogenes Zentrum») zurückgeführt, für die es zwei zueinander spiegelbildliche Möglichkeiten gibt. Das chemische Verhalten der Stereoisomere unterscheidet sich in der Regel nicht, aber ihr Geruch und Geschmack sowie die Wechselwirkung mit linear polarisiertem Licht («optische Aktivität», «optische Drehung») und ihre Wirkung auf Organismen. Krauseminze und Kümmel sind hierfür ein eindrucksvolles Beispiel. Sie enthalten in ihren ätherischen Ölen in hohen Anteilen je eines der beiden Stereoisomere ein und desselben als Carvon bekannten Stoffes.

Kolisko führt nicht weiter aus, wie er sich die hypothesenfreie Behandlung der Stereoisomerie vorstellt. Die Problematik führt über sein Konzept der zusammenwirkenden Elemente und Gruppen hinaus. Es muss einen weiteren Faktor geben, der in das Zusammenwirken und die sich daraus ergebenden Eigenschaften einfließt und zu dem einen oder anderen Isomer führt. Denn da die Art des Zusammenwirkens betroffen ist, kann der gesuchte Faktor nicht in den konstituierenden Bestandteilen liegen. Damit steht man vor einem Rätsel, das man mit den bis hierher von Kolisko entwickelten Denkformen nicht lösen kann.[204]

Das war bei der Entstehung der atomistischen Vorstellungen zur Stereochemie nicht anders; auch dort mussten neue Begriffe gebildet

---

204 Eine goetheanistische Bearbeitung dieses Phänomenbereichs hat Albert Pröbstl (1996) unternommen: Über die Bewusstseinsschwelle zwischen einer Chemie des Unbelebten und einer Chemie des Belebten. Elemente der Naturwissenschaft 64, S. 22–36. Dort findet sich auch eine ausführlichere Darstellung der im Folgenden nur angedeuteten Entwicklungen und ihrer herausragenden wissenschaftlichen Bedeutung. Vgl. außerdem Albert Pröbstl (1998): Das Haidinger-Büschel als Urphänomen der Polarisationserscheinungen. Elemente der Naturwissenschaft 69, S. 1–26.

werden. Zuerst beobachtete der französische Chemiker Louis Pasteur (1822 – 1895) 1848 den spiegelbildlichen Bau von Kristallen optisch aktiver Stoffe wie der Weinsäure und ihrer Salze. 1860 schlug er einen zugrundeliegenden asymmetrischen Molekülbau als Erklärung dieser sog. Chiralität (von griech. chiros = Hand; Chiralität = Händigkeit, weil die Hände zueinander spiegelsymmetrisch sind) vor. Dann mussten sich die räumlichen Vorstellungen zum Molekülbau überhaupt weiter entwickeln, bis die Chemiker Jacobus Henricus van't Hoff (1852–1911) in den Niederlanden und Joseph Achille Le Bel (1847–1930) in Frankreich unabhängig voneinander 1874 ein asymmetrisches Kohlenstoffatom als Erklärung der optischen Aktivität postulieren konnten.[205] – An der Frage der Chiralität stößt Koliskos phänomenologisches Konzept ebenfalls an eine Grenze, an der eine prinzipielle Erweiterung geboten ist.

Fragt man sich, in welche Richtung eine solche Erweiterung führen könnte, wenn es nicht die atomistische sein soll, die sich ja aus grundsätzlichen Erwägungen verbietet, so springt Folgendes ins Auge: In der Chemie der unbelebten Natur und des Labors gibt es keine optische Aktivität ohne den Eingriff des Menschen. Dieser kann, wie Pasteur an Kristallen der Weinsäure, bemerken, dass es von manchen Stoffen zueinander spiegelbildliche (chirale) Varianten gibt (sog. Enantiomere) und diese voneinander trennen. An den Lösungen der beiden Teilmengen ist dann eine gegensätzliche optische Drehung (um denselben Wert) zu bemerken. Die Lösung einer Mischung der beiden Kristallsorten im Verhältnis 1:1 (des sog. Racemats) zeigt hingegen keine optische Aktivität. Bei chemischen Laborvorgängen entstehen grundsätzlich, sofern überhaupt Chiralität in Betracht kommt, Racemate, die dann aufwändig getrennt werden müssen, um die reinen Enantiomere zu gewinnen. Die einzige Alternative, um dieses Ziel im Labor zu erreichen, besteht in der sog. asymmetrischen Synthese. Dabei muss jedoch stets die Chiralität des Produkts durch chirale Vorstufen, Katalysatoren oder Ähnliches induziert werden.

Anders ist es im Gebiet der Minerale, die optische Aktivität und chirale Kristallformen aufweisen können – bekannt sind sog. Rechts- und

205 Vgl. zu den hier erwähnten Entwicklungen die hervorragende Monografie von Peter J. Ramberg (2003): Chemical Structure, Spatial Arrangement. The Early History of Stereochemistry, 1874–1914. Aldershot, Hampshire & Burlington, VT: Ashgate.

Linksquarz –, sowie vor allem in der belebten Natur: dort sind optisch aktive Stoffe nicht nur gang und gäbe, sondern sie liegen meist auch enantiomerenrein vor.

Diese Beobachtungen deuten darauf hin, dass sich die optische Aktivität nicht aus den Konstituenten eines Stoffes erklären lässt, sondern eine eigenständige Eigenschaft darstellt, die nur durch einen übergeordneten Faktor gebildet bzw. zur Erscheinung gebracht werden kann. Dieser Faktor ist entweder in den geologischen und mineralogischen Gegebenheiten und Prozessen bei der Bildung eines Kristalls zu suchen bzw. in dem Lebenszusammenhang, in dem ein Stoff entstanden ist – in diese Richtung blickt auch Albert Pröbstl[206] –, oder in der Tätigkeit des Menschen, der ein Racemat getrennt oder in einer asymmetrischen Synthese entsprechende Bedingungen geschaffen hat.

Damit ist eine gewisse Einseitigkeit in Koliskos Anschauungen zur Chemie bezeichnet, soweit sie in diesen Vorträgen ausgearbeitet sind: Zwar spricht er im Zusammenhang der chemischen Zusammensetzung und des Enthaltenseins davon, Wasser sei «als ebenso einfach zu betrachten wie der Wasserstoff» und eine chemische Zusammensetzung gebe es «dem Phänomen nach» nicht (S. 68). Er führt dann aber aus, dass «Wasser nur ein Zustand des Wasserstoffs ist, und ebenso, dass alle Verbindungen nur Zustandsformen ihrer Elemente sind» (ebd.). Darin stecken zwei sich widersprechende Gesichtspunkte, die mit dem Grundrätsel der Chemie zusammenfallen, die Elemente in ihren Verbindungen denken zu können (vgl. S. 157: *Zusammensetzung von Stoffen – Enthaltensein*), nämlich der Stoff als Verbindung und der Stoff als Einheitliches. Kolisko erwähnt letzteres nur einmal und verfolgt ansonsten den anderen Gesichtspunkt, nicht atomistisch, aber in einer Weise, die man elementaristisch nennen könnte.[207] Ein Verständnis der Stereoisomerie als einer Eigenschaft des Stoffes als Ganzen, die nicht aus dessen (Bestand-)Teilen hergeleitet werden kann, kann sich nur aus dem erstgenannten Gesichtspunkt ergeben, der den anderen ergänzen muss. Eine Betrachtung des Bildungsprozesses eines Stoffes, die, wie oben für die optisch aktiven Stoffe angedeutet, dessen Herkunft und Zustandekom-

---

206 Siehe Anm. 204.

207 Vgl. Martin Rozumek (2006): Chemie als Wissenschaft der unorganischen Natur. Ernst-Michael Kranich (Hg.): Chemie verstehen. (Rezension) Elemente der Naturwissenschaft 84, S. 72–75.

men ins Auge fasst, stellt einen wesentlichen Aspekt dieser Ergänzung dar.[208]

Ihren Abschluss findet die Behandlung der Organischen Chemie dann in Anmerkung (*22) mit einer weiteren neuen Begriffsbildung, der «Verbindung in sich selbst», für die das Bild des Ringes eine treffende Beschreibung sei, die jedoch nicht atomistisch interpretiert werden dürfe. Interessanterweise ist der deutsche Chemiker Friedrich August Kekulé von Stradonitz (1829–1896) 1861 ja durch das Traumbild einer Schlange, die sich in den Schwanz beißt, zu der Ringformel des Benzols geführt worden.[209] Kolisko arbeitet hier nun einen phänomenologischen Sinn des Ringbildes heraus, wenn er den Ring als zusammenschließenden Ausgleich von innerhalb eines Stoffes eingeschlossenen Gegensätzen begreift, deswegen Verbindung *in* sich selbst, nicht *mit* sich selbst wie bei der chemischen Kondensation (vgl. S. 63 sowie S. 154: *Zweiatomige Gase – Verbindung mit sich selbst*). – Es ist insgesamt außerordentlich bemerkenswert, bis in welche Details Kolisko sein Konzept bereits durchdacht hat!

Affinität – die Antriebskraft chemischer Vorgänge

Der in Anmerkung (*22) eingebrachte Begriff eines Ausgleichs von Polaritäten, dort innerhalb eines Stoffes, leitet den letzten fachlichen Gedanken dieser Vorträge ein: Die chemische Affinität, die Antriebskraft chemischer Vorgänge, die der Wissenschaft lange Rätsel aufgegeben hat, kann aus dem Ausgleich von Polaritäten heraus verständlich werden. Kolisko deutet nur an, wie zwischen den Elementen im Periodensystem Polaritäten bestehen – man kann im einfachsten Fall an die Hauptgruppen der Alkalimetalle und der Halogene denken, die zusammen einfache Salze wie das Kochsalz bilden –, ebenso zwischen Säuren und Laugen

---

208 Vgl. dazu Martin Rozumek (2003): «Stoffe sind festgehaltene Prozesse». Elemente eines neuen Stoffbegriffs. Elemente der Naturwissenschaft 78, S. 74–93.

209 Vgl. August Kekulé (1890): Rede zum 25-jährigen Jubiläum der Benzoltheorie («Benzolfest» 1890). In: Berichte der Deutschen Chemischen Gesellschaft 23, S. 1306, zit. n.: Carl Graebe (1991): Geschichte der organischen Chemie, Erster Band (1920). Reprint Berlin u. a.: Springer, S. 288.

(Basen), die in den zwischen diesen Stoffen ablaufenden chemischen Prozessen zum Ausgleich kommen. Die chemische Affinität «ist ja nur die sich ausgleichende chemische Polarität selbst» (S. 74). Damit sei ein chemischer Begriff der Affinität und des Antriebs chemischer Vorgänge gefasst, kein mechanischer.

In Anmerkung (*20) geht Kolisko auf das in diesem Zusammenhang bedeutsame Massenwirkungsgesetz ein, das den Einfluss der Mengen («Massen», eigentlich: der Konzentrationen) der an einem Vorgang beteiligten Stoffe auf den Verlauf des Vorgangs zusammenfasst (vgl. Anm. 184), sowie auf die daraus abgeleitete Reaktionsgeschwindigkeitskonstante, die die Geschwindigkeit des Vorgangs beschreibt. Diese werden für gewöhnlich atomistisch-mechanistisch interpretiert. Kolisko stellt die Bedeutung dieser Verhältnisse und Größen für den Verlauf des Vorgangs nicht in Abrede, zeigt jedoch, wie sie chemisch, ausgehend von einer chemischen Polarität, verstanden werden können und wie ein solches Denken in Qualitäten (chemische Polarität) die Bedeutung von Quantitäten (Konzentrationen) mit einschließen kann.

An die chemische Polarität könne sich schließlich auch die elektrische Polarität «anlehnen» (S. 75), denn die chemischen Erscheinungen seien auch im Gebiet der Elektrochemie das Ursprüngliche, die elektrischen sekundär. – Eine Einschätzung, die phänomenologisch ebenso selbstverständlich ist, wie sie revolutionär ist, weil Atome ja aus unter anderem elektrisch geladenen Teilchen aufgebaut gedacht werden und chemische Eigenschaften und Vorgänge ihre Erklärung in Verhältnissen und Vorgängen der Elektronenhüllen der beteiligten Atome und Moleküle finden, mithin das Elektrische als primär angesehen wird. Chemisch phänomenologisch ist die Sache tatsächlich umgekehrt: Kupfer scheidet sich aus einer kupferhaltigen Lösung an einem Stück unedleren Metalls wie dem Zink ab, wobei dieses in Lösung geht. Eine elektrische Erscheinung ist dabei nicht zu beobachten. Die Anordnung so zu verändern, dass die beiden Teilvorgänge räumlich auseinandergelegt werden und dazwischen eine elektrische Spannung messbar wird bzw. eine Glühlampe zum Leuchten gebracht werden kann, ist ein zweiter, abgeleiteter Schritt.[210]

---

210 Vgl. dazu Manfred v. Mackensen (2005): Klang, Helligkeit und Wärme. 6. Aufl., Kassel: Bildungswerk Beruf und Umwelt, S. 110–111.

Wertung und Einordnung

Eugen Koliskos für die goetheanistische Chemie grundlegende Vorträge über «hypothesenfreie Chemie» sind oben bereits aus dem Blickwinkel jüngerer wissenschaftstheoretischer Sichtweisen diskutiert worden (vgl. S. 120: *Wissenschaftstheoretische Bemerkungen*). Diese Diskussion mündete in den Vorschlag einer Neupositionierung der von Kolisko einander gegenübergestellten Richtungen der reduktionistisch erklärenden und der goetheanistischen Naturwissenschaft. Zwar wird der von Kolisko charakterisierte methodische Gegensatz dabei nicht in Frage gestellt, aber das Verhältnis der beiden Ansätze als komplementär bestimmt und in das Bild zweier Sprachen über dieselben Gegenstände gefasst. Die Diskussion erfolgte an der angegebenen Stelle, weil Themen und Ergebnisse der beiden folgenden, weniger methodische als chemische Fachfragen behandelnden Vorträge im Anschluss daran bereits unter den Blickwinkel der zwei Sprachen gerückt werden konnten.

Zugleich löst die eingenommene Perspektive Konflikte auf, die sich dem heutigen Leser ergeben und ihm den Zugang zu Koliskos Ideen verstellen können. So kann zum einen die kompromisslose Vehemenz, mit der Kolisko seine Sache vertritt, postmoderne, pluralistisch gestimmte Gemüter verstören. Ihnen kommt die Neupositionierung entgegen – ohne Koliskos Argumente relativierend abzuschwächen.

Zum anderen wendet sich Kolisko gegen den vergleichsweise primitiven Atomismus des späten 19. und beginnenden 20. Jahrhunderts, der insbesondere aufgrund der Entwicklung der Quantenphysik mit ihren Folgen für die Materievorstellung sowie der quantenphysikalischen Modelle des Atoms und der chemischen Bindung als überholt angesehen werden muss. Damit soll nicht bestritten werden, dass viele von Koliskos Argumenten prinzipieller Natur sind und ihre Gültigkeit behalten. Aber der moderne Atomismus stellt eine hochdifferenzierte und geschmeidige Beschreibung der Welt dar, die sogar Verhältnisse zwischen Stoffen und deren gegenseitige Modifikation in der Verbindungsbildung wiedergibt und insofern den Erscheinungen um Vieles besser gerecht wird, als es vor knapp einhundert Jahren der Fall war. Der Atomismus ist heute scheinbar viel besser begründet – und sitzt daher viel fester in unseren Köpfen. Infolgedessen ist die Bereitschaft, Koliskos Argumenten zu folgen, bei einem heutigen wissenschaftlich gebildeten Leser womöglich zunächst begrenzt. Demgegenüber eröffnet die Kennzeichnung und Ordnung der

Standpunkte – Stichwort «Methodenbewusstsein» – eine Zugangsmöglichkeit gerade für die weiterhin gültigen prinzipiellen Einwände gegen den «Atomismus als Methode» und als Weltanschauung – und damit zugleich zu Koliskos positivem Anliegen, dem Goetheanismus.

Mit der Auswahl seines ersten «chemischen» Hauptthemas, der Physik und Chemie der Gase, signalisiert Kolisko, dass er eine goetheanistische Chemie nicht auf bildhafte Charakterisierungen von Stoffen und Vorgängen beschränkt sieht, wie er sie später auch selbst in hervorragender Weise ausgearbeitet hat.[211] Letztere Darstellungen beschäftigen sich vorrangig mit dem Chemieunterricht ab der siebten Klasse, sind also unter didaktischen Gesichtspunkten verfasst. Seine zu Unrecht viel weniger bekannten Vorträge zur «Hypothesenfreien Chemie» hingegen behandeln Themen der mathematisch geprägten quantifizierenden und modellbildenden Chemie, wie sie an Hochschulen gelehrt wird.

Kolisko weiß dabei bemerkenswert klar zu unterscheiden, was Phänomen ist, auch wenn es sich um mathematisch fassbare Zusammenhänge handelt, und was (hypothetische) Erklärung. Diese Klarheit, verbunden mit dem Mut, auch an solche Gebiete heranzutreten und sie nicht zugunsten einer schöngeistigen Phänomenologie den Einseitigkeiten der herkömmlichen Behandlungsweise zu überlassen, zeichnet Koliskos Vorträge besonders aus. Es gelingt ihm dadurch zugleich, zwei Klippen zu umfahren, die einer goetheanistischen Behandlung vergleichbar theorielastiger Bereiche der Chemie entgegenstehen, nämlich diese Bereiche nach Möglichkeit zu meiden oder naiv-realistisch mit Modellvorstellungen umzugehen und diese als Phänomene zu behandeln, ohne je nach den sich dahinter verbergenden sinnlich fassbaren Erscheinungen zu fragen. – Die behauptete und geforderte Möglichkeit einer anderen Naturwissenschaft wird damit von Kolisko auch auf Gebieten realisiert, die in späteren goetheanistisch-chemischen Arbeiten kaum Beachtung gefunden haben.

Zusammengefasst, führt Kolisko auf verschiedensten Gebieten vor, dass mess- und berechenbare Phänomene auch in phänomenalen Begriffen fassbar sind und prinzipiell keine atomistisch-modellistischen Deutungen erfordern. Er greift dabei in seiner Bearbeitung der Phänomene einerseits Denkansätze auf, die auf Rudolf Steiner zurückgehen,

211 Siehe Anm. 27.

zum Beispiel das Bestreben des Gases, den Raum zu erfüllen, arbeitet diese Ansätze eigenständig aus und entwickelt sie weiter. Andererseits entwirft er eigene Konzepte, zum Beispiel die Verbindung mit sich selbst und Verbindung in sich selbst, mit denen er in selbständigster Weise versucht, atomistisch erklärte Erscheinungen phänomenologisch zu greifen. Dass hierbei die – ausgesprochen komplexe – Frage der Stereochemie nicht vollends gelöst wird, tut dem Wert seiner Ansätze keinen Abbruch, zumal Kolisko selbst seine Arbeit als Anfang begreift.

Kolisko steht damit am Ursprung der goetheanistischen Chemie. Seine Arbeiten, sowohl die «Hypothesenfreie Chemie» als auch die bekannteren didaktischen Aufsätze, sprechen in Frische und Unmittelbarkeit von diesem Ursprung und den damit verbundenen Intentionen, die viele spätere Forscher aufgegriffen und weitergeführt haben, nicht ohne sich dabei auf Kolisko zu beziehen.

Teil III
Der «Atomismusstreit» in der Zeitschrift «die Drei» 1922/23

Martin Rozumek

Umfeld und Gegenstand

Hypothesenfrei

Ein Grundmotiv von Eugen Koliskos Arbeiten zur Chemie besteht darin, diese als phänomenologische Chemie neu aufzubauen. Das bringt mit sich, hypothetisch angenommenen Entitäten wie Atomen und Ähnlichem zumindest kritisch entgegenzutreten und die «Atomhypothese» abzulehnen, nach der die Welt aus Atomen aufgebaut und aus deren Eigenschaften und Wechselwirkungen heraus zu erklären sei. Schon der Titel seiner Vorträge, in denen die Atomhypothese entschieden zurückgewiesen und ein alternativer Ansatz entwickelt wird, bringt das zum Ausdruck: «*Hypothesenfreie* Chemie» anstelle «atomistischer».

Kolisko hat darüber nicht nur in diesen Vorträgen vom 4. bis 6. Oktober 1920 gesprochen, sondern das Thema in den Jahren 1920 und 21 mehrfach behandelt. Zumeist sind jedoch keine Nachschriften bekannt.[212] So ist ein Vortrag «Hypothesenfreie Chemie» am 13. März 1920 innerhalb des zweiten naturwissenschaftlichen Kurses von Rudolf Steiner für die Lehrer der Stuttgarter Waldorfschule überliefert,[213] dann zwei Vorträge «Über berechtigte Hypothesen» und «Über unberechtigte Hypothesen», vermutlich am 21. und 22. 3. 1921 innerhalb der «Freien Anthroposophischen Hochschulkurse» in Stuttgart,[214] sowie ein Seminar «Phänomenologische Betrachtungsweise in der Chemie im Gegensatz zu unberechtigter Hypothesenbildung» als Teil des «Darmstädter Hochschulkurses» Juli 1921.[215]

---

212 Für das Folgende vgl. die Bibliografie Eugen Kolisko, Archiv der Pädagogischen Forschungsstelle beim Bund der Freien Waldorfschulen in Stuttgart, die elektronische Version der Rudolf Steiner Gesamtausgabe, recherchiert mit dem Suchwort «Kolisko», sowie Christoph Lindenberg (1988): Rudolf Steiner. Eine Chronik. Stuttgart: Freies Geistesleben.

213 Rudolf Steiner (2000): Geisteswissenschaftliche Impulse zur Entwicklung der Physik II («Wärmekurs», 1.–14. 3. 1920, GA 321), 4. Aufl.

214 Rudolf Steiner (1991): Naturbeobachtung, Experiment, Mathematik und die Erkenntnisstufen der Geistesforschung (16.–23. 3. 1921, GA 324), 4. Aufl.

215 Vgl. den Bericht des Darmstädter Tagblattes vom 28. 7. 1921, abgedruckt in: Rudolf Steiner (1997): Die Aufgabe der Anthroposophie gegenüber Wissen-

Bedeutsam ist dabei eine Differenzierung, die Kolisko im Verlauf dieser Zeit vorgenommen hat, nämlich die Unterscheidung von berechtigten und unberechtigten Hypothesen. Sie ist in den Vorträgen vom Oktober 1920 zwar angelegt, wird dort aber erst für die schriftliche Ausgabe 1922 als Anmerkung explizit gemacht (vgl. (*1), S. 79). Im Juli 1921 findet sie sich jedoch bereits in Vortragstiteln wieder. Möglicherweise greift Kolisko damit die entsprechende Unterscheidung Steiners auf, die dieser am 7. 10. 1920, einen Tag nach Koliskos Vorträgen, gemacht hat. Da das von ihm selbst Dargestellte auch als Hypothetisches missverstanden werden könne, gibt Steiner mit der prinzipiellen Wahrnehmbarkeit des Angenommenen ein Abgrenzungskriterium für berechtigte Hypothesenbildungen an. Hypothesen, bei denen das Denken über das hinausgeht, was «unmittelbar gesehen, beobachtet werden kann, [...] unmittelbar Phänomen ist», seien «durchaus gerade zum fruchtbringenden Forschen notwendig». Ihre Berechtigung verlieren sie, wenn sie wie «die Vorstellungen über Atomistik, Molekularismus» etwas annehmen, was «überhaupt niemals wahrgenommen werden» kann.[216] «Hypothesen dürfen nicht über etwas aufgestellt werden, das unserer Erkenntnis prinzipiell unzugänglich sein soll», weil es hinter Erkenntnisgrenzen liegt. Daher ist «die atomistische Hypothese [...] eine völlig unbegründete, wenn sie nicht bloß als ein Hilfsmittel des abstrahierenden Verstandes, sondern als eine Aussage über wirkliche, außerhalb der Empfindungsqualitäten liegende wirkliche Wesen gedacht werden soll».[217] Dort, wo der Atomismus Phänomen wird, hatte ihm Kolisko in diesem Sinne auch Berechtigung zuerkannt (vgl. S. 80 und S. 90). Außerdem antizipiert Kolisko mit dieser Differenzierung zugleich den Einwand, Goethe würde – nach eigener Einschätzung in «Der Versuch als Vermittler von Objekt und Subjekt»[218] – ja auch Hypothesen aufstellen.

---

schaft und Leben. Darmstädter Hochschulkurs (27.–30. 7. 1921, GA 77a), S. 230.

216 Vortrag Dornach 7. 10. 1920, in: Rudolf Steiner (1989): Physiologisch-Therapeutisches auf Grundlage der Geisteswissenschaft (GA 314), 3. Aufl., S. 14 f. Ähnlich auch im Vortrag Zürich 4. 6. 1921, in: Rudolf Steiner (2010): Das Verhältnis der Anthroposophie zur Naturwissenschaft (GA 75), S. 134 f. Vgl. außerdem den Beitrag von Franz Halla zum Atomismusstreit, S. 198: (AS-10).

217 Rudolf Steiner (1982): Mein Lebensgang (1923–25, GA 28), 8. Aufl., S. 201.

218 Vgl. Johann Wolfgang von Goethe (1982): Der Versuch als Vermittler von

Auch weitere Motive aus Koliskos Vorträgen begegnen parallel in Vorträgen oder Fragenbeantwortungen Steiners, zum Beispiel der «Wirklichkeitssinn» oder die Dualität der Abwege von «bloßem Phänomenalismus» und hypothetischem Atomismus (vgl. S. 34 und S. 38 bzw. (RSt-33) und (RSt-58) in der Dokumentation, ab S. 217). Der Frage der jeweiligen Priorität der Äußerungen bin ich jedoch nicht weiter nachgegangen.

Über diese mehr grundsätzlichen methodischen Fragen hinaus sprach Kolisko in den Jahren 1920–22 über weitere chemische Themen, darunter insbesondere sein zweites Grundmotiv, das «Physiologisch-Werden» der Chemie, auf das er auch im Oktober 1920 ausblickshaft hingewiesen hat (vgl. S. 41 und S. 73).[219] Damit arbeitet Kolisko in einer Richtung, in die auch Steiner in derselben Zeit als Perspektive für die Chemie gedeutet hat.[220] Das gegenseitige Aufgreifen und Anknüpfen deutet auf eine Zusammenarbeit im Gespräch, der gegenseitigen Achtung und Wertschätzung auf Augenhöhe.

Objekt und Subjekt (1792). In: Goethes Werke, Hamburger Ausgabe, Bd. XIII, Naturwissenschaftliche Schriften I, 9. Aufl., München: Beck, S. 10–20.

219 In Auswahl: Dornach 30. 3. 1920: «Anthroposophie und Chemie» im Rahmen des Kurses «Anthroposophie und Fachwissenschaften» (vgl. dazu Rudolf Steiner (2005): Fachwissenschaften und Anthroposophie, GA 73a); Darmstadt 27. 7. 1921: «Die Neugestaltung des chemischen Stoffbegriffes durch Zusammenschauen von Physiologie und Chemie» (vgl. dazu Rudolf Steiner (1997): Die Aufgabe der Anthroposophie gegenüber Wissenschaft und Leben. Darmstädter Hochschulkurs (27. – 30. 7. 1921, GA 77a, insbesondere den darin abgedruckten (S. 237 – 239) Bericht der Darmstädter Zeitung vom 29. 7. 1921 über Koliskos Vortrag); Wien 6. 6. 1922: «Chemie und Anti-Chemie. Außer- und innermenschliche chemische Prozesse», und 9. 6. 1922: «Eine neue Physiologie des menschlichen Organismus» (vgl. dazu Rudolf Steiner (1981): Westliche und östliche Weltgegensätzlichkeit (1.–12. 6. 1922, GA 83), 3. Aufl.); Stuttgart 25. 10. 1922: «Einiges aus der physiologischen Chemie (mit Behandlung des periodischen Systems)» (vgl. dazu Anm. 216).

220 Vgl. erstmals die Vorträge Dornach 28. 3. – 1. 4. 1920, in: Rudolf Steiner (1999): Geisteswissenschaft und Medizin (GA 312), 7. Aufl., bes. S. 157, 174, 210 f. und 245; dann insbesondere die Vorträge Dornach 2., 3. und 6. 1. 1923, in: Rudolf Steiner (1977): Der Entstehungsmoment der Naturwissenschaft in der Weltgeschichte (GA 326), 3. Aufl.; außerdem Vortrag Stuttgart 2. 1. 1921, in: Rudolf Steiner (1997): Das Verhältnis der verschiedenen naturwissenschaftlichen Gebiete zur Astronomie (GA 323), 3. Aufl., bes. S. 55; sowie Vortrag Dornach 6. 1. 1924, in: Rudolf Steiner (2003): Medita-

Dazu gehört auch, dass mehrfach im Anschluss an Koliskos Vorträge Fragenbeantwortungen unter Beteiligung Steiners stattfanden, bei denen dieser positiv an Koliskos Ausführungen angeknüpft hat, so beispielsweise am 13. März 1920, nach Koliskos erstmaligem Vortrag «Hypothesenfreie Chemie» mit den Worten: «Herr Dr. Kolisko hat ja in wichtigen Gesichtspunkten sehr schön darüber gesprochen, wie angestrebt werden könnte, die Chemie zu befreien von denjenigen Denkgewohnheiten, die von vornherein bei dieser Chemie zur atomistischen Hypothese oder sagen wir zum Aufbau der Chemie aus der atomistischen Hypothese geführt haben.» «Diese Betrachtungen, die heute Herr Dr. Kolisko angestellt hat, sind außerordentlich fruchtbar und sollten gerade für die Chemie weiter ausgebildet werden.»[221] Auch hat Steiner im Umkreis der oben erwähnten Veranstaltungen des Öfteren zustimmend auf Darstellungen und Diskussionsvoten des von ihm hochgeschätzten[222] Arztes verwiesen oder diese aufgegriffen und weitergeführt, zuletzt ist dies für eine Konferenz mit den Lehrern der Freien Waldorfschule im April

---

tive Betrachtungen und Anleitungen zur Vertiefung der Heilkunst (GA 316), 4. Aufl., bes. S. 76.

221 Rudolf Steiner (2005): Fachwissenschaften und Anthroposophie (GA 73a), S. 423 und 431. Vgl. auch Steiners Äußerung zu Koliskos Vortrag gleichen Titels vom 30. 3. 1920, ebd., S. 116–126.

222 Vgl. Steiners Bericht über den Anthroposophischen Hochschulkurs in Den Haag im April 1922: «Persönlichkeiten wie Dr. med. Eugen Kolisko können von der anthroposophischen Bewegung nicht hoch genug eingeschätzt werden. Er hat in Haag über biologische und chemische Probleme und auch über ‹Freies Geistesleben durch Anthroposophie› gesprochen. Der naturwissenschaftliche Phänomenalismus hat in Kolisko einen Verfechter, der diese Seite anthroposophischen Denkens überall aus der unbefangenen Sach-Erkenntnis objektiv entwickelt. Man hat bei Kolisko nirgends das Gefühl, dass er von vornherein Anthroposophie in seine Welt-Erkenntnis hineinträgt, sondern überall das, dass er in einem sachgemäßen, aber intimen Denken aus den konkreten Problemen die anthroposophische Anschauung gewinnt. Dabei ist er innig als Persönlichkeit mit seinen Problemen verwachsen, sodass für mein Gefühl man ihm gegenübersteht als einer durch und durch wissenschaftlich überzeugend wirkenden Persönlichkeit. Wenn ich von ihm so sprechen höre wie diesmal über ‹freies Geistesleben›, dann habe ich die Empfindung: der redet bis ins Herz hinein wahr; und in dieser Wahrheit lebt er sich restlos aus» (Rudolf Steiner: Meine holländische und englische Reise. In: Ders. (1994): Damit der Mensch ganz Mensch werde (GA 82), 2. Aufl.).

1923 dokumentiert, also noch nach Steiners zum Teil heftiger Kritik an phänomenologischen Arbeiten und den Atomismus kritisierenden Veröffentlichungen in der Zeitschrift «die Drei», denen Kolisko als einer der Redakteure in der Zeitschrift Raum gegeben hatte.[223]

Umgekehrt hat natürlich der 22 Jahre ältere Steiner im Zuge seiner Herausgeberschaft von Goethes naturwissenschaftlichen Schriften schon sehr viel früher, 1897, die Annahme einer «Materie als das den Erscheinungen zugrundeliegende eigentlich Reale»[224], die Grundhypothese des Materialismus, philosophisch zurückgewiesen. Diese Position durchzieht Steiners Werk als Konstante, nicht nur in Bezug auf den Atomismus.[225] Dementsprechend hat Steiner auch unabhängig von Kolisko Kritik an Atomhypothesen sowohl naturwissenschaftlicher als auch

---

223 Vgl. Vortrag Stuttgart 14. 3. 1920, in: Rudolf Steiner (2000): Geisteswissenschaftliche Impulse zur Entwicklung der Physik II («Wärmekurs», GA 321), 4. Aufl., S. 205; Vortrag Dornach 27. 3. 1920, in: Rudolf Steiner (2005): Fachwissenschaften und Anthroposophie (GA 73 a), S. 83 f.; Vortrag Dornach 31. 3. 1920, in: Rudolf Steiner (1999): Geisteswissenschaft und Medizin (GA 312), 7. Aufl., S. 210f.; Vortrag Dornach 7. 10. 1920, in: Rudolf Steiner (1989): Physiologisch-Therapeutisches auf Grundlage der Geisteswissenschaft (GA 314), 3. Aufl., S. 14f.; Diskussionsvotum 4. 6. 1921, in: Rudolf Steiner (2010): Das Verhältnis der Anthroposophie zur Naturwissenschaft (GA 75), S. 173, 177 und 196; Konferenz 21. 6. 1922, in: Rudolf Steiner (1995): Konferenzen mit den Lehrern der Freien Waldorfschule, Bd. II (GA 300 b), 2. Aufl., S. 103 f.; Konferenz 25. 4. 1923, in: Rudolf Steiner (1995): Konferenzen mit den Lehrern der Freien Waldorfschule, Bd. III (GA 300 c), 2. Aufl., S. 36 und 38.
In der letztgenannten Konferenz bezeichnet Steiner die «Koliskosche Chemie» als «für einen heutigen Chemiker unvorstellbar», nicht zu verstehen, wenn er nicht bis zum 18., 19. Lebensjahr eine entsprechende Vorstellungskraft ausgebildet habe. Es sei ein «Lehrziel, dass dies unseren Schülern möglich würde» (S. 36). Trotzdem könne man mit der Koliskoschen Chemie ein Fachstudium beginnen; «man würde zunächst schockiert sein von den Formeln, die kann man aber nachholen. Viel wichtiger ist, dass man das innere Gefüge der Stoffe und Verbindungen überhaupt hat» (S. 38).

224 Rudolf Steiner (1987): Einleitungen zu Goethes naturwissenschaftlichen Schriften (1884–1997/posthum 1926, GA 1), 4. Aufl., S. 274 f.

225 Vgl. die untenstehende Dokumentation (ab S. 216: *Rudolf Steiners Stellungnahme zum «Atomismusstreit»*), die mit dem Jahr 1917 einsetzt, sowie für die Zeit zwischen 1897 und 1917 z. B. die Vorträge Berlin 16. 3. 1911, in: Rudolf Steiner (1983): Antworten der Geisteswissenschaft auf die großen Fragen des Daseins (GA 60), 2. Aufl.; und Dornach 14. 10. 1916, in: Rudolf

theosophischer Provenienz vorgebracht.[226] – Eine weitergehende Untersuchung des Verhältnisses von Kolisko und Steiner muss an dieser Stelle jedoch unterbleiben.[227]

Der «Atomismusstreit»

Mit dem Jahr 1922 setzt eine Debatte über den Atomismus in der Zeitschrift «die Drei» ein, deren Redaktion Kolisko von Oktober 1921 bis März 1923 gemeinsam mit seinem Kollegen an der Waldorfschule Ernst Uehli innehatte.[228] In diesen als «Atomismusstreit» bezeichneten[229] Auseinandersetzungen, die nach unglücklichem Verlauf sowie deutlicher Kritik Steiners im April 1923 mit einem abschließenden Votum Kolis-

---

Steiner (1984): Innere Entwicklungsimpulse der Menschheit. Goethe und die Krisis des 19. Jahrhunderts (GA 171), 2. Aufl.

226 Vgl. z. B. Vortrag Dornach 11. 9. 1920, in: Rudolf Steiner (1985): Geisteswissenschaft als Erkenntnis der Grundimpulse sozialer Gestaltung (GA 199), 2. Aufl., S. 267; Vortrag Stuttgart 7. 1. 1921, in: Rudolf Steiner (1997): Das Verhältnis der verschiedenen naturwissenschaftlichen Gebiete zur Astronomie (GA 323), 3. Aufl., S. 128 f.

227 Vgl. dazu Peter Selg (2000): Anfänge anthroposophischer Heilkunst. Dornach: Verlag am Goetheanum, S. 123–174; Ders. (2001): «Ich glaube aber, dass es unbedingt notwendig ist, dass etwas geschieht.» – Rudolf Steiner, Eugen Kolisko und die Maul- und Klauenseuche. In: Eugen Kolisko: Das Wesen und die Behandlung der Maul- und Klauenseuche. Dornach: Verlag am Goetheanum, S. 17–33; Ders. (2002): Rudolf Steiner und Eugen Kolisko: Die Gründung der Waldorfschule und der erste Schularzt. In: Eugen Kolisko: Vom therapeutischen Charakter der Waldorfschule. Dornach: Verlag am Goetheanum, S. 17–47.

228 Für die Angaben zur «Drei» vgl. Götz Deimann (Hg.) (1987): Die anthroposophischen Zeitschriften von 1903 bis 1985. Bibliographie und Lebensbilder. Stuttgart: Verlag Freies Geistesleben, S. 75–84, sowie Stephan Stockmar (2011): Seit 90 Jahren im Geist der Zeit: die Drei – ein Geschenk zu Steiners Geburtstag. Die Drei 81, H. 2, S. 45–50. Zu Ernst Uehli vgl. Andreas Dollfus (2003): Ernst Uehli. In: Bodo v. Plato (Hg.): Anthroposophie im 20. Jahrhundert. Dornach: Verlag am Goetheanum, S. 851–853.

229 Z. B. von Rudolf Steiner im Vortrag Stuttgart 27. 12. 1922, in: Rudolf Steiner (1977): Der Entstehungsmoment der Naturwissenschaft in der Weltgeschichte (GA 326), 3. Aufl., S. 70.

kos beendet wurden, spielte das Motiv der Hypothesenbildung ebenfalls eine bedeutende Rolle.

Die Zeitschrift war 1921 auf Initiative Koliskos hin begründet worden. Sie sollte «an der Erneuerung von Wissenschaft, Kunst und sozialem Leben mitarbeiten», so das Eröffnungsheft.[230] Rudolf Steiner hatte ihr in seinem Geleitwort für die Erstausgabe aufgegeben, sie solle «dem wahren Wirklichkeitssinn dienen im vollbewussten Gegensatz zu dem vermeintlichen», der auf Theorien gründet.[231] Die Atomismusdebatte entsprach auf den ersten Blick diesen Intentionen – und wurde von Steiner kurz darauf trotzdem als Negativbeispiel eines verfehlten Umgangs von Anthroposophen mit einer wissenschaftlichen Fachfrage als auch der zeitgenössischen Wissenschaft insgesamt angeführt. Da Steiner andererseits vergleichbare Ausführungen Koliskos mehrfach wertschätzend erwähnt hat (vgl. Anm. 221 und 222), erscheint diese Kritik zunächst rätselhaft. Darauf gehe ich weiter unten näher ein (siehe S. 216: *Rudolf Steiners Stellungnahme zum «Atomismusstreit»*).

Die Diskussion über den Atomismus wurde im Februarheft 1922 der «Drei» mit einem Beitrag von Gabriele Rabel eröffnet, an den Entgegnungen von Hans Theberath und Eugen Kolisko auf zwei verschiedene von Rabel aufgeworfene Fragestellungen anschlossen. Der zweite Diskussionsstrang über das Verhältnis von Geist und Materie wurde in der Zeitschrift jedoch nicht intensiv weiterverfolgt, wohl aber der erste über den Atomismus. In ihrem ersten Beitrag reagiert Rabel bereits auf einen Text Theberaths in der Wochenzeitung «Dreigliederung des sozialen Organismus», der nachfolgend als (AS-0) den Texten aus der «Drei» vorangestellt wird. Rechnet man einen Aufsatz G. Ullmanns aus dem Januarheft der «Drei» hinzu, der von «Hypothese und Wahrheit» handelt, außerdem drei weitere Beiträge, die nicht explizit auf Rabel, aber auf das Thema Bezug nehmen, erstreckt sich die Debatte in der «Drei» über 16 Monate und 12 schriftliche Beiträge:

(AS-0) Hans Theberath: Vortrag Prof. Regener: Beweise der atomisti-

---

230 Zit. n. Götz Deimann (Hg.) (1987): Die anthroposophischen Zeitschriften von 1903 bis 1985. Bibliographie und Lebensbilder. Stuttgart: Verlag Freies Geistesleben, S. 76.

231 Rudolf Steiner (1984): Ein Geleitwort (1921). In: Ders.: Philosophie und Anthroposophie (GA 35), 2. Aufl., S. 425–429.

schen Struktur der Materie und der Elektrizität. Dreigliederung des sozialen Organismus, Jg. 3 (1921/22), 1.12.1921.

(AS-1) G. Ullmann: Hypothese und Wahrheit in der Wissenschaft. Jg. 1 (1921/22), H. 10 (Jan. 1922), S. 1001–1010.

(AS-2) Gabriele Rabel: Fragen und Einwände. Jg. 1 (1921/22), H. 11 (Feb. 1922), S. 1107–1114.
1. Über die Stellung der Anthroposophie zur Atomtheorie
2. Über Geist und Materie

(AS-3) Hans Theberath: Erwiderung auf vorstehenden Aufsatz «Über die Stellung der Anthroposophie zur Atomtheorie». Jg. 1 (1921/22), H. 11 (Feb. 1922), S. 1114–1119.

(AS-4) Eugen Kolisko: Erwiderung auf den vorstehenden Aufsatz «Geist und Materie». Jg. 1 (1921/22), H. 11 (Feb. 1922), S. 1119–1121.

(AS-5) Hermann von Baravalle: Atomismus. Jg. 2 (1922/23), H. 2/3 (Mai/Juni 1922), S. 172–174.

(AS-6) Wilhelm Pelikan: Das Ost-West-Problem als Lebensfrage in der heutigen Naturwissenschaft. Jg. 2 (1922/23), H. 2/3 (Mai/Juni 1922), S. 182–201.

(AS-7) Ernst Lehrs: Physik und Weltanschauung. Jg. 2 (1922/23), H. 5 (Aug. 1922), S. 351–365.

(AS-8) Gabriele Rabel: Über die Stellung der Anthroposophie zur Atomtheorie (Fortsetzung). Jg. 2 (1922/23), H. 5 (Aug. 1922), S. 401–409.

(AS-9) Hans Theberath: Zur Diskussion über die Atomtheorie. Jg. 2 (1922/23), H. 7/8 (Okt./Nov. 1922), S. 628–631.

(AS-10) Franz Halla: Über die Stellung der Anthroposophie zur Atomtheorie. Jg. 2 (1922/23), H. 7/8 (Okt./Nov. 1922), S. 631–635.

(AS-11) Gabriele Rabel: Über die Stellung der Anthroposophie zur Atomtheorie. Jg. 3 (1923/24), H. 1 (Apr. 1923), S. 61–69.

(AS-12) Eugen Kolisko: Zum Atomismusproblem. Jg. 3 (1923/24), H. 1 (Apr. 1923), S. 70–77.

Darüber hinaus ist es gut denkbar, dass die Hauptkontrahenten mündlich im Austausch standen, da sie sich alle in anthroposophischen Kreisen in Stuttgart bewegt haben.

Die Voten Rudolf Steiners (vgl. ab S. 216: *Rudolf Steiners Stellungnahme zum «Atomismusstreit»*), die den Verlauf der Diskussion entscheidend beeinflusst haben, erfolgten, sofern sie festgehalten wurden, zwischen dem 27. Dezember 1922 und dem 31. Januar 1923,[232] also zwischen dem Aufsatz von Halla und den abschließenden Beiträgen von Rabel und Kolisko. Im März und Juni 1922 gibt es außerdem bereits Bemerkungen in Vorträgen (vgl. (RSt-81) und (RSt-82)) und einer Lehrerkonferenz (vgl. (RSt-87)), die die Beteiligten schon hätten aufmerken lassen können. Vom 26. und 28. Februar 1923 sind außerdem Diskussionsbeiträge von Rabel, Kolisko und anderen im Rahmen einer Versammlung der Anthroposophischen Gesellschaft in Stuttgart überliefert.[233] Sie tragen jedoch wenig zum Verständnis des Atomismusstreits und Steiners Kritik daran bei.

Skizze des wissenschaftshistorischen Umfelds

Bevor ich die einzelnen Positionen vorstelle, möchte ich die wissenschaftshistorische Situation im Hintergrund des Atomismusstreits kurz umreißen. Zwei Entwicklungsmotive kommen dabei in Betracht, die sich auch in Koliskos Vorträgen finden (vgl. S. 79 f.): der Siegeszug des Atomismus in der Chemie und der Umsturz der klassischen Physik. Beide fließen im Bohrschen Atommodell und dessen Übernahme in die Chemie zusammen.[234]

Am Beginn des 19. Jahrhunderts standen die Erneuerung des Ato-

232 Vortrag Stuttgart 27. 12. 1922, in: Rudolf Steiner (1977): Der Entstehungsmoment der Naturwissenschaft in der Weltgeschichte (GA 326), 3. Aufl., S. 70; Besprechung Dornach 4. 1. 1923 (vermutl.), Stuttgart. In: Rudolf Steiner (1991): Das Schicksalsjahr 1923 in der Geschichte der Anthroposophischen Gesellschaft (GA 259), S. 70; Besprechung Stuttgart 31. 1. 1923, in: ebd., S. 242–244 und 254; Vortrag Stuttgart 30. 1. 1923, in: Rudolf Steiner (1989): Anthroposophische Gemeinschaftsbildung (GA 257), S. 41 f.

233 Vgl. Carl Unger & Walter Johannes Stein (1923): Bericht über die Delegiertenversammlung der Anthroposophischen Gesellschaft in Deutschland vom 25. bis 28. Februar 1923 in Stuttgart. In: Rudolf Steiner (1991): Das Schicksalsjahr 1923 in der Geschichte der Anthroposophischen Gesellschaft (GA 259), S. 361–462.

234 Vgl. zum Folgenden Elisabeth Ströker (1967): Denkwege der Chemie. Freiburg & München: Alber, S. 145–248; Martin Basfeld (1992): Erkenntnis des Geistes an der Materie. Stuttgart: Freies Geistesleben, S. 115–233; und Stephen F. Mason (1997): Geschichte der Naturwissenschaft in der Entwick-

mismus und seine Anwendung in der Chemie durch John Dalton (vgl. Anm. 39). Im Verlauf des Jahrhunderts reiften und differenzierten sich die Begriffe bis hin zu räumlichen Vorstellungen über den Bau der Moleküle und die Anzahl der Teilchen pro Mengeneinheit eines Stoffes. Ein «Atom» blieb dabei jedoch die kleinste Stoffportion, die es auch für Dalton gewesen ist.[235] Vor allem aber blieb der atomistische Bau der Materie Hypothese, denn eine direkte Beobachtung von Atomen oder auch nur Molekülen war nicht möglich. Gegen diese «Atomhypothese», vor allem gegen deren naiv-realistische Interpretation wendeten sich, wie auch von Kolisko in seinen Vorträgen dargestellt, namhafte Wissenschaftler wie der Physiker Ernst Mach[236] und in der Chemie insbesondere Wilhelm Ostwald (vgl. S. 34 und S. 113), aber auch František Wald[237] und andere. Spätestens mit Ostwalds «Bekehrung» zum Atomismus 1909 brach dieser Widerstand jedoch in sich zusammen. Der Atomismus hatte sich auf ganzer Linie durchgesetzt und allgemeine Anerkennung gefunden.

---

lung ihrer Denkweisen (1974). Reprint, Bassum: Verlag für Geschichte der Naturwissenschaften und der Technik, S. 530–553 und 650–669.

235 Vgl. auch S. 112 sowie Britta Görs (1999): Chemischer Atomismus. Anwendung, Veränderung, Alternativen. Berlin: ERS-Verlag. Alan F. Chalmers (2008) hält die Vorstellung von Atomen im 19. Jahrhundert sogar für komplett entbehrlich: «I suggest that for most of the century the place for the atom in chemistry was analogous to that of the aether in optics and electromagnetism. Atoms could be bracketed off from chemistry just as the aether could from optics and electromagnetism without loss of empirical content. Given the evidence available, it was not out of the question that chemical substances were continuous, possessing the structure denoted by chemical formulae all the way down. Few chemists saw it that way, some taking an agnosticline with respect to the existence of atoms and others treating them as an ‹optional extra›» (Atom and Aether in Nineteenth-century Physical Science. Foundations of Chemistry 10, S. 157–166).

236 Zu Mach vgl. Anm. 45. Manuel Bächtold (2010) unterscheidet bei Mach wissenschaftliche und epistemologische Argumente gegen den Atomismus und vertritt, dass letztere weiterhin Gültigkeit besitzen (Saving Mach's View on Atoms. Journal for the General Philosophy of Science 41, S. 1–19).

237 František (Franz) Wald (1861–1930), tschechischer Chemiker. Vgl. Klaus Ruthenberg & Nikos Psarros (1994): František Wald und die phänomenologische Chemie. Mitteilungen der Fachgruppe Geschichte der Chemie der GDCh 10, S. 17–30, sowie F. Riedel (1906): Chemische Grundbegriffe und Grundgesetze in antiatomistischer Darstellung. Zeitschrift für angewandte Chemie 19, H. 52, S. 2113–2122.

Zwischenzeitlich gerieten jedoch die Grundlagen des Atomismus ins Wanken. Ironischerweise bemerkte der Münchner Physiker Philipp von Jolly (1809–1884) 1874 zu seinem Schüler Max Planck (1848–1947), in der theoretischen Physik gäbe es nichts «prinzipiell Neues» mehr zu entdecken, sie sei «ziemlich vollendet».[238] 1895 entdeckte jedoch Conrad Röntgen (1845–1923) mit den später nach ihm benannten Strahlen ein überraschendes, völlig neues Phänomen, das sich nicht in das vermeintlich abgeschlossene Bild fügte und mit den vorhandenen Mitteln nicht erklärt werden konnte. Weitere derartige Entdeckungen folgten, 1896 die Radioaktivität, 1897 der Zeeman-Effekt der Aufspaltung von Spektrallinien im Magnetfeld, 1898 die Elementumwandlung beim radioaktiven Zerfall, um nur einige zu nennen. Sie zwangen zu einer radikalen Revision des physikalischen Weltbilds. Die Atome – und mit ihnen die chemischen Elemente – verloren ihren Status als unveränderliche Grundbausteine der Materie. Hinzu kam 1905 die Formulierung der speziellen Relativitätstheorie durch Albert Einstein (vgl. Anm. 98). Am Ende dieses Umsturzes bestand die klassische Physik nur noch als Spezialfall der neuen Quantenphysik, die von nun an universelle Geltung für alle Fragen des submikroskopischen Baus der Materie beanspruchte.

Diese Rolle übernahm die Quantenphysik nicht nur für die Physik, sondern auch für die Chemie. Spätestens seit Robert Boyle (vgl. Anm. 56) galten die chemischen Elemente als Endpunkte der chemischen Zerlegung. Der Status «Element» war dadurch immer auch an den Stand der Technik gebunden, also ein relativer, der sich auch als vorschnell vergeben erweisen konnte.[239] 1911 jedoch entwarf Ernest Rutherford (1871–1937) ein nur noch als halbklassisch zu bezeichnendes Modell des Atoms mit ausgedehnter, aber nahezu masseloser Elektronenhülle und kleinem, aber dichtem Kern aus Protonen und Neutronen. 1913 entwickelte dann Niels Bohr (1885–1962) das nach ihm benannte quan-

---

238 Vgl. Thomas Bührke (1997): Newtons Apfel. Sternstunden der Physik. München: Beck, S. 113.

239 Zur Geschichte des chemischen Elementbegriffs sowie für Beispiele für die Zerlegbarkeit vermeintlicher «Elemente» vgl. Elisabeth Ströker (1967): Denkwege der Chemie. Freiburg & München: Alber; N. Figurowski (1981): Die Entdeckung der chemischen Elemente und der Ursprung ihrer Namen. Köln: Aulis; sowie E. Pilgrim (1950): Die Entdeckung der Elemente. Stuttgart: Mundus.

tenphysikalische Atommodell und schuf damit auch das Fundament für ein völlig neues Verständnis der Chemie, insbesondere zunächst des Periodischen Systems der Elemente, dann, nach Beiträgen Erwin Schrödingers (1887 – 1961), Wolfgang Paulis (1900 – 1958) und anderer, der chemischen Bindung.

Atome der verschiedenen chemischen Elemente unterscheiden sich in diesen Modellen durch ihre Kernladungszahl, die Anzahl Protonen im Atomkern. Das «Aufbauprinzip» des Periodensystems begründet in der Folge dessen Periodizität aus dem fortlaufenden Zunehmen der Kernladungszahl von einem Element zum nächsten sowie dessen Ordnung in Gruppen durch die Verteilung der jeweiligen Anzahl Elektronen auf den verschiedenen «Schalen» der Elektronenhülle. Diese Erkenntnisse führten dazu, die chemischen Atome (mikroskopisch kleinste Stoffportionen) mit den physikalischen (Atommodelle) zu identifizieren und als Komponenten makroskopischer Stoffmengen zu begreifen.

Argumente und Positionen

Im Folgenden möchte ich die Argumente und Positionen knapp charakterisieren, die im Atomismusstreit vorgebracht worden sind. Ich beschränke mich dabei auf das Wesentliche und jeweils Neue, das die einzelnen Autoren anführen. Die Ziffern (AS-0) bis (AS-12) verweisen auf die oben (S. 183 f.) aufgelisteten Texte, deren bibliographische Angaben, abgesehen von Seitenangaben bei Zitaten, nicht wiederholt werden.

Die Debatte in der Zeitschrift «die Drei»

(AS-1) G. Ullmann: Hypothese und Wahrheit in der Wissenschaft

G. Ullmann[240] eröffnet den Reigen mit einer in Teilen polemischen Kritik des Gebrauchs von Hypothesen wie der Atomhypothese. Hypothesen seien dem im damals vorherrschenden Wissenschaftsverständnis weitgehend verleugneten subjektiven Element innerhalb des Erkenntnisprozesses zuzurechnen und könnten experimentell nicht bewiesen oder widerlegt werden. Hypothesen heuristisch zu nutzen, an deren Richtigkeit man zugleich zweifelt, führe auf die menschheitlich bedeutendere Frage im Hintergrund, was Wahrheit sei. Früher sei Wahrheit in Glaubenssätzen, zuletzt in der Heiligen Schrift gefunden worden, heute suche man sie in der Sinneserfahrung, jedoch vergeblich. Wahrheit sei «ein Gefühl, ein Erlebnis» (S. 1007), das keines Beweises bedürfe, aber aufgefunden werden müsse. Ullmann verweist dafür auf die soziale und moralische Wirkung von Erkenntnis: «Eine Hypothese oder Theorie wird einfach dann als wahr, richtig und wertvoll gelten, wenn sie im Menschen moralische Impulse entwickelt und stärkt, und dann [als – M.R.] falsch, wenn sie ihn von seiner Menschenwürde entfernt oder ihn seinen Mitmenschen entfremdet» (S. 1009 f.).

Ullmanns Kritik zielt auf den Neopositivismus (vgl. S. 121: *Wissen-*

240 Mir ist es nicht gelungen, Näheres über diesen Autor in Erfahrung zu bringen.

schaft und Welt-Anschauung) und auf die auch von Kolisko bemängelte langjährige Haltung Wilhelm Ostwalds zur Atomhypothese, die dieser als «Arbeitshypothese» gelten ließ, ohne sie für richtig zu erachten (vgl. S. 34 und S. 113). Dabei wird die Notwendigkeit wissenschaftlicher Hypothesenbildung nicht abgestritten, aber ein origineller Ausweg aus den damit verbundenen Problemen eingeschlagen, der über das Denken hinaus Gefühls- und ethische, d. h. den Willen betreffende Elemente einbezieht. Dieser Blickwinkel, der über einige der nachfolgenden Streitpunkte hinausgehoben hätte, kommt in den späteren Debattenbeiträgen jedoch nicht zur Geltung. Einzig Ernst Lehrs' Aufsatz führt andeutungsweise in diese Richtung, bleibt jedoch selbst ohne erkennbaren Einfluss auf die Hauptkontrahenten Gabriele Rabel und Ernst Theberath.

(AS-2) Gabriele Rabel: Fragen und Einwände. 1. Über die Stellung der Anthroposophie zur Atomtheorie, 2. Über Geist und Materie

Die Biologin und Physikerin Gabriele Rabel (1880–1963),[241] die sich in diesem Beitrag als «Nichtanthroposophin» bezeichnet, sich aber eine Zeitlang in anthroposophischen Kreisen bewegte, nimmt einen Kommentar Hans Theberaths in der Wochenzeitung «Dreigliederung des sozialen Organismus» (AS-0) zu einem Vortrag des Physikers Erich Regener (1881–1995)[242] zum Anlass, um eine Reihe von ihr wiederkehrend begegnenden und als unklar oder unhaltbar erscheinenden Positionen «der Anthroposophie» zu hinterfragen. Theberath hatte Regeners Antrittsvorlesung «Die experimentellen Beweise für die atomistische Struktur der Materie und der Elektrizität» an der Technischen Hochschule Stuttgart kritisiert. Da Rabel referiert, woran sie Anstoß nimmt, und der Text (AS-0) wenig mehr enthält, gehe ich auf ihn nicht gesondert ein.

Rabel formuliert einleitend den Kern des Konflikts: Die «Atomtheorie» würde «von anthroposophischer Seite beständig als phantastische

241 Zur Person vgl. die biografischen Angaben zum Nachlass im Churchill Archives Centre, Cambridge: http://janus.lib.cam.ac.uk/db/node.xsp?id=EAD%2FGBR%2F0014%2FRABL, besucht 2. 1. 2011.

242 Zu Regener vgl. Rolf Sauermost et al. (Red.) (2000): Lexikon der Naturwissenschaftler. Heidelberg & Berlin: Spektrum, S. 342 f.

Spekulation gebrandmarkt […], während sie uns nichtanthroposophischen Physikern als eine der bestfundierten Lehren erscheint, die es in der Naturwissenschaft überhaupt gibt» (S. 1107), wobei es in der Wissenschaft keine «absolute Sicherheit», sondern nur graduelle über die Richtigkeit einer Theorie oder Hypothese gebe. Dabei gesteht Rabel «der Anthroposophie» zu, zwischenzeitlich gelernt zu haben, dass Hypothesen nicht generell problematisch seien, sondern nur unberechtigte Hypothesen. Aus naturwissenschaftlicher Sicht könne jedoch gerade die Atomhypothese, da experimentell gut bestätigt, als berechtigt gelten. Anschließend beklagt Rabel, dass Theberath unsachlich, pauschalisierend und auf nicht nachvollziehbare Weise gegen den Atomismus argumentiere. Theberath hatte über Regeners Vortrag geschrieben, es handle sich um «die übliche Aneinanderreihung mit Voreingenommenheit ausgewählter Tatsachen, die man unter Vermeidung scharfer Begriffsbildungen […] vorzubringen pflegt» (S. 1108). Darüber hinaus hält Rabel Theberath sachliche Fehler bzw. Unkenntnis vor und bringt ihr Unverständnis zum Ausdruck, dass man den klaren Gedankengängen vom Experiment zum atomistischen Begriff, wie sie sie beispielhaft referiert, nicht folgen wolle, zumal sogar Rudolf Steiner sich ihr gegenüber im Unterschied zu seiner früheren Haltung von der Existenz der Atome überzeugt gezeigt habe: «Er erklärte einmal mir gegenüber, dass er jetzt auch genau so wie wir die Existenz der Atome für experimentell bewiesen halte, dass er aber nicht alle Konsequenzen mitmachen wolle, die man aus der Atomistik zieht» (S. 1111). – In Rabels Augen ist die anthroposophische Position «vollständig unklar», sie habe noch nicht herausfinden können, «wogegen sich die anthroposophischen Angriffe eigentlich richten» (ebd.).

Rabel erlebt offenbar eine antiatomistische Haltung, deren argumentativer Boden ihr nicht greifbar wird. Theberath schreibt, wie das obige Zitat erkennen lässt, als bestünde ein unausgesprochener Konsens gegen den Atomismus, den Rabel selbstverständlich nicht teilt. Rabel reagiert darauf einerseits mit gesunder Kritik, missversteht andererseits, womöglich aufgrund seines abweichenden Wortgebrauchs, Theberaths Äußerungen. So versteht sie «unberechtigte Hypothesen» im Sinne der neopositivistischen Ablehnung metaphysischer Annahmen und wundert sich, dass die Atomhypothese entgegen allen wissenschaftlichen Belegen als unberechtigt und weltanschaulich begründet angesehen wird. Auf Theberaths Gründe für diese Kritik und seine – allerdings wenig greifbare und vor allem von ihm selbst nicht eingelöste – Forderung, ein in Regeners Vortrag angeführtes «Phänomen auf andere Weise zu erklären, indem man es mit anderen Tatsachen zusammenh[ä]lt» (AS-0), geht Rabel nicht ein.

Ähnlich gelagert sind die Verständnisschwierigkeiten, die Rabel im zweiten Teil ihres Textes hinsichtlich der «anthroposophischen» Auffassung des Verhältnisses von Geist und Materie zum Ausdruck bringt. Sie unterscheidet die Möglichkeiten, dass entweder der Geist oder die Materie das Primäre oder beide gleichberechtigt seien, und trifft auf demgegenüber uneinheitliche, ihr folglich widersprüchlich erscheinende Aussagen Rudolf Steiners und Eugen Koliskos. Inhaltlich trägt dies nichts zum Atomismusthema bei, aber das von Rabel geäußerte Bedürfnis nach Festlegung dieses Verhältnisses auf eine der drei Varianten erscheint mir bezeichnend. Rabel sucht in ähnlicher Weise eindeutig definierte Begriffe, wie sie für ihr Empfinden in der Physik vorliegen.

(AS-3) Hans Theberath: Erwiderung auf vorstehenden Aufsatz «Über die Stellung der Anthroposophie zur Atomtheorie»

Hans Theberath (1891 – 1971), zur Zeit des Atomismusstreits Chemiker am Forschungsinstitut des Unternehmensverbandes «Der Kommende Tag AG»,[243] präzisiert seine Kritik und verteidigt sie gegen Rabel. So sei der Atomismus Weltanschauung, insofern er «das Wesen der Erscheinungen prinzipiell in den Betätigungen kleinster Teilchen» suche (S. 1115), dabei außerdem «nur Größen» (S. 1117), also Zähl-, Mess- und Wägbares gelten lasse, jedoch keine sekundären Sinnesqualitäten. Die Teilchen würden hinter der Sinneswelt gedacht, aber «wie ein sinnlich wahrnehmbares Ding» (S. 1116) – für Theberath ein «unklarer Begriff». Theberath geht auf die von Rabel als Beweise angeführten Experimente ein und versucht zu zeigen, dass dabei zwar atomistische Erscheinungen vorliegen, ontologische Folgerungen über den atomaren Aufbau der Materie und die Existenz von Atomen im gegenständlichen Sinne dennoch nicht berechtigt sind: «Man sieht eben überall materielle Teilchen in die Phänomene

243 Zur Person vgl. http://biographien.kulturimpuls.org/detail.php?&id=694, besucht 3. 1. 2011. Zum «Kommenden Tag» vgl. Christoph Lindenberg (1997): Rudolf Steiner. Stuttgart: Freies Geistesleben, S. 696 – 717.

hinein» (S. 1118), zum Beispiel wenn man die in bestimmten Experimenten atomistisch erscheinenden α-Teilchen (Heliumatomkerne) in das kontinuierlich erscheinende Heliumgas hineindenke. Aufgabe der Wissenschaft sei es, «die erklärenden Prinzipien [...] in Ideen» zu suchen, nicht «in erdachten materiellen Teilchen oder Vorgängen» (S. 1119).

Theberath führt Argumente an, die teilweise auch Rudolf Steiner gegen den Materialismus und Atomismus im letzten Drittel des 19. Jahrhunderts vorgebracht hatte.[244] Auch bei Kolisko, unter anderem in den Vorträgen über «Hypothesenfreie Chemie», finden sich einige dieser Kritikpunkte. Bei der Lektüre von Theberaths Text stellt sich das Gefühl ein, er *wolle* nicht mit den atomistischen Schlüssen und Interpretationen mitgehen, obwohl sie sich aufzudrängen scheinen. So macht Theberath, wo die Angelegenheit für Rabel ganz klar ist, manchmal spitzfindig anmutende Einwände. Zum Beispiel führt Rabel an, dass die Werte mehrerer physikalischer Konstanten jeweils auf verschiedenen, voneinander unabhängigen Wegen mit übereinstimmendem Ergebnis berechnet worden seien, was die Werte und damit zugleich die zugrunde gelegte atomistische Theorie bestätige. Theberath greift die Avogadrosche Zahl als Beispiel heraus, stimmt den Rechnungsergebnissen zu – und beschränkt deren Geltung aber auf die Aussage, «dass in gewisser Beziehung atomisierende Tendenzen in den Stoffen auftreten» (S. 1118). Er verweigert sich jedoch der Aussage, ein Mol eines Stoffes enthalte so viele Teilchen.

(AS-4) Eugen Kolisko: Erwiderung auf den vorstehenden Aufsatz «Geist und Materie»

Eugen Kolisko weist in seiner Entgegnung auf Rabel deren Bedürfnis nach kategorischer Festlegung des Verhältnisses von Geist und Materie in der Anthroposophie zurück und zeigt die jeweilige Berechtigung der drei Rabelschen Varianten dieses Verhältnisses je nach Gesichtspunkt und Fragestellung sowie dessen evolutive Verwandlungen auf. Kolisko begegnet damit Rabels Wunsch nach klar definierten Begriffen mit der unterminologischen Beweglichkeit eines lebendigen Denkens, dessen Begriffe sich je nach Kontext verwandeln – in klarer und transparenter, aber nicht schematischer Weise. – Zum Für und Wider des Atomismus

244 Vgl. Anm. 24.

trägt dies nichts bei, aber die Verschiedenartigkeit der Denkarten der Protagonisten tritt deutlich hervor.

(AS-5) Hermann von Baravalle: Atomismus

Der Mathematiker, Physiker und Lehrer an der Stuttgarter Waldorfschule Hermann von Baravalle,[245] versucht, anstatt sich über Weltanschauungen zu streiten, mit Fichte den Blick darauf zu lenken, «was in einer Menschenseele vorgeht, in der sich eine bestimmte Weltanschauung formen konnte» (S. 172). Für den Atomismus verweist er dafür auf die Philosophie der griechischen Antike, in der dieser erstmals aufgetreten sei, und rückt dieses Auftreten mit der zeitgleich verstärkt einsetzenden Individualisierung der Menschen durch die Entwicklung des Gedankenlebens in Zusammenhang. Der Atomismus sei eine besonders sinnlich ausgeformte Spielart, die für die Griechen bedeutsame Frage nach der Einheit und der Vielheit zu beantworten.

Mit seinem kurzen Einwurf bringt von Baravalle einen weiteren übergeordneten Gesichtspunkt in die Debatte ein, die insbesondere zwischen Rabel und Theberath Gefahr läuft, sich in Missverständnissen festzufahren. Von diesem Gesichtspunkt aus könnte der Atomismus mit Gelassenheit, wie sie aus von Baravalles Text spricht, als Phänomen hingenommen und betrachtet werden, um zu einer Charakterisierung und Verhältnisbestimmung zu anderen Weltanschauungen zu gelangen. In den weiteren Verlauf der Debatte hat diese Anregung jedoch wie diejenige Ullmanns kaum Eingang gefunden. Dies wäre allerdings auch deshalb schwierig gewesen, weil von Baravalles Ansatz erfordert, auf eine Verurteilung des Atomismus zu verzichten.

245 Zur Person vgl. Renatus Ziegler: Hermann von Baravalle. In: Bodo v. Plato (Hg.): Anthroposophie im 20. Jahrhundert. Dornach: Verlag am Goetheanum, S. 42–44.

(AS-6) Wilhelm Pelikan: Das Ost-West-Problem als Lebensfrage in der heutigen Naturwissenschaft

Wilhelm Pelikan,[246] wie Theberath Chemiker am Forschungsinstitut des «Kommenden Tag» in Stuttgart, skizziert, wie das goetheanistische Konzept von Wesen und Erscheinung zwei Pole integrieren könne, die sich geistesgeschichtlich als östlich und westlich, vergangen und zukünftig, wissenschaftstheoretisch als deduktiv und induktiv, registrierend und definierend, und sachlich als kontinuistisch und atomistisch, formauflösend und formgebend, Sulfur und Sal darstellten. Der Atomismus erscheint unter Pelikans Blickwinkel als Zeiterscheinung, die überholt, zumindest aber in ihrer vermeintlich uneingeschränkten Gültigkeit relativiert werden wird.

In Pelikan lebt dasselbe Gefühl eines historischen Moments, der den Goetheanismus fordert, wie in Koliskos Vorträgen über «hypothesenfreie Chemie». Sein historischer Blickwinkel hätte die Debatte wie diejenigen Ullmanns und von Baravalles über das Für und Wider des Atomismus hinausführen können. Allerdings fehlt Pelikans Text die von-Baravallesche Gelassenheit gegenüber dem Phänomen «Atomismus», den zu verurteilen Pelikan sich nicht enthält.

(AS-7) Ernst Lehrs: Physik und Weltanschauung

Ernst Lehrs,[247] Naturwissenschaftler und Waldorflehrer in Stuttgart, vergleicht die Bedeutung naturwissenschaftlicher und anthroposophisch-geisteswissenschaftlicher Erkenntnisse für das Ewige des Menschen: «Ist die Gesetzmäßigkeit, die in der Natur erkannt werden kann, eine solche, dass sie die Ewigkeit dessen verbürgt, was wir als Würde und Wert unseres Menschenwesens empfinden?» (S. 351). Die (atomistisch interpretierte) Lehre vom Wärmetod begreife das Weltgeschehen als bestimmt

246 Zur Person vgl. Ingeborg Pelikan-Gurlitt: Wilhelm Pelikan. In: Bodo v. Plato (Hg.): Anthroposophie im 20. Jahrhundert. Dornach: Verlag am Goetheanum, S. 585 f.

247 Zur Person vgl. Hans Dackweiler: Ernst Lehrs. In: Bodo v. Plato (Hg.): Anthroposophie im 20. Jahrhundert. Dornach: Verlag am Goetheanum, S. 436–438.

durch die «kausale Notwendigkeit der mechanischen Naturordnung» (S. 353), wie sie in der anorganischen Natur herrscht. Bei Rudolf Steiner hingegen bestehe «das organische Leben [...] jeden Augenblick in der Überwindung der anorganischen Todeskräfte» (S. 354). Welche Weltanschauung und welcher Wert für den Menschen aus der Wissenschaft resultiere, sei dabei eine Frage der Erkenntnisgesinnung: es liege in der Freiheit des menschlichen Geistes, sich auf die anorganischen Todeskräfte zu beschränken oder mit Goethe und Steiner ein Denken zu erüben, das die todesüberwindenden Kräfte des Lebens ergreifen kann.

Mit der Perspektive auf die ethisch-religiösen Konsequenzen einer Erkenntnishaltung blickt Lehrs in die von Ullmann angeregte Richtung, ohne jedoch darin konkret zu werden. Als Merkmale einer problematischen, weil einseitig auf Todeskräfte zielenden Erkenntnishaltung finden sich in Lehrs' Text die «Hegemonie des Anorganisch-Mechanischen im Kosmos» (S. 357), die Atomhypothese, die Beschränkung der Naturwissenschaft, insbesondere der Physik, auf das Berechenbare sowie der Wille zur Beherrschung der Erscheinungen erwähnt.

(AS-8) Gabriele Rabel: Über die Stellung der Anthroposophie zur Atomtheorie (Fortsetzung)

Rabel unternimmt einen weiteren Vorstoß zur Klärung in dem «fanatischen Kampf der Anthroposophie gegen die Atomlehre» (S. 401), in dem sie nichts Produktives erblicken kann. Sie schlägt vor, vier Fragen in der Diskussion zu unterscheiden, die ihrer Ansicht nach vermischt würden und dadurch zu Unklarheiten und Missverständnissen führten: 1. ob es Atome gibt und die Materie aus diskreten Teilchen aufgebaut ist, 2. ob sich ggf. die (sekundären) Sinnesqualitäten daraus erklären ließen, 3. was Atome philosophisch seien und 4. ob es das höchste Erkenntnisideal sei, Qualitatives auf Quantitatives zurückzuführen.

Theberaths Unterscheidung von α-Teilchen und Heliumgas weist Rabel zurück, weil sie sich ineinander umwandeln ließen. Die Teilchen im Gas zu erschließen, sei genauso legitim wie der Schluss von der außen gehörten Musik auf den Geiger im Haus. Die qualitativen Unterschiede zwischen den Strahlen und dem Gas, die zu beachten Theberath fordert, sieht sie durch die Unterscheidung geladener bzw. ungeladener Teilchen berücksichtigt. Es könne bezüglich deren Identität zwar verschiedene

Standpunkte geben, diese scheint Rabel jedoch für subjektiv bedingt zu halten. In der Wissenschaft müsse man von Unwesentlichem absehen können, und man dürfe vor allem nicht unterstellen, ein Absehen käme einem Übersehen gleich. Nach weiteren, zum Teil wortklauberisch anmutenden Erörterungen mündet ihre Einlassung in der Aufforderung an «die Gegenseite [...], zuerst einmal diese eine Frage klar und scharf zu beantworten, ob sie die physikalische Atomtheorie anerkennt oder bestreitet [...] – gleichgültig, was die Materie vom erkenntnistheoretischen Standpunkte aus sein mag – gibt es Atome oder gibt es sie nicht? Ist die Materie – die Materie des Physikers und Chemikers kontinuierlich oder diskontinuierlich?» (S. 406 f.).

Bei der philosophischen Frage nach dem Materiebegriff kontert Rabel Theberaths Aussage, man würde sich nicht trauen, «das Wesen der Dinge in etwas Geistigem zu suchen» (S. 408), mit der Auffassung des deutschen Physikers, Philosophen und Mitglieds des Wiener Kreises (siehe S. 121: *Wissenschaft und Welt-Anschauung*) Moritz Schlick (1882–1936), ein Atom, ein Elektron sei kein «substanzielles Ding», sondern ein «Verband von Qualitäten, die durch bestimmte Gesetze miteinander verknüpft sind» (S. 67). Materie, darin seien sich die Naturphilosophen einig, ist «bestimmt nichts Materielles» (ebd.).

Rabel verhehlt nicht, wie stark sie den Gegensatz empfindet – und für wie überflüssig sie die von Anthroposophen vorgebrachte Atomismuskritik hält. Deren Argumente bekämpft sie dabei, insbesondere wenn sie ungeschickt vorgebracht werden oder Unrichtigkeiten enthalten, schnell und heftig, ohne nach deren Berechtigung zu fragen. Dies kommt auch im Voranstellen der Bekenntnisfrage zur Atomtheorie zum Ausdruck. Erkenntnistheoretische Fragen und damit die Ebene, auf der ein großer Teil der Einwände von Theberath und Kollegen gegen den Atomismus angesiedelt sind, haben für Rabel keine Priorität. Dem Bedürfnis, diese Fragen vorgängig zu klären, verschließt sie sich. Allerdings wird von Theberath und den anderen Atomismus-Kritikern bis dahin zwar zumeist auf erkenntnistheoretischer Ebene gegen den Atomismus argumentiert, nicht aber das Gespräch über seine Erkenntnisgrundlagen explizit eingefordert.

(AS-9) Hans Theberath: Zur Diskussion über die Atomtheorie

In seiner knappen Entgegnung macht Theberath erstmals deutlich, dass und warum er erkenntnistheoretische Argumente vorbringt und Rabels aus naturwissenschaftlicher Denkhaltung vorgebrachten Argumenten nicht folgt. Die Atomtheorie ziehe «vor die [zur Erklärung der Erscheinungen] gesuchten Ideen den Schleier ihrer mechanischen Vorstellungen. Sie liefert statt Erkenntnissen Bilder einer modernen Mythologie der Naturerscheinungen» (S. 629). Etwas Wahrnehmbares könne nicht durch etwas anderes Wahrnehmungsartiges erklärt werden. Daher könne die Atomtheorie «ihrer ganzen Art nach gar nichts erklären» (S. 631), wenn sie zur Erklärung der Erscheinungen angenommene materielle Vorgänge anführe.

Theberaths Entgegnung lässt die Tiefe des Grabens erkennen, der, abgesehen von der persönlichen Artung der Debattanten, besteht. Es geht nicht in erster Linie um die Klärung von Sachfragen – so wurde jedoch vornehmlich argumentiert –, sondern um diametral entgegengesetzte wissenschaftliche Intentionen: Erklärung durch Ableitung aus experimentell bestätigten Prinzipien (Rabel) versus Aufsuchen der Ideen, «welche die Erscheinungen durchsichtig machen sollen» (S. 629).

(AS-10) Franz Halla: Über die Stellung der Anthroposophie zur Atomtheorie

An dieser Stelle schaltet sich der österreichische Physiker und Anthroposoph Franz Halla[248] mit dem Hinweis in die Debatte ein, dass Rabels scharfes Entweder-oder an der Sache vorbeigehe. Das «Atomischwerden» eines Stoffes sei ein (unbestrittenes) Phänomen neben anderen, es gebe jedoch keinen Grund, ihm «eine Ausnahmestellung einzuräumen, in ihm einen Erklärungsgrund für die anderen Phänomene zu sehen» (S. 632). Dass man dies trotzdem tue, sei keine logische, sondern eine (unterbewusste) Willensfrage; man *wolle* atomistisch denken. Verantwortlich dafür sei «die extreme Ausbildung des analytischen Hanges, die kontinuierlichen Mannigfaltigkeiten der Natur als diskontinuierliche,

248 Zur Person vgl. http://de.wikipedia.org/wiki/Franz_Halla, besucht 3. 1. 2011.

abzählbare Mannigfaltigkeiten aufzufassen» (ebd.). Ziel der Naturwissenschaft könne nicht die Reduktion sekundärer auf primäre Qualitäten sein, sondern das «Aufsuchen von Beziehungen und Verhältnissen zwischen den wahrnehmbaren Eigenschaften der Sinnenwelt» (S. 633). Rabels Vergleich des Schließens auf die atomistische Struktur der Materie mit dem Schluss auf den Geiger im Haus, wenn außen Musik erklingt, sei falsch, weil bei den Atomen, anders als beim Geiger, nicht die Möglichkeit bestehe, den Schluss «durch unmittelbare sinnliche Wahrnehmung zu kontrollieren» (ebd.). Halla stellt die methodische Forderung auf: «Die von mir angenommenen Erklärungsursachen müssen einmal für mich Phänomene geworden sein oder es werden können. Dann ist meine Hypothese berechtigt, andernfalls nicht» (ebd.). Atome, Elektronen etc. und ihre Eigenschaften müssten jedoch immer erschlossen werden. Hier sei oft die «strenge Scheidung zwischen Hypothese und Tatsache» (S. 634 f.) zu vermissen.

Hallas Einlassung entspricht in wesentlichen Punkten der vorangegangenen Theberaths, besitzt aber den Vorzug größerer Gelassenheit. Hat man bei Theberath das Gefühl, die Existenz atomistischer Phänomene würde nur widerwillig zugestanden, so ist dies für Halla selbstverständlich. Seine Grenzziehung zwischen Phänomen und Hypothese ist ebenso klar wie sein Bewusstsein für das jeweilige methodische Vorgehen. Die von ihm angeführte unbewusste Willensentscheidung für den Atomismus besteht, so wird deutlich, im Einnehmen einer einseitigen analytischen Erkenntnishaltung – ein Punkt, auf den auch Kolisko in seinen Vorträgen über «Hypothesenfreie Chemie» hinweist. Halla klärt mit dem Hinweis auf die prinzipielle Unwahrnehmbarkeit der Atome etc. zudem sachlich, warum die Atomhypothese nicht, wie von Rabel in ihrem ersten Text vertreten, als berechtigt gelten dürfe: Selbst wenn viele Experimente atomistische Erscheinungen hervorbringen, bleibt es ein Schluss, generell von «der atomistischen Struktur der Materie» zu sprechen.

(AS-11) Gabriele Rabel: Über die Stellung der Anthroposophie zur Atomtheorie

Ein knappes halbes Jahr später, im Aprilheft 1923, antwortet Rabel mit einer erneuten Replik, die sie mit dem Hinweis auf Aussagen Rudolf Steiners im vorangehenden Dezember und Januar einleitet, welche sie als Unterstützung für ihre Position auffasst (siehe dazu außerdem (AS-2)). Auf diese Äußerungen Steiners gehe ich unten ein (ab S. 217: *Dokumentation: Rudolf Steiner über Phänomenologie, Atomismus und den «Atomismusstreit» (1917–25)*). Rabel setzt sich in dem Text vor allem mit Hallas Argumenten auseinander. Sie kritisiert, Anthroposophen führten häufig jahrzehntealte, den damaligen Atomismus treffende Argumente Steiners an, ohne die aktuelle Entwicklung zu berücksichtigen. So würde 1922 niemand mehr «Größen und Bewegungen eine höhere metaphysische Realität zuschreiben [...] als allem Übrigen, was wir durch unsere Sinne erfahren» (S. 63). Dies hatte Steiner der materialistisch-mechanistischen Anschauung im letzten Drittel des 19. Jahrhunderts entgegengehalten (vgl. Anm. 24). Dass den Dingen «alle metaphysische Realität abgesprochen» (ebd.) werden müsse, gehe auf Kants Philosophie zurück, der zufolge wir in unseren Wahrnehmungen, welcher Art auch immer, nur Zeichen der Außenwelt hätten, weswegen wir Letztere immer erschließen müssten. Darin findet Rabel Unterstützung bei dem damals in Stuttgart lehrenden Physiker und Philosophen Hans Reichenbach (1891–1953), der ihr schreibt, die Naturwissenschaft habe keine «metaphysische Auffassung»: «Die Frage der Atome hat nichts zu tun mit dem erkenntnistheoretischen Problem der Realität, mit dem Schluss von der Wahrnehmung auf die Existenz von Dingen. [...] Die Existenz von Atomen ist in gar keinem andern Sinn gemeint als die Existenz [eines] Tisches». Der anthroposophische Kampf gegen die Atome erfolge, so Reichenbach, aufgrund einer «fundamentale[n] Verwechslung» mit dem «Realitätsproblem» (S. 62). Die bereits angeführte Schlicksche Auffassung des Atoms als bloßer gesetzmäßiger «Verband von Qualitäten» (siehe (AS-8)) liegt in dieser Richtung. Rabel ergänzt, die «gesamte Naturwissenschaft» sei «gegenwärtig phänomenalistisch gestimmt» (S. 63) und komme ohne metaphysische (ontologische) Aussagen aus. Allerdings gebühre den Größen und Bewegungen vom «praktisch physikalischen Standpunkt aus eine gewisse Vorzugsstellung» (S. 63), da sie im Gegensatz zu Wahrnehmungen sekundärer Qualitäten intersubjektiv nachprüfbar und leichter handhabbar seien. Weiterhin hinterfragt Rabel, warum Halla und andere die Sinneswahrnehmung, insbesondere das Sehen, zum Kriterium dafür machen, ob etwas «Phänomen» wird, und ihr einen höheren Grad an Realität zumessen: «Warum soll das gesehene Elektron Phänomen sein, das elektrisch gemessene aber nicht?» (S. 65).

Indem sie die «Realitätsfrage» von der «praktischen» Physik abkoppelt, nimmt Rabel den Standpunkt einer Unabhängigkeit naturwissenschaftlicher Forschung von erkenntnistheoretischen Fragen ein. Im Widerspruch dazu bezieht sie jedoch selbst einen erkenntnistheoretischen Standpunkt, wenn sie sich der Schlickschen Auffassung anschließt. Ihre neopositivistische und pragmatistische Position ist erkenntnistheoretisch keinesfalls neutral. Hinter der von ihr abgewiesenen, zumindest zurückgestellten «Realismusfrage» verbirgt sich demgegenüber eine philosophische Reflexion der Begriffe und Erkenntnisweisen, die der Naturwissenschaft nur dienlich sein kann – wenn nicht sogar notwendig ist, wie die Entwicklung der Quantenphysik gezeigt hat.

(AS-12) Eugen Kolisko: Zum Atomismusproblem

Mit seinem Beitrag im Aprilheft 1923 schließt Eugen Kolisko die Debatte ab, die an einen «toten Punkt» (S. 70) gekommen sei, geprägt von Missverständnissen, Aneinander-vorbei-Reden und Zänkerei, eine «vollständig verfahrene Diskussion», die sich auf einer unangemessenen und falschen Ebene abspiele und «wesenlose Polemik» (S. 72) beinhalte. Über Einzelheiten zu streiten und wie Theberath die Richtigkeit der naturwissenschaftlichen Interpretation von Phänomenen wie der Radioaktivität anzuzweifeln, werde deren großer Bedeutung nicht gerecht. Das Gespräch von Anthroposophie und Naturwissenschaft könne nur auf zwei Wegen fruchtbar verlaufen, «durch Experimentaluntersuchungen, die ganz neue Ergebnisse liefern, die ohne geisteswissenschaftliche Ideen nicht zu finden sind», und durch «phänomenologische Darstellungen weiter Gebiete» (S. 71), die zeigen, dass «die Phänomene sich gegenseitig tragen und stützen ohne zugrundeliegende Hypostasen». Nur durch dieses «für die heutige Physik so völlig Neue» könne überzeugend gezeigt werden, dass der Atomismus als «allgemeines Prinzip der Naturerklärung» entbehrlich sei. Man müsse etwas Positives schaffen, «neue Ergebnisse […] eine neue Methode» (S. 72) – und ansonsten umgekehrt aufsuchen, wo naturwissenschaftliche Tatsachen anthroposophische Forschungsergebnisse bestätigen. Würde dies geleistet, könne auch die Naturwissenschaft profitieren, und es bleibe «nicht der geringste Grund für ein Nichtverstehen zwischen moderner Naturwissenschaft und anthroposophischer Naturforschung» (S. 77). In diesem Zusammenhang verweist Kolisko auf seine Vorträge über «Hypothesenfreie Chemie», mit denen er auf einem begrenzten Gebiet den Beginn einer entsprechenden Gesamtdarstellung gemacht habe. Auch deren Anliegen, insbesondere der Ausdruck «hypothesenfrei», sei bereits missverstanden worden, wenn Rabel daraus abzuleiten meine, er lehne jede Hypothese im wissenschaftlichen Arbeiten ab. Hypothesen wie diejenige Mendelejews über die noch aufzufindenden chemischen Elemente, die die Lücken im Periodensystem der Elemente besetzen würden, seien vollkommen berechtigt, aber methodisch völlig verschieden von reduktionistischen Hypothesen, die Naturerscheinungen auf Teilchenbewegungen zurückführen wollten. – Um die Debatte aus der Sackgasse herauszuführen und einen positiven Ansatz zu entwickeln, unternimmt Kolisko den Versuch, «das Wesen des Atomismus» zu umreißen. Er skizziert darin in knappen Andeutungen Ursprung, Berechtigung und Grenzen des Atomismus. Da diese für den Atomismusstreit außerordentlich klärenden Ausführungen Licht auf Vieles werfen, was im Verlauf der Debatte vorgebracht worden ist, werden sie unten zusammenhängend wiedergegeben.

Mit dem Hinweis auf den mangelhaften Verlauf der Debatte und dem Versuch, Wege einer positiven Auseinandersetzung mit der Naturwissenschaft aufzuzeigen, greift Kolisko die zwischenzeitlich geäußerte Kritik Rudolf Steiners an dem Atomismusstreit *in methodischer Hinsicht* auf, auf die sich auch Rabel im selben Heft bezogen hatte. Er weist jedoch Rabels *inhaltliche* Auffassung der Kritik zurück, Steiner habe mit seiner Zustimmung zu ihrem Satz: «Die Materie ist bestimmt nichts Materielles» (siehe (AS-8)) ihre Position insgesamt unterstützt. Dieser Satz hätte jedoch «Ausgangspunkt einer positiven Diskussion» (S. 70) werden können, wenn er von anthroposophischer Seite entsprechend aufgegriffen worden wäre. So deutet Kolisko an, dass die Formulierung durch die Entdeckung der radioaktiven Erscheinungen bestätigt wird: «Das Ponderable, das Materielle löst sich in dem radioaktiven Zerfall in Imponderables auf, die einzelnen Zerfallsprodukte sind nurmehr zu charakterisieren durch die Geschwindigkeit ihrer Strahlung und ihres Zerfalles, kurz die Materie erweist sich wirklich als etwas ‹Nicht-Materielles›. Der alte Materiebegriff ist vernichtet. Man braucht nur diese Tatsachen, wie sie sind, im Licht der geisteswissenschaftlichen Ergebnisse zu betrachten, um abgesehen von aller Kritik ihre Ergänzung durch geisteswissenschaftliche Forschung zum Ausdruck zu bringen» (S. 71).

Rabels Einschätzung, Steiners frühere Atomismuskritik sei überholt, weist Kolisko ebenfalls zurück, desgleichen das von ihr mit Unterstützung Reichenbachs angeführte Argument, Atomismusfrage und Realitätsproblem würden verwechselt. Tatsächlich gehe es nicht um das Letztere, sondern um den naturwissenschaftlichen Materialismus, der zwar seine Gestalt verfeinere, sich aber darin treu bleibe, verursachende Entitäten zur Erklärung der Erscheinungen hinter denselben anzunehmen und zum eigentlich Wirklichen zu erklären.

Wesentlich an Koliskos Text ist jedoch vor allem der bereits erwähnte Versuch, «positiv» zu charakterisieren, was den Atomismus ausmacht, wo er als Beschreibung der Phänomene Berechtigung hat und wo er dieselbe verliert. Nachfolgend wird die entsprechende Passage seines Textes (S. 73–76, Hervorhebungen dort) ungekürzt abgedruckt:

Eugen Kolisko über den Atomismus (aus AS-12)

«*Was ist nun das eigentliche Charakteristische der atomistischen Erscheinungen?* Die atomistischen Vorgänge haben in der Natur eine große Bedeutung. Sie erstrecken sich nicht nur auf Physik und Chemie, sondern auf alle Naturgebiete. Im Laufe des letzten Jahrhunderts sind gerade die atomistischen Gebiete besonders gründlich erforscht worden. Man hat sie geradezu gesucht.

Sehen wir zunächst auf diejenige Erscheinung hin, die in der letzten Zeit besonders viel zu neuen Entdeckungen über den Atomismus Anlass gegeben hat, nämlich auf die Erscheinungen des *radioaktiven Prozesses*? Was ist dieser? Der Anfang des Zerfalles der Erdenmaterie. Ein *großartiger Zerstörungsprozess.* Und wie treten diese Zerfallserscheinungen auf? Atomistisch. Daher zeigen die α-Strahlungen ein diskontinuierliches, atomistisches Emittieren von Halb-Materiellem und weisen auch die β-Strahlen, welche den Kathodenstrahlen entsprechen, eine diskontinuierliche quantenhafte Natur auf. Atomisierte Elektrizität erscheint als Zerfallsprodukt gerade der dichtesten Materie. Auch die Umwandlungen der sogenannten Elemente ineinander vollzieht sich durch quantenhaftes Aussenden von Elektrizität usw. Da ist alles voll von atomistischen Erscheinungen. Und es ist ein spezifischer Prozess des Zerstörens, Abbauens, Vernichtens, um den es sich hier handelt.

Atomistische Erscheinungen zeigt besonders das Feste. Dort ist ja

Individualisierung, Gestaltung, Einzelform, Kristallisation zu Hause. Dort treten auch bis ins Innerste des Materiellen atomistische Tendenzen auf. Und man kann überhaupt sagen, dass die Forschungen der letzten Zeit gezeigt haben, dass der Atomismus in der anorganischen Natur gewissermaßen zu Hause ist. Es kann sich daher gar nicht darum handeln, den Atomismus, insofern er eine so weitverbreitete Naturerscheinung ist, zu leugnen oder zu bekämpfen. Ja, man wird in der toten Natur noch immer mehr Atomistisches finden.

Aber man muss die Erscheinungen des Atomismus noch weiter fassen. Man muss das Atomistische in der *ganzen* Natur aufsuchen, um es in seinem wahren Wesen zu verstehen. Es gibt auch einen Atomismus auf dem Gebiete des *Lebens*. Die *Zellenlehre* ist nur durch die mikroskopische Forschung im letzten Jahrhundert erobert worden. In unermüdlicher und äußerst verdienstvoller Weise hat diese Forschung zahllose Einzelheiten zutage gefördert. Die Zellen sind eigentlich eine Art atomistisches Gebiet in der Sphäre des Lebens. Man betrachtet auch heute noch die Zellen als ‹Bausteine› des Organismus. Das Leben eines Organismus sieht man als die Resultierende der einzelnen Lebensatome an. Aber dem ist nicht so. Sondern vielmehr besteht der Organismus gar nicht *durch* die Zellen, er besteht *trotz* der Zellen. Denn die Zellulartendenz geht eigentlich dahin, wenn sie vorherrschen oder allein wirksam sein würde, den Organismus zu vernichten. Jede Zelle tendiert darnach, ganzer Organismus zu werden, und ihr zerstörerisches Einzelleben wird nur durch das Gesamtleben des Organismus daran verhindert. Eigentlich ist das zellulare Element nicht ein aufbauendes, sondern ein Leben vernichtendes Element. Die Zelle ist nicht ‹Baustein› des Organismus, sondern Widerpart des Gesamtorganismus. Dem diskontinuierlichen, atomisierenden Zellenleben steht das *kontinuierliche*, den ganzen Organismus durchdringende, an jeder Stelle wirksame Lebensprinzip gegenüber. So zeigt sich das Zellige, das Atomistische als eine Art Zerstörungs-, als ein Absterbeprozess gegenüber dem Gesamtleben. Aber an diesem zersplitternden, atomisierenden Prozess erstarkt in paradoxer Weise wiederum das Leben des Organismus.

Auch in den kleinsten Lebewesen, wie sie innerhalb der Krankheitsprozesse zerstörend auftreten, hat man eigentlich *atomistische Krankheitsphänomene*, die sich gerade dort zeigen, wo die Krankheit in ihrem Zerstörungsprozess den Boden geschaffen hat. Und so könnte man noch viele Seiten des Atomismus aufzeigen und würde bestätigt finden, wie der Atomismus in den Absterbeprozessen, Todesprozessen zu Hause ist.

Seit der Entwicklung der modernen Naturwissenschaft ist der Mensch zum Kopfwissen vorgedrungen. Der Mensch ist bewusster geworden, aber er erlebt sich so eigentlich nur in seinem Kopfe. Dieser ist aber selbst *ein Atomist*. Er liefert uns durch seine Sinne die diskontinuierliche, zusammenhanglose, zerrissene Welt der einzelnen Sinneswahrnehmungen. In ihm ist alles voller Absterbeprozesse. Die Verzweigung des Nervensystems ist selbst atomistisch; dies zeigt sich besonders, wenn man es mit dem alles durchdringenden kontinuierlichen Blutsystem vergleicht. Unser Kopf ist ein atomistischer Analytiker, und er begreift jene Naturgebiete, die ihm verwandt sind, die Absterbeprozesse der Natur, die dort, wo sie voll zur Wirkung kommen, immer atomistisch sind.

Schließlich ist es ja das Wesen des Atomistischen, dass die Kräfte von einzelnen Punkten im Raume ausgehen. Die Lebenserscheinungen werden aber so nie verständlich werden. Denn bei einem Organismus ist die Wirksamkeit eine umgekehrte, vom Ganzen bis in jeden Teil. *Der lebende Organismus ist nur aus der Kontinuität des ihn durchorganisierenden Lebensprinzipes zu verstehen. Die Lebenserscheinungen sind nicht atomistisch.* Um das Leben zu verstehen, reicht der Kopf mit seinem analytischen Denken nicht hin. Man kann mit der größten Anerkennung vor der modernen Zellenforschung stehen, aber man kann sich auch bewusst sein, dass der Versuch, das Leben von den atomistischen Erscheinungen der Zellenlehre aus zu erklären, fruchtlos ist. Und dies gilt gar erst von all den Erbträgern, Plastidulen, Determinanten, Ideen, Idanten usw., die man nach dem Muster gewisser atomistischer Theorien in den Zellen drinnen als Erbträger usw. angenommen hat. An diesem Beispiel kann man, glaube ich, gut sehen, was eine berechtigte Wissenschaft eines atomistischen Gebietes ist – nämlich die Zellenlehre – und was ein missbräuchliches Hineininterpretieren atomistischer Theorien in ein Gebiet ist, das allem Atomismus ferne liegt.

Es gibt noch ein anderes Gebiet, das nicht atomistischer Natur ist, und zwar der *Äther*. Hier ist allerdings die Verständigung nicht eben eine leichte, weil man den Äther eigentlich heute nur als hypothetische Hilfsvorstellung und nicht als Realität betrachtet. Wärme, Licht, chemische Effekte, wie sie zum Beispiel im ultravioletten Teil des Spektrums auftreten, müsste man eigentlich als Realitäten betrachten, so wie der gasförmige, der flüssige, der feste Zustand Realitäten sind. Die einen sind *pon-*

derabel, die andern *imponderabel*, die einen gehören mehr der Erde oder anderen materiellen Gestirnen, die anderen mehr dem Weltraum, dem Kosmos, an. Ponderables und Imponderables, Materie und Äther stehen einander gegenüber. Je mehr wir gegen das Feste hingehen, finden wir Gestaltung, Kristallform, Individualisierung, Atomisierung, je mehr wir gegen das Licht usw. hingehen, desto mehr finden wir Aufhören der Gestaltung, ein Hindurchstrahlen durch den Raum, Kontinuität. Ich glaube nicht, dass atomistische Begriffe jemals das Licht oder überhaupt den Äther werden fassen können. Dagegen wohl die Elektrizität, die eine Art an die Materie, an die Erde gebundenes Licht ist. Die Elektrizität gehört ja überhaupt dem Unterirdischen an. Wir isolieren sie nur schwer von der Erde. Sie zeigt sich auch beim atomistischen Zerfall der Materie selbst atomistisch. Die Quanten der Wärmestrahlung entstehen ja wohl erst im Zusammenwirken der Wärme mit dem Gas, also der Materie, das ja das atomistische Prinzip schon, wenn auch geschwächt, in sich enthält. Sowenig wie das *Lebensprinzip*, das ätherisch den Organismus durchdringt, sich wird atomistisch erfassen lassen, weil es kontinuierlich ist, sowenig der *Weltäther* in seinen verschiedenen Modifikationen. Das eigentlich Belebende des Alls ist nicht atomistisch.

Daraus geht hervor, wie wenig Grund vorhanden ist, die wissenschaftliche Erforschung der atomistischen Gebiete der Natur zu bekämpfen. Die Naturwissenschaft muss notwendig immer mehr gerade zur Erforschung dieser Gebiete kommen, Aufgabe der Geisteswissenschaft muss es sein, mit voller Anerkennung dieser erforschten Tatsachen das ihrige zu tun, damit nicht aus einer berechtigten Erforschung des Atomistischen – der Zerfalls- und Zerstörungsprozesse in der Natur – eine *einseitige* Erklärung *alles* Naturgeschehens werde.

Damit ist auf das eigentliche Wesen des Atomismus hingewiesen und auf den Grund, warum er gerade in der heutigen Zeit im Vordergrund des Interesses der Naturwissenschaft steht. Aber es ist damit auch die Möglichkeit angedeutet, wie die Beschäftigung mit diesem Naturgebiete dazu führen kann, dass nun die Atomtheorien auf alle Erscheinungen angewendet werden und dass zuletzt eine rein phänomenologische Betrachtung der Natur unmöglich wird.»

Gegensätzliche Weltbezüge – Zum tieferen Grund des Streits

Die vorstehende Darstellung des Debattenverlaufs lässt im Wesentlichen drei Diskussionsebenen im Atomismusstreit erkennen: die naturwissenschaftliche Sachebene, die Ebene der erkenntnisleitenden Paradigmen sowie eine in erster Näherung erkenntnistheoretisch zu nennende Ebene. Auf der Sachebene wäre eine Annäherung der Kontrahenten vergleichsweise leicht möglich gewesen, sofern sie sich über den aktuellen Stand der Forschung und über Wortgebräuche, allen voran des Ausdrucks «Hypothese», verständigt hätten. Das Gespräch über Phänomene und ihre Erklärungen wurde jedoch, vor allem zwischen Gabriele Rabel und Hans Theberath, von Beginn an durch Missverständnisse, pauschalisierende Redeweisen und möglicherweise auch unterschiedlich tiefe Sachkenntnis beeinträchtigt.[249] Dass sich diese Mängel nicht einfach haben ausräumen lassen, mag auch den Persönlichkeiten der Beteiligten geschuldet sein, hat seinen Ursprung jedoch in ihrer Stellung zum Atomismus.

Dieser spielt eine paradigmatische Rolle im Sinne Thomas S. Kuhns[250]. Rabels verzweifelte Bitte an «die Gegenseite [...], zuerst einmal diese eine Frage klar und scharf zu beantworten, ob sie die physikalische Atomtheorie anerkennt oder bestreitet» (AS-8, S. 406), meint: «Bewegen wir uns in demselben Paradigma oder nicht?» Diese Klärung ist grundlegend für Rabel und muss dementsprechend allem anderen

---

249 Rabel hatte Theoretische Physik u. a. bei Max Planck und Albert Einstein in Berlin studiert (vgl. Anm. 241), konnte die jüngere Entwicklung der Physik also aus nächster Nähe verfolgen. Ihre Einschätzung der Sachkenntnis ihrer Diskussionspartner ist drastisch: «Ich habe mit wahrem Schauder in den Abgrund von Unwissenheit, Denkunfähigkeit und Anmaßung von Menschen hineingesehen, der aus einer großen Zahl von anthroposophischen Arbeiten mir entgegenkommt. [...] Es reden da Leute, die keine Ahnung haben von Naturwissenschaft. Die betreffenden tragen den Doktortitel. Es ist leider so an den Universitäten, und es ist eines der traurigsten Kapitel, dass der Doktortitel heute sehr leicht zu erwerben ist» (nach: Carl Unger & Walter Johannes Stein (1923): Bericht über die Delegiertenversammlung der Anthroposophischen Gesellschaft in Deutschland vom 25. bis 28. Februar 1923 in Stuttgart. In: Rudolf Steiner (1991): Das Schicksalsjahr 1923 in der Geschichte der Anthroposophischen Gesellschaft (GA 259), S. 361–462, hier S. 439).

250 Vgl. Anm. 159.

vorangehen. Der Atomismus gibt den Rahmen vor, innerhalb dessen Fragen gestellt und beantwortet werden können. Er erfüllt damit die Hauptfunktion eines Paradigmas – und ist zugleich Weltanschauung in dem von Theberath und anderen kritisierten Sinne. Dass er in Rabels Augen naturwissenschaftlich gut begründet ist und daher keine Weltanschauung darstelle, gehört in ein zeitgenössisches neopositivistisches Konzept von Wissenschaft, das weltanschauliche Voreinstellungen übersieht, deren Existenz heute allgemein, von Goethe, Pierre Duhem und anderen sogar schon im 19. Jahrhundert anerkannt worden ist.[251] Theberaths und anderer diesbezügliche Kritik ist daher berechtigt, und es ist für den missratenen Verlauf der Diskussion von entscheidender Bedeutung, dass die zeitlich nach dem ersten Schlagabtausch liegenden Anregungen insbesondere Hermann v. Baravalles (AS-5), aber auch Wilhelm Pelikans (AS-6) und Ernst Lehrs' (AS-7), auf die paradigmatische und weltanschauliche Ebene zu blicken, von den Hauptkontrahenten nicht aufgegriffen wurden.

Von Baravalle hatte versucht, Weltanschauungen durch den Blick auf die geistigen Entwicklungsbewegungen zu charakterisieren, aus denen sie hervorgehen, um sie zu anderen Weltanschauungen ins Verhältnis zu setzen. Dies hätte erfordert, sich sowohl positiver wie negativer Beurteilungen des Atomismus zu enthalten und sich über die paradigmatische Ebene zu erheben, indem man die Paradigmen selbst wiederum als Phänomene einer übergeordneten Wissenschafts- und Weltanschauungswissenschaft, d. h. einer Art Wissenschaftstheorie behandelt.[252] Pelikan hatte relativierend die Zeitgebundenheit des Atomismus angeführt. Auch diese historische Perspektive gehört in eine solche wissenschaftstheoretische Diskussion. Lehrs schließlich sah in der Förderung von Wert und Würde unseres Menschseins ein Kriterium, anhand dessen Weltanschauungen verglichen werden sollten. Dieses hätte dann auch eine Bewertungsgrundlage im Hinblick auf den Menschen abgegeben. – Warum aber blieb es den Protagonisten weitgehend unmöglich, die problematische Gebundenheit an ein Paradigma – um nicht von Gefangenschaft zu sprechen (vgl. auch (RSt-90)) – zumindest vorübergehend zu verlassen

251 Vgl. den Abschnitt *Wissenschaft und Welt-Anschauung* im Kommentar, ab S. 121 sowie Anm. 156f.

252 Vgl. das Kapitel *Wissenschaftstheoretische Bemerkungen* des Kommentars, ab S. 120.

und dem Diskurs eine derartige Wendung zu geben? Diese Frage führt auf eine dritte Ebene, die formal eine erkenntnistheoretische ist, hier aber in der Weise des tatsächlich gelebten In-der-Welt-Stehens zur Geltung kommt. Sie besteht im Verhältnis des Erkennenden zur Welt sowie zu seinen Erkenntnismitteln, also zunächst zu seinem Wahrnehmen und Denken. Im Unterschied zum mehr inhaltlich bestimmten Paradigma geht es hier um die individuelle Artung des seelisch-geistigen Untergrunds, auf dem die Erkenntnistätigkeit aufruht und sich entfaltet. Ich habe bereits darauf hingewiesen, dass Theberath und andere verschiedentlich auf dieser Ebene argumentiert, aber ihr Bedürfnis, hier anzusetzen, nicht explizit gemacht haben. Rabel hingegen ist auf erkenntnistheoretische Fragen nicht eingegangen bzw. hat sie als nachgeordnet zurückgestellt und auf der vorrangigen Klärung der Bekenntnisfrage zur physikalischen Atomtheorie bestanden. Sie reagiert mit Unverständnis auf Zweifel an den ihr zwingend erscheinenden Gedankengängen, die diese Theorie begründen, ja bekämpft jede Kritik, insbesondere wenn sie darin mangelndes Verständnis zu erkennen meint. Dementsprechend geht Rabel auch nicht auf Theberath ein, wenn er verlangt, Erklärungsansätze zu suchen, die nicht auf hypothetische Entitäten wie die Atome verweisen. Theberath hingegen scheut Atome als auch Hypothesen wie der Teufel das Weihwasser und zeigt sich unwillig bis unfähig, sich auf die entsprechenden Gedankenbildungen einzulassen.

Rabel selbst steht nach eigenem Bekunden nach zweijähriger Mitgliedschaft in der Anthroposophischen Gesellschaft, «um die Anthroposophie gründlich kennenzulernen», «der anthroposophischen Wissenschaft mit großer Skepsis gegenüber», trotz gleichzeitiger großer Sympathie für den in ihren Augen «religiösen Charakter» der Anthroposophie: «Da bin ich Gegnerin. Ich bin nicht nur sogenannter Gegner, […] ich bin wirklicher Gegner.»[253] Im Verhalten der Anthroposophen, vor allem auch Steiner gegenüber, sieht sie eine verehrende, zu Höherem aufblicken wollende «religiöse Gesinnung», die ihrer eigenen «wissenschaftlichen Gesinnung» diametral entgegenstehe und mit derselben unvereinbar sei.

---

253 Nach: Carl Unger & Walter Johannes Stein (1923): Bericht über die Delegiertenversammlung der Anthroposophischen Gesellschaft in Deutschland vom 25. bis 28. Februar 1923 in Stuttgart. In: Rudolf Steiner (1991): Das Schicksalsjahr 1923 in der Geschichte der Anthroposophischen Gesellschaft (GA 259), S. 361–462, hier S. 439.

«Der wissenschaftliche Mensch muss vollständig frei sein Urteil sich bilden [...] frei und unabhängig sein».[254] – In dieser Gegenüberstellung klingt der neopositivistische Gegensatz von Wissenschaft und Weltanschauung an, der den Blick auf die immer vorhandenen weltanschaulichen Untergründe von Wissenschaft verstellt, indem er sich vermeintlich weltanschaulich neutralen «Tatsachen» zuwendet (vgl. den Abschnitt *Wissenschaft und Welt-Anschauung* des Kommentars, S. 121). Aus dieser Haltung kann oder will sich Rabel nicht herauslösen. Anthroposophie beginnt jedoch gerade mit der Aufklärung der Voraussetzungen des eigenen Denkens als Ausgangspunkt und erster Schritt zu dessen Weiterentwicklung.[255]

Franz Halla (AS-10) weist darauf hin, dass diese Befangenheiten der Protagonisten aus einem unterbewussten Willen herrühren, atomistisch bzw. nicht atomistisch zu denken. Demnach handelt es sich nicht nur um eine intellektuelle Frage wissenschaftlicher Richtigkeit, sondern um Voreinstellungen, die in einer tieferen, weniger bewussten Schicht des Menschen gründen, in unterschiedlichen Weisen an die Welt heranzutreten und sich mit ihr ins Verhältnis zu setzen. Rabels Erkenntnisbedürfnis richtet sich vorrangig auf Tatsachen und deren logische Verknüpfung. Die Erscheinungen sollen durch materielle Dinge und Vorgänge erklärt werden. Rabel orientiert sich dafür an scharf definierten Begriffen, wie sie sie in der Physik erlebt. Ihr Wunsch, das Verhältnis von Geist und Materie, wie es «die Anthroposophie» sieht, auf eine von drei logisch möglichen Varianten festzulegen (AS-2), veranschaulicht diese Haltung. Sie sucht nach klaren Konturen in einer Welt unabhängig von uns bestehender Dinge bzw. Entitäten. Dieses objektivistische Weltverhältnis, in dem der Erkennende beziehungslos einer gegebenen Welt gegenübersteht, überwindet Kolisko in seiner Entgegnung (AS-4), indem er zeigt, wie alle drei Varianten möglich sind, je nachdem, mit welcher Fragestellung der Erkennende an die Sache herantritt. Die Welt «ist» nicht, unabhängig von mir, sondern sie erscheint mir so oder so, je nachdem, wie ich auf sie blicke; die vermeintliche Beziehungslosigkeit erweist sich als Illusion.

Thieberath möchte mit Goethe und Steiner «die Ideen [...] suchen,

254 Ebd., S. 441.

255 Vgl. Rudolf Steiner (1995): Die Philosophie der Freiheit (1894/1918, GA 4), 16. Aufl.

welche die Erscheinungen durchsichtig machen» (AS-9). Damit fragt er nicht nach vermeintlich unabhängig vom Erkennenden bestehenden materiellen Erklärungsgrößen, sondern nach geistigen, die nur im Bewusstsein des Erkennenden durch dessen Tätigkeit zur Erscheinung kommen können. Er möchte innerhalb der Phänomene innehalten, «Beziehungen und Verhältnisse» im Wahrnehmbaren (Halla, AS-10) verfolgen und ergründen, welchem Gesetz die Erscheinungen gehorchen, nicht aber sie aus anderem ableiten. Es geht um ein «Lesen» oder «Hören» im Erkennen. Indem sich das erkennende Subjekt dem Sichaussprechen der Phänomene zur Verfügung stellt, entsteht «Wirklichkeit» durch die Erkenntnistätigkeit, aber nicht «draußen», im gegenständlichen Sinne, sondern zwischen Subjekt und Objekt. An die Stelle objektivistischer Beziehungslosigkeit tritt damit ein der Tätigkeit und dem jeweiligen Blickwinkel nach an das Subjekt gebundener, inhaltlich jedoch, da die Welt sich aussprechen darf, nicht bestimmter Weltbezug.[256] – Ein größerer Gegensatz als zwischen den Erkenntnisorientierungen und Weltverhältnissen Rabels und Theberaths – Suche nach (erklärenden) Tatsachen oder Streben nach Ideen, wenn man es auf eine kurze Formel bringen will – ist kaum vorstellbar, und dass Theberath Rabels Paradigma annimmt, ganz ausgeschlossen.

Hätte Theberath seine erkenntnistheoretische Forderung auch eingelöst – Steiner kritisiert, es sei «mit denselben Gedankenformen hinüber- und herübergeschlagen» worden (s. u., (RSt-100)) –, hätte er womöglich im Diskurs mehr erreichen können. Den Anfang einer sachlichen Stellungnahme hat dann erst Kolisko in seinem abschließenden Votum gemacht (vgl. S. 203: *Eugen Kolisko über den Atomismus*), – ganz im Sinne der von ihm im selben Text (AS-12) formulierten zweiten Möglichkeit, aus anthroposophischer Perspektive mit naturwissenschaftlichen Forschungsergebnissen umzugehen, nämlich umfassende phänomenologische Darstellungen zu erarbeiten, die das gegenseitige Sichtragen und -stützen der Phänomene ohne Rückgriff auf hypothetische Entitäten vorführen und auf diesem Wege zeigen, dass atomistische Erklärungen nicht der einzige Weg sind, die Welt zu verstehen.

---

256 Vgl. zum Vorstehenden den Abschnitt *Goetheanistische Naturwissenschaft und Anthroposophie* des Kommentars, S. 104, sowie Rudolf Steiner (1995): Die Philosophie der Freiheit (1894/1918, GA 4), 16. Aufl., bes. Kap. III–V.

Hallas psychologisch-menschenkundliche Begründung für das Überborden des Atomismus wird durch Kolisko (AS-12) um einen weiteren Aspekt ergänzt: Anatomie und Funktionsweise des Sinnes-Nerven-Systems seien selbst atomistischer Natur. Die Sinne lieferten eine «diskontinuierliche, zusammenhanglose, zerrissene Welt» einzelner Wahrnehmungen. Damit könne der Kopf, ein «atomistischer Analytiker», nur begreifen, was ihm ähnlich ist: «die Absterbeprozesse der Natur, die dort, wo sie voll zur Wirkung kommen, immer atomistisch sind». Das Leben aber sei «nur aus der Kontinuität des [...] durchorganisierenden Lebensprinzipes zu verstehen», wozu das Verstandesdenken nicht ausreiche. – Damit weist Kolisko darauf hin, dass die Zerstückelung des einheitlichen Welterlebens in eine Vielzahl verschiedenartiger Wahrnehmungen und seine Herablähmung zu blutarmen Vorstellungen einer «Welt da draußen», die unser Verstand leistet, zwar in großartiger Weise die Untersuchung von Einzelheiten (Tatsachen) ermöglichen. Die Vielfalt der am Lebendigen wahrnehmbaren Erscheinungen – Organe, Entwicklungsstadien etc. – sinnvoll in einen Gesamtzusammenhang zu integrieren und verständlich zu machen, erfordert jedoch Ideen, beispielsweise die des Organismus.

So verstanden, bestätigt Kolisko Halla, verschiebt jedoch in einem wesentlichen Punkt die Gewichtung: Zwar bestimmt der von Halla angeführte unbewusste Wille, atomistisch zu denken oder nicht, das jeweilige Erkenntnisbedürfnis, ihm liegt jedoch in beiden Fällen eine Erkenntnisorganisation zugrunde, die zunächst das Atomistische nahelegt. Rabels Position erscheint dadurch als zeitgemäß, während Theberath und andere darüber hinausgehend nach einer integrativen Erkenntnisweise streben. Hierauf hatte bereits Pelikan (AS-6) unter historischem Blickwinkel mit seiner Unterscheidung eines vergangenen und eines zukünftigen wissenschaftlichen Vorgehens hingewiesen. Koliskos Argumentation erlaubt damit eine differenzierte Einschätzung des Atomismus, die diesen für die anorganische Welt als berechtigt anerkennt, für das Lebendige aber zurückweist. Diese Anerkennung bezieht sich allerdings nur auf atomistische Phänomene, nicht auf reduktionistisch-atomistische Hypothesen zur Welterklärung.

Der von Rabel und Reichenbach (AS-8 und AS-11) abgewiesenen «Realitätsfrage» nach der Wirklichkeit der Atome kommt in dem hier besprochenen Zusammenhang entscheidende Bedeutung zu, denn sie vermag uns für die Beziehungshaftigkeit unseres Weltverhältnisses aufzuwecken. Die Atomhypothese entspringt einem objektivistischen Denken und dehnt es auf Gebiete aus, die jenseits des sinnlich Wahrnehmbaren liegen. Von anthroposophischer Seite wird sie daher als «unberechtigte» Hypothese bekämpft. Sie bereichert den Bestand der Gegenstandswelt um zusätzliche, jedoch nur vermeintlich gegenständliche Objekte, die selbst nicht sinnlich in Erscheinung treten können. Dies erzürnt umso mehr, wenn sich keine Rechenschaft über den ontologischen Status dieser Objekte, also über die Realitätsfrage gegeben wird und naiverweise deren Realität im gegenständlichen Sinne einfach angenommen oder sogar vorausgesetzt wird. – Lässt man sich, anders als die Genannten, auf die Realitätsfrage ein, erschüttert sie notwendigerweise den naiven Glauben an eine «objektiv» bestehende, gegenständliche Welt und wirft den Erkennenden auf sich selbst zurück: Ich werde aufgefordert, meine eigene Erkenntnistätigkeit und damit meinen Anteil an der «Realität» ins Auge zu fassen. Mit diesem Verlust der naiven Weltsicht kann eine womöglich bis ins Lebensgefühl durchschlagende geistige Verunsicherung einhergehen. Sie dauert an, bis das Wahrheitserlebnis im «hörend» erkennenden Umgang mit den Phänomenen (welcher Art auch immer), auf das Ullmann (AS-1) hingewiesen hat, trotz des Verzichts auf die Untermauerung des Erkannten mit hypothetischen Substraten selbsttragend wird.

Zuletzt mag ein damals nicht beachteter, zumindest nicht thematisierter Faktor den Konflikt weiter verschärft haben, nämlich Unterschiede im Weltverhältnis von Chemikern und Physikern. Es fällt auf, dass der Steit zwischen Theberath und Rabel auch der Streit eines Chemikers mit einer Physikerin ist. Diese unterscheiden sich nicht allein in den «Zugriffsmodi» ihres Denkens – stoff- oder kraftzentriert –,[257] ihren disziplinspezifischen «Denkstilen» und «Habitusformen»,[258] sondern auch in ihren Atom- bzw. Teilchenbegriffen sowie der tatsächlich gelebten

---

257 Peter Buck (1996): Über physikalische und chemische Zugriffsmodi. ZDN – Zeitschrift für Didaktik der Naturwissenschaften 2, H. 3, S. 25–38.

258 Mit Hilfe dieser von Ludwig Fleck (Denkstil) und Pierre Bourdieu (Habitus) geprägten Begriffe arbeitet Carsten Reinhardt (2011) Unterschiede vor allem im Erkenntnisinteresse von Physik und Chemie heraus: Habitus, Hierarchien und Methoden: «Feine Unterschiede» zwischen Physik und Chemie. NTM – Zeitschrift für Geschichte der Wissenschaften, Technik und Medizin 19, S. 125–146.

ontologischen Einschätzung derselben.[259] So sind die Atome der Chemiker Anfang der zwanziger Jahre des vergangenen Jahrhunderts in der Regel nach wie vor kleinste Stoffportionen, über die man zur Zeit des Atomismusstreits erst begann, in den neuen Modellvorstellungen – das Rutherfordsche Atommodell ist 1911 aufgestellt worden, das Bohrsche 1913 – zu denken.[260] Bis zur vollständigen Übernahme und Fruchtbarmachung der Modelle in die Chemie, beispielsweise in Form räumlicher Orbitalmodelle, die Art und Geometrie chemischer Bindungen chemisch brauchbar beschreiben – Valenzbindungstheorie (Heitler und London 1927), Hybridorbitale (Pauling 1931) –, sollten noch etliche Jahre vergehen. Selbst heute noch lernt zwar jeder Chemiestudent Schrödingergleichung und Molekülorbitaltheorie, um seine Vorstellungen theoretisch zu formulieren, aber das hält ihn nicht davon ab, Atome und Moleküle als zwar kompliziert geartete, aber ihrer Natur nach körperlich-stoffliche, submikroskopisch kleine Partikel zu denken, die sich anziehen, abstoßen oder zusammenlagern und so die Stoffe aufbauen. Der Modellcharakter der Teilchen hingegen ist eher abstrakt bekannt und wird bestenfalls zur Erklärung von Unstimmigkeiten oder Fehlern herangezogen. Ein durchgängiges Bewusstsein davon, dass es sich um Modelle und darüber hinaus um simplifizierende und veranschaulichende Bilder handelt, ist unter Chemikern und in der chemischen Literatur nicht verbreitet. Die Realitätsfrage wird in der Regel nicht gestellt[261] und stellt sich oft auch nicht, weil die Modelle zum Beispiel in der chemischen Synthese mit hervorragenden Ergebnissen angewendet werden können. Theberath stellt zwar die Realitätsfrage, bezieht sich dabei aber, ganz Chemiker seiner Zeit, auf die im 19. Jahrhundert ausgebildeten chemisch geprägten

259 Ich (Chemiker) bin (dem Physiker) Florian Theilmann dankbar, dass wir durch zahlreiche, teilweise irritierende Diskussionen hindurch zuletzt doch zu einer Verständigung über unsere unterschiedlichen Teilchenvorstellungen gekommen sind.

260 Vgl. dazu die in Anm. 138–141 angeführte Literatur.

261 Ausnahmen bestätigen die Regel, z. B. der Nobelpreisträger Roald Hoffmann mit seinem Buch: Schein und Sein. Reflexionen über die Chemie, Weinheim 1997: Wiley-VCH. Zur Situation zu Koliskos Zeit vgl. Britta Görs (2005): Atomist or anti-Atomist? The Relationship between the German Chemical Community and Ostwald. In: Britta Görs, Nikos Psarros & Paul Ziche (eds.): Wilhelm Ostwald at the Crossroads between Chemistry, Philosophy and Media Culture. Leipzig: Leipziger Universitätsverlag, S. 79–86.

Vorstellungen von den Atomen als kleinsten Materieportionen. In der nachklassischen Physik hingegen scheint ein deutlicheres Bewusstsein davon zu bestehen, dass sie im submikroskopischen Bereich nicht mit im naiven Sinne körperlichen Gegenständen umgeht, sondern Modelle entwirft, um die Welt zu beschreiben. Zwar weist Rabel die Realitätsfrage zurück, aber indem sie anerkennt, dass «Materie nicht Materielles» ist, zeigt sie, dass sie von anderen Atomen spricht als Theberath.

Rudolf Steiners Stellungnahme zum «Atomismusstreit»

Trotz vieler, zum Teil sogar ähnlich lautender eigener Kritik an der atomistischen Weltanschauung – seine Schüler werden vermutlich gemeint haben, in seinem Sinne zu streiten – hat Rudolf Steiner, wie bereits erwähnt, den Atomismusstreit und insbesondere die darin von anthroposophischer Seite vorgebrachten Einlassungen scharf kritisiert. Um diese überraschende Kritik zu verstehen und Steiners Position und Anliegen herauszuarbeiten, dokumentiere ich zunächst seine relevanten Äußerungen 1. über den Atomismus, 2. über Phänomenologie und ihre Weiterführung in geisteswissenschaftliche Erkenntnisweisen sowie 3. seine expliziten Stellungnahmen zum Atomismusstreit. Die anschließende Zusammenfassung und Auswertung erfolgt ebenfalls unter diesen drei Gesichtspunkten. Ich beginne mit dem Jahr 1917, in dem mit dem Erscheinen von Steiners Buch «Von Seelenrätseln»[262] eine neue, mehr nach außen gerichtete Phase anthroposophischer Arbeit eingeleitet oder wenigstens vorbereitet worden ist.

Die Recherche der Textstellen erfolgte in der elektronischen Ausgabe der Rudolf Steiner Gesamtausgabe[263] unter den Suchbegriffen «*phänomen*», «*atom*», «Kolisko», «Rabel» sowie «Theberath» ab 1917 (Vortragsdatum bzw. Erscheinungsjahr schriftlicher Werke). Die letzte Fundstelle stammt aus 1924, wobei die Recherche die Zeit bis zu Steiners Tod 1925 abgedeckt hat. Dabei wurden Stellen mit anderssinnigem oder übertragenem Wortgebrauch («es ist ein Phänomen», «Atomisieren der Gesellschaft» etc.) aussortiert. Um die Dokumentation nicht ausufern zu lassen, sind Synonyme und angrenzende Begriffe unberücksichtigt geblieben. So erfasst «*phänomen*» zwar «Phänomenologie», «Phänomen», «Phänomenalismus» und die zugehörigen Adjektive, teilweise synonym gebrauchte Ausdrücke wie «Erscheinung» und «Sinneswahrnehmung» sowie benachbarte Begriffe wie «goetheanis*» und «Goethe* UND Methode*» bleiben jedoch ausgespart. Ich halte diese Grenzzie-

262 Rudolf Steiner (1983): Von Seelenrätseln (1917, GA 21), 5. Aufl.
263 Rudolf Steiner Verlag, Dornach 2006.

hung aufgrund der trotzdem gewonnenen reichen Ausbeute an Aspekten und Textstellen für legitim und im gegebenen Zusammenhang angemessen. Außen vor geblieben ist außerdem Steiners 1923–25 verfasste Autobiografie «Mein Lebensgang»[264], da sich die dort zu findenden Textstellen auf den Zeitraum vor 1917 beziehen.

Die Dokumentation erfolgt chronologisch, da viele Fundstellen mehr als eines der angegebenen Themen berühren. Um dennoch eine thematische Zuordnung vorzunehmen und eine selektive Lektüre zum Beispiel der direkten Stellungnahmen Steiners zum Atomismusstreit zu ermöglichen, sind die Stellen entsprechend ihren Themenschwerpunkten mit 1. «–At–», 2. «–Ph–» und 3. «–AS–» gekennzeichnet. In die Bibliografie sind ohne weitere Kommentierung auch Äußerungen aufgenommen worden, die der übersinnlichen Forschung Steiners entspringen und rein geistige Zusammenhänge berühren. Dies mag irritieren und die Verständlichkeit der Stellen für den in Anthroposophie weniger Kundigen einschränken. Der Leser sollte dabei berücksichtigen, dass diese Stellen, wie alle anderen auch, aus ihrem Ursprungskontext herausgerissen sind und dort verständlich werden. Vielfach stammen sie aus Vorträgen vor Mitgliedern der Anthroposophischen Gesellschaft, bei denen Steiner eine gewisse Vertrautheit mit Anthoposophie, ihren Erkenntnismethoden und ihrer Begrifflichkeit vorausgesetzt hat. Um hierauf hinzuweisen, ist in der Bibliografie das jeweilige Publikum mit angegeben. Ich habe mich trotz dieser Einschränkungen für die Aufnahme dieser Stellen entschieden, weil sonst wesentliche Aspekte insbesondere von Steiners Stellung zum Atomismus unterschlagen worden wären.

Dokumentation: Rudolf Steiner über Phänomenologie, Atomismus und den «Atomismusstreit» (1917–25)

1917

(RSt-1) –At– Vortrag Berlin 7.8.17 (vor Mitgliedern der Anthroposophischen Gesellschaft):[265] Die *«heutige Weltanschauung»,* obwohl von

264 Rudolf Steiner (1982): Mein Lebensgang (1923–25, GA 28), 8. Aufl.
265 In: Rudolf Steiner (1982): Menschliche und menschheitliche Entwicklungswahrheiten (GA 176), 2. Aufl.

der *«alten Klotzatomistik»* übergegangen zur *«Ionen- und Elektronenatomistik»*, stellt sich die Welt aufgebaut aus Atomen vor, meistens so, dass diese sich anziehend und sich abstoßend gedacht werden, also als Dualität von Stoff und Kraft (S. 237). Zwar führen die Naturerscheinungen *«auf solche Atome zurück»*, aber schon für die erste höhere Erkenntnisstufe im Sinne der Geisteswissenschaft, die Imagination, erscheinen die Atome nicht als raumerfüllend, sondern umgekehrt als *«Blasen»*, vergleichbar den Gasperlen im Selterswasser (S. 237 f.). Wie diese sind auch die Atome nicht leer, sondern gefüllt mit der *«Substanz des Ahriman»*, einer der Antigottheiten, die Anthroposophie beschreibt (S. 238). Seine Tätigkeit besteht darin, die Sinneswelt aufzubauen, dabei aber über ihren und des Menschen göttlichen Ursprung hinwegzutäuschen und sie als rein materielle Welt und den Menschen dementsprechend als rein natürliches Wesen erscheinen zu lassen. *«Das ganze Atomsystem ist ahrimanische Substantialität»* (ebd.).

(RSt-2) –At– –Ph– Vortrag Zürich 12. 11. 17 (öffentlich):[266] *«Aber die ganze Richtung, das ganze Bestreben des naturforscherischen Denkens geht dahin, sich zu nähern diesem ‹Ding an sich›: Ob man nun mehr auf dem Boden der älteren Atomtheorie steht oder auf dem Boden der modernen Ionentheorie, der Elektronentheorie, ob man auf diesem oder jenem biologischen Standpunkte steht, man wird zwar von vornherein, selbstverständlich, zugeben, man wolle nur die ‹Gesetze der Erscheinungen› kennenlernen, und das ‹Ding an sich› den Philosophen überlassen – aber* wie *man an die Gesetze der Erscheinungen herantritt, wie man die Erscheinungen überhaupt prüft, das beruht auf der Voraussetzung, dass hinter diesen Erscheinungen irgendein ‹Ding an sich› ist, und dass man, wenn man noch tiefer hineingehen könnte in das Gebiet, das meinetwillen durch Mikroskopie oder durch andere naturwissenschaftliche Methoden enthüllt wird, immer näher und näher einem solchen ‹Ding an sich› kommen würde»* (S. 117 f., Hervorhebung dort). Eduard von Hartmann[267] *«hat es geradezu als eine Forderung ausgesprochen, dass man dasjenige, was da*

266 In: Rudolf Steiner (1987): Die Ergänzung heutiger Wissenschaften durch Anthroposophie (GA 73), 2. Aufl.

267 Eduard von Hartmann (1842–1906), von Steiner sehr geschätzter, aber auch kritisierter deutscher Philosoph.

der Naturwissenschaftler als Atomwelt und dergleichen oder als hinter den sinnlichen Wahrnehmungen stehende Kräfte annimmt, dass man das gelten lassen müsse als etwas, was dem ‹Ding an sich› gleichkomme» (S. 118).

Diese Suche ist vergleichbar derjenigen nach dem Ursprung des Spiegelbildes hinter dem Spiegel, einer Illusion, aus der man erst herauskommt, wenn man sich über die illusionäre Situation erhebt. *«Die Aufgabe besteht also nicht darin, durch irgendwelche Stoffhypothesen, durch irgendwelche Schlussfolgerungen zu einem ‹Ding an sich›, zu einem* ‹hinter *den Phänomenen› Gelegenen zu kommen, sondern darin, die Seele so zu erkraften, dass sie gewissermaßen vor dem Spiegel das Wesentliche sieht»* (S. 119–121, Hervorhebung dort).

(RSt-3) –At– Vortrag Dornach 11. 12. 17 (Mitglieder):[268] Die Sinneswelt, bestehend aus den Eindrücken der zwölf Sinne, kann man als vor sich ausgebreiteten Teppich ansehen. *«Dieser Sinnesteppich deckt [...] eine hinter ihm liegende Wirklichkeit zu.»* Diese dürfen wir uns jedoch nicht als *«Atomwelt»* oder als Ding an sich vorstellen. Letztere kantianistische Vorstellung bedeutet, *«die Wesen, die man in einem Spiegel sieht, ihrer Wirklichkeit nach dadurch suchen zu wollen, dass man den Spiegel zerbricht, um zu sehen, was dahinter ist»*. Hinter den Sinneswahrnehmungen liegt vielmehr ein Geistiges, in das *«wir selber eingebettet sind, an das aber des Menschen gewöhnliches Bewusstsein, das er zwischen der Geburt und dem Tode trägt, nicht reicht»*. Eine *«spirituelle Enträtselung des Sinnesteppichs»* führt hingegen zunächst auf *«eine Summe von Kräften, die alle darauf ausgehen, unser gesamtes Leben zu impulsieren von der Geburt, oder sagen wir von der Empfängnis bis zum Tode. Nicht in den einzelnen Ereignissen würden wir unser Leben sehen, [...] aber in seiner ganzen Artung. Nicht etwas ganz Fremdartiges würden wir zunächst finden, uns selbst würden wir finden auf der ersten Stufe der Enträtselung der Sinneswahrnehmungen – aber uns selbst nicht, wie wir in diesem Augenblicke sind, sondern uns selbst so, wie wir geartet sind dieses ganze Leben zwischen der Geburt und dem Tode. Dieses Leben, das nicht in unseren physischen Leib hereinspielt, daher auch nicht mit physischen Sinnen wahrgenommen werden kann, dieses Leben spielt*

268 In: Rudolf Steiner (1993): Geschichtliche Notwendigkeit und Freiheit (GA 179), 4. Aufl.

in unseren Ätherleib, in unseren Bildekräfteleib herein. Und unser Bildekräfteleib ist im wesentlichen ein Ausdruck dieses Lebens […]. Würde gewissermaßen der Sinnesteppich zerreißen – und er zerreißt, wenn der Mensch zum Schauen aufsteigt –, so findet sich der Mensch selbst, so wie er geartet ist für diese Erdeninkarnation» (S. 71 f.).

(RSt-4) –Ph– –At– Vortrag Dornach 26. 12. 17 (Mitglieder):[269] Goethe hat «*eine ganz andere Richtung der Naturforschung gefordert, als diejenige ist, die dann im 19. Jahrhundert und für unsere Zeit noch entstanden ist. Goethe wollte nämlich aus der Naturforschung etwas ausgemerzt haben, was ja für das gewöhnliche Leben eine Berechtigung hat, aber aus der Forschung wollte er es ausgemerzt haben […] nämlich das Kombinieren, das Interpretieren der Tatsachen, die sinnlich wahrgenommen werden. Er wollte, dass nur [diese] ihrer eigenen Natur nach als Phänomene beschrieben werden; er wollte die sinnlichen Phänomene auf ihre Urphänomene zurückführen, aber nicht kombinieren mit dem Verstande: Was liegt da oder dort zugrunde?*» Gemäß seinem Ausspruch: «*Die Bläue des Himmels ist selber schon Theorie, man suche nur nichts hinter ihr*», hat Goethe «*das reine Anschauen*» gesucht. «*Und den Verstand wollte er nur dazu benützt haben, um die Phänomene so zusammenzustellen, dass sie selbst ihre Geheimnisse aussprechen. Goethe wollte eine hypothesenfreie, eine von Verstandeskombination freie Naturforschung haben. […] Goethe wollte, dass der kombinierende Verstand sich zurückhalte von dem Kombinieren über Sinneswahrnehmungen, dass er einen anderen Weg nehme. Goethe wollte […] den menschlichen Verstand […] auch für die Naturforschung jungfräulich machen*» (S. 69). «*[…] in der Wissenschaft soll gesucht werden die Jungfräulichkeit des Verstandes. […] Und Goethe richtig verstehen heißt auch auf diesem Gebiete, in ihm diejenige Persönlichkeit zu sehen, welche ganz in dem Geiste wirken wollte, der auch der Geist der Geisteswissenschaft ist.*» Er hat «*nur solche Theorien in der Naturwissenschaft gefordert […], die bis zu dem Urphänomen gehen, die nicht allerlei Atomtheorien, Iontheorien, Elektrontheorien, Gravitationstheorien und so weiter kombinieren aus den Phänomenen*» (S. 70).

---

269 In: Rudolf Steiner (1980): Mysterienwahrheiten und Weihnachtsimpulse (GA 180), 2. Aufl.

(RSt-5) –Ph– –At– Vortrag Berlin 21. 2. 18 (öffentlich):[270] Goethe besaß ein «*gegenständliches Denken*», das nicht «*nur am Faden des Gedankens sich fortspinnt*», sondern «*in die Dinge selber untertaucht*». Dann aber findet es «*in den Dingen nicht abstrakte materielle Atome, sondern […] in den Dingen den Geist*». Goethes Blick war «*auf das gerichtet, was innerhalb der Welt des Sinnlichen sich als Geistiges offenbart*» (S. 97). Er wollte «*nicht hinter den Naturerscheinungen suchen, sondern […] überall in den Naturerscheinungen […]. Daher war es ihm unsympathisch, von einem ‹Inneren der Natur› zu sprechen.*» Ein solches zu suchen wäre ihm erschienen, wie den Spiegel zu zerschlagen, um das Dahinter-, dem Spiegelbild Zugrundeliegende zu finden. Das tun die Philosophen, die nach den ‹Dingen an sich› hinter den sinnlichen Wahrnehmungen suchen, die Spiegelungen der Wirklichkeit sind, aber nicht, «*indem sie von dem Spiegel zurücktreten und in dem suchen, was den Geist als Geist erfassen kann, sondern indem sie den Spiegel zerschlagen, um nach der Welt der toten Atome zu fassen, aus denen niemals Lebendiges wird ergriffen werden können. Dieses Innere der Natur lag für Goethe ganz außerhalb der Möglichkeit seines Vorstellens*» (S. 98). Goethe glaubte, «*dass der, welcher die Natur als etwas ansieht, was Außenseite des Geistes ist, nicht zum Geiste vordringen kann, dass die Natur, indem sie in ihren verschiedenen Metamorphosen dem Menschen sich zuwendet, ihm zugleich mit ihrer Schale den Geist offenbart. Geisteswissenschaft will in dieser Beziehung nichts anderes als […] ein Kind Goethes sein*» (S. 99 f.).

(RSt-6) –Ph– –At– Vortrag Berlin 5. 3. 18 (Mitglieder):[271] Man muss lernen, diejenigen Gedanken in der Seele heraufkommen zu lassen, «*die nicht die unsrigen sind, sondern die wir mit dem Geistigen, mit dem allgemein waltenden Geist gemein haben*», muss «*auf Eingebungen warten*» lernen, die Stimmung ausbilden: «*wachend warten zu können, bis sich Gedanken […] aus dem tiefen Untergrunde der Seele heraufheben, die sich deutlich ankündigen als das, was uns gegeben ist, was wir nicht gemacht haben*», die aus dem objektiven Gedankenwe-

270 In: Rudolf Steiner (1992): Das Ewige der Menschenseele. Unsterblichkeit und Freiheit (GA 67), 2. Aufl.

271 In: Rudolf Steiner (1991): Erdensterben und Weltenleben (GA 181), 3. Aufl.

ben in der Welt stammen. Man erlebt: ich kann, *«am Ufer des sinnlichen Daseins stehend, eintauchen in das webende Meer der Gedanken»* (S. 72 f.). Diese *«Welt der wogenden Gedanken [...] ist die Welt, aus der unsere physisch-sinnliche Welt aufsteigt, gewissermaßen verdichtet aufsteigt. Unsere physisch-sinnliche Welt ist so wie die Eisblöcke, die Eisklöße im Wasser: das Wasser ist da, die Eisklöße verhärten sich, schwimmen darin. Wie das Eis aus dem Stoffe des Wassers besteht, nur zu anderem Aggregatzustande gefügt ist, so erhebt sich unsere physisch-sinnliche Welt aus diesem wogenden, wellenden Gedankenmeer. Das ist der wirkliche Ursprung. Die Physik spricht nur von ihrem ‹Äther›, von den wirbelnden Atomen, weil sie nicht weiß, welches die wirkliche Urstofflichkeit ist. [...] – Die Menschen geben sich in Bezug auf solche Dinge nur allzu gern Täuschungen hin. Sie möchten eine grobklotzige atomistische Welt hinter der physischen Wirklichkeit finden. Aber wenn man überhaupt von einem solchen ‹hinter der physischen Wirklichkeit› sprechen will, so muss man von dem objektiven Gedankenweben, von der objektiven Gedankenwelt sprechen»* (S. 74).

(RSt-7) –Ph––At– Vortrag Berlin 7.3.18 (öffentlich):[272] Gewöhnlich sucht der Naturforscher *«durchdringend dieses Netz, das ihm die Naturbeobachtung darbietet»*, irgend etwas, *«was wesenhaft zugrundeliegt dem äußerlich Beobachteten, sei in mehr philosophischem Sinne an das ‹Ding an sich› gedacht, sei es die wirkende Atomwelt genannt. Immer wird vorausgesetzt, [...] dass man dieses Gewebe der sinnlichen Tatsachen durchdringen kann, dass hinter diesem Gewebe etwas liegen müsse [...], in das man deshalb nicht eindringen könne, weil vor einem die Welt der sinnlichen Beobachtung ausgespannt ist.»* Dem Geistesforscher, *«der durch unmittelbares Schauen gelernt hat, was Geist ist»*, erscheint dies als Durchstoßenwollen des Spiegels, um die Ursache des Spiegelbildes zu finden. Dafür muss man aber *«vor dem Spiegel suchen, [...] in dem Zusammenleben mit der Welt»* (S. 148 f.).

(RSt-8) –AS––At– Vortrag Berlin 30.3.18 (Mitglieder):[273] Man muss sich klarmachen, *«dass es für den geisteswissenschaftlichen Betrachter der Welt eigentlich das gar nicht gibt, was der materialistische Sinn Materie oder Stoff nennt; das löst sich vor einer wirklich eingehenden*

---

272 In: Rudolf Steiner (1992): Das Ewige der Menschenseele. Unsterblichkeit und Freiheit (GA 67), 2. Aufl.

273 In: Rudolf Steiner (1991): Erdensterben und Weltenleben (GA 181), 3. Aufl.

Betrachtungsweise auch in Geist auf. Ich habe oftmals einen Vergleich gebraucht, der klarmachen soll, wie es um diese Dinge bestellt ist. Nehmen Sie Wasser. Es kann gefrieren, dann ist es Eis und sieht ganz anders aus. Eis ist Eis, Wasser ist Wasser; aber Eis ist auch Wasser, nur in anderer Form. So ist es ungefähr mit dem, was man Materie nennt: es ist Geist in anderer Form, Geist, so in andere Form übergegangen, wie Wasser beim Eis. Daher haben wir, wenn wir geisteswissenschaftlich sprechen, Geistiges im Auge, auch wenn wir von materiellen Vorgängen sprechen. Überall ist der wirkende Geist. Dass der wirkende Geist auch in materiellen Vorgängen zu Ausdruck kommt, gehört eben zu einer besonderen Erscheinungsform des Geistes. Aber es ist überall wirksamer Geist. Also auch wenn wir mehr materielle Erscheinungen ins Auge fassen, sprechen wir eigentlich von den Wirkungsweisen des Geistes, wie sie sich auf einem gewissen Gebiete als äußere, mehr oder weniger materielle Vorgänge zeigen» (S. 147).

(RSt-9) –At– Vortrag Dornach 18. 8. 18 (Mitglieder):[274] Der Begriff des Atoms ist, wie schon der Begriff der Materie, ein Grenzbegriff, an den man vorstellend «*nicht herankommt*»: Atome als hinter der Sinneswelt bestehende Erklärungsgründe müssen eigenschaftslos gedacht werden. Sie haben «*natürlich nur dann einen Sinn, wenn man eigentlich nicht davon reden kann, wenn man nicht sagen kann, was ein Atom ist; denn in dem Augenblicke, wo man anfangen würde, das Atom zu beschreiben, wäre es nicht mehr ein Atom. Es ist ein schlechthin Unnahbares*» (S. 33).

(RSt-10) –At– Vortrag Dornach 24. 8. 18 (Mitglieder):[275] «*Die ganz und gar mechanistisch, physikalisch gewordene Weltanschauung will sich betäuben gegenüber dem Vorhandensein des Geistes. Da sie den Geist nicht anerkennen will, kann sie dem Geist auch nicht Dauer, nicht Ewigkeit zuschreiben; sie schreibt die Ewigkeit ihrem kleinen Götzen, dem Atom [...] zu*» (S. 65).

(RSt-11) –At– Vortrag Dornach 2. 9. 18 (Mitglieder):[276] «*Nun ist aber*

---

274 In: Rudolf Steiner (1990): Die Wissenschaft vom Werden des Menschen (GA 183), 2. Aufl.

275 In: Rudolf Steiner (1990): Die Wissenschaft vom Werden des Menschen (GA 183), 2. Aufl.

276 In: Rudolf Steiner (1990): Die Wissenschaft vom Werden des Menschen (GA 183), 2. Aufl.

Ahriman [...] diejenige Macht, deren sich die allgemeine Weltenschöpfung bedient, um die Natur hervorzubringen. Wenn man von dem Geist der Natur spricht, [...] müsste man eigentlich von dem ahrimanischen Geiste sprechen. Da ist er vollberechtigt, der ahrimanische Geist.» Er ist jedoch ein in der Weltentwicklung stehengebliebener Geist, ein Geist der Vergangenheit. Würde man «*hinter den chemischen Elementen irgendwelche Atomstrukturen [...] vermuten, so ist das falsch; hinter den chemischen Elementen stehen ahrimanische Mächte.»* Doch man würde «*in der Gegenwart nichts dahinter sehen: da wäre es hohl, wo man die Atome sucht, und das, was wirkt, wirkt in diesen Hohlraum aus der Vergangenheit hinein*» (S. 168f.).

(RSt-12) –At– Vortrag Dornach 7. 9. 18 (Mitglieder):[277] Die Menschheit muss lernen, «*dass die Ideale der Gegenwart die Natur der Zukunft sind, und dass es eine große Täuschung ist, wenn geglaubt wird, dass die Atome, dass die Kräfte ewig seien; die sind eben gerade nicht das Ewige, die sind das Zeitliche*» (S. 40).

(RSt-13) –Ph– Vortrag Dornach 29. 9. 18 (Mitglieder):[278] «*Das war [...] Goethes Grundlage für die Gesamtauffassung der unlebendigen Natur, nirgends Theorien oder Hypothesen zu suchen. Die können, meint er, aufgestellt werden, um Gerüste zu haben. Aber wie man die Gerüste nicht stehen lässt, wenn der Bau fertig ist, sondern sie abnimmt, so verwendet man auch Hypothesen nur, um einen Weg zu finden, wie man sie zusammenstellt; nachher aber werden sie abgerissen, wenn man bis zu dem Urphänomen, zu dem einfachsten Phänomen gekommen ist*» (S. 175).

Ein Ähnliches wie mit seiner Farbenlehre versuchte Goethe für «*das lebendige Pflanzenleben durch die Metamorphosenlehre, wo er auch nicht Theorien und Hypothesen aufstellte, sondern verfolgte, wie das Laubblatt sich umwandelt, metamorphosiert die verschiedensten Gestalten annimmt und nachher zum Blumenblatt wird, so dass die Blüte nichts anderes ist als das umgewandelte Laubblatt*». Auch hier will Goethe «*rein bleiben [...] bei dem, was die Anschauung darbietet. Nur braucht man dann bewegliche Begriffe, Begriffe, die ebenso*

---

277 In: Rudolf Steiner (2002): Die Polarität von Dauer und Entwicklung im Menschenleben (GA 184), 3. Aufl.

278 In: Rudolf Steiner (1981): Geisteswissenschaftliche Erläuterungen zu Goethes «Faust», Bd. II: Das Faust-Problem (GA 273), 4. Aufl.

beweglich sind wie die Natur selber. Wie die Natur im Schaffen lebt, das ist, dass sie an den Gestalten nicht festhält, sondern die Gestalten verwandelt. Man muss also solche Begriffe haben, […] die sich selbst innerlich wandeln, um von Gestalt zu Gestalt, wie sie sich in der Natur wandeln, wirklich mit den Begriffen mitfolgen zu können» (S. 175f.).

Goethe wird dadurch in gesunder Weise zur geistigen Erkenntnis geführt, *«dass er für die Erscheinungen der äußeren Natur sich nicht durch allerlei Theorien und Hypothesen die Naturerscheinungen verunreinigt, sondern dass er die Naturerscheinungen so auffasst, wie sie sich dem sinnenfälligen Dasein darbieten. […] Alle diese Theorien und Hypothesen machen erst den menschlichen Ätherleib zur Karikatur, ja, dadurch auch den astralischen Leib zur Karikatur und stören dadurch im übersinnlichen Gebiet das Menschenleben»* (S. 176).

«Die Goethesche Naturwissenschaft ist, trotzdem sie sich beschränkt auf die Phänomene, auf das Sinnliche, gerade eine geistgemäße, weil sie nicht durch eine ahrimanische oder luziferische Beeinflussung des Geistes hier die reine Naturanschauung durch Theorien verunreinigt. – Solche Theorien verdunkeln für das Geistig-Seelische die reinen Anschauungen des Irdischen» (S. 177).

Heute ist es nicht möglich, Naturwissenschaft und *«göttlich-geistige Daseinsformen und Daseinsgebiete»* zu vereinigen, wenn man ein gesundes Denken besitzt. Sie *«vereinigen sich nur, wenn man die Fähigkeit hat, sich der Naturbetrachtung und einer Wissenschaft so hinzugeben, wie sich Goethe der Natur hingegeben hat: rein den Blick auf das Phänomen, auf die Erscheinungen gerichtet, nicht Theorien anders hineinmischen, als um aufzubauen die Phänomene, das Denken nur den Diener sein lassen, der mittut, aber nicht in die Resultate, in die Ergebnisse das Denken hineinmischen. Das ist es, was wir der Natur gegenüber müssen, der Natur die Macht zuerkennen, dass sie sich selbst interpretiere. Nicht spintisieren über die Natur, sondern gerade voll materialistisch sein, indem man die materiellen Erscheinungen für sich selber sprechen lässt»* (S. 179f.).

«[…] man kann gar nicht anders, wenn man Goetheisch über die Natur denkt, wenn man im Sinne der Urphänomenlehre und im Sinne der Metamorphosenlehre wirklich denkt, als durch dieses Denken solche Kräfte in seiner Seele auszulösen, die einen zur Anschauung der geistigen Welt führen, und die einen zuletzt auch zur Anschau-

ung desjenigen Lebens führen, das der Mensch führt, wenn er durch die Pforte des Todes gegangen ist. Gerade mit der Goetheschen, auf die reine Natur hingewendeten, reinen Naturanschauung ist eine wahre Unsterblichkeitslehre im selbstverständlichen Sinne veranlagt» (S. 184).

(RSt-14) –At– Vortrag Dornach 12. 10. 18 (Mitglieder):[279] *«Diese naturwissenschaftliche Weltanschauung kommt zu gespenstischen Vorstellungen, beruhigt sich bei ihnen, weil sie sich dem Glauben hingibt, damit hätte sie Vorstellungen über die wirkliche Natur, und dann erfindet sie allerlei Begriffe – die Atome, Moleküle und so weiter, welche, wie Sie wissen, ja durchaus nicht vorhanden sind, sondern nur erfunden sind –, erfindet allerlei Gesetze, wie Erhaltung der Kraft, Erhaltung des Stoffes, die es in Wirklichkeit nicht gibt. Sie sucht alles mögliche Hypothetische hinter dem, [...] was sie nach Naturgesetzen als gespenstisch vorstellt.»* Sie tut das aus unbewusster Furcht oder Feigheit vor dem, was ihr begegnet, wenn sie zur Wirklichkeit der Natur vordringen will. Denn *«dann findet man nicht Atome, dann findet man nicht Moleküle, nicht Ostwaldsche, Haeckelsche Begriffe, dann findet man den Ahriman und seine Scharen! Dann wird die Sache geistig. Derjenige, der wirklich durch wahre Naturwissenschaft zu der Realität vordringt, der findet den Ahriman. Davor fürchten sich aber die Menschen, denn sie glauben in den Abgrund zu stürzen, wenn sie dort, wo sie bloß den Stoff suchen, der in Wahrheit nicht da ist, den Geist finden. Denn zunächst zeigt sich der Geist, den man nicht anbeten kann, sondern vor dem man sich schützen muss, über den man zur vollen Klarheit kommen muss»* (S. 287 f.).

(RSt-15) –At– Vortrag Dornach 13. 10. 18 (Mitglieder):[280] *«Nicht nach Atomen und ihren Gesetzen wird eine wirkliche christliche Wissenschaft suchen, nicht nach Erhaltung des Stoffes und der Kraft, sondern nach der Offenbarung des Christus in allen Naturerscheinungen»* (S. 319).

(RSt-16) –At– –Ph– Vortrag Basel 31. 10. 18 (öffentlich):[281] Entwickelt

279 In: Rudolf Steiner (2002): Die Polarität von Dauer und Entwicklung im Menschenleben (GA 184), 3. Aufl.

280 In: Rudolf Steiner (2002): Die Polarität von Dauer und Entwicklung im Menschenleben (GA 184), 3. Aufl.

281 In: Rudolf Steiner (1990): Freiheit – Unsterblichkeit – Soziales Leben (GA 72).

man ein Vorstellungsleben, «*das nicht auf Erinnerung hin gebaut ist*», und eine gesteigerte Liebesfähigkeit im Willensleben, kommt man zu einer Art Aufwachens, dazu, den Naturzusammenhang zu durchschauen. «*Man kommt dann allerdings nicht auf Atome, man kommt nicht auf den hypothetischen Stoff, die Materie, [...] man kommt [...] zum Übersinnlichen, zum Geist [...], der hinter der Natur und in der Natur lebt*» (S. 329f.).

(RSt-17) –At– –Ph– Vortrag Zürich 15. 11. 18 (öffentlich):[282] Eine «*wirklich übersinnliche Betrachtung*» der Natur führt darauf, «*einzusehen: wenn wir der Natur in ihrer bunten Mannigfaltigkeit des Lichtes und der Farben, in ihren Tönen, in allen ihren anderen sinnenfälligen Erscheinungen gegenüberstehen, dann offenbart sich ungetrennt ein Übersinnliches mit einem Sinnlichen, Übersinnliches im Sinnlichen*». Wir sind jedoch so organisiert, dass sich uns sinnlich betrachtet nur «*ein Gespenst*» der Natur zeigt. Gehen wir darüber hinaus, «*kommen wir nicht zu toten Atomen, zu Kraft und Stoff, sondern [...] zu übersinnlich Geistigem*», nicht zu «*materiellen Unterlagen*» des Sinnlichen, sondern zu geistigen, übersinnlichen Wesenheiten, «*die überall in der Natur enthalten sind*». Mit Naturwissenschaft, die «*rein die Erscheinungen im Goetheschen Sinne vor die Seele hinstellen will*», so dass sich die Natur selbst ausspricht, «*mit dem, was Goethe Urphänomene nennt*», steht man «*unmittelbar vor dem Übersinnlichen*». Man hat dann nicht nötig, «*aus Gesetzen der Kraft und des Stoffes heraus zu erklären*», sondern ist «*in die Notwendigkeit versetzt [...], aus Geistigem heraus zu erklären*» (S. 304f.).

1919

(RSt-18) –At– –Ph– Vortrag Dornach 1. 1. 19 (Mitglieder):[283] Die Intellektualität ist heute «*die bedeutungsvollste Fähigkeit der menschlichen Seele*». Sie wirkt jedoch so, dass das naturwissenschaftliche Weltbild «*nicht die Wirklichkeit ist, sondern ein Gespenst, eine Summe von*

---

282 In: Rudolf Steiner (1987): Die Ergänzung heutiger Wissenschaften durch Anthroposophie (GA 73), 2. Aufl.

283 In: Rudolf Steiner (1995): Wie kann die Menschheit den Christus wiederfinden? (GA 187), 4. Aufl.

Gespenstern, selbst unsere Atome und alles das, was man sich vorstellt in der Welt der Atome. Aber auch solche Leute, die mehr Positivisten sind, die nicht viel auf die Atomhypothese geben, wie Poincaré oder Avenarius oder Mach[284]*, stellen sich die Natur so vor, dass sie in ihren Vorstellungen eigentlich nicht etwas Wirkliches haben, wo die Natur hineinspielt, sondern ein Gespenst der Natur.»* Unsere Begriffe im Zeitalter der Bewusstseinsseele sind *«nur Bilder, Spiegelbilder»*, Vorstellungen, *«die sich nicht so wie die Goetheschen Metamorphosengedanken mit der Wirklichkeit verbinden»* (S. 186–188).

(RSt-19) –Ph– Vortrag Dornach 5. 1. 19 (Mitglieder):[285] *«In der Zukunft wird man auf deutlich durchschaubare Grundlagen das Leben stellen müssen. Zu den alltäglichen Vorstellungen wird das gehören müssen, dass man auf das Mineral- und Pflanzenreich so hinschaut, wie Goethe hingeschaut hat, der nur das Phänomen angesehen hat, der nicht geglaubt hat, dass in dem Phänomen etwas anderes als höchstens die Grundphänomene, die Urphänomene sich offenbaren, aber dass die Phänomene nicht in Gedanken ausdrückbare Naturgesetze offenbaren. Nach Naturgesetzen hat Goethe nie geforscht, das wäre ihm sehr phantastisch erschienen. Die Phänomene hat er verfolgen wollen, denn es zeigt uns die äußere Welt im mineralischen und Pflanzenreiche nichts als die Wahrnehmungen, die Erscheinungen»* (S. 59).

(RSt-20) –Ph– Konferenz Stuttgart 25. 9. 19 (mit Lehrern der Freien Waldorfschule):[286] Im Physikunterricht müsste das Bestreben herrschen, *«nur Phänomene zu behandeln. Der Satz von der Erhaltung der Energie dürfte nicht behandelt werden wie bisher. Er ist ein Postulat, kein Satz. […] Als etwas anderes ist das mechanische Wärmeäquivalent zu behandeln. Das ist das Phänomen. Warum nun nicht streng innerhalb der Phänomenologie stehenbleiben? Man arbeitet heute solche Gesetze heraus, die eigentlich Phänomene sind. Da ist es ein Unfug, dass man das ‹Gesetz› nennt, wie zum Beispiel das Fallgesetz. Das sind Phänomene, das sind keine Gesetze. Und man wird finden, dass*

---

284 Henri Poincaré (1854–1912), französischer Mathematiker und Philosoph. Zu Avenarius vgl. Anm. 43, zu Mach Anm. 45.

285 In: Rudolf Steiner (1982): Der Goetheanismus, ein Umwandlungsimpuls und Auferstehungsgedanke (GA 188), 3. Aufl.

286 In: Rudolf Steiner (1995): Konferenzen mit den Lehrern der Freien Waldorfschule I (GA 300 a), 2. Aufl.

man die ganze Physik von sogenannten Gesetzen freihalten kann, sie in Phänomene verwandeln und in sekundäre und Urphänomene gruppieren kann. [...]
Heute können Sie ja über Elektrizität ganz reden, ohne von Kräften zu reden. Sie können streng in Phänomenen drinnen stehenbleiben. Bis zur Ionen- und Elektronentheorie können Sie herunterkommen, ohne von etwas anderem als von Phänomenen zu reden. Das würde pädagogisch ungeheuer wichtig sein, das zu machen. [...]
Sobald der Zögling sich klar ist darüber, dass Kraft nichts weiter ist als das Produkt von Masse und Beschleunigung, sobald er keinen metaphysischen Begriff damit verbindet, sie also immer phänomenologisch behandelt, kann man ja von Kraft reden» (S. 88f.).

(RSt-21) –At– Schriftliche Fragenbeantwortung Oktober 1919:[287]

«I. Atome *sind anzusehen als ideelle Rauminhalte; das Inhaltliche sind die Ergebnisse von sich begegnenden Kräfterichtungen – z. B. Kräfterichtung a, b, c wirken im Raume; durch ihre Begegnung wird eine Kraftresultante bewirkt, die als Atom von tetraedrischem Charakter wirkt.*

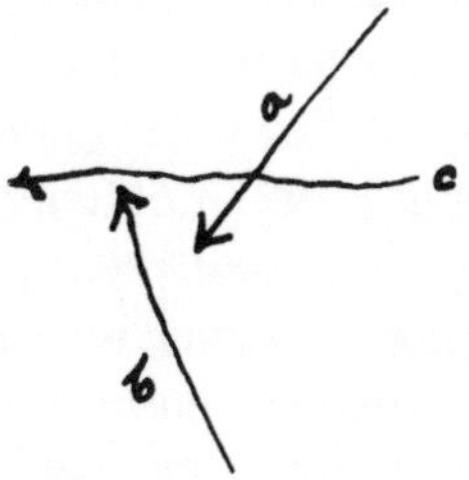

Elemente *sind der Ausdruck bestimmter Kraftbegegnungen; dass sie sich als solche offenbaren, beruht darauf, dass die eine Kraft in ihrer Begegnung mit einer anderen eine Wirkung hervorbringt; während andere Kraftwirkungen gegeneinander unwirksam sind.*
Krystalle *sind die Ergebnisse complicierterer Kraftwirkungen; Atome die der einfacheren.*
Amorphe Massen *ergeben sich durch die Neutralisierung der Kraftwirkungen.*
II. Kraft *ist die einseitig räumlich angegebene Offenbarung des Geis-*

287 Faksimile, überschrieben «Über das Wesen einiger naturwissenschaftlicher Grundbegriffe». In: Rudolf Steiner (2000): Geisteswissenschaftliche Impulse zur Entwicklung der Physik I («Lichtkurs», GA 320), 4. Aufl., S. 192–195.

tes. Man kann nicht sagen, dass Kraft auf die Materie wirke, da Materie nur in der Anordnung der Wirkungen sich begegnender Kraftstrahlen besteht» (S. 192f.).

(RSt-22) –Ph– Vortrag Dornach 18. 10. 19 (Mitglieder):[288] Goethe «*hat gesehen, wie die Wissenschaften alle aus zu beweisenden Begriffen heraus arbeiten. Er hat das als etwas befunden, was vor allen Dingen überwunden werden muss, und er wollte vor allen Dingen erreichen, dass man die Phänomene, die Erscheinungen, die Tatsachen in ihrer Urbedeutung wirklich kennenlernt, sie so kennenlernt, wie sie sind*» (S. 149).

(RSt-23) –Ph– Vortrag Dornach 30. 11. 19 (Mitglieder):[289] Der «*Kreuzungspunkt*» zwischen Innen und Außen, der in der ägyptisch-chaldäischen Zeit in der Atmung erlebt worden ist, muss heute im Prozess der Sinneswahrnehmung wieder aufgefunden werden, in dem sich Weltgedanken und Menschenwille begegnen. «*Nach solchen Dingen strebte die Goethesche Weltanschauung. Goethe wollte das reine Phänomen erkennen, was er das Urphänomen nannte, wo er nur zusammenstellte dasjenige, was in der Außenwelt auf den Menschen wirkt, wo sich nicht hineinmischt der luziferische Gedanke, der aus dem Kopf des Menschen selbst kommt. Dieser Gedanke sollte nur zur Zusammenstellung der Phänomene dienen. Goethe strebte nicht nach dem Naturgesetz, sondern nach dem Urphänomen. Das ist das Bedeutsame bei ihm. Kommen wir aber zu diesem reinen Phänomen, zu diesem Urphänomen, dann haben wir in der Außenwelt etwas, was uns möglich macht, auch die Entfaltung unseres Willens im Anschauen der Außenwelt zu verspüren, und dann werden wir uns aufschwingen wiederum zu etwas Objektiv-Subjektivem, wie es zum Beispiel die alte hebräische Lehre noch hatte. Wir müssen lernen, nicht immer nur von dem Gegensatz zu sprechen zwischen dem Materiellen und dem Geistigen, sondern wir müssen das Ineinanderspiel des Materiellen und des Geistigen in einer Einheit gerade im sinnlichen Auffassen erkennen. […] Wenn wir in der Natur das Seelische mitempfangen lernen mit der Sinnesanschauung, dann werden wir das Christus-Verhältnis zu der äußeren Natur haben. Da wird das*

---

288 In: Rudolf Steiner (1989): Soziales Verständnis aus geisteswissenschaftlicher Erkenntnis (GA 191), 3. Aufl.

289 In: Rudolf Steiner (1994): Die Sendung Michaels (GA 194), 4. Aufl.

Christus-Verhältnis zur äußeren Natur etwas sein wie eine Art geistigen Atmungsprozesses» (S. 111–113).

1920

(RSt-24) -At- Vortrag Stuttgart 2. 1. 20 (Mitglieder, Fachpublikum):[290] *«Was tut man, wenn man Elektrizität und Magnetismus studiert? Man studiert die Materie konkret.»* Heute muss man, anders als früher, *«annehmen, dass dasjenige, was man als Materie glaubt, eigentlich nichts anderes ist als flüssige Elektrizität. Früher hat man die Materie atomisiert. Jetzt denkt man: Die Elektronen, die bewegen sich durch den Raum und haben ähnliche Eigenschaften wie früher die Materie. Man hat den ersten Schritt gemacht – nur gibt man ihn noch nicht zu – zur Überwindung der Materie und [...] dazu, anzuerkennen, dass man hinuntersteigt im Reich der Natur, indem man von den Licht-, Schall-, Wärmeerscheinungen zu den elektrischen Erscheinungen übergeht, dass man hinuntersteigt zu demjenigen, was sich zu jenen Erscheinungen verhält wie unser Wille zu unserem Vorstellungsleben»* (S. 161 f.).

(RSt-25) -Ph- -At- Vortrag Stuttgart 1. 3. 20 (Mitglieder, Fachpublikum):[291] Die Tragik unseres Denkens besteht darin, dass wir, indem wir uns denkend in Bereiche bewegen, die nicht mehr sinnlich anschaubar sind, und zum Beispiel über die Anordnung der Atome im Raum theoretisieren, *«die ganze Unvollkommenheit [unserer] Ratio»* dort hineintragen. *«Wir bauen und bauen Erklärungen auf, indem wir das Anschauliche verlassen, und glauben es dadurch gerade erklären zu können, dass wir Hypothesen und Theorien aufstellen. Und die Folge davon ist, dass wir dann genötigt sind, unserem bloßen Denken zu folgen, dass dieses Denken uns aber in dem Augenblick verlässt, wo wir über die Anschauung hinauskommen. Es stimmt nicht mehr mit der Anschauung überein. [...]*

In dem Augenblick, wo Sie von der Phoronomie zur Mechanik über-

290 In: Rudolf Steiner (2000): Geisteswissenschaftliche Impulse zur Entwicklung der Physik I («Lichtkurs», GA 320), 4. Aufl.

291 In: Rudolf Steiner (2000): Geisteswissenschaftliche Impulse zur Entwicklung der Physik II («Wärmekurs», GA 321), 4. Aufl.

gehen, wo der Kraft- und Massebegriff einzuführen ist, [...] können wir nicht ausreichen mit dem bloßen Denken, sondern wir beginnen einfach abzulesen von dem Anschaulichen, was vorgeht. Wir können in den einfachsten physikalischen Vorgängen, in denen die Masse eine Rolle spielt, mit dem bloßen Denken nichts mehr anfangen. Und diejenigen Theorien, die im Laufe des 19. Jahrhunderts aufgebaut worden sind, [...] sind so entstanden, dass eigentlich, um sie zu verifizieren, notwendig wäre, bis in die Moleküle und Atome hinein Experimente zu machen» (S. 19f.).

(RSt-26) –Ph– –At– Vortrag Stuttgart 2. 3. 20 (Mitglieder, Fachpublikum):[292] Man hat im 15. bis 17. Jahrhundert den Anschluss an das Kosmische verloren und sucht die Erklärungen von Vorgängen wie dem Schmelzen des Eises nun nicht mehr im Planetensystem, sondern im Inneren der irdischen Körper selbst. Man musste daher «*nachdenken, nachspintisieren darüber, wie ein solcher Körper aus Molekülen und Atomen zusammengesetzt ist. Und man musste diesen unglückseligen Molekülen und Atomen die Fähigkeiten zuschreiben, die von innen heraus nun bewirken sollten, dass ein Festes in Flüssiges, ein Flüssiges in Gasförmiges übergeführt wird, die Fähigkeiten, die man früher hergeleitet hatte von dem, was tatsächlich im Raum gegeben war, aber allerdings im außerirdischen Kosmos.*» Heute ist es notwendig, über diesen durch den Übergang «*von konkreten zu abstrakten Begriffen*» entstandenen Materialismus wieder hinauszukommen, «*hier wiederum Umkehr zu schaffen*», indem man wieder Anschluss zu gewinnen versucht an «*umfassendere, weiter ausgreifende Ideen*» (S. 44f.).

(RSt-27) –Ph– –At– Vortrag Stuttgart 3.3.20 (Mitglieder, Fachpublikum):[293] Auf das In-Zusammenhang-Bringen der Erscheinungen kommt alles an, «*nicht auf das Ausdenken irgendwelcher Theorien, sondern auf das Zusammenbringen der Erscheinungen, so dass sie sich gegenseitig beleuchten und erklären. Das ist der Unterschied der Goetheschen Physik von der heute herrschenden, [...] während die heutige Physik, wenn sie überhaupt wagt, zu Theorien überzugehen, darauf aus ist,*

292 In: Rudolf Steiner (2000): Geisteswissenschaftliche Impulse zur Entwicklung der Physik II («Wärmekurs», GA 321), 4. Aufl.

293 In: Rudolf Steiner (2000): Geisteswissenschaftliche Impulse zur Entwicklung der Physik II («Wärmekurs», GA 321), 4. Aufl.

zu den Erscheinungen hinzu zu theoretisieren, hinzu zu phantasieren. Denn Atome und Moleküle sind ja im wesentlichen nichts anderes als zu den Erscheinungen hinzuerfunden, hinzuphantasiert» (S. 53f.).

(RSt-28) –At– Fragenbeantwortung Stuttgart 7. 3. 20 (Mitglieder):[294] In der empirisch gegebenen Welt müssen die Dinge immer mit einer bestimmten Geschwindigkeit ausgestattet gedacht werden. Zeit und Weg sind Abstraktionen, real ist – für mechanische Systeme und nur dort – *«die bei jedem Körper vorhandene immanente Geschwindigkeit. Wenn der Physiker zum Beispiel aus sonstigen Gründen die Atomhypothese annehmen dürfte, dürfte er nicht annehmen, dass Atome ohne immanente Geschwindigkeit existieren»* (S. 142).

(RSt-29) –At– Fragenbeantwortung Stuttgart 13. 3. 20 (öffentlich, akademischer Rahmen):[295] *«Atomgewichte strikte festzustellen, ist ein Unding. Es gibt kein Atomgewicht, sondern es gibt Mittelzustände, um die herum das Atomgewicht variiert.»* Dementsprechend dürfen sowohl Atome als auch chemische Elemente nicht *«starr»*, in ihren Verbindungen unverändert vorgestellt werden (S. 431).

Man hat die – noch bei den Alchimisten vorhandenen *«den Wirklichkeiten doch angemessene[n]»* – Begriffe und Vorstellungen, zum Beispiel auch den Merkurstab, verloren. Es kam die Zeit der *«atomistisch-mechanistischen Denkweise, die alles mit einer Schicht von Unverständlichkeit bedeckt hat. Wir müssen uns wiederum durcharbeiten zu einer Betrachtung, die eine der Wirklichkeit angemessene ist. Dazu ist es aber notwendig [...], dass wir dazu kommen, das Intensive ins Auge zu fassen, und die Extension, das Extensive auffassen zu lernen als eine Funktion des Intensiven, und umgekehrt, das Intensive als eine Funktion des Extensiven, so dass man also wirklich diese beiden Dinge, die so nebeneinander stehen, auseinander ableiten kann. Wenn es möglich sein wird, Intensives und Extensives in einen Funktionszusammenhang zu bringen, wird es auch möglich sein, diese Symbolik, die man braucht, um dieses periodische System ganz zu durchschauen, zu entwickeln, sonst bleibt immer ein unverstandener Rest»* (S. 431 f.).

---

294 In: Rudolf Steiner (1995): Die vierte Dimension. Mathematik und Wirklichkeit (GA 324 a).

295 In: Rudolf Steiner (2005): Fachwissenschaften und Anthroposophie (GA 73 a).

(RSt-30) –Ph– –At– Vortrag Dornach 21. 3. 20 (Mitglieder, Mediziner):[296] Mitte des 19. Jahrhunderts, zwischen Rokitansky und Virchow[297] dämmert die *«atomistische medizinische Anschauung»* auf. Die Schwannsche Zellenlehre[298] ist noch nicht atomistisch, sie beschreibt das Sichgliedern eines Flüssigen in Zellen (S. 21–23).

(RSt-31) –Ph– –At– Vortrag Dornach 24. 3. 20 (öffentlich):[299] Anthroposophie möchte eine Erneuerung der Wissenschaft, aber keine *«oberflächliche Polemik dagegen»;* sie muss die Leistungen von Naturwissenschaft und Technik *«voll anerkennen».* Aber die Naturwissenschaft hat keine *«wirkliche Anschauung desjenigen, mit dem man es eigentlich in der äußeren Natur zu tun hat».* Auch darauf macht die Erschütterung der physikalischen Anschauungen seit etwa der Wende zum 20. Jahrhundert aufmerksam. Die *«Revolutionierung des alten Masse- und Materiebegriffs durch die neuere Strahlungstheorie der Elektrizität»* verlangt nach neuen *«wissenschaftlichen Vorstellungsarten»,* denn man hat eingesehen, *«dass dieselben Eigenschaften, die man früher der Materie beigelegt hat, zum Beispiel eine gewisse Geschwindigkeit und Beschleunigung, man nunmehr genötigt ist, der strahlenden Elektrizität beizulegen; man hat also sozusagen den Materiebegriff unter den Fingern verloren»* (S. 26–29). Eine der Aufgaben der Anthroposophie hinsichtlich der Naturwissenschaften besteht darin, *«wirkliche wissenschaftliche Methoden zu finden, durch die die Fülle der Tatsachen, die uns heute vorliegen, wirklich so durchschaut werden können, dass wir durch diese Tatsachen hindurch in das Wesen desjenigen eindringen können, was uns in der Welt umgibt»* (S. 31). *«[…] mit nicht mehr Recht als die Spiritisten behaupten, dass sie Geister fotografiert haben, berufen sich heute gewisse Physiker darauf, dass sie die Konfiguration der Atome fotografiert haben. Gewiss, man kann Kristalle mit Röntgenstrahlen bewerfen, man kann diese Rönt-*

296 In: Rudolf Steiner (1999): Geisteswissenschaft und Medizin (GA 312), 7. Aufl.

297 Carl von Rokitansky (1804–1878), österreichischer Pathologe, verfasste 1842 seine «Pathologische Anatomie». – Rudolf Virchow (1821–1902), deutscher Mediziner, verfasste 1858 seine «Zellularpathologie».

298 Theodor Schwann (1810–1882), deutscher Physiologe.

299 In: Rudolf Steiner (2005): Fachwissenschaften und Anthroposophie (GA 73 a).

genstrahlen zur Reflexion, die reflektierten Strahlen zur Interferenz bringen und dann fotografieren, und man kann behaupten, man fotografiere die Konfiguration der Atome. Die wesentliche Frage ist nur: Fotografiert man hier wirklich die atomistischen Agenzien oder fotografiert man gewisse Wirkungen, die vom Makrokosmischen herkommen und die sich nur an den Punkten zeigen, an denen man glaubt, dass die Atome vorhanden sind? Es kommt überall darauf an, dass man Denk- und Vorstellungsarten findet, die in der richtigen Weise von den Erscheinungen zu dem Wesen der Dinge zu gehen vermögen» (S. 39).

(RSt-32) –At– Vortrag Dornach 26.3.20 (Mitglieder, Mediziner):[300] «*[...] da alles dasjenige, was auf der Erde geschieht, eine Wirkung in gewissem Sinne desjenigen ist, was außerirdisch vorhanden ist, so müssen wir im Irdischen eben diese Wirkungen desjenigen auffinden, was da im Kosmos vor sich geht. Das führt dahin, in den irdischen Substanzen nicht in einer so abstrakten, phantastischen Weise die Gründe für ihre Konfiguration oder für ihre Aggregatzustände zu suchen, wie es die heutige Molekular-Physik oder Molekular-Atom-Chemie tut. Diese Atom-Chemie schaut gewissermaßen in dasjenige hinein, wohinein man nicht schauen kann, in das Innere der Körperkonstitution, ersinnt allerlei schöne Ahnungen von Atom und Molekül und spricht dann – vielleicht heute schon weniger, aber man hat vor ein paar Jahrzehnten sehr stolz gesprochen – von ‹astronomischer Erkenntnis› desjenigen, was da im Innern der Körperstruktur vor sich geht. [...]*[301]

Dasjenige, mit dem man es zu tun hat in den Pflanzen, das sind nicht die Kräfte, die an die Atome und Moleküle gebunden sind, sondern die Kräfte, die von außerhalb der Erde wirken und die in die irdische Substanz hineinwirken. Also wenn wir eine irdische Substanz konfiguriert haben, so sind es nicht darinnen diese kleinen Dämonen, die Atome und Moleküle, die die Konfiguration bewirken, sondern es sind die kosmischen Kräfte, die in irgendeiner Weise wirken. Wenn, sagen wir, eine Konstellation im Außertellurischen besteht, dass auf einem Punkt der Erde besonders günstig wirken kann [...] der Saturn

300 In: Rudolf Steiner (1999): Geisteswissenschaft und Medizin (GA 312), 7. Aufl.

301 Steiner wiederholt das Motiv der Atomfotografien, an die man nicht glauben müsse, mit Hinweis auf seinen Vortrag vom 24.3.1920 (RSt-31).

allein», ungestört von anderen Planeten, und «*gerade an dieser Stelle der Erde eine günstige Disposition vorliegt für diese Saturnkräfte, die nur wenig in diesem Falle beeinflusst werden von andern außerirdischen Kräften, [so bewirken sie] in der irdischen Substanz eine Struktur […], die eben anders ist, als wenn zum Beispiel der Mars unter denselben Verhältnissen wirkt. Wir sehen in den irdischen Substanzen eben nichts anderes als die Produkte des Zusammenwirkens der Sternenkräfte. Sodass in dem Falle, […] wo der Saturn auf gewisse Stellen der Erde besonders günstig und durch lange Zeiten wirkt, uns die Wirkung in dem Produkt dann ersichtlich wird, indem wir es da zu tun haben mit der Entstehung von Blei*» (S. 128–130). «*Man kann also nicht anders, als die irdischen Substanzen in Zusammenhang zu bringen mit den Kräften, die aus der Umgebung der Erde auf die Erde hereinwirken*», bei den Metallen ähnlich wie bei den Pflanzen (S. 131 f.; das Thema wird anschließend weiter ausgeführt).

(RSt-33) –At– –Ph– Vortrag Dornach 27.3.20 (öffentlich, akademischer Rahmen):[302] Die «*gebräuchliche […] atomistisch-molekularistische Grundlegung der Naturwissenschaft*», deren Vertreter «*in die Beschreibung der Phänomene schon hineinmischen ihre phantastischen Atomtheorien*», ist «*durch die Tatsachen der Wissenschaft heute eigentlich längst entwertet […], wenn auch nicht widerlegt, denn zum Widerlegen wäre Geisteswissenschaft notwendig*» (S. 83 f.). Ein paar Jahre zuvor war «*die Glorie da […] des atomistisch-molekularistischen Denkens. Da hat man es als etwas Selbstverständliches befunden, sich das Materielle so vorzustellen, dass man den materiellen Substanzen zugrundeliegend annahm Atome und Moleküle in verschiedener Konfiguration, in verschiedener Stellung zueinander. Und man trug alles das zusammen, was leicht und bequem sich bot aus dem Gebiet der Physik, aus dem Gebiet der Chemie, was zu einer Art von Erhärtung dieses atomistisch-molekularistischen Denkens hat dienen können*» (S. 84). Die diesem Denken entgegenstehende Goethesche Weltanschauung «*hat man in dieser Zeit nicht beachtet, […] als eine Art Dilettantismus angesehen. Man dachte sich ein Weltsystem aus, von dem man forderte, dass es aus möglichst einfachen Elementen zusammengesetzt sei: Raum, Zeit, Bewegung, Masse – das waren so*

302 In: Rudolf Steiner (2005): Fachwissenschaften und Anthroposophie (GA 73a).

die Grundbegriffe, die man annahm und aus denen man dann im Grunde genommen ein ganzes Weltsystem aufbauen wollte. Wie die Pilze sind solche Weltsysteme emporgeschossen, variierend in ihren Einzelheiten, zusammenstimmend in dem Großen, dass sie eigentlich alle auf die elementarsten, primitivsten Begriffe allein aufbauen wollten [...] Diese Anschauungsweise ist ja im Grunde genommen durchaus nicht aus den Tatsachen der Welt selbst abgenommen, sondern sie ist durch und durch ausgedacht. [...] man hat gewisse Grundannahmen gemacht und hat auf diesen Grundannahmen dann aufgebaut» (S. 85). Dieses Denken wurde im Verlauf des 19. Jahrhunderts *«immer mehr in den Geistern spukend»*. Erst um die Wende zum 20. Jahrhundert ist darein *«eine Bresche geschlagen worden»* (S. 88). Einige Denker haben sich zwar des Spuks enthalten, zum Beispiel Ernst Mach[303], der sich ganz auf das räumliche und zeitliche Zusammenstellen reiner Sinneswahrnehmungen beschränken wollte, ohne atomistische Begriffe in diese hineinzutragen. Mach hat damit aber auch darauf verzichtet, die Wahrnehmungen *«in ein intensives und qualitatives Verhältnis»* zueinander zu bringen, und kommt deswegen auch *«nicht an die reiche Welt unserer Sinneserfahrungen heran»* (S. 89f.). In Absetzung zu diesen beiden Abwegen, ausgedachte Weltsysteme und kraftloser Phänomenalismus, entwickelte sich das neue Weltbild der Physik insbesondere seit der Formulierung der Relativitätstheorie durch Albert Einstein (S. 90–96).[304] Dieses hat *«im Grunde alle alten physikalischen Vorstellungen revolutioniert»* (S. 96). Was *«noch vor vier Jahrzehnten ganz fest stand»*, ist *«umgeschlagen»* in *«ganz entgegengesetzte Vorstellungen»*, zum Beispiel der Größenänderung von Körpern allein durch ihre Bewegung (S. 98f.). Allerdings läuft dieses Denken Gefahr, die Wirklichkeit der Sinneswelt aus den Augen zu verlieren und in einen nur noch berechenbaren, aber nicht mehr vorstellbaren *«leeren Formalismus»* zu verwandeln (S. 100–102). Demgegenüber geht es, anders als in der Relativitätstheorie, darum, die zugrundeliegende Mathematik nicht auf die Sinneswelt anzuwenden, sondern sie hinaufzutragen in die geistige Welt, um *«wiederum*

---

303 Vgl. Anm. 45.

304 Vgl. dazu Eugen Koliskos ersten Vortrag, S. 34, sowie den zugehörigen Abschnitt *«Bloßer Phänomenalismus»*, S. 110. Zu Einstein vgl. Anm. 98.

zu einem geistigen Inhalt zu kommen, nicht Atome und ihr Weben auszusinnen, sondern in den Phänomenen, die rings um uns herum sind, den Geist zu suchen» (S. 102).

(RSt-34) –Ph– Fragenbeantwortung Dornach 30.3.20 (öffentlich, akademischer Rahmen):[305] Die *«von Dr. Kolisko gemeinte Phänomenologie [...] ist nicht eine Zusammenstellung der bloßen Phänomene in willkürlicher Weise, oder so, wie sie sich gerade durch die wissenschaftlich angestellten Versuche ergibt, sondern [...] eine solche Systematisierung der Phänomene, wie es etwa versucht worden ist von Goethe in seiner Farbenlehre. Es ist ein Zurückführen des Komplizierteren auf das Einfachere, bis zu jenen Grundlagen, wo einem die Grundelemente, die Grundphänomene entgegentreten»* (S. 124).

(RSt-35) –Ph– Fragenbeantwortung Dornach 31.3.20 (öffentlich, akademischer Rahmen):[306] Goethe möchte in seiner Farbenlehre nicht über das Wesen des Lichtes sprechen, sondern dessen Taten und Leiden studieren, um durch eine *«richtige Phänomenologie»* zu einem Bild dieses Wesens zu gelangen, *«nämlich [...] das Wesen der Erscheinungen»* (S. 129). Damit besteht ein *«radikale[r] Unterschied einer solchen Phänomenologie, wie sie Goethe meint und wie sie im Goetheanismus gepflegt werden kann»*, zu einer Wissenschaft, die auch nichtmechanische Gebiete mechanistisch betrachten will und insofern *«prinzipiell verzichten will, auf das Wesen der Dinge einzugehen»* (S. 129f.). Im Mechanistischen hat man es mit dem Elementarsten zu tun, das den Vorzug besitzt, den *«Beherrschungstrieb gegenüber der Natur»* zu befriedigen (S. 130). Man wird von dort aus jedoch keine Brücke zum Menschen schlagen können. Eine solche setzt eine Phänomenologie bis hin zur sinnlich-sittlichen Wirkung – beispielsweise der Farbe – voraus, *«wo die Erscheinung [...] sogleich an den Menschen herangerückt wird»*. Von hier aus kann *«geisteswissenschaftlich weiter[ge]arbeitet»* werden, um in das *«vollständige Gebiet der Menschenerkenntnis und damit aber wiederum in das vollständige Gebiet der Naturerkenntnis»* zu gelangen (S. 132).

---

305 In: Rudolf Steiner (2005): Fachwissenschaften und Anthroposophie (GA 73a).

306 In: Rudolf Steiner (2005): Fachwissenschaften und Anthroposophie (GA 73a); auch in: Rudolf Steiner (1995): Die vierte Dimension. Mathematik und Wirklichkeit (GA 324a).

(RSt-36) –At– –Ph– Fragenbeantwortung Dornach 1. 4. 20 (öffentlich, akademischer Rahmen):[307] Die Physik ist *«gezwungen worden [...] in den letzten Jahren, abzusehen von dem alten Materiebegriff»*. Elektronen- und Ionentheorie haben dazu geführt, *«eine gewisse Identität»* zwischen freier und materiegebundener Elektrizität anzuerkennen. *«Dadurch schmolz der Materiebegriff zusammen mit dem Begriff der elektrischen Effekte»* (S. 145). *«Hat man den Willen, einzugehen auf die wirklichen Phänomene, dann beginnen die Phänomene eigentlich ihre eigene Sprache zu sprechen»* (S. 147). Es ist *«missverstandener Kantianismus»*, zu meinen, *«dass man nicht eindringen kann von der Außenwelt der Erscheinungen in das Wesen der Dinge»* (S. 147f.). Wenn ich die Phänomene wie Buchstaben zu lesen vermag, *«wenn ich die Phänomene betrachte, wie sie sich gegenseitig aufhellen, so wie sich die Dunkelheit aufhellt, dann wird das Lesen der Phänomene zum Sprechen und drückt dasjenige aus, was in dem Wesen der Dinge Lebendiges ist»* (S. 148). *«Derjenige, der wirkliche Phänomenologie treibt, der kommt eben durch das wirkliche Phänomenologietreiben auf die Wesenheit der Dinge»* (S. 148f.). Goetheanismus und *«anthroposophisch orientierte Geisteswissenschaft»* bringen gegenüber der Lehre vom durch Erkenntnis nicht erreichbaren *«Ding an sich»* den *«ungeheuren Fortschritt»*, *«wiederum zu einer inneren Beziehung des Menschen zu dem Wesenhaften in der Welt»* zu führen (S. 149).

(RSt-37) –At– Vortrag Dornach 7. 4. 20 (öffentlich, akademischer Rahmen):[308] Der Materialismus des 19. Jahrhunderts kann, anders als oft gesagt, nicht als überwunden gelten, solange man nicht andere Welterklärungen als das *«Herleiten der Erscheinungen aus dem Atomistischen»* hat. Die bloße Überzeugung, es gebe *«noch etwas anderes als atomistische Wirkungen»*, genügt nicht. Es kommt nicht auf die Überzeugungen an, sondern auf die Seelenhaltung, darauf, *«welche Richtung unser Geist einnimmt»*, wenn wir versuchen, die Welt zu erklären: Ist man imstande, *«andere Welterklärungen zur Richtschnur*

---

307 In: Rudolf Steiner (2005): Fachwissenschaften und Anthroposophie (GA 73 a).

308 In: Rudolf Steiner (2005): Fachwissenschaften und Anthroposophie (GA 73 a); auch in: Rudolf Steiner (1989): Physiologisch-Therapeutisches auf Grundlage der Geisteswissenschaft (GA 314), 3. Aufl.

seines Geistes zu machen als das Herleiten der Erscheinungen aus dem Atomistischen»? (S. 167f.)

(RSt-38) –Ph– –At– Vortrag Dornach 24.4.20 (Mitglieder):[309] *«Das ist ja überhaupt der Fehler unserer Weltenbetrachtung von heute, dass wir nirgends hinschauen auf den Makrokosmos, dass wir uns niemals bewusst werden, worin die Kräfte liegen, die wir beobachten. […] Der heutige Physiker oder Chemiker sagt, es gibt Moleküle; die Moleküle bestehen aus Atomen. Die Atome haben Kräfte, durch die sie aufeinander wirken. Das ist eine Vorstellung, die eigentlich ganz und gar nicht der Wirklichkeit entspricht. In Wahrheit ist es beim kleinsten Molekül so, dass auf dieses Molekül der gesamte Sternenhimmel wirkt. Nehmen wir an, hier wäre ein Planet, dort wäre ein Planet und so weiter, dann Fixsterne. Die Fixsterne senden Kräfte herein. Diese Kräfte […] schneiden sich in der mannigfaltigsten Weise, bilden Schnittpunkte. Die Planeten senden auch ihre Kräfte herein, die sich schneiden, so dass in diesem Molekül überall nichts anderes ist als die Zusammenfassung der Kräfte des Makrokosmos. Es ist die Sehnsucht der heutigen Wissenschaft, endlich die Mikroskopie so weit zu treiben, dass man die Atome in einem Molekül betrachten kann. Diese Betrachtungsweise muss aufhören. Statt mikroskopisch die Struktur des Moleküls untersuchen zu wollen, schaue man sie an draußen im Sternenhimmel, in der Konstellation des Sternenhimmels; das Kupfer in der einen, das Zinn in der andern Konstellation. Man schaue an die Struktur der Moleküle, die sich nur abspiegelt im Molekül, draußen im Makrokosmos. Statt bei allem ins Kleinste hineinzugucken, sollte man den Blick hinauswenden ins Größte, denn da ist zu suchen dasjenige, was im Kleinsten lebt»* (S. 122f.).

(RSt-39) –Ph– –At– Vortrag Dornach 24. 5. 20 (öffentlich):[310] Du Bois-Reymond[311] formulierte in den 1870er Jahren eine Erkenntnisgrenze. *«Jenseits dieser Grenze liegt aber die materielle Welt, liegen die Atome,*

---

309 In: Rudolf Steiner (1987): Entsprechungen zwischen Mikrokosmos und Makrokosmos (GA 201), 2. Aufl.

310 In: Rudolf Steiner (1993): Die Philosophie des Thomas von Aquino (GA 74), 4. Aufl.

311 Emil Du Bois-Reymond (1818–1896), deutscher Physiologe, hielt 1872 vor der Versammlung der «Gesellschaft Deutscher Naturforscher und Ärzte» in Leipzig seine sog. «Ignorabimus-Rede» über die Grenzen des Naturerkennens, auf die sich Steiner häufig bezieht.

liegt dasjenige, wovon Du Bois-Reymond sagt: Man weiß nicht, was das ist, was als Materie im Raume spukt» (S. 86).

(RSt-40) –Ph– –At– Vortrag Stuttgart 17. 6. 20 (öffentlich, akademischer Rahmen):[312] Naturwissenschaft führt zu *«Grenzbegriffe[n] wie Atom, Materie und so weiter»*, über die sie mit ihren Methoden nicht hinauskommt. An diesen Grenzbegriffen beginnt die Arbeit des anthroposophischen Geisteswissenschaftlers, der *«in dem, was ich Meditation nenne [...], in einen gewissen inneren Kampf kommt, in ein inneres Kämpfen des Lebens mit diesen Begriffen»*, das *«für ihn nicht unfruchtbar»* bleibt (S. 20f.).

(RSt-41) –Ph– Aussprache Stuttgart 17. 6. 20 (öffentlich, akademischer Rahmen):[313] Geisteswissenschaft will Phänomenologie sein, *«die nicht dabei stehenbleibt, die einzelnen Phänomene zusammenzusetzen, sondern sie zu lesen im Zusammenhang der Phänomene»*. Dabei werde *«nicht gesündigt dadurch, dass man spekulierend über die Phänomene hinausgeht, sondern man fragt ihnen ab, ob sie nicht nur in Einzelheiten, sondern im Zusammenhang für eine gewisse innere Tätigkeit etwas zu sagen haben»* (S. 79).

(RSt-42) –Ph– –At– Vortrag Bern 8. 7. 20 (öffentlich, akademischer Rahmen):[314] *«Anthroposophische Forschungsmethodik»* geht von zwei *«Eckpfeilern»* aus, dem methodisch umgewandelten Erkennen an den Grenzen der Naturerkenntnis und einer streng systematischen Schulung in Bezug auf das eigene Leben und seine Erkenntnis (S. 85 – 98). Dabei *«steht Anthroposophie durchaus auf dem Boden jener gewissenhaften Forschung, welche der Naturforschung selber ganz bestimmte Grenzen setzt, wie überhaupt anthroposophisch orientierte Weltanschauung in vollem Einklange stehen will mit alledem, was Naturwissenschaft in berechtigter Weise zutage fördert»* (S. 85). An Grenzbegriffen wie Atom, Materie, Kraft oder Stoff wird nicht in gewohnt intellektualistischer Weise weitergearbeitet, sondern

312 In: Rudolf Steiner (2010): Das Verhältnis der Anthroposophie zur Naturwissenschaft (GA 75).

313 In: Rudolf Steiner (2010): Das Verhältnis der Anthroposophie zur Naturwissenschaft (GA 75); auch in: Rudolf Steiner (2005): Fachwissenschaften und Anthroposophie (GA 73 a).

314 In: Rudolf Steiner (2010): Das Verhältnis der Anthroposophie zur Naturwissenschaft (GA 75).

«in einer keineswegs konfusen oder schlechten mystischen Meditation, […] in einer systematischen, wohlgegliederten, durchaus streng durchgeführten und gewissenhaften Meditation» (S. 86 f.). *«Das beginnt dadurch, dass man zunächst streng übersichtliche, einfache Begriffe – sagen wir zunächst solche, die man sich selber gebildet hat, irgendwelche Symbole oder dergleichen – in den Mittelpunkt seines Vorstellungslebens stellt.»* Dabei kommt es nicht auf die Wahrheit dieser Begriffe oder Vorstellungen an, sondern darauf, was durch sie *«in unserem Seelenleben bewirkt wird»*. *«Dass wir gewissermaßen mit diesen Vorstellungen eine strenge Selbsterziehung, eine strenge Selbstzucht vollführen in unserem Intellekt, darauf kommt es an. Wir stellen daher solche Begriffe, die wir streng überschauen können, solche, die wir uns selbst gebildet haben oder die wir uns von erfahrenen Geistesforschern raten lassen, in den Mittelpunkt unseres Seelenlebens. Wir versuchen zunächst für unser Bewusstsein alles andere auszuschalten, nur dieses Bewusstsein einzig und allein auf solch streng überschaubare Begriffe zu konzentrieren.»* Entgegen dem, dass dabei *«unsere leiblichen Vorstellungen, unsere Erinnerungsvorstellungen von allen Seiten […] herbeifliegen und eigentlich diese unsere innere Methodik zernichten möchten […] müssen wir immer größere und größere Kraft aufwenden. Und auf das Aufwenden dieser Kraft kommt es an; es kommt darauf an, dass wir den Willen hineintreiben […] in das Vorstellungsleben»* (S. 87f.). *«Jahrelange Anstrengung»* in derartigen Übungen führt dazu, sich nicht länger intellektuell spekulierend zu den Grenzbegriffen zu verhalten, sondern an ihnen Erlebnisse zu haben, *«die wir sonst nur erleben, […] wenn wir äußerlich lieben oder wenn wir sonst im Kampfe des äußeren Lebens drinnen stehen»*. An diesen Erlebnissen *«erkennt man, dass es ein Seelisches an sich gibt»* und dass dieses Seelische die *«physische Organisation unseres Gehirns»* von außen bearbeitet, vergleichbar den Fußtritten, die aufgeweichtes Erdreich bearbeiten (S. 89–91).

Der zweite Eckpfeiler anthroposophischer Erkenntnismethodik besteht darin, sich in *«streng systematische[r] Selbstzucht»* willentlich neue *«Eigenschaften […] ein[zu]verleiben»* und so nun umgekehrt zum ersten Eckpfeiler *«den Intellekt hinein[zu]tragen in mein Leben, in dasjenige Wollen, das sonst gewöhnlich an mir nur vorbeifließt, indem ich mich passiv dem Leben hingebe»*. Man lernt dadurch, das Wollen im Vollzug zugleich zu beobachten, *«wie man sonst bloß die äußere Natur beobachtet»*, und erkennt, wie der menschliche Wille im Leiblich-Physischen waltet (S. 95–97).

(RSt-43) -At- -Ph- Vortrag Stuttgart 25. 7. 20 (Mitglieder):[315] Aus der Kenntnis der und dem Darinnenstehen in der materialistischen Wissenschaft muss man die Kraft gewinnen, diese umzuwandeln in eine spirituelle Wissenschaft. Der Materialismus ist wertvoll und darf nicht verachtet werden, denn man kann ihn *«metamorphosieren in spirituelles inneres Seelenleben»*. Er ist ein Ausgangspunkt für Anthroposophie, die man *«nicht aus dem blauen Dunst heraus»* entwickeln kann (S. 97). Man muss jedoch die *«Grundempfindung»* ausbilden, dass das sinnlich Wahrgenommene *«nicht die Realität ist und dass darinnen gar nicht die Realität gesucht werden darf, dass es also grundfalsch ist, wenn man innerhalb dieser äußeren Wahrnehmungswelt Atome und Moleküle sucht als Realitäten, auch in dem Sinne, dass sie Denkmünzen sein sollen. Darauf sind ja manche Vertreter der Wissenschaft besonders stolz, dass sie sagen, sie nehmen gar nicht in den Atomen und Molekülen eine Realität an, sondern nur Gedankenformen, gewissermaßen Gedankenpunkte, die im Raume sind. Aber darauf kommt es nicht an, ob man materielle Punkte oder solche Gedankenpunkte in den Atomen annimmt, sondern darauf, ob man ausgeht von einem lebendigen Erfassen geistiger Wesenheiten [...] Sobald man ausgeht von atomistischen Vorstellungen, steckt man schon in einem in den Untergang hineinführenden Materialismus darinnen. Zurecht kommt man mit der Wahrnehmungswelt nur, wenn man sie als Phänomen, als Erscheinungswelt auffasst. Was uns durch die Sinne entgegentritt, 'ist etwas, worinnen die Materie gar nicht ist»* (S. 97f.). Wir dürfen deswegen auch nicht *«irgend etwas von Materie»* in den Erscheinungen suchen. *«Dahinter steckt keine Materie»*, so wenig wie im Regenbogen (S. 98). Stattdessen sollten wir das äußerlich durch die Sinne Entgegentretende *«als ein Phänomen, als eine Erscheinung auffassen, wenn es auch noch so derb auftritt [und] auch beim Quarzkristall nur sprechen von einem Phänomen; wir dürfen nicht hineinphantasieren irgendeine materielle Realität, gleichgültig wie es sich auch die heute auf Abwegen wandelnde Naturanschauung vorstellt. Also was wir als ‹materielle› Erscheinungen vorfinden, sind*

315 In: Rudolf Steiner (1996): Gegensätze in der Menschheitsentwicklung (GA 197), 3. Aufl.

gar keine materiellen Erscheinungen, ist gar keine Materie in Wirklichkeit. Das sind eben nur Erscheinungen; sie sind das, was kommt und geht aus einer anderen Wirklichkeit heraus, die wir nicht fassen, wenn wir sie uns nicht geistig denken können. Das ist die eine Empfindung, die wir entwickeln müssen: nicht die Materie in der äußeren Welt zu suchen!» (S. 99).

(RSt-44) –At– –Ph– Vortrag Stuttgart 30. 7. 20 (Mitglieder):[316] Zwei Tatsachen sind geisteswissenschaftlich anzuerkennen: Erstens ist es unmöglich, zu denken, *«Materie, Stoff seien in der den Menschen umgebenden Außenwelt zu finden»*. Man ist *«im Irrtum»*, solange man glaubt, außen *«durch irgendwelche Wissenschaft [...] Materie und ihre Gesetze, ihr innerliches Gefüge, ihr Wesen finden zu können»*. Darin bestand der Irrtum des Materialismus, nicht darin, überhaupt von Materie zu sprechen (S. 113). Die *«wesentliche Berichtigung»* durch Geisteswissenschaft wird in der Einsicht bestehen, dass, *«wie weit wir auch den Bereich unserer Sinnesbeobachtung dehnen, wir [...] nirgends etwas finden [können] von dem, was die Materie und ihre innere Struktur, ihre Gesetzmäßigkeit ist. Wir müssen uns klar sein, dass uns in der Außenwelt nur vorliegt dasjenige, was man im Orient Maja nennt, dasjenige, was wir Erscheinungswelt, phänomenale Welt nennen, und dass wir, wohin wir auch blicken, etwas Materielles in dieser Außenwelt nicht finden können»* (S. 113 f.).

Zweitens muss man einsehen, dass wir das Materielle *«in unserem eigenen Inneren finden [...] wenn wir im einseitigen abstrakten Sinn Mystiker werden. Denn dasjenige, was aufsteigt in unserem Bewusstsein als Inhalt einer gewissen Mystik, dasjenige, was wir da zu erleben glauben, ist nichts anderes als [...] die Flamme, die innerlich angezündet wird durch unsere materiellen organischen Prozesse. Und derjenige denkt eigentlich richtig, der die Mystik des Tauler, des Meister Eckhardt*[317] *so auslegt, dass diese Geister mit einer besonderen inneren Erlebnismöglichkeit das Materielle in ihrem Inneren, so wie es sich entzündet zur Bewusstseinsflamme, zu interpretieren wussten und dass sie durch Mystik das Materielle fanden. Ehe man nicht weiß,*

---

316 In: Rudolf Steiner (1996): Gegensätze in der Menschheitsentwicklung (GA 197), 3. Aufl.

317 Johannes Tauler (um 1300 bis 1361), Meister Eckhardt (Eckhart von Hochheim, um 1260 bis 1328), Theologen und Mystiker.

dass man durch äußere Beobachtung nur das Phänomenale, die Maja, und durch innere Beobachtung nur Materielles und seine Flamme findet, kommt man nicht zu einer wirklichen Klarheit vom Wesen der Welt und vom Stehen des Menschen in der Welt. Wir dürfen nicht in der Außenwelt durch Naturwissenschaft das Materielle suchen, wir müssen innerlich durch Mystik das Materielle suchen; denn da sind seine Gesetze» (S. 114).

«*Wir finden, wenn wir die äußere Wahrnehmungswelt überschauen, nur Phänomene, nur Erscheinungen und nicht etwas, worin diese [...] wurzeln; denn worin sie wurzeln, das liegt innerhalb unserer eigenen Haut. Dasjenige, was wir außen sehen, ist genauso zu bewerten wie dasjenige, was wir am Regenbogen sehen. Wie derjenige falsch sieht, der glaubt, der Regenbogen sei etwas anderes als ein Phänomen, sei etwas, was sich da ausspannt als eine Materialität, so ist im Irrtum auch derjenige, der glaubt – weil die andern ihn umgebenden Wahrnehmungen neben den anderen Sinnen auch den Gefühlssinn berühren, während man den Regenbogen durchgreifen kann [...], es wären die Erscheinungen, die uns umgeben, nicht Erscheinungen, sondern Materialität. Sie unterscheiden sich vom Regenbogen nur dadurch, dass sie auch andere Sinne berühren; aber Materialität ist in ihnen ebensowenig zu finden wie im Regenbogen. Äußerlich ist alles Erscheinung*» (S. 116).

(RSt-45) –Ph––At– Vortrag Dornach 6.8.20 (Mitglieder):[318] Die Anschauung, alle Außenwelt sei zunächst äußere Erscheinung, wird nicht tief genug genommen. Sie wird auf den Regenbogen angewendet, aber nicht mehr auf das, was der Tastsinn gibt. Doch «*in der Außenwelt haben wir es überall mit Erscheinungen zu tun, mit Phänomenen [...] einem Gewebe von Erscheinungen*» (S. 16). «*Und wer es versucht, sei es durch das Experiment, sei es durch irgendwelche Kombinationen verstandesmäßiger Art, da draußen im Reiche der Erscheinungen etwas von Materie zu finden, so wie man sich Materie vorstellt, der ist auf dem Holzwege. Es gibt da draußen nichts, was man als Materie auffinden könnte. Da hat man es mit Erscheinungswelt zu tun*» (S. 16f.). Der Mensch kann jedoch «*durch das ganze Gefüge seines Geistes dazu kommen, in dem Gewebe, in dem Wogen der Phänomene, der*

318 In: Rudolf Steiner (1985): Geisteswissenschaft als Erkenntnis der Grundimpulse sozialer Gestaltung (GA 199), 2. Aufl.

Erscheinungen Materie suchen zu wollen, da draußen irgend etwas suchen zu wollen von Atomen, Molekülen und so weiter, welche Ruhepunkte sind in der Erscheinung». Dabei kommt es nicht darauf an, «*ob man sie sich als kleine Schrotkörner oder als Kraftpunkte oder als mathematische Fiktionen denkt, es kommt darauf an, ob man sich die Außenwelt atomistisch denkt*» (S. 17). Unter geisteswissenschaftlichem Blickwinkel ist dies «*nicht bloß unrichtig*», sondern Geisteswissenschaft «*hat es mit Realitäten zu tun*» und muss «*das Denken, das so vorgeht, daher als ein ungesundes, als ein krankes Denken auffassen*» (S. 17f.). «*Es ist für uns nicht bloß logisch unrichtig, atomistisch zu denken, es ist der Ausdruck eines schwachsinnigen Geistes, bloß atomistisch zu denken, das heißt in der Außenwelt etwas anderes zu suchen als dasjenige, was Phänomene sind*» (S. 18).

(RSt-46) –Ph– Vortrag Dornach 8. 8. 20 (Mitglieder):[319] Uns umgibt die geistige Welt. «*Aber der Mensch ist gewissermaßen herausgedrängt aus der geistigen Welt. Was da hinter den Sinnen ist, nimmt er ja erst wahr, wenn er durch sein Geistig-Seelisches den Leib verlässt. Aber es drückt sich ab durch die Sinne: Es erscheinen uns die Intuitionen durch den Ich- und den Gedankensinn, aber nur die Abdrücke davon; die Inspirationen durch den Wortesinn und den Hörsinn, aber wiederum nur die Abdrücke davon; die Imaginationen durch den Wärmesinn und den Sehsinn, und ein wenig durch den Geschmackssinn, aber abgetönt, hereingenommen, ins Sinnliche verwandelt.*» Indem das zu Imaginierende, zu Inspirierende, zu Intuierende «*in uns eindringt, wird es zu unserer Sinneswelt.*

Sie sehen: Atome sind nicht da draußen, wie es sich die Materialisten phantasieren, sondern da draußen ist die Welt des Imaginativen, des Inspirierten, des Intuitiven. Und indem diese Welt auf uns wirkt, entstehen die Abdrücke davon in den äußeren Sinneswahrnehmungen» (S. 52f.).

(RSt-47) –Ph– –At– Vortrag Dornach 14. 8. 20 (Mitglieder):[320] Die «*dogmatischen Anhänger der naturwissenschaftlichen Weltanschauung*» unterliegen der «*Täuschung*», nicht zu erkennen, «*dass hinter dem*

---

319 In: Rudolf Steiner (1985): Geisteswissenschaft als Erkenntnis der Grundimpulse sozialer Gestaltung (GA 199), 2. Aufl.

320 In: Rudolf Steiner (1985): Geisteswissenschaft als Erkenntnis der Grundimpulse sozialer Gestaltung (GA 199), 2. Aufl.

Sinnenschleier nicht Materie, nicht Stoff, nicht dasjenige, was die Naturwissenschaft Kraft nennt, vorhanden ist, sondern durch und durch geistig-seelische Wesenheit. Es ist auch heute von mir noch mit aller Schärfe dasselbe zu betonen, was ich in meinem Kommentar zum dritten Bande von Goethes naturwissenschaftlichen Schriften, zu Goethes ‹Farbenlehre› hervorgehoben habe.[321] *Da draußen ist der Farbenteppich der Welt […] und da draußen sind die andern Empfindungen. Hinter diesen stecken nicht Atome, stecken nicht Moleküle, hinter diesen stecken geistige Wesenheiten. Was aus diesen geistigen Wesenheiten an die Oberfläche getrieben wird, das lebt sich aus im Farbenteppich der Welt […] und in all den andern Empfindungen, die uns die Welt vermittelt.»* Die *«dogmatischen Anhänger der naturwissenschaftlichen Weltanschauung […] durchschauen das nicht»* und beginnen *«zu spekulieren, was hinter den Farben, der Wärme und so weiter steckt»* und kommen *«zu einer stofflichen Konstruktion der Welt»*. *«Die ist immer, wenn sie scheinbar noch so gut gegründet ist, wie die moderne Ionentheorie, nur erspekuliert, und man darf nicht hinter die Sinneswelt hinspekulieren, man darf hinter der Sinneswelt nur durch eine höhere, durch eine geistige Welt Erlebnisse haben,*

321 Vgl. Johann Wolfgang von Goethe (1890): Naturwissenschaftliche Schriften, 3. Bd., herausgegeben und eingeleitet von Rudolf Steiner. In: Joseph Kürschner (Hg.): Deutsche National-Litteratur. Historisch kritische Ausgabe, Bd. 116, Goethes Werke XXXV, Stuttgart: Union Deutsche Verlagsgesellschaft. Reprint im Rahmen der Rudolf Steiner Gesamtausgabe als GA 1c, 1982. Außerdem in: Rudolf Steiner (1987): Einleitungen zu Goethes naturwissenschaftlichen Schriften (1884–97/posthum 1926, GA 1), 4. Aufl. Die Passage, auf die Steiner sich hier bezieht, lautet: «Das sinnenfällige Weltbild ist die Summe sich metamorphosierender Wahrnehmungsinhalte ohne eine zugrundeliegende Materie» (GA 1, S. 274, dazu S. 266–275). Steiner setzt hiervon dann die «Materie als Phänomen, als Erscheinung» ab: «Mit der obigen Ausführung ist natürlich nur jener Begriff der Materie getroffen, den die Physik ihren Betrachtungen zugrundelegt und den sie mit dem alten, ebenfalls unrichtigen Substanzbegriff der Metaphysik identifiziert. Etwas anderes ist die Materie als das den Erscheinungen zugrundeliegende eigentlich Reale, etwas anderes die Materie als Phänomen, als Erscheinung. Auf den ersten Begriff allein geht unsere Betrachtung. Der letzte wird durch sie nicht berührt. Denn wenn ich das den Raum Erfüllende ‹Materie› nenne, so ist das bloß ein Wort für ein Phänomen, dem keine höhere Realität als andern Phänomenen zugeschrieben wird. Ich muss mir dabei nur diesen Charakter der Materie stets gegenwärtig halten» (ebd., S. 274f.).

sonst muss man bei den Phänomenen stehenbleiben. Die Sinneswelt ist eine Summe von Phänomenen und sie muss als eine Summe von Phänomenen begriffen werden» (S. 74f.)

(RSt-48) –At– –Ph– Vortrag Dornach 15. 8. 20 (Mitglieder):[322] In Zukunft wird man auf die alte Anschauungsweise zurückkommen, die Urteile nicht als falsch oder richtig, sondern als gesund oder krank charakterisiert hat. *«Man wird jemanden, der zum Beispiel Atome und Moleküle in der äußeren Welt sucht, statt geistige Wesenheiten hinter dem Schleier des Sinnlichen zu sehen, als krankhaft urteilend bezeichnen; man wird finden, dass er an einer gewissen Art von Krankheit der Seele leidet, die man als Schwachsinn bezeichnen kann. Schwachsinnig wird man die Anschauung finden, dass die äußere Welt nicht im Goetheschen Sinne ‹Phänomen› ist, sondern dass dahinter so etwas wie reale Atome oder Moleküle verborgen seien. Schwachsinnig, nicht falsch, wird man das nennen, weil man finden wird, dass das aus einer unzulänglichen Organisation des ganzen Menschen hervorgeht»* (S. 80).

(RSt-49) –At– –Ph– Vortrag Dornach 20. 8. 20 (Mitglieder):[323] Das Suchen *«nach materiellen Realitäten, zum Beispiel nach Atomen, nach Molekülen und dergleichen»* hinter den Erscheinungen der sinnlichen Außenwelt ist *«etwas völlig Unbegründetes»*. Was steht hinter der Welt der Erscheinungen? *«Da sind nicht materielle Atome dahinter, da sind dahinter geistige Wesenheiten, da ist Geistigkeit dahinter»*, und es *«bedeutet viel, dies anzuerkennen; denn es bedeutet ja, dass wir zugeben: Wir sind nicht in einer materiellen Welt, sondern wir sind in einer Welt geistiger Realitäten!»* (S. 95f.).

(RSt-50) –At– –Ph– Vortrag Dornach 18. 9. 20 (Mitglieder):[324] *«Überall wo wir hinblicken, insbesondere dann, wenn wir den Menschen ins Auge fassen, finden wir, dass der Welt geistige Kräfte zugrundeliegen, und wir verstehen den Menschen erst dann, wenn wir die Wechselwirkung dieser geistigen Kräfte wirklich ins Auge fassen. Das wird diese Menschheit gegen die Zukunft hin aufnehmen. Dann wird sie nicht*

322 In: Rudolf Steiner (1985): Geisteswissenschaft als Erkenntnis der Grundimpulse sozialer Gestaltung (GA 199), 2. Aufl.

323 In: Rudolf Steiner (1985): Geisteswissenschaft als Erkenntnis der Grundimpulse sozialer Gestaltung (GA 199), 2. Aufl.

324 In: Rudolf Steiner (1985): Geisteswissenschaft als Erkenntnis der Grundimpulse sozialer Gestaltung (GA 199), 2. Aufl.

begreifen können, wie einmal ein Zeitalter hat dazu kommen können, zu sagen: Da breitet sich eine Sinneswelt aus, in dieser Sinneswelt wirken Atome, wirken Moleküle, kleine Körperchen, deren Aneinanderstoßen durch gewisse Bewegungen des Lichtes oder der Elektrizität hervorgerufen werden sollen. – Nein, da wirken nicht Atome und Moleküle, da wirken geistige Kräfte! Hinter dem, was sinnlich ist, wirkt der Geist. Das wird der große Umschwung sein, dass der Mensch nicht mehr glauben wird, er ginge durch eine Nebelwolke von Atomen und Molekülen, sondern dass er sich bewusst sein wird, er geht mit jedem Schritt durch geistige Welten, und geistige Welten sind es, die in ihm leben, geistige Welten sind es, die ihn aufbauen, die ihn umgestalten. Gerade so, wie uns der materialistische Glaube, wie uns die bloße Post-mortem-Lehre hineingeführt hat als letzte Konsequenz in das, was jetzt im Osten Europas vorgeht, so wird uns hineinführen die Geistlehre in ein wirklich menschenwürdiges zukünftiges Dasein. Aber nur diese, einzig und allein diese kann zu einem wirklichen sozialen Aufbau führen» (S. 289f.).

(RSt-51) –Ph– –At– Vortrag Dornach 28. 9. 20 (Mitglieder, Hochschulkurs):[325] An der Sinneswelt bildet der Mensch klare, aber inhaltsleere Begriffe aus, die dann zum Rätsel werden, zum Beispiel den Begriff der Materie. Dieses Begriffsvermögen genügt noch nicht für den Phänomenalismus im Sinne Goethes, den Goetheanismus (S. 26), aber es erlaubt, Begriffe hinter der erscheinenden Natur zu denken, indem wir den *«Sinnesteppich gleichsam mit unseren Begriffen durchstechen […] und hinter ihm durch unsere Begriffe noch etwas konstruieren […] aus den klar gewonnenen Begriffen heraus Atome, Moleküle, dasjenige, was hinter den Erscheinungen der Natur sein soll, Bewegungen innerhalb der Materie»* (S. 26f.). Ich gebrauche meine Begriffe dann nicht allein dazu, *«um für mich eine Erkenntnisordnung in dieser Sinneswelt zu begründen»*, sondern ich *«durchstoße die Grenze der Sinneswelt»* und verhalte mich wie *«ein Schüler der trägen Materie»* und *«rolle mit meinen Begriffen hinter die Sinneswelt noch hinunter und konstruiere mir da eine Welt, an der ich dann wiederum zweifle, wenn ich merke, dass ich nur meiner Trägheit gefolgt bin mit meinem ganzen Denken»* (S. 27). Goethe wollte jedoch *«streng stehenbleiben*

325 In: Rudolf Steiner (1981): Grenzen der Naturerkenntnis (GA 322), 5. Aufl.

an dieser Grenze», «*innerhalb des Phänomenalismus*», und wollte «*innerhalb der Sinneswelt die Begriffe anwenden*» und «*aus den komplizierten Phänomenen einfache heraussuchen, […] durch die er nicht hineinrollte in ein Gebiet, in das man nur durch träges Fortrollen, durch ein gewisses geistiges Beharrungsvermögen hineinkommt*» (S. 28).

(RSt-52) –Ph– –At– Vortrag Dornach 29. 9. 20 (Mitglieder, Hochschulkurs):[326] Der «*Phänomenalismus im Goetheschen Sinne*» will «*die Phänomene nur nach unseren errungenen klaren Vorstellungen, Begriffen und Ideen gewissermaßen zusammenfassen, systematisierend rationell beschreiben und so weiter*», aber nicht «*noch eine Weile fortrollen hinter die Phänomene mit unseren Begriffen und Ideen und dadurch zur Statuierung einer Welt kommen, zum Beispiel einer Welt von hinterphysischen Atomen, Molekülen und so weiter, die dann im wesentlichen […] eine ausgedachte Welt ist, eine Welt, hinter der sich sogleich der Zweifel einschleicht, sodass wir wiederum auflösen, was wir erst als ein theoretisches Gewebe gesponnen haben*» (S. 33 f.).

(RSt-53) –At– –Ph– Vortrag Dornach 1. 10. 20 (Mitglieder, Hochschulkurs):[327] Um ein Wissen zu finden, «*das zu gleicher Zeit zurück die Natur beleuchtet, aber vorwärts weist nach dem sozialen Leben*», muss sich der Geistesforscher zu den beiden Erkenntnisgrenzen zum Materiellen und zum Bewusstsein hin stellen, nach dem Materiellen hin so, dass er, «*statt dass man in Trägheit das Erkennen fortrollen lässt, um allerlei mechanistische, atomistische, molekularistische Weltbilder ins Metaphysische hinein auszudenken, dass man statt dessen an dieser Grenze stehenbleiben muss und entwickeln muss etwas, was im gewöhnlichen Menschenleben noch nicht vorhanden ist als Erkenntnisfähigkeit, […] die Inspiration*» (S. 62 f.). Diese entfalten sich zur Beobachtung und Erkenntnis «*einer wirklichen geistigen Welt*», die jetzt an die Stelle «*der leeren, ausgesogenen, metaphysierten Welt der Atome, der Moleküle*» tritt, als das, «*was in Wahrheit hinter den Erscheinungen der physisch-sinnlichen Welt steht*». Damit stehen wir jetzt so an dieser Grenze, dass uns daran «*der geistige Inhalt der Welt aufgeht*» (S. 63 – 66).

(RSt-54) –At– –Ph– Vortrag Dornach 3. 10. 20 (Mitglieder, Hochschul-

326 In: Rudolf Steiner (1981): Grenzen der Naturerkenntnis (GA 322), 5. Aufl.
327 In: Rudolf Steiner (1981): Grenzen der Naturerkenntnis (GA 322), 5. Aufl.

kurs):[328] In der Hingabe an die Sinneswelt erfahren wir zunächst *«äußeren Ton»*, *«äußere Farbe»*, aber *«durch diese Hingebung wirkt nicht dasjenige, wovon eine moderne Physik oder Physiologie träumt, Ätherbewegungen, Atombewegungen und dergleichen, sondern es wirkt Geist, es wirken die Kräfte, die uns erst hier in der physischen Welt zwischen Geburt und Tod zu dem machen, was wir als Menschen sind. [...] Gerade durch die Phänomenologie gelangen wir dazu, deutlich zu sehen, wie in der Außenwelt Geist ist. Nicht wenn wir eine abstrakte Metaphysik treiben, sondern gerade durch die Phänomenologie gelangen wir zu der Erkenntnis des Geistes, indem wir wahrnehmen, wenn wir das zur Bewusstheit erheben, was wir sonst unbewusst tun, indem wir wahrnehmen, wie durch die Sinneswelt das Geistige in uns eindringt und uns selber organisiert»* (S. 116).

(RSt-55) -Ph- -At- Vortrag Dornach 7. 10. 20 (Mediziner):[329] Es wird, in den Worten Eugen Koliskos, eine *«hypothesenfreie Chemie»* angestrebt, frei von unberechtigten Hypothesen (S. 14). Eine solche *«ist diejenige, die zu Vorstellungen kommt, bei denen, wenn man sie vollzieht, es sich einem einsichtsvollen Denken herausstellt, dass das ihm Zugrundeliegende überhaupt niemals wahrgenommen werden kann. Man muss dann die Vorstellungen, zu denen man kommt – und das sind die Vorstellungen über Atomistik, Molekularismus –, ausstatten mit solchen Ingredienzien, die niemals wahrgenommen werden können, sonst könnte man sie eben wahrnehmen»* (S. 15).

(RSt-56) -At- -Ph- Vortrag Dornach 5. 12. 20 (Mitglieder):[330] *«Wenn wir den Gedanken mit der Kraft des Hellsehens betrachten, wird Licht erlebt, Leuchtendes erlebt. Wenn wir den Willen mit der Kraft des Hellsehens betrachten, so wird er [...] Stoff. [...] Innerlich ist der Stoff Wille, wie das Licht innerlich Gedanke ist. Und äußerlich ist der Wille Stoff, wie der Gedanke äußerlich Licht ist.»* Mystisch in seine Willensnatur hinuntertauchend findet der Mensch nicht den Geist, sondern entdeckt *«die wahre stoffliche Natur des Menscheninneren. [...] Denn es ist nichts anderes als ein Untertauchen in den Stoff. [...] Die Natur-*

328 In: Rudolf Steiner (1981): Grenzen der Naturerkenntnis (GA 322), 5. Aufl.

329 In: Rudolf Steiner (1989): Physiologisch-Therapeutisches auf Grundlage der Geisteswissenschaft (GA 314), 3. Aufl.

330 In: Rudolf Steiner (1993): Die Brücke zwischen der Weltgeistigkeit und dem Physischen des Menschen (GA 202), 4. Aufl.

philosophen in der Gegenwart phantasieren ja nur, wenn sie sagen, dass der Stoff aus Molekülen und Atomen bestehe. Die wahre Natur des Stoffes findet man, wenn man mystisch in sich untertaucht. Da findet man die andere Seite des Willens, und die ist Stoff. Und in diesem Stoff, also in dem Willen, enthüllt sich im Grunde genommen dasjenige, was fortwährend beginnende, keimende Welt ist.

Sie schauen hinaus in die Welt: Sie sind vom Licht umflossen. In dem Lichte erstirbt eine vorzeitige Welt. Sie treten auf den harten Stoff auf – die Stärke der Welt trägt Sie. In dem Lichte erstrahlt gedanklich die Schönheit. In dem Erglänzen der Schönheit erstirbt die vorzeitige Welt. Die Welt geht auf in ihrer Stärke, in ihrer Kraft, in ihrer Gewalt, aber auch in ihrer Finsternis. In Finsternis geht sie auf, die zukünftige Welt, im stofflich-willensartigen Elemente.

Wenn die Physiker einmal ernsthaft reden werden, dann werden sie sich nicht jenen Spekulationen hingeben, in denen heute von den Atomen und Molekülen gefaselt wird, sondern sie werden sagen: Die äußere Welt besteht aus Vergangenheit, und im Inneren trägt sie nicht Moleküle und Atome, sondern Zukunft. Und wenn man einmal sagen wird: Uns erscheint strahlend die Vergangenheit in der Gegenwart, und die Vergangenheit hüllt die Zukunft überall ein –, dann wird man von der Welt richtig reden, denn die Gegenwart ist überall nur dasjenige, was Vergangenheit und Zukunft zusammen wirken. Die Zukunft ist dasjenige, was eigentlich in der Stärke des Stoffes liegt. Die Vergangenheit ist dasjenige, was in der Schönheit des Lichtes erglänzt, wobei Licht für alles Sich-Offenbarende gesetzt ist, denn natürlich, auch was im Tone erscheint, was in der Wärme erscheint, ist hier unter dem Lichte gemeint» (S. 77f.).

(RSt-57) –At– Vortrag Dornach 19. 12. 20 (Mitglieder):[331] *«[…] wie entfaltet sich denn, wenn der Wille immer mehr und mehr in Liebe entwickelt wird, im Menschen der Stoffwechsel? Indem der Mensch ein Handelnder ist, so, dass eigentlich der Stoff fortwährend überwunden wird. Und was entfaltet sich im Menschen, indem er sich als freies Wesen in das reine Denken, das aber eigentlich willensmäßiger Natur ist, hineinentwickelt? Es entsteht der Stoff. Wir sehen hinein in Stoffentstehung. Wir tragen selbst in uns dasjenige, was den Stoff*

331 In: Rudolf Steiner (1993): Die Brücke zwischen der Weltgeistigkeit und dem Physischen des Menschen (GA 202), 4. Aufl.

entstehen macht: unseren Kopf; und wir tragen in uns das, was den Stoff vernichtet, wo wir es sehen können, wie der Stoff vernichtet wird: unseren Gliedmaßen-, unseren Stoffwechselorganismus» (S. 211).

«[...] woran das gewöhnliche Bewusstsein so haftet, dass es sich gar nicht etwas anderes vorstellen kann, als dass es eine Realität ist», wird durch diese Betrachtung *«aufgelöst»*. *«[...] und wenn es schon nicht geht mit den äußeren Realitäten, so müssen es wenigstens die Atome sein, die starre Realitäten sind. Und weil man nicht mit seinen Gedanken loskommen kann von diesen starren Realitäten, so lässt man sie einfach durcheinandermischen, einmal so, einmal so. Das eine Mal wird es Wasserstoff, das andere Mal Sauerstoff, sie sind anders gruppiert, eben weil man nicht anders kann, als das, was man einmal in Gedanken festgehalten hat, auch festgehalten zu denken in der Realität.*

Es ist nichts anderes als eine Gedankenschwäche, der sich der Mensch hingibt, wenn er starre, ewige Atome annimmt. Was sich [...] aus dem Wirklichkeitsdenken ergibt, das ist, dass fortwährend aufgelöst wird bis in die Null hinein das Stoffliche. Nur weil, wenn Stoff vergeht, fortwährend neuer Stoff entsteht, redet der Mensch von einer Konstanz des Stoffes» (S. 211 f.).

1921

(RSt-58) –Ph– –At– Vortrag Stuttgart 7. 1. 21 (Mitglieder, Fachpublikum):[332] Das *«Hinneigen zu dem Quantitativen, bei dem man abstrahiert von dem Qualitativen»*, beginnt schädlich zu werden, weil es *«von der Wirklichkeit abführt»*. Wenn man von Zuständen spricht, in denen *«die Bedingungen des Hineingestelltseins des Menschen in die Umwelt»* aufgehoben werden, müssen auch die Begriffsbildungen innehalten. *«Es hat nicht den geringsten Sinn, Begriffsbildungen zu formulieren für Zustände, in denen man nicht sein kann.»* Der Geisteswissenschaftler will *«überall auch mit seinen Begriffen mit der Wirklichkeit verbunden sein»*, er geht *«niemals mit seinen Begriffsbildungen aus der Wirklichkeit heraus [...], wenigstens niemals stark, indem er immer wieder an die Wirklichkeit zurückgeht. [...] alle Schäd-*

332 In: Rudolf Steiner (1997): Das Verhältnis der verschiedenen naturwissenschaftlichen Gebiete zur Astronomie (GA 323), 3. Aufl.

lichkeiten der neuzeitlichen Hypothesenbildung beruhen ja im Grunde genommen auf diesem mangelnden Sinn für das Verbundensein mit der Wirklichkeit. Man würde viel eher zu dem, was unbedingt angestrebt werden muss, zu einer hypothesenfreien Auffassung der Welt kommen, wenn man sich durchdringen würde mit diesem Wirklichkeitssinn. Allerdings muss man dann auch wirklich dasjenige, was in der Erscheinungswelt gegeben ist, betrachten wollen. Das tut man ja heute nicht in Wirklichkeit. Würde man vorurteilslos die Erscheinungen betrachten, dann würde sich ein ganz anderes Weltbild ergeben, als heute vielfach da ist in dem wissenschaftlichen Leben» (S. 128f.).

(RSt-59) –Ph– –At– Vortrag Stuttgart 15. 1. 21 (öffentlich, akademischer Rahmen):[333] Geisteswissenschaft ist *«bemüht, innerhalb der anorganischen und organischen Naturwissenschaft den reinen Phänomenalismus auszubilden und ohne Spekulation, ohne zugrundegelegte atomistische oder andere Hypothesen rein die Vorgänge selbst darzustellen, wie sie sich darbieten.*

Phänomenologie, das ist das Ideal des wissenschaftlichen Strebens, das in der Anthroposophie vorliegt. Man will nicht von dem, was im Grunde genommen nur sich modifizierende Empfindungsinhalte sind, übergehen zu allerlei Wellenschwingungen und dergleichen, die hypothetisch angenommen, erspekuliert werden. Man will innerhalb der reinen Phänomene stehenbleiben, denn die besagen sehr viel. Und alles Gerede vom ‹Ding an sich› ist im Grunde genommen bodenlos. Da sagen die Leute zum Beispiel: Ja, aber aus den Phänomenen kann man doch nicht die zugrundeliegende Wirklichkeit sehen; ein Phänomen deutet ja immer auf das, was zugrundeliegt, und man muss daher über das Phänomen hinausgehen, also irgend etwas annehmen, was das Phänomen in Wechselwirkung mit der menschlichen Subjektivität hervorruft. – Diejenigen, die so sprechen, merken nicht, dass sie eine ganz falsche Denkweise anwenden. [...] Derjenige, der einzelne Buchstaben, zum Beispiel S, I, F, sieht, der wird sagen, diese S oder I oder F besagen nichts, die müssen auf etwas anderes deuten. – Wer einen Schriftzusammenhang, der ja auch nur aus einzelnen Buchstaben besteht, überschaut, wird nicht diesen Schriftzusammenhang auf irgend etwas, was dahinterliegt, beziehen – so nach dem Muster, dass

333 In: Rudolf Steiner (2005): Fachwissenschaften und Anthroposophie (GA 73a).

hinter den sinnlichen Erscheinungen die Atomwelt liegen soll –, er wird nicht diesen Buchstabenzusammenhang auf irgend etwas Ersonnenes, Dahinterstehendes beziehen, sondern er wird den Zusammenhang lesen, und er wird wissen, dass, wenn er den ganzen Zusammenhang hat, dieser ihn auf die entsprechende Wirklichkeit hinweist.

Es handelt sich auch darum, innerhalb der Welt der Naturphänomene diese Naturphänomene in ihrer Reinheit zu lassen, denn indem man Naturphänomene rein, so wie es der inneren Natur der Phänomene selbst entspricht, lesen lernt, lernt man hineinschauen in dasjenige, was der Wirklichkeit zugrundeliegt – nicht durch irgendein Spekulieren über ein ‹Ding an sich› oder die Voraussetzung irgendeines ‹Dinges an sich›, wie sie ja doch immer zugrundeliegt den atomistischen Theorien und Hypothesen» (S. 318–320).

(RSt-60) –Ph– Vortrag Stuttgart 16. 1. 21 (Mitglieder, Fachpublikum):[334] Eine «*wirkliche Wissenschaft*» muss danach streben, «*nicht Erscheinungen durch abstrakte Begriffe zu definieren, sondern Erscheinungen durch Erscheinungen zu definieren*». Das erfordert natürlich, «*dass man zuerst die Erscheinungen wirklich versteht [...] Das ist überhaupt das Charakteristische desjenigen, wonach gestrebt wird von anthroposophischer Geisteswissenschaft: Zum wirklichen Phänomenalismus zu kommen, Erscheinungen durch Erscheinungen zu erklären, nicht abstrakte Begriffe zu bilden, durch die die Erscheinungen erklärt werden; und auch nicht die Erscheinungen einfach hinzustellen und sie zu lassen, wie sie sind im zufälligen empirischen Tatbestand, denn da können sie nebeneinanderstehen, ohne dass sie einander irgendwie erklären können*» (S. 295f.).

Welche «*Tragweite*» hat dieses phänomenologische Streben? Es fehlt nicht an empirischem Material, sondern an «*Zusammenfassungsmöglichkeiten, die ja zu gleicher Zeit die Möglichkeiten sind, das eine Phänomen durch das andere Phänomen wirklich zu erklären. [...] Man muss aber den Willen entwickeln, so vorzugehen, wie wir hier vorgehen, dass man zuerst die Tendenz entwickelt, eine Erscheinung wirklich zu durchdringen. Diese Tendenz lässt man heute vielfach außer Acht. Daher wird in unserem Forschungsinstitut es sich in erster Linie nicht darum handeln, im Sinne der alten experimentellen*

---

334 In: Rudolf Steiner (1997): Das Verhältnis der verschiedenen naturwissenschaftlichen Gebiete zur Astronomie (GA 323), 3. Aufl.

Methoden weiter zu experimentieren, denn da ist eigentlich wirklich eine Überfülle von empirischem Material vorhanden, nicht zur Technik, wohl aber zum wirklichen Zusammenfassen. Es wird sich nicht darum handeln, die alten Experimentierrichtungen weiter fortzusetzen, sondern, wie ich ja auch in dem Wärmekurs im letzten Winter[335] *aufmerksam gemacht habe, handelt es sich darum, die Versuchsanordnungen anders zu machen. Wir werden nicht nur die Instrumente brauchen, die man heute in gewohnter Weise bei dem Optiker und so weiter kauft, sondern wir werden nötig haben, unsere Instrumente schon selbst zu konstruieren, damit wir andere Versuchsanordnungen haben, und die Phänomene so hinzustellen, dass das eine durch das andere erklärt werden kann. Wir müssen wirklich von Grund auf arbeiten. Dann wird sich aber auch eine Überfülle wiederum ergeben von demjenigen, was wirklich eine lichtvolle Perspektive darbieten kann. […] Wir brauchen neue Versuchsanordnungen […], denn mit den alten Versuchsanordnungen kommen wir über gewisse Fragen einfach nicht hinaus. Und auf der anderen Seite darf auch wiederum nicht auf Grundlage der Resultate, die durch die alten Untersuchungen gewonnen sind, einfach blind weiter spekuliert werden, sondern es müssen uns die experimentellen Ergebnisse immer wiederum die Möglichkeit geben, so viel wie möglich, wenn wir uns entfernt haben von den Tatsachen, zu den Tatsachen zurückzukehren. Wir müssen immer gleich die Möglichkeit finden können, wenn man an einen bestimmten Punkt gekommen ist mit den Versuchen, nicht weiter zu theoretisieren, sondern mit dem, was sich ergibt, sogleich zu der Beobachtung zu gehen, die dann eine erläuternde Beobachtung ist. Sonst wird man über gewisse Grenzen, die aber nur Augenblicksgrenzen der Wissenschaft sind, nicht hinauskommen»* (S. 296f.).

(RSt-61) –Ph– Vortrag Stuttgart 22. 3. 21 (öffentlich, Hochschulkurs):[336] *«Goethe gebraucht selbst bei der Anstellung seiner Versuche, bei seinen Beobachtungen, den Verstand in anderer Weise, […] so, wie wir ihn etwa […] anwenden im Lesen. Wir lesen so, dass wir ein Ganzes bilden aus den einzelnen Buchstaben, und dass, wenn wir zum Beispiel*

335 Vgl. Rudolf Steiner (2000): Geisteswissenschaftliche Impulse zur Entwicklung der Physik II («Wärmekurs», GA 321), 4. Aufl.

336 In: Rudolf Steiner (1991): Naturbeobachtung, Experiment, Mathematik und die Erkenntnisstufen der Geistesforschung (GA 324), 3. Aufl.

eine Zeile vor uns haben und es uns gelungen ist, ein Ganzes innerlich mit dem Bewusstsein zu ergreifen durch die einzelnen Buchstaben und Worte, wir dann das Rätsel aufgelöst haben, das uns diese Zeile aufgegeben hat» (S. 101). Man forscht beim Lesen nicht nach einem geheimnisvollen Jenseitigen, das hinter den Buchstaben steckt, sondern sieht sich die Buchstaben an und bildet daraus ein Ganzes. *«Goethe macht es so gegenüber den Phänomenen der Außenwelt. Er nimmt nicht irgendeine Lichterscheinung und philosophiert darüber, welche Schwingungszustände dahinterstecken können in irgendeinem Jenseitigen. Er gebraucht nicht seinen Verstand dazu, um zu spekulieren, was hinter den Phänomenen stecken könnte, sondern er gebraucht diesen Verstand gerade zu demselben, wozu wir ihn gebrauchen, wenn wir die Buchstaben zusammendenken. So gebraucht er den Verstand bloß als ein Mittel, um die Phänomene zu gruppieren, sodass sie sich gegenseitig selber wie lesen lassen in ihrer Zusammenfügung. Goethe gebraucht also den Verstand der äußeren physisch-mineralisch-phänomenologischen Welt gegenüber […] als ein kosmisches Lesemittel. Er redet gar nicht von irgendeinem Ding an sich, […] irgendetwas, das hinter den Phänomenen gesucht werden müsste und das dahinter stünde. Dadurch aber kommt er auch, ausgehend von den Urphänomenen, zu einer treuen Auffassung der Phänomene, die etwa verglichen werden können mit den Buchstaben der mineralisch-physischen Welt, bis zu den komplizierteren Phänomenen, die er entweder in der Beobachtung sucht, oder die er sich durch das Experiment zusammenstellt. Er liest dasjenige, was ausgebreitet ist im Raum und in der Zeit und gebraucht den Verstand ganz vorsätzlich nicht dazu, etwas hinter den Phänomenen zu suchen, sondern dazu, die Phänomene entweder in der Beobachtung so anzuschauen, dass sie sich gegenseitig aufhellen und in einem Ganzen sich selber aussprechen, oder aber um Experimente anzustellen, Versuchsanordnungen auszudenken. […] Dadurch, dass man eine solche Anschauungsweise gegenüber den Phänomenen sich zu eigen macht und immer mehr und mehr zu eigen macht und in dieser Auffassung der Außenwelt eben versucht, noch über Goethe – denn er stand ja im Anfange einer solchen Denkweise – hinauszukommen, dadurch erwirbt man sich ein gewisses Zusammengehörigkeitsgefühl, ein Zusammengehörigkeitserlebnis sogar mit den Phänomenen. Man lebt sich in einer viel intensiveren Weise in die Phänomene ein, als das der Fall ist, wenn man den Verstand sogleich dazu benützt, um eigentlich die Phänomene zu durchstechen und hinter ihnen allerlei zu suchen, das dann doch ausspintisiert im Grunde genommen ist. Natürlich trifft dasjenige, was ich sage, immer nur das Ausspintisierte selber»* (S. 101 f.).

Wenn man sich in dieser Weise nach und nach zu einem *«reinen Zusammenwachsen mit den Phänomenen der Außenwelt»* erzieht, ändert sich die Erinnerung an die Phänomene dahingehend, dass sich nun ein *«vollgesättigtes Bild in der Erinnerung»* einstellt, das nicht, wie in der heutigen (1921) Kultur üblich, *«außerordentlich stark an die Wortvorstellungen gebunden»* ist (S. 102 f.). Es treten nicht mehr *«bloß verblasste Erinnerungen»* auf, sondern *«tatsächlich scharf konturierte Bilder, denen gegenüber man aber die innere Freiheit so erhält, wie sonst den gewöhnlichen Erinnerungsvorstellungen gegenüber»*. Wenn man *«merkt, wie an solchem Erinnern die Interessiertheit an der Außenwelt wächst, wie [...] das intime Zusammenleben mit allerlei kleinen Details der Außenwelt»* ins Bewusstsein dringt, wie die Erinnerungen *«so objektiv wie sonst ein Erlebnis»* auftreten und man das Gefühl bekommt, *«solche Erinnerungen streicheln zu können oder solche Erinnerungen furchtbar ärgern zu können»*, dass *«überhaupt das Seelenleben so lebendig wird in solchen Bilderinnerungen, wie es werden kann, wenn das Erleben der Außenwelt selbst da ist, dann hat man die Kraft verstärkt, welche man braucht, um nun das, was imaginative Vorstellungen sind, in der richtigen Weise im Bewusstsein festzuhalten»* (S. 103).

Anschließend kann man üben, *«solche Imaginationen fortzuschaffen, so dass man gewissermaßen in das leere Bewusstsein immer wieder und wiederum untertaucht. Es ist eine Übung, die außerdem in einem stark das Gefühl der inneren Freiheit lebendig macht, wenn man durch Willkür solche Vorstellungen im Bewusstsein präsent macht, dann wiederum herausschafft und auf diese Weise eine Art inneren Rhythmus im Meditieren, im Konzentrieren, im Aufstellen von Vorstellungen und Fortschaffen von Vorstellungen hervorruft. Man ruft dadurch eine starke innere Beweglichkeit der Seele hervor* [...]

Wenn man dann dazu kommt, auf diese Weise das Vergessen auch zu verstärken, wenn man also dieselbe Tätigkeit, die sonst unwillkürlich im Vergessen ausgeübt wird, wenn man diese, sagen wir, negative Tätigkeit nun auch wirklich durch Willkür geregelt innerlich aus-

zuüben vermag, dann erst merkt man, wie das, wovon man vorher wusste, es ist Bild der Wirklichkeit, es ist Imagination, jetzt erfüllt wird von dem, was uns zeigt: dasjenige, was da im Bilde auftritt, ist Realität, geistige Realität. Man ist gekommen bis zu jenem Abgrunde, der einem gewissermaßen von der anderen Seite des Daseins entgegenleuchten lässt die geistige Realität, die aller äußeren physisch-sinnlichen Realität eben doch mit eingegliedert ist. So sehen Sie, dass es eigentlich zunächst nötig ist, sich in klarer Art an der Außenwelt den Sinn anzueignen, den man haben muss, um ein richtiges Verhalten zu diesen Imaginationen zu haben. Wer über Phänomene nur spekulieren will, gewissermaßen sie durchstechen will und dahinter dasjenige, was erst die reale Wirklichkeit sein soll, erspekulieren will, der wird geschwächt in der Kraft des Festhaltens von Imaginationen und auch des Behandelns von Imaginationen» (S. 103f.).

(RSt-62) –Ph– Vortrag Dornach 4.4.21 (öffentlich, Hochschulkurs):[337] *«Gerade derjenigen Naturerkenntnis, die heute immerdar besonders damit prunkt, dass sie das Naturphänomen rein auffasst, gelingt es kaum, das Naturphänomen rein aufzufassen, das heißt, es nicht mehr, gar nicht mehr zu durchdringen mit dem Gedankengewebe desjenigen, was nur im Begriffe, innerlich subjektiv, gemacht ist. – Es werden ja noch immer über den äußeren Phänomenverlauf allerlei Hypothesen aufgestellt, nicht nur berechtigte, sondern unberechtigte.*

Aber ein Mensch hat doch in der neueren Zeit scharf betont, und zwar verhältnismäßig früh, dass diese neuere Zeit in Bezug auf das Betrachten der äußeren natürlichen Vorgänge nach dem reinen Phänomen, nach der reinen Phänomenologie hinstreben muss. Und das war Kants Antipode Goethe. Er hat verlangt, dass die Phänomene, die Erscheinungen rein sich selbst aussprechen. Er hat scharf betont, dass dasjenige, was sich in der Verstandesentwicklung abspielt, durchaus ferne bleiben muss demjenigen, was man als Beschreibung der Phänomene und des phänomenalen Verlaufs selber hinstellt. Und in allerschärfster, in bewunderungswürdiger Weise fordert Goethe wiederholt diesen reinen Phänomenalismus» (S. 40).

---

337 In: Rudolf Steiner (1977): Die befruchtende Wirkung der Anthroposophie auf die Fachwissenschaften (GA 76), 2. Aufl.

(RSt-63) –Ph– Vortrag Dornach 6. 4. 21 (öffentlich, Hochschulkurs):[338] Goethe wollte «*die Verstandes- und Vernunftkraft nicht so angewendet wissen [...], dass sie der Wissenschaft einen eigentlichen Inhalt gibt, dass man gewissermaßen aus der Verstandes- oder Vernunftkraft heraus etwas über das Sein als solches aussagt, sondern so, dass diese Verstandes- oder Vernunftkraft nur dazu verwendet wird, die Phänomene so angeordnet zu denken, dass das eine Phänomen das andere erklärt. Dann hat man also, indem man sich seines Verstandes oder seiner Vernunft bedient, nichts hinzugetragen zu dem, was die Phänomene selber aussprechen.*

Es handelt sich darum, wenn man rein den Verstand anwenden will, dass man dann auch rückhaltlos vorschreitet zu einer reinen Phänomenologie, das heißt, den Verstand nur dazu benützt, ein Phänomen reinlich anzuschauen, nichts anderes zu tun, als es eben zu reinlichem Anschauen zu bringen, und dann das andere dazugehörige Phänomen danebenzustellen; so dass durch diese Anordnung der Phänomene – was dann im Experiment auch zur praktischen Ausführung kommt – die Phänomene selbst veranlasst werden, dass sie sich gegenseitig erklären. Der Verstand hat also bloß eine ordnende, eine gewissermaßen real methodologische Bedeutung, keine qualitative Bedeutung. Aus ihm darf im Goetheschen Sinne nichts hervorgehen, was irgendwie über das Sein selbst etwas aussagt.» Der Verstand muss «*in einer gewissen Weise [...] resignieren, wie Goethe das in seinen eigenen Forschungen tun wollte, auch wenn es bei ihm nicht überall zur Ausführung gekommen ist*» (S. 99f.). Von der reinen Phänomenologie, die er zum Beispiel in der Farbenlehre angewendet hat, strebte Goethe dann weiter «*zu dem, was er seine Morphologie nannte, zu der Erfassung des Sich-Gestaltenden. Er ist nur bis zu einem gewissen Grade der Erkenntnis gekommen. Was er inauguriert hat, das muss fortgesetzt werden*» (S. 109). Seine Betrachtungsweise hat «*bis zu einem hohen Grade, wenn auch nicht ganz, für das unbewusste Pflanzenreich ausgereicht*», nicht aber für die «*Metamorphose des tierischen Reiches*». Hier muss man «*zu etwas noch Geistigerem hinkommen [...], als die bloße Gestalt ist: zu dem, was innerlich die*

338 In: Rudolf Steiner (1977): Die befruchtende Wirkung der Anthroposophie auf die Fachwissenschaften (GA 76), 2. Aufl.

Bewusstheit mit der Empfindungs- und Willenswelt – nun im inspirierten Erkennen – erfassen kann» (S. 109f.).

(RSt-64) –Ph– –At– Vortrag Stuttgart 23. 5. 21 (öffentlich):[339] *«Für denjenigen, der sich durch Imagination und Inspiration hinaufringt [...]*[340] *zu einer übersinnlichen Erkenntnis, hört die Annahme auf zu gelten, dass hinter den sinnenfälligen Erscheinungen Atome sind. Ganz gleichgültig, ob man im älteren Sinne, wo man mehr elastische oder auch starre Atome annahm, oder wie jetzt, wo man mehr von Ionen oder Elektronen spricht, ganz gleichgültig, welcher Art der Atomismus ist, die Annahme solcher Atome, die die Materie konstituieren sollen, die geradezu die Substanzialität des Materiellen darstellen sollen, diese Annahme verliert ihren Sinn. Sie erscheint eben einfach als ein Unding. Und das, was uns von der Sinneswelt geblieben ist, wollte ich einstmals charakterisieren in dem dritten Bande meiner Ausgabe der Naturwissenschaftlichen Schriften Goethes*[341], *wo ich sagte: Alles, was man überschaut in der Außenwelt und worinnen man sich erkennend zu ergehen hat, sind die Inhalte der Sinneswahrnehmungen, sind die Phänomene selber. Denn, geht man hinter die Phänomene mit geisteswissenschaftlicher Anschauung, so findet man nicht Atome im Sinne der Physiker oder Physiologen, sondern man findet wesenhaft Geistiges. Die äußere Welt ist durch Geistiges konstituiert, und zwar nicht etwa durch jene Kräfte, wie wir sie auch der Rechnung zugrunde zu legen suchen. Es sind also nicht etwa jene Zentralkräfte, die gewöhnlich angenommen werden von der mathematischen Physik, um die Konstitution des Materiellen darzustellen. Wir werden statt dessen durch geistigere Anschauungsweise nach außen hin zum Geiste, nach innen hin aber zu einer zunächst materiellen Auffassung getrieben. Indem wir heute von unserem gegenwärtigen, durch die Menschheit errungenen historischen Standpunkte zu solchen Erkenntnissen aufsteigen, tun wir das vollbewusst. Wir überschauen den Schritt, den wir da machen, wir wissen, indem sich unsere Erkenntnis metamorphosiert, wird uns die Außenwelt durchgeistigt, wird uns das Innere*

339 In: Rudolf Steiner (1989): Die Naturwissenschaft und die weltgeschichtliche Entwicklung seit dem Altertum (GA 325), 2. Aufl.

340 Steiner verweist hier auf seine Vortragsreihe «Grenzen der Naturerkenntnis» (GA 322); vgl. oben (RSt-51) bis (RSt-54).

341 Siehe Anm. 321.

vermaterialisiert. Und wir ergreifen damit nun auch ein metamorphosiertes Bild der Welt, in der wir sind und die wir selbst sind. Wir beziehen dann dieses Bild, das wir da bekommen, auf unsere gewöhnliche Anschauung, die in Verstandesbegriffen lebt, wir drücken sie durch solche Verstandesbegriffe aus, und das macht gerade, dass wir bewusst in der einen und in der anderen Anschauung der Welt drinnen leben» (S. 121 f.).

(RSt-65) –Ph– –At– Vortrag Stuttgart 24. 5. 21 (öffentlich):[342] «*Seit der Mitte des 15. Jahrhunderts, da der Mensch im schattenhaften Verstande lebt und eigentlich auch sein ganzes Seelendasein als ein Schattenhaftes erlebt, seit dieser Zeit war der Mensch ganz angewiesen auf die äußere Natur. Und so kam er allmählich dazu, die äußeren Erscheinungen der Natur experimentell nicht nur so zu untersuchen, wie sie Goethe, der noch zugleich von antikem Geiste durchseelt war, untersuchte, sondern hinter den Phänomenen etwas zu suchen, was im Grunde genommen auch nur eine Art Phänomen ist, was aber da nicht hineinversetzt werden darf. Der Mensch kam zum Atomismus. Der Mensch kam dazu, hinter der Sinneswelt noch eine andere, unsichtbare Sinneswelt, kleinere Wesen, dämonische Wesen, die Atome zu denken. Statt zu einer geistigen Welt überzugehen, ging er zu einem Duplikat der sinnlichen Welt, wiederum zu einer sinnlichen, aber fiktiven Welt über, und dadurch erstarrte sein Erkenntnisvermögen für die äußere Sinneswelt*» (S. 158).

(RSt-66) –Ph– –At– Vortrag Zürich 4. 6. 21 (öffentlich, akademischer Rahmen):[343] Auf dem geisteswissenschaftlichen Erkenntnisweg, wo man mit dem gewöhnlichen Denken nicht mehr weiterkommt, «*kann einem so recht zu Hilfe kommen, wenn man im Goetheschen Sinne [...] das Denken nicht dazu verwendet, Hypothesen auszuspinnen, sondern nur die Phänomene zusammenzustellen*». Damit kommt man «*nicht zum Gebiet der Atome – nicht zu Atomen, nicht zu Elektronen und so weiter, die bis zu einem gewissen Grade berechtigt sind, soweit eben die äußere Erscheinung in Betracht kommt. Man kommt auf [die] physikalisch-naturwissenschaftliche Betrachtungs- und For-*

342 In: Rudolf Steiner (1989): Die Naturwissenschaft und die weltgeschichtliche Entwicklung seit dem Altertum (GA 325), 2. Aufl.

343 In: Rudolf Steiner (2010): Das Verhältnis der Anthroposophie zur Naturwissenschaft (GA 75).

schungsart eben nur an die äußeren Erscheinungen heran. Wenn man diese dagegen rein als Phänomene darstellt, dann kann man so zu dem hinter dem Phänomen Stehenden vordringen – zu dem wir selbst in unserem ewigen Wesenskern gehören –, dass man in das Imaginative, Inspirative, Intuitive aufsteigt» (S. 150f.).

(RSt-67) –Ph––At– Vortrag Dornach 1.7.21 (Mitglieder):[344] In der Natur gibt es neben den Kristallgestalten auch solche, in denen sich «*Kohlenstoff, Wasserstoff, Sauerstoff, Stickstoff und Schwefel miteinander verbinden*» und die «*nicht immer eine äußerliche Kristallisation haben, aber eine innerliche Konfiguration*». Diese wird sogar «*in der neueren Zeit [...] angedeutet durch die bekannten Strukturformeln der Chemie*» (S. 88). Man macht dabei immer die «*Voraussetzung*»: «*Die Moleküle [...] werden immer komplizierter und komplizierter, je mehr man aus dem mineralischen Unorganischen zum Organischen heraufkommt. [...] Und man betrachtet es als ein Ideal der Naturwissenschaft, darauf zu kommen, wie nun diese einzelnen Atome in den komplizierten organischen Molekülen verbunden sein können [...], wie Atom an Atom lagert in dem Organischen, in dem lebendigen Molekül. – Aber das Geheimnis besteht darin: Je organischer ein Stoffzusammenhang wird, desto weniger bindet sich chemisch das eine an das andere, desto chaotischer werden die Stoffe durcheinandergewirbelt; und schon die gewöhnlichen Eiweißmoleküle, meinetwegen in der Nervensubstanz, in der Blutsubstanz, sind eigentlich im Grunde genommen innerlich amorphe Gestalten, sind nicht komplizierte Moleküle, sondern sind innerlich zerrissene anorganische Materie, anorganische Materie, die sich entledigt hat der Kristallisationskräfte, der Kräfte überhaupt, die die Moleküle zusammenhalten, die die Atome aneinandergliedern. Das ist schon in den gewöhnlichen Organmolekülen der Fall, und am meisten ist es der Fall in den Embryomolekülen, in dem Eiweiß des Keimes*» (S. 88f.).

(RSt-68) –Ph– Vortrag Dornach 2.7.21 (Mitglieder):[345] «*Bloß äußerliche Anatomie und Physiologie*» führen zu der «*törichten Anschauung*», Leber und Lunge ließen sich in derselben Weise untersuchen. «*Man*

344 In: Rudolf Steiner (1987): Menschenwerden, Weltenseele und Weltengeist I (GA 205), 2. Aufl.

345 In: Rudolf Steiner (1987): Menschenwerden, Weltenseele und Weltengeist I (GA 205), 2. Aufl.

legt auf den Seziertisch die Leber neben die Lunge und betrachtet diese als gleichwertiges Organ, die in gleicher Weise aus Zellen bestehen und so weiter. Da kann man überhaupt nichts herausbekommen über diese Dinge, und zwei Organsysteme, die so voneinander verschieden sind wie Lunge und Leber, die kann man nicht bloß auf ihre Konfiguration aus Zellen heraus so äußerlich studieren, wie das notwendigerweise nach den heutigen Anschauungen geschehen muss» (S. 98).

Durch die in der Geisteswissenschaft beschriebenen Methoden und Übungen dagegen *«verstärkt sich die gewöhnliche Erkenntnis, die wir haben, durch die wir hinausschauen durch die Sinne in die Umwelt und durch die wir hinblicken in unser Inneres, wo wir dann unser Denken, Fühlen, Wollen zunächst überblicken. Und wenn wir diese Erkenntnis erweitern, [...] wie das eben durch die Übungen möglich ist [...], dann verändert sich zunächst unser Anblick gegenüber der äußeren Welt, und zwar so, dass sich uns als Nächstes dieses ergibt: Man sieht ein, es ist ein völliger Unsinn, so von Atomen zu reden, wie es die gegenwärtige Weltanschauung tut. Dasjenige, was da hinter den Sinnesanschauungen ist, hinter den Sinnesqualitäten, hinter Gelb, Rot, hinter Cis, hinter G und so weiter, das sind nicht Schwingungen, sondern das ist geistige Wesenhaftigkeit. Die Welt nach außen hin wird immer geistiger, je weiter wir in der Erkenntnis vordringen. So dass man wirklich aufhört, alle jene Konstruktionen ernst zu nehmen, welche aus chemischen oder sonstigen Vorstellungen geholt sind. Aller Atomismus wird einem gründlich ausgetrieben, wenn man die Erkenntnis nach außen erweitert. Hinter den Sinneserscheinungen ist geistige Welt. Wenn wir dagegen durch solch eine erweiterte Erkenntnis tiefer in das Innere hineinblicken, dann tritt [...] nicht jenes verworrene mystische Schauen auf, das ja allerdings einen Übergang bildet, das seine gute Berechtigung hat, [...] sondern [...] eine psychische Erkenntnis der Organe. Wir lernen wirklich unser Inneres erkennen. Während nach außen unsere Erkenntnis sich immer mehr spiritualisiert, materialisiert sie sich zunächst nach dem Inneren zu. Nach dem Inneren zu wird nicht der nebulose Mystiker, sondern der wirkliche Geistesforscher eben die einzelnen Organe erkennen lernen; er lernt den differenzierten menschlichen Organismus kennen. Wir gelangen nicht anders in die geistige Welt als auf dem Umweg durch das Anschauen unserer inneren Materialität. Ohne dass man Lunge, Leber und so weiter kennenlernt, lernt man auch nicht auf dem Umwege durch das Innere irgendeinen geistigen Enthusiasmus kennen, der also aus der Verworrenheit der gewöhnlichen Mystik herausarbeitet und zu einer konkreten Erkenntnis der inneren Organe des Menschen hinarbeitet»* (S. 98f.).

(RSt-69) –At– Vortrag Dornach 3. 7. 21 (Mitglieder):[346] «*Wenn Ahriman weiterwirken könnte, wie er es seit dem Jahre 1845 ja ganz besonders gekonnt hat, dann würden zunächst die menschlichen Gehirne immer steifer und steifer werden, und die Menschen würden wie unter Zwangsgedanken leben, unter materialisierten Gedanken, [...] nicht bewegliche Gedanken [, sondern] ganz fixierte Gedanken»* (S. 127). Das ist «*schon im hohen Grade vielfach gegenwärtig erreicht [...] Und Ahriman bemüht sich, das immer zu steigern, immer mehr die Gedanken zu Zwangsgedanken zu machen. Und ein solches wirksames Produkt dieser Zwangsgedanken auf wissenschaftlichem Gebiete ist der Atomismus. Da wird hinter dem Sinnenschleier nicht Geist vermutet, sondern lauter Atome, überall schwingende Atome, wirbelnde, schwingende Atome. Natürlich können Sie mit nichts anderem hinter diesen Sinnenschleier kommen als mit den Gedanken. Aber Ahriman hat die Leute schon so verwirrt, dass sie ihre Gedanken schon materialisiert haben. Sie glauben nicht mehr daran, dass sie eigentlich da nur eine Welt von Gedankenatomen konstruieren, sondern sie betrachten das als Wirklichkeit; sie setzen also die Gedanken da hinaus. Das ist durchaus ahrimanisierte Welt. Wir haben heute eine ahrimanisierte Wissenschaft, eine durch und durch ahrimanisierte Wissenschaft. [...]*[347] *Dem muss natürlich entgegengearbeitet werden, und das kann nur dadurch geschehen, dass unsere Begriffe wiederum zur Bildlichkeit gebracht werden, dass wir also nicht bloß arbeiten mit abstrakten Begriffen, sondern dass wir unsere Begriffe zur Bildlichkeit bringen»* (S. 127–130).

(RSt-70) –Ph–At– Vortrag Dornach 15. 7. 21 (Mitglieder):[348] Physik und gegenwärtige Weltanschauung sagen: Hinter dem Sinnesteppich sind

---

346 In: Rudolf Steiner (1987): Menschenwerden, Weltenseele und Weltengeist I (GA 205), 2. Aufl.

347 Im Text folgt ein längeres Beispiel für das Gesagte aus Steiners persönlicher Erfahrung.

348 In: Rudolf Steiner (1987): Menschenwerden, Weltenseele und Weltengeist I (GA 205), 2. Aufl.

«Atome und die wirbeln –, und nachher [...] da wirbeln sie weiter, da ist gar kein Sinnesteppich, sondern irgendwie im Auge oder im Gehirn [...], da rufen sie dann die Farben und die Töne und so weiter hervor.» Dabei geht man von der *«Illusion»* aus, man könne *«dieses riesige Heer von Atomen konstatieren, das da von den Chemikern so in militärischer Denkweise angeordnet wird, sagen wir zum Beispiel, da steht Unteroffizier C, dann zwei Gemeine, C, O, O, und dann noch ein Gemeiner als ein H»*. Wenn man sich dagegen *«dieser Illusion nicht hingibt, sondern stehenbleibt bei der Wirklichkeit, dann weiß man: Der Sinnesteppich ist ausgebreitet, da draußen sind die Sinnesqualitäten, und das, was ich noch über dasjenige, was in den Sinnesqualitäten liegt, mit dem Bewusstsein umfasse, das sind eben Gedanken. [...] Dass diese von Wesen getragen werden, darüber werden wir noch sprechen. Aber man kommt zu dem, was wir in unserem Bewusstsein haben, nur dahinter mit den Gedanken. Die Kraft aber, zu denken, die haben wir aus unserem vorgeburtlichen Leben beziehungsweise aus dem Leben vor unserer Empfängnis»* (S. 193 f.).

«Warum ist es so, dass wir hinter den Sinnesteppich mit unseren Gedanken hinuntergelangen, wenn unsere Gedanken doch aus unserem vorgeburtlichen Leben stammen? Sehr einfach: weil dahinter dasjenige ist, was gar nicht in der Gegenwart ist, sondern was in der Vergangenheit ist, was der Vergangenheit angehört. Das, was unter dem Sinnesteppich ist, ist in der Tat ein Vergangenes, und wir sehen das nur richtig, wenn wir es als ein Vergangenes anerkennen. Die Vergangenheit wirkt herein in unsere Gegenwart, und aus der Vergangenheit heraus sprießt dasjenige, was uns in der Gegenwart erscheint. Stellen Sie sich eine Wiese vor, die beblumt ist. Sie sehen das Gras als grüne Decke, Sie sehen die blumige Ausschmückung der Wiese. Das ist Gegenwart, aber das wächst aus der Vergangenheit hervor. Und wenn Sie durch das hindurchdenken, dann haben Sie darunter nicht eine atomistische Gegenwart, dann haben Sie in Wirklichkeit darunter die Vergangenheit als verwandt mit dem, was von Ihnen selber aus der Vergangenheit herstammt» (S. 194 f.).

(RSt-71) –Ph– Vortrag Darmstadt 27. 7. 21 (öffentlich):[349] Grenzen in der Erkenntnis der äußeren Welt und infolgedessen zum anderen Men-

---

349 In: Rudolf Steiner (1997): Die Aufgabe der Anthroposophie gegenüber Wissenschaft und Leben (GA 77 a).

schen veranlassen uns, Liebe zur Welt und zum anderen Menschen zu entwickeln. Diese Liebe zur Erkenntniskraft weiterzuentwickeln, führt zur Erkenntnis der Welt, in der wir zwischen Einschlafen und Aufwachen leben. *«Wir erleben einen Zustand, der in einer gewissen Weise ähnlich ist dem zwischen Einschlafen und Aufwachen, wir erleben aber diesen Zustand in vollem Bewusstsein. Da erleben wir eine neue Außenwelt. Da erleben wir keine atomistische Welt, die der äußeren Sinneswelt zugrundeliegt, sondern da erleben wir eine geistige Welt»* (S. 38).

(RSt-72) –Ph– Fragenbeantwortung Darmstadt 28. 7. 21 (öffentlich):[350] Reiner Anschauungsunterricht in der Schule hat *«mit Phänomenologie, mit Phänomenalismus [...] nichts zu tun: um einen ordentlichen Phänomenalismus auszubilden, muss man erst recht denken können»* (S. 77).

(RSt-73) –Ph– Vortrag Darmstadt 30. 7. 21 (öffentlich):[351] Die Entwicklung der Naturwissenschaft ist in den letzten Jahrzehnten in eine Weltbetrachtung eingelaufen, *«die ganz und gar von der Beobachtung elektrischer Erscheinungen hergenommen ist. An die Stelle der bloß elastischen Atome [...] ist das heutige Bild der Elektronen getreten»*. Innerhalb des *«immer mehr und mehr um sich greifenden materialistischen Anschauen[s] der Umwelt, das ja doch eigentlich in der Elektronenlehre seine Triumphe feiert, [...] innerhalb desjenigen, was wir in der Elektronenlehre finden, finden wir eben den Menschen nicht»* (S. 160).

(RSt-74) –At– Diskussionsvotum Dornach 8. 8. 21 (Mitglieder, Fachpublikum):[352] Zur Erklärung des diskontinuierlichen Energiespektrums der von Metallen bei Bestrahlung mit ultraviolettem Licht emittierten Elektronen wird die Quantentheorie herangezogen, die besagt, *«es breite sich das Licht atomistisch aus»* (S. 14).

(RSt-75) –Ph– Vortrag Stuttgart 6. 9. 21 (öffentlich):[353] *«Denn gerade, wenn man sich auf dem Gebiete der reinen Naturwissenschaft auf das*

---

350 In: Rudolf Steiner (1998): Erziehung zum Leben (GA 297 a).

351 In: Rudolf Steiner (1997): Die Aufgabe der Anthroposophie gegenüber Wissenschaft und Leben (GA 77 a).

352 In: Rudolf Steiner (2000): Geisteswissenschaftliche Impulse zur Entwicklung der Physik I («Lichtkurs», GA 321), 4. Aufl.

353 In: Rudolf Steiner (1986): Anthroposophie, ihre Erkenntniswurzeln und Lebensfrüchte (GA 78), 3. Aufl.

Phänomenale beschränkt, wenn man in der Lage ist, jene innere Resignation des Denkens zu üben, die notwendig ist, um nicht nebulosen Mystizismus zu treiben, sondern phänomenalistisch die Tatsachenwelt verfolgt, dann kommt man dazu, das Denken überhaupt für die äußere Forschung nur, ich möchte sagen, als Arbeitsmittel zu gebrauchen, gar nicht als irgend etwas Konstitutives, als irgend etwas, was über die äußere Sinneswelt anders etwas aussagen kann, als dass es die Phänomene dieser äußeren Sinneswelt ordnet, so dass sie selbst ihre Geheimnisse ausspricht, wie das durchaus im Sinne des Goetheanismus liegt. Dann aber, wenn man diese Resignation übt, dann kommt man eben für dieses Feld der Forschung an eine Grenze. Und an dieser Grenze fängt man nicht an, philosophisch zu spekulieren, allerlei auszudenken über Transzendentes, das erschlossen werden soll, sondern man fängt an, jene inneren Kämpfe und Überwindungen zu erleben, welche das Denken jetzt nicht zum Spekulieren anregen, sondern ihm gewissermaßen ein Lebenselixier einflößen, so dass dieses Denken sich umwandelt in jene Anschauungen, die dann in den Imaginationen auftreten, und dass es herankommen kann an die Welt, die es durch Spekulieren niemals, sondern nur dadurch erreichen kann, dass es sich eben metamorphosiert zu übersinnlichem Schauen» (S. 155 f.).

(RSt-76) –Ph– –At– Vortrag Dornach 22. 10. 21 (Mitglieder):[354] In dem Sinnesteppich, der für das gewöhnliche Bewusstsein vorhanden ist, liegt Geistiges: *«diejenige Summe von Wesenheiten, die Sie in meiner ‹Geheimwissenschaft im Umriss›[355] zusammengefasst finden als die Geister der Form. Alles, was uns räumlich erscheint, hat eine gewisse Form. Auch die Farbenoberfläche eines Dinges ist es ja, die dem Ding die Form gibt. In demjenigen, was wir da im Raume sinnesgemäß erleben, leben die Geister der Form, dieselben Wesenheiten, welche im Alten Testament genannt werden die Elohim. Das sind ja die Geister der Form»* (S. 34).

(RSt-77) –Ph– Vortrag Basel 2. 11. 21 (öffentlich, akademischer Rahmen):[356] Über den mathematischen Ansatz in den Naturwissenschaf-

---

354 In: Rudolf Steiner (1992): Anthroposophie als Kosmosophie II (GA 208), 3. Aufl.

355 Rudolf Steiner (1989): Die Geheimwissenschaft im Umriss (GA 13), 30. Aufl.

356 In: Rudolf Steiner (2010): Das Verhältnis der Anthroposophie zur Naturwissenschaft (GA 75).

ten hinaus führt die Möglichkeit, «*in einer erkenntnistheoretischen Weise, die Goethe selber noch nicht hat geben können –, die Goethesche Morphologie erstens zu erfassen und zweitens auch zu vertiefen*». Mit der Ausbildung des imaginativen Vorstellens beginnt man «*zu begreifen, was Goethe eigentlich gemeint hat, als er seine Urpflanze, also eine innerlich-geistig erfasste Form, die all den verschiedenen äußerlich mannigfaltigen Pflanzengestalten zugrundeliegt, entwickelte. Wenn man diese Urpflanze gefasst hat, so sagte er, könne man theoretisch in der verschiedensten Weise Pflanzen mit der Möglichkeit des Wachstums erfinden, das heißt, man könne den Naturprozess innerlich nachschaffen. Man hat einen innerlichen Seelenprozess, durch den man – dem Naturprozess voraus – aus der einen Urpflanze die verschiedensten Pflanzenformen hervorgehen lassen kann, innerlich nachschaffen kann, so wie die Natur aus der einen typischen Urpflanze die mannigfaltigsten Pflanzenformen schafft. Da hat Goethe schon den Übergang gewonnen von dem reinen abstrakten Denken zu [einem] ‹Denken in Formen› […] zu einer wirklichen Morphologie*» (S. 225f.). «*Goethe ist auf subjektive Weise zu seiner Morphologie gekommen, hat sie auch nur bis zu einem gewissen Grade ausgebildet. Dasjenige aber, was man auf systematische Weise ausbildet, indem man den Willen, der sonst nur in der Sinneswahrnehmung lebt, hineintreibt in das Vorstellungsleben, was man da ausbildet als imaginatives Vorstellen, das ist ein Denken in Formen […] in innerer Bildhaftigkeit. Und dieses Denken in innerer Bildhaftigkeit macht uns nach außen hin die Pflanzenwelt erklärlich, […] nach innen hin die Einheit unseres gesamten Lebens zwischen Geburt und Tod*» (S. 227f.).

(RSt-78) –At– –Ph– Vortrag Oslo 27. 11. 21 (Mitglieder):[357] Mit unserem Wachbewusstsein bleiben wir immer an der Oberfläche der Sinneswelt, auch wenn wir sie zerteilen, bis hin zu Molekülen und Atomen, wir kommen nicht in das wirkliche Innere der Dinge. Im Schlaf dagegen sind wir in der Wirklichkeit der Dinge, jenseits des Sinnesteppichs, wissen aber nichts davon. Stattdessen träumen wir von Atomen, Molekülen und anderem dahinter, «*aber das sind eben nur Träume, Träume des wachen Bewusstseins. Man erfindet Moleküle,*

357 In: Rudolf Steiner (1982): Nordische und mitteleuropäische Geistimpulse (GA 209), 2. Aufl.

Atome, die Wirklichkeiten sein sollen. Aber […] selbst die sorgfältigste neuere Beschreibung der Atome: nichts anderes ist das als kleine Dinger, die nach dem Muster dessen beschrieben werden, was an der Oberfläche der Dinge wach erlebt wird. Es ist eine Erdichtung, die herausgenommen wird aus dem, was im wachen Bewusstsein diesseits des Sinnesteppichs erlebt wird.»

Im Schlaf hingegen erleben wir jenseits des Sinnesteppichs die Geistwelt, wie wir wachend diesseits die Natur erleben. Unser Bewusstsein ist jedoch zunächst «*nicht stark genug, um in diese geistige Welt einzudringen. Dasjenige aber, was uns in der Geisteswissenschaft entgegentritt als Imagination, Inspiration, Intuition, das liefert uns Kenntnisse von dem, was da jenseits des Sinnesteppichs liegt. Und das erste, was wir entdecken, das ist die unterste Stufe jener Welt, die wir die Welt der Hierarchien nennen*» (S. 34f.).

(RSt-79) –Ph– Vortrag Oslo 29.11.21 (öffentlich, vor dem Theologischen Verein):[358] Anthroposophie muss «*darauf aufmerksam machen, wie das, was die starre, naturwissenschaftliche Notwendigkeit gibt, für ihre übersinnliche Erkenntnis zum bloßen Phänomen wird, wie die Welt, die wir mit den Augen schauen, mit den Ohren hören, eben aufgeht in Phänomenalismus. […] Anthroposophie sucht den Beweis zu liefern, dass wir in dem, was wir sehen, es gar nicht mit einer materiellen Welt zu tun haben, sondern dass wir es da zu tun haben mit einer Welt der Phänomene. Und in übersinnlicher Erkenntnis verliert die sinnliche Welt gewissermaßen von ihrer starren Dichtigkeit, es verliert aber auf der anderen Seite die ethisch-religiöse Welt auch von ihrer Abstraktheit, von ihrem der sinnlichen Notwendigkeit Entrücktsein. Es nähern sich die beiden Welten. Die ethisch-religiöse Welt wird realer, die sinnlich-physische Welt wird phänomenaler. Und nicht durch eine Spekulation, nicht durch eine abstrakte philosophische Methode, sondern durch ein wirkliches Erleben wird eine Welt aufgebaut, die über unsere gewöhnliche Sinneswelt hinausliegt. Und diese Welt, die gesucht wird, die hat nicht mehr jenen Gegensatz zwischen Idealem und Realem. Beide haben sich genähert. Die Naturgesetze, möchte ich sagen, werden moralisch in dieser Welt, die moralischen Gesetze verdichten sich zu einem natürlichen Geschehen*» (S. 209 f.).

---

358 In: Rudolf Steiner (1988): Die Wirklichkeit der höheren Welten (GA 79), 2. Aufl.

(RSt-80) –Ph– –At– Aufsatz in «Das Goetheanum. Wochenschrift für Anthroposophie», 18. 12. 21:[359] *«Bei Leibniz*[360] *findet man noch den Ausblick auf eine wirkliche geistige Welt. Er blickt auf Monaden, die Vorstellungen haben und wesenhaft sind. Bis zur Monadenhaftigkeit, das heißt bis zum geistigen, abstrakten Punktwesen ist allerdings zusammengeschrumpft, was Leibniz hinter der Sinneswelt sucht. Aber immerhin: es ist noch wesenhaft. Die spätere Zeit hat an die Stelle des Suchens nach solcher* Wesenhaftigkeit *dasjenige nach* Gesetzen *gesetzt. Man kümmert sich nicht mehr um die Wesen, die in Wechselwirkung treten und dabei Gesetze erkennen lassen; man sieht nur mehr auf die Gesetzmäßigkeit selber. Das Naturgesetz sucht man; nicht die Wesen, welche in ihrem Verhalten dieses Gesetz offenbaren. Man kommt dabei höchstens noch auf das Atom, den Leichnam jeglicher Wesenhaftigkeit.*

Boutroux[361] *hat bis zu einem gewissen Grade diesen Gang des modernen Wissenschaftslebens erkannt. Er sucht daher die Gesetze* wieder zwischen *den Wesen; er sieht in ihnen die Offenbarung der Betätigungsart der Wesen. Dadurch gelangt er zu dem Hinweis auf die Selbständigkeit, die Innerlichkeit der Wesen. Er ist sich klar darüber, dass man mit dem Einblick in die Weltgesetze noch nicht die Weltwesen durchschaut hat.*

Hier würde beginnen die Notwendigkeit, eine solche menschliche Anschauungsart zu entwickeln, die von der kombinierenden Gesetzeswissenschaft zu einer lebendigen Wesensanschauung aufsteigt» (S. 60f., Hervorhebung dort).

1922

(RSt-81) –Ph– –At– –AS– Vortrag Berlin 6. 3. 22 (öffentlich, akademischer Rahmen):[362] Anthroposophie steht nicht *«in einer unberech-*

---

359 Rudolf Steiner (1961): Emile Boutroux. In: Ders.: Der Goetheanumgedanke inmitten der Kulturkrisis der Gegenwart (GA 36), S. 262 – 266.

360 Gottfried Wilhelm Leibniz (1646–1716), deutscher Philosoph, Mathematiker und Universalgelehrter.

361 Etienne Emile Boutroux (1845–1921), französischer Philosoph.

362 In: Rudolf Steiner (1994): Erneuerungs-Impulse für Kultur und Wissenschaftlich (GA 81).

tigten oppositionellen Weise den Methoden der Naturwissenschaft gegenüber», sondern will diese *«weiterbilden»*. Das bedeutet nicht, das Gedankensystem, das an der unorganischen Natur ausgebildet worden ist, einfach auf andere Gebiete auszudehnen und zu übertragen, sondern es auf diese hin zu *«metamorphosieren»* (S. 13–15).

Goethe fühlte sich, wie ein Mathematiker, *«im Einklang mit der Erfahrung»*, als er seine Idee der Urpflanze ausbildete. Das führte ihn *«durch eine innere Konsequenz dazu, nichts hinter den Erscheinungen als solchen zu suchen, vor allen Dingen nicht eine rationalistische Atomwelt zu konstruieren»*. Goethe war bestrebt, *«was sich den Sinnen in der äußeren Welt darbietet, was also in der Beobachtung und dem Experiment gegeben ist,* rein *als Phänomen zu betrachten»*, sich darauf zu beschränken, *«nicht gleich von irgendeinem sinnlichen Phänomen zu einem dahinterstehenden Atomgeschehen zu gehen, sondern zunächst das sinnliche Phänomen und das einzelne Element der sinnlichen Tatsachen rein ins Auge zu fassen, sie also nicht auf ein Dahinterliegendes zu beziehen, sondern auf andere Elemente in der sinnlichen Erscheinungswelt, und den Zusammenhang in der sinnlichen Erscheinungswelt aufzusuchen»* (S. 23f., Hervorhebung dort).

Man kann demgegenüber einwenden, zum Beispiel die Errungenschaften der modernen Chemie seien durch solch ein Vorgehen nicht zu erlangen gewesen, keine Atomgewichtsverhältnisse *«ohne eine Anschauung über eine atomistische Welt»*. Man braucht aber gar nicht über die Phänomene hinauszugehen, denn die Atomgewichtsverhältnisse sind selbst Phänomene, nämlich Gewichtsverhältnisse. Im Gegenteil: *«Führt es denn weiter, wenn man diese durch Zahlen ausdrückbaren Atomgewichtsverhältnisse dadurch zu erklären versucht, das man gewisse Molekularstrukturen aus den Atomgewichten auf rein denkerische, rationalistische Weise bildet?»* Phänomenologie möchte dagegen *«innerhalb des Zusammenhanges der Phänomene stehenbleiben»* und darin lesen lernen, wie man in Buchstaben liest, die man auch nicht auf etwas ihnen Zugrundeliegendes zurückzuführen versucht. *«Es handelt sich also darum, das Feld des Phänomenalen hinzunehmen und in seiner eigenen inneren Bedeutung lesen zu lernen. Dadurch wird man dann zu einer Naturwissenschaft kommen, welche in ihren Inhalten nichts Rationalistisches, hinter den Phänomenen Konstruiertes hat, sondern welche einfach in der Art und Weise, wie sie Phänomene überschaut, gewisse gesetzmäßige*

Strukturen findet. Überall wird dieser Naturwissenschaft eingegliedert sein die Summe der Phänomene selbst. Man wird auf eine bestimmte Art *über die Natur reden. In dieser Art zu reden werden die Naturgesetze enthalten sein, aber überall werden in den Ausdrucksformen schon die Phänomene selber liegen. Man wird also das bekommen, was ich nennen möchte: eine den Erscheinungen immanente Naturwissenschaft. Nach einer solchen strebte Goethe. Die Art und Weise, wie er das betrieb, muss unter den Fortschritten der neueren Zeit verändert werden, aber es ist doch so, dass das Grundprinzip festgehalten werden kann»* (S. 24–26, Hervorhebung dort).

Für das Organische ergibt sich damit eine andere Anschauung als die auf dem Wege der Laplaceschen *«astronomischen Auffassung»* erhaltene:[363] Unsere Begriffe wurden zunächst am Unorganischen gebildet. Beim Übergang zum Organischen ist es so, dass *«die im Leblosen wirkenden Agenzien fortdauern»*. Ihre *«leblose Wirkungsweise»* hört nicht bei den Pflanzen auf, *«sie wird nur eingefasst in ein höheres Prinzip»*. *«Wir tun recht, wenn wir die physischen und chemischen Prozesse in den Pflanzenorganismus hinein weiterverfolgen, und zwar nach denselben Gesichtspunkten, nach denen wir gewohnt sind, sie in der unorganischen Natur zu verfolgen. Wir müssen dann nur auch die Fähigkeit haben, in unseren Begriffssystemen überzugehen zu veränderten, zu metamorphosierten Begriffen. Wir müssen schon verfolgen, wie das Unorganische schon verwendet wird in der Pflanze und wie dieselben Prozesse, die sich in der leblosen Natur finden, auch in die Pflanze hineingehen. Aber dadurch wird die Versuchung hervorgerufen, dass man wissenschaftlich nur das verfolgt, was sich aus der mineralischen Welt hineinerstreckt in Pflanze und Tier und dabei einfach unberücksichtigt lässt, was dann in den höheren Reichen dazu auftritt»* (S. 26–28).

Anthroposophie bestreitet nicht, was Naturwissenschaft geltend macht. *«Keinem wird es einfallen, dagegen einen Kampf zu führen.»* Anthroposophie hinterfragt aber die Berechtigung, die *«mechanistische Welterklärung [...] als das einzig mögliche Begriffssystem»* zu betrachten und *«aus der Summe der Erscheinungen dasjenige herauszunehmen, was mathematisch-kausal eine reine Abstraktion ist, und*

363 Vgl. dazu 15. 7. 22 (RSt-88) und Anm. 373.

es hinzustellen als einen ‹erdachten› Weltinhalt, wie es zum Beispiel der frühere Atomismus getan hat». Mittlerweile ist *«der Atomismus bis zu einem gewissen Grade schon phänomenologisch geworden, und bis zu diesem Grade geht Anthroposophie ganz gewiss mit»*. Dahinein spukt jedoch noch der *«so ungoethesche Atomismus»* des 19. Jahrhunderts, *«der sich nicht beschränkte auf die Phänomene, sondern der ein reines Begriffssystem hinter den Phänomenen konstruierte»*. Sich nicht über den konstruierten Charakter dieses Systems Rechenschaft zu geben und es für etwas Reales zu nehmen, nagelt den Menschen jedoch daran fest. *«Denn es ist die Eigentümlichkeit solcher Begriffssysteme, dass sie den Menschen festnageln. Er wird durch sie zum Dogmatiker, und dann sagt er: Da gibt es Leute, die wollen das Organische mit ganz anderen Begriffen erklären, die sie von ganz woanders her haben, aber das gibt es nicht; wir haben solche Begriffssysteme ausgebildet, die die Welt hinter den Erscheinungen umfassen, und die ist die einzige Welt und die muss auch das einzig Wirksame in Bezug auf das Organische sein. – Aber auf diese Weise wird in die Betrachtung des Organischen das hineingetragen, was man für die Erscheinungen der unorganischen Natur ausgebildet hat; man sieht das Organische als auf dieselbe Art gebildet an wie die unorganische Natur.»* – Anthroposophie will nicht gegen *«berechtigte Methoden»* und *«das Berechtigte des Atomismus» «sündigen»*, weist aber Festlegungen auf bestimmte Begriffssysteme zurück. Sie will stattdessen *«recht liebevoll innerhalb der Phänomene stehenbleiben»*, um von dort aus die Begriffe weiterzuentwickeln (S. 29f.).

(RSt-82) –Ph– –At– –AS– Vortrag Berlin 7.3.22 (öffentlich, Hochschulkurs):[364] Naturwissenschaft wird bei unbefangener Betrachtung weniger zur Antwort auf Fragen als selbst zur Frage. *«Nichts, gar nichts soll gegen die naturwissenschaftliche Denkweise von mir gesagt werden; es ist nur ein Missverständnis, wenn man dies glaubt. […] Was gerade in der schönsten Weise durch diese Naturwissenschaft erforscht wird – meinetwillen bis zur Atomtheorie, die ich auch nicht negiere, sondern nur an ihren richtigen Platz stellen will –, das alles wird zu Fragen»* (S. 71).

---

364 In: Rudolf Steiner (1994): Erneuerungs-Impulse für Kultur und Wissenschaft (GA 81).

(RSt-83) –Ph– –At– Vortrag Dornach 18. 3. 22 (Mitglieder, Bericht über den vorangegangenen Hochschulkurs in Berlin):[365] *«Alles Spekulieren über Atomistik, über eine mechanistische Auffassung der leblosen Natur»* soll zugunsten eines Goetheanismus in der Naturwissenschaft überwunden werden, *«einem reinen Betrachten dessen, was in den Phänomenen, in den Erscheinungen vorliegt»*, die *«selber für sich sprechen […] selber ihre Theorie liefern sollen»* (S. 163 f.). Entsprechendes hat *«Dr. Theberath, der ja nun in unserem Forschungsinstitut in Stuttgart angestellt ist»*, in seinem Vortrag für die Chemie zu zeigen versucht (S. 175).

(RSt-84) –Ph– –At– Vortrag Den Haag 12. 4. 22 (öffentlich, Hochschulkurs):[366] In der Gegenwart ist *«durchaus ein gewisses Theoretisieren vorhanden, wo wir gewissermaßen, weil wir einmal im Denken darinnen sind, den Sinnesteppich durchstoßen und mit dem Denken noch eine Weile fortrollen hinter den Sinneswahrnehmungen, wo für das Denken nichts mehr zu schaffen ist. Da statuieren wir dann Atome und allerlei anderes. Das entspricht einer Art Gesetz der Trägheit […] Man durchstößt die Sinneswelt und stellt Hypothesen auf, womit nichts gegen den phänomenalen Atomismus gesagt werden soll.»* Demgegenüber ist der auch von Goethe geforderte *«reine Phänomenalismus»* gefragt, der das Denken nicht zum Konstruieren von *«allerlei atomistische[n] Welten»* hinter den Sinneswahrnehmungen gebraucht, *«die nicht mehr wahrgenommen werden können»*, sondern um *«die Phänomene so zu ordnen, dass sie uns als Urphänomene im Goetheschen Sinne erscheinen»*, angewendet *«im Dienste der Gruppierung, der gegenseitigen Interpretation der Phänomene»*, so dass wir *«innerhalb der phänomenalen Welt bleiben, gewissermaßen die Phänomene ablesen und nicht den Dingen allerlei Erklärendes unterlegen»* (S. 205 f.). Dabei besteht allerdings die Gefahr des *«Agnostizismus»*, nur noch Phänomene zu finden und *«nicht zu dem Urgrund in diesem phänomenalen Dasein»* vorzudringen, also nicht zu wirklicher Erkenntnis zu gelangen, wenn man nicht durch Erkenntnismethoden wie die Imagination, Inspiration, Intuition, von

---

365 In: Rudolf Steiner (1994): Erneuerungs-Impulse für Kultur und Wissenschaft (GA 81).

366 In: Rudolf Steiner (1994): Damit der Mensch ganz Mensch werde (GA 82), 2. Aufl.

denen Anthroposophie spricht, «*von den Phänomenen als Tatsachen zu anderen, aber jetzt übersinnlichen Tatsachen aufsteigen*» kann (S. 206–214).

(RSt-85) –Ph– –At– Vortrag Dornach 7. 5. 22 (Mitglieder):[367] Im Gegensatz zu früheren Bewusstseinszuständen, die das Naturgeschehen instinktiv hellsehend miterlebt haben, müssen wir in gewissem Sinne «*gerade, wenn wir verständnisvoll auf anthroposophischem Boden stehen, dieses treue Abbilden der äußeren Natur, wo man nicht mehr drinnensteht […], mitmachen. Und Sie wissen vielleicht, dass wir es wissenschaftlich im extremsten Sinne mitmachen, indem wir ablehnen jede Art von Hypothesenbildung über das, was Erscheinung der Natur ist, sondern in unserem Phänomenalismus, wie er genannt werden muss, innerhalb der Phänomene bleiben, das heißt innerhalb der äußeren Naturerscheinungen, die sich selbst erklären müssen, um im Goetheschen Sinne zu sprechen; zu denen man sich nicht allerlei hinzudenkt von Atombombardement, Atomsprengungen und so weiter, wie das heute noch, ich möchte sagen, aus der Trägheit einer alten Gewohnheit üblich ist. Wir müssen uns auf anthroposophischem Boden im strengsten Sinne, wenn es sich um die äußere Natur handelt, gerade an die Erscheinungen selbst halten, es ablehnen, da irgend etwas in die Erscheinungen hineinzudenken*» (S. 90f.).

(RSt-86) –Ph– –At– Vortrag Leipzig 11. 5. 22 (öffentlich, akademischer Rahmen):[368] Das Prinzip der mathematischen Naturwissenschaften, ein in dem Sinne geschultes Denken, dass es seine Gewissheit aus sich selbst schöpfen kann, auf das äußerlich Beobachtete anzuwenden, befolgt «*gerade die Anthroposophie, indem sie sich hinwendet zu dem […] reinen Phänomenalismus*» in der Naturwissenschaft. Dies gilt insbesondere für «*die Gebiete, die über dem Leblosen liegen*», wobei der Phänomenalismus dort noch «*ergänzt werden muss durch etwas wesentlich anderes*» (S. 260–262). Im Leblosen darf das Denken «*zunächst nur einen dienenden Charakter haben*», ohne «*von unseren Gedanken auch selber etwas in die Welt hineinzutragen*» (S. 262). Der Phänomenalismus im Sinne Goethes «*besteht darin,*

367 In: Rudolf Steiner (1998): Menschliches Seelenleben und Geistesstreben (GA 212), 2. Aufl.

368 In: Rudolf Steiner (2010): Das Verhältnis der Anthroposophie zur Naturwissenschaft (GA 75).

dass man die Phänomene – gleichgültig ob durch Beobachtung oder durch Experiment – rein auffasst, so wie sie sich sinnenfällig ergeben, und dass man das Denken nur dazu verwendet, um die Phänomene in einem gewissen Zusammenhang zu schauen, die Phänomene so aufzureihen, dass sich die Phänomene selber erklären. Damit wird aber zunächst ausgeschaltet aus der reinen Naturwissenschaft alles, was Hypothesen nicht bloß als Hilfskonstruktionen auffasst, sondern sie so auffasst, als ob sie etwas geben könnten über das Wirkliche. Wenn man bei dem reinen Phänomenalismus stehen bleibt, so ist man zwar berechtigt, aus der Beobachtung und aus dem Experiment heraus eine atomistische Struktur – sei es in der materiellen, sei es in der Kräftewelt – anzunehmen, aber diese Tendenz zur atomistischen Struktur darf man nur insoweit gelten lassen, als man sie phänomenologisch verfolgen kann, als man sie anhand der Phänomene beschreiben kann.

Gegen dieses Prinzip sündigt jene wissenschaftliche Weltanschauung, welche eine Atomistik konstruiert, die hinter den sinnlich verfolgbaren Phänomenen Tatsächliches konstatiert, das nicht in die Welt der Phänomene selbst hereinfallen kann. In dem Augenblicke, wo man zum Beispiel die Welt der Farben, die vor uns ausgebreitet ist, nicht einfach so verfolgt, dass man die eine Farbenerscheinung an die andere reiht, um dadurch zum gesetzmäßigen Zusammenhang des Farbigen zu kommen, sondern wenn man von dem Phänomen auf etwas Dahinterliegendes geht, das eben nicht bloß etwa eine Hilfskonstruktion sein, sondern ein Reales statuieren soll, wenn man dazu übergeht, Schwingungen oder dergleichen im Äther anzunehmen, dann dehnt man das Denken aus – über das Phänomen hinaus. Man durchstößt gewissermaßen aus einer gewissen Trägheit des Denkens heraus den Sinnesteppich, und man statuiert hinter dem Sinnesteppich eine Welt von wirbelnden Atomen oder dergleichen, wozu gar keine Veranlassung bei einem sich selbst verstehenden Denken vorliegt, das nur Diener sein will für die Aufreihung der Phänomene, für den immanenten gesetzmäßigen Zusammenhang innerhalb der Phänomene, das aber gegenüber der äußeren Sinneswelt nichts aussagen kann über das, was hinter dieser Sinneswelt liegen soll.

So aber zieht gerade Anthroposophie die letzte Konsequenz, zu der in der modernen Naturwissenschaft eigentlich alles hintendiert» (S. 262–264).

Über das Stehenbleiben-bei-den-Phänomenen hinaus weist Anthroposophie auf eine Entwicklungsmöglichkeit des Denkens hin: Meditation im Sinne der Anthroposophie führt zur Loslösung des Denkens von seiner leiblichen Grundlage, zum *«leibfreien Denken»*. Das Denken wird *«innerlich intensiver. Es erlangt dieselbe innere Sattheit, die man sonst nur beim Wahrnehmen eines Sinnlichen hat. Es erlangt das Denken Bildhaftigkeit. Das Denken bleibt ebenso in der Sphäre der Besonnenheit wie nur irgendein Denken, das an den Leib gebunden ist, aber es erlangt im leibfreien Zustande jetzt Bildhaftigkeit. Man denkt in Gebilden. Und dieses Denken in Gebilden war auch in seinem Anfang vorhanden in dem, was Goethe in seiner Morphologie ausgebildet hatte. Deshalb behauptet er, er könne seine Ideen mit Augen sehen. Er meinte natürlich nicht die sinnlichen Augen, sondern das, was bei ihm sozusagen aus einem elementar-natürlichen Prozess entstand, was aber eben auch ausgebildet werden kann auf dem meditativen Wege. Er meinte damit, dass er mit dem ‹geistigen› Auge das schaut, was ebenso bildhaft ist wie sonst nur die sinnlichen Anschauungen, was aber durchaus seiner inneren Qualität nach gedankenhaft ist. Ich sage ‹gedankenhaft›, nicht Gedanke, denn es ist ein fortgebildeter, ein metamorphosierter Gedanke»* (S. 279f.).

(RSt-87) –At– –AS– Konferenz Stuttgart 21.6.22 (mit Lehrern der Freien Waldorfschule):[369] Van't Hoffs *«chemischer Symbolismus»* hat den Atomismus zu etwas anderem gemacht. Kolbe hat dagegen gekämpft – diese Kontroverse aufzuarbeiten, würde sich lohnen – und mehr dagegen vorgebracht und geschimpft als *«Sie»*, die anwesenden Lehrer, die sich am Atomismusstreit beteiligt haben.[370] Für die 11. Klasse

---

369 In:Rudolf Steiner (1995): Konferenzen mit den Lehrern der Freien Waldorfschule II (GA 300b), 2. Aufl.

370 Jacobus Henricus van't Hoff (1852–1911), niederländischer Chemiker, erster Träger des Nobelpreises für Chemie, erklärte die an vielen Kohlenstoffverbindungen beobachtete optische Aktivität durch Annahme einer tetraederförmigen räumlichen Anordnung vierer verschiedener Bindungspartner um ein Kohlenstoffatom herum («asymmetrisches Kohlenstoffatom»). Hermann Kolbe (1818–1884), deutscher organischer Chemiker, polemisierte gegen diese «Phantasie-Spielereien», die «ganz und gar des thatsächlichen Bodens entbehren und dem nüchternen Forscher rein unverständlich sind» (Hermann Kolbe (1877): Zeichen der Zeit II. Journal für praktische Chemie 123, S. 473–477).

der Waldorfschule kann der Atomismus historisch behandelt werden, die Chemie dagegen unter dem Gesichtspunkt, dass die Stoffe als *«festgehaltene Prozesse»* erkennbar werden (S. 103 f.).

(RSt-88) –Ph– –At– Vortrag Dornach 15.7.22 (Mitglieder):[371] Anders als in der Scholastik wollen in der Gegenwart die Gedanken, die wir uns über die Dinge machen, *«bei den Gegenständen einschnappen»*, denn sie sind nicht mehr von Offenbarungsinhalt durchzogen, der den Scholastiker noch vor der Natur zurückschrecken ließ, sondern richten sich ganz auf die Natur. Wenn die gegenwärtige *«intellektualistische Vernunfterkenntnis»* voll in die Natur einschnappt, schnappt sie dagegen *«voll in das Ahrimanische ein»*. Sie sagt dann: *«Die Welt besteht aus Atomen, Atombewegung wird aller wissenschaftlichen Erkenntnis zugrunde gelegt. Sie erklärt die Wärme, das Licht für Atombewegungen, […] alles in der Außenwelt […], denn das befriedigt unser Kausalitätsbedürfnis.»* 1872 hat Du Bois-Reymond[372] dieses Weltbild geschildert und beschrieben, wie ein *«Laplacescher Kopf»*[373] eine Weltformel aufstellen und die Atombewegungen in die Vergangenheit und in die Zukunft hinein berechnen könnte (S. 183–186). Mit dieser ins Ahrimanische eingeschnappten Naturerkenntnis ist ein *«ganz wichtiger Wendepunkt»* erreicht. Denn unsere sinnliche Außenwelt besteht nur so lange, wie die Erde besteht, und geht mit unserem Planeten zugrunde. *«Was fortlebt, das sind die Gedanken, die draußen einschnappen. Wenn so etwas gedacht wird wie das, was im Laplaceschen Denken liegt, oder was Du Bois-Reymond als ein Ideal des naturwissenschaftlichen Denkens hingestellt hat, so bedeutet das nicht bloß, dass es gedacht wird, sondern das sind Realgedanken, die draußen einschnappen. Und wenn alles, was wir mit unseren Sinnen überblicken auf der Erde, zugrunde gegangen ist, diese Gedanken können fortleben, wenn sie nicht vorher ausgetilgt werden. Daher ist durchaus die Gefahr vorhanden, dass, wenn so etwas allgemeine Denkweise wird, unsere Erde sich in einen solchen Planeten verwandelt, wie er den Vorstellungen der Materialisten*

---

371 In: Rudolf Steiner (1987): Menschenfragen und Weltenantworten (GA 213), 2. Aufl.

372 Siehe Anm. 311.

373 Pierre-Simon Laplace (1749–1827), französischer Mathematiker, Physiker und Astronom.

entspricht. Der Materialismus ist nur so lange eine bloße Lehre, als er nicht Realität gewinnt. Aber darnach streben die ahrimanischen Mächte, dass die Gedanken des Materialismus so stark und verbreitet werden, dass das, was zunächst von der Erde übrigbleibt, die Atome sind.

Wenn wir heute sagen, wir müssen alles aus Atomen erklären, so ist das ein Irrtum. Wenn aber alle Menschen anfangen zu denken, es müsse alles aus Atomen erklärt werden, wenn alle Menschen sich Laplacesche Köpfe aufsetzen, dann wird die Erde wirklich so, dass sie aus Atomen besteht. Nicht von Urzeit an ist dies richtig, dass die Erde aus Atomen und ihren Bestandteilen besteht, aber die Menschheit kann das bewirken. Das ist das Wesentliche. Der Mensch ist nicht bloß daraufhin veranlagt, falsche Ansichten zu haben, sondern die falschen Gedanken schaffen falsche Realitäten; wenn die falschen Gedanken allgemein werden, dann entstehen Realitäten» (S. 187).

(RSt-89) –At– Vortrag Dornach 22. 7. 22 (Mitglieder):[374] Mendel[375] hat, ganz im Sinne des 19. Jahrhunderts, mit seiner Vererbungslehre den *«botanischen und zoologischen Atomismus»* ausgebildet. Durch die Entwicklung seit der Entdeckung des Radiums ist später jedoch *«der Atomismus in der leblosen Welt gesprengt»* worden. Weil es infolgedessen mit dem Atomismus in Physik und Chemie *«nicht mehr geht»*, besinnt man sich jetzt auf diese *«letzten Atemzüge des Intellektualismus»*, die Mendel gebracht hat (S. 241–243).

(RSt-90) –At– Vortrag Penmaenmawr 31. 8. 22 (Mitglieder):[376] *«Leute, die okkulten Unfug treiben»*, bringen ihre Schüler, *«die sie nicht so recht besitzen […] in das, was man okkulte Gefangenschaft nennt. Der Mensch wird in dieser okkulten Gefangenschaft von Bildern umgeben, die ihm als Bilder nicht klar werden, aus denen er nicht herauskommt. Er ist in einem Bildergefängnis. […] Aber es gibt auch geistige Wesenheiten, die den Menschen, oder sogar Teile der Menschen, in eine solche okkulte Gefangenschaft bringen. Es ist die ganz gleiche seelische Erscheinung. Das sind geistige Wesenheiten, die dann los*

374 In: Rudolf Steiner (1987): Menschenfragen und Weltenantworten (GA 213), 2. Aufl.

375 Gregor Mendel (1822–1884), katholischer Priester und Naturforscher, Entdecker der Mendelschen Regeln der Vererbung.

376 In: Rudolf Steiner (2000): Initiations-Erkenntnis (GA 227), 4. Aufl.

werden in der Natur, wenn man die Natur nicht geistig begreift, wenn man in die Natur nur so hineinsieht, dass man die atomistischen Prozesse als naturalistische begreift. Dann verleugnet man den Geist der Natur. Dann werden gerade die dem Menschen entgegenstrebenden, sogenannten ahrimanischen Geister in der Natur rege, und die umstellen den Menschen mit allen möglichen Bildern, sodass der Mensch in diese okkulte Gefangenschaft auch geführt werden kann durch diese ahrimanischen Geistwesenheiten.

Und ein großer Teil desjenigen, was man heute wissenschaftliche Anschauung nennt – nicht die Tatsachen der Wissenschaft, die sind gut, aber dasjenige, was man wissenschaftliche Anschauung nennt –, das ist nichts anderes als Bilder einer universellen, über die Menschheit als Gefahr hereinbrechenden okkulten Gefangenschaft. Solch eine Gefahr […] ist vorhanden in dem Umstelltwerden des Menschen überall mit den atomistischen und molekularistischen Bildern. Solch eine okkulte Gefangenschaft stellt diese Bilder um einen her, man kann nicht hinausschauen in die freien Geistes- und Sternenbilder, weil sich eben das Weltenbild des Atoms wie die seelischen Wände, die geistigen Wände eines Gefängnishauses, in dem man sich dabei geistig befindet, hinstellt.

[…] die Tatsachen der Naturwissenschaft sind überall fruchtbar und führen in die Geistesweiten hinaus, wenn man ihnen nicht kommt mit dem Vorurteile der okkulten Gefangenschaft, in der heute im Grunde genommen die Wissenschaft ist» (S. 297f.).

(RSt-91) –At– Vortrag Dornach 25. 12. 22 (Mitglieder und Gäste):[377] Der Atomismus des Demokrit[378] entspringt noch einem älteren Bewusstsein, das die Natur noch als Kraftzusammenhänge begreift. Dementsprechend denkt Demokrit seine Atome als Kräfte, nicht als raumerfüllende Körper – und ist daher kein Atomist im modernen Sinne (S. 30–33).

(RSt-92) –At– Spruchdichtung 26. 12. 22 (für Edith Maryon):[379] *«Als der Mensch erfand, wie die Welt / In Atome endlos zerstiebt / Verband sich*

377 In: Rudolf Steiner (1977): Der Entstehungsmoment der Naturwissenschaft in der Weltgeschichte und ihre seitherige Entwicklung (GA 326), 3. Aufl.

378 Demokrit (460/459 v. Chr. – 400 o. 380 v.Chr.), vorsokratischer griechischer Philosoph.

379 In: Rudolf Steiner (2005): Wahrspruchworte (GA 40), 9. Aufl.

sein Erkennen / Mit dem Tode der Natur; / Er soll nun streben in dem Geiste, / Zu finden, was Zerstiebtes überwindet, / Und er wird sein Erkennen / Richten nach dem Werden der Welt» (S. 300).

(RSt-93) –At––AS– Vortrag Dornach 27.12.22 (Mitglieder und Gäste):[380] Bei Giordano Bruno[381] ist der Atomismus noch Monadologie, sind die Atome noch etwas Lebendes. Auch Newton und Berkeley[382] machen den Schritt, sie als etwas rein Totes anzusehen, noch nicht ganz mit (S. 58–61). Erst nach ihnen ist die Naturwissenschaft dazu gekommen, die Natur nur noch als tote zu betrachten. Dies ist zeitgemäß und ernstzunehmen; daher war Steiner *«niemals ein Gegner»* dieser Betrachtungsweise, wie er *«scharf betont»*. Er hat sich aber vielfach gegen *«Missdeutungen»* dessen gewendet, was aus diesem Blickwinkel gefunden werden kann (S. 69). Ein *«unrichtiger Gegensatz»* zur Naturwissenschaft wäre *«dem ganzen anthroposophischen Streben» «abträglich»* und würde *«der Anthroposophie nur in sehr erheblichem Maße schaden»*. Dies zu thematisieren ist wichtig, weil der *«Atomismusstreit auf ein vollständig totes Geleise getrieben worden ist»*, was *«die ganze Beziehung von Anthroposophie und Naturwissenschaft»* gefährdet (S. 70).

(RSt-94) –At– Vortrag Dornach 28. 12. 22 (Mitglieder und Gäste):[383] Poincaré stellt die These auf, das wissenschaftliche Denken über die Materie oszilliere in seiner Geschichte zwischen Kontinuismus und Atomismus. Steiner hält dies für den Ausdruck davon, dass man sich wechselweise mehr dem Leben oder – wie im 19., 20. Jahrhundert – mehr dem Toten zuwendet. Das Lebendige muss kontinuistisch, das Tote atomistisch gedacht werden (S. 78–83).

---

380 In: Rudolf Steiner (1977): Der Entstehungsmoment der Naturwissenschaft in der Weltgeschichte und ihre seitherige Entwicklung (GA 326), 3. Aufl.

381 Giordano Bruno (1548–1600), italienischer Priester, Dichter und Philosoph.

382 Zu Newton siehe Anm. 36. – George Berkeley (1685–1753), irischer Theologe und Philosoph.

383 In: Rudolf Steiner (1977): Der Entstehungsmoment der Naturwissenschaft in der Weltgeschichte und ihre seitherige Entwicklung (GA 326), 3. Aufl.

384 Zu Poincaré siehe Anm. 284.

(RSt-95) –At– Vorträge Dornach 2. 1. 23 und 3. 1. 23 (Mitglieder und Gäste):[385] Im Verlauf der Bewusstseinsentwicklung ist das erkennende Miterleben chemischer Vorgänge durch eigene Lebensvorgänge zum Ende gekommen, ohne dass dafür, anders als für die entsprechende Entwicklung in der Physik, ein adäquater Ersatz gefunden worden wäre. Um diesen Mangel im Zugang zur Chemie auszugleichen, wird mit den Atomen – oder zuvor mit der Stahlschen Lebenskraft (3. 1. 23, S. 130f.) – *«etwas zu den Vorgängen Hinzugedachtes»* vorgestellt (2. 1. 23, S. 108–112).

(RSt-96) –AS– Besprechung Dornach 4. 1. 23 (mit einigen führenden Mitgliedern der Anthroposophischen Gesellschaft; erste Betrachtungen über die krisenhafte Lage der Gesellschaft und ihre Ursachen, kurz nach dem Brand des Ersten Goetheanum in der vorangegangenen Silvesternacht):[386] *«Durch die Auseinandersetzung mit der Atomistikfrage zum Beispiel bringen wir die Sache [hier: die anthroposophische Bewegung] auf ein totes Geleise.» «Innere Konsolidierung und Positivierung der [Anthroposophischen] Gesellschaft»* ist nötig, Kritik an Erscheinungen außerhalb derselben dagegen unzureichend (S. 69f.).

(RSt-97) –At– –AS– –Ph– Vortrag Dornach 6. 1. 23 (Mitglieder und Gäste):[387] Es kommt weniger darauf an, *«ob zum Beispiel die neuere Physik von Atomen redet oder nicht»*, sondern darauf, wenn von ihnen die Rede ist, sie *«als Geschwindigkeitsanläufe [zu] sehen»* (S. 138). Chemie und Physik betrachten Leichname, *«Endzustände des Wesenhaften»*. Die veräußerlichte, vom menschlichen Erleben abgelöste Chemie muss erneuert werden durch *«die Möglichkeit, zum Anfangszustand des Wesenhaften zu kommen»*, indem sie wiederum an den Menschen herangeführt wird, *«auch Menschenerkenntnis»* wird. Im unteren Menschen, der menschlichen Stoffwechsel- und Gliedmaßentätigkeit, sind solche Anfangszustände *«bewahrt»*. Dort

385 In: Rudolf Steiner (1977): Der Entstehungsmoment der Naturwissenschaft in der Weltgeschichte und ihre seitherige Entwicklung (GA 326), 3. Aufl.

386 In: Rudolf Steiner (1991): Das Schicksalsjahr 1923 in der Geschichte der Anthroposophischen Gesellschaft (GA 259).

387 In: Rudolf Steiner (1977): Der Entstehungsmoment der Naturwissenschaft in der Weltgeschichte und ihre seitherige Entwicklung (GA 326), 3. Aufl.

ist das Lebendige aufzusuchen, aus dem die Natur-Leichname hervorgegangen sind (S. 138 – 141). Insbesondere für die Therapie ist es nötig, «*die sich aus der geisteswissenschaftlichen Anthroposophie ergebenden Methoden auch auf Physik und Chemie anzuwenden*». Dabei braucht man aber nicht bequem abzuwarten, bis man die Fähigkeiten ausgebildet hat; man braucht für die Anfänge «*wahrhaftig nicht Kenntnisse zu haben, die über das rein Anschauliche hinausgehen*». Ziel ist «*nicht eine physizierte Anthroposophie, eine chemisierte Anthroposophie, sondern [...] eine anthroposophische Chemie, eine anthroposophische Physik [...] eine anthroposophische Medizin*». Mensch und Natur müssen «*wiederum eins werden*», indem das, «*was in der Natur als Endzustand des Wesenhaften durch Physik und Chemie erforscht wird, durch ein zur Physik und Chemie gehöriges Wesenhaftes im unteren Menschen ergänzt wird, im Menschen, der abhängig ist vom physischen Leib und Ätherleib*». «*Wertigkeitssysteme in der Chemie*», Strukturformeln oder das Periodische System («*auch nur ein Schema*») sind dagegen weniger wichtig, wenn auch «*als Rechnungsmünzen oder als ganze Rechnungsweisen ganz nützlich*» (S. 146–148).

Der für die Betrachtung des abgelösten Toten geeignete Atomismus kann als Ergebnis der damaligen Physik sogar in spirituellem Gewand auftreten: «*wenn man im Sinne des heutigen Physikers spreche über die Materie, so sei die Materie für ihn ja gewiss nichts Materielles. Das sagen heute schon Physiker, das sagen unsere Gegner. Sie haben in diesem Falle das Richtige. Wenn wir diesem Richtigen in der Weise nur erwidern, dass wir wiederum dableiben, wo man die halben Wahrheiten hat, nämlich bloß die Endzustände des Wesenhaften, dann werden wir niemals demjenigen, was von den Gegnern kommt, gewachsen sein, was in der Gegenwart nötig ist*» (S. 147).

(RSt-98) –AS– Vortrag Dornach 26. 1. 23 (Mitglieder):[388] Die Mitarbeiter der anthroposophischen Forschungsinstitute sollten «*nicht sich in unfruchtbare Polemiken über den Atomismus*» einlassen (S. 166).

(RSt-99) –At– Vortrag Dornach 28. 1. 23 (Mitglieder):[389] Anders als 50 Jahre zuvor ist die Elektrizität Anfang des 20. Jahrhunderts «*ein Kulturingrediens*» geworden. Damals hat man physikalisch von Ato-

388 In: Rudolf Steiner (1982): Lebendiges Naturerkennen (GA 220), 2. Aufl.
389 In: Rudolf Steiner (1982): Lebendiges Naturerkennen (GA 220), 2. Aufl.

men als kleinen elastischen oder unelastischen Kügelchen gesprochen. Nun, 1923, werden sie *«als ein Elektron, als eine Wesenheit, die eigentlich ganz und gar aus Elektrizität besteht»*, vorgestellt. *«Der Gedanke der Menschen ist ganz eingesponnen worden von der Elektrizität, und das seit noch gar nicht langer Zeit. Heute reden wir von den Atomen als von etwas, wo sich um eine Art kleiner Sonne, um einen Mittelpunkt herum, die Elektrizität lagert; von Elektronen.»* Überall in der Welt vermuten wir Elektrizität, und da *«hängt schon die äußere Kultur mit dem Denken zusammen. Menschen, die nicht auf den elektrischen Bahnen fahren würden, würden sich auch die Atome nicht so elektrisch vorstellen»* (S. 189). Während es früher noch möglich war, *«das Geistige in die Natur wenigstens abstrakt hineinzudenken»*, ist die Elektrizität *«dem modernen Menschen auf die Nerven gegangen und hat aus den Nerven alles, was Hinlenkung zum Geistigen ist, herausgeschlagen»* (S. 189 f.). Dies hat aber moralische Konsequenzen: *«wer jemals mit wirklicher geistiger Anschauung den elektrischen Strom bewusst durch sein Nervensystem gehen gefühlt hat, der weiß, dass Elektrizität nicht bloß eine Naturströmung ist, sondern dass Elektrizität in der Natur zu gleicher Zeit ein Moralisches ist, und dass in dem Augenblicke, wo wir das Gebiet des Elektrischen betreten, wir uns zugleich in das Moralische hineinbegeben. Denn wenn Sie Ihren Fingerknöchel irgendwo in einen geschlossenen Strom einschalten, so fühlen Sie sogleich, dass Sie Ihr Innenleben in ein Gebiet des Innenmenschen hineinerweitern, wo zugleich das Moralische herauskommt. Sie können die Eigenelektrizität, die im Menschen liegt, in keinem andern Gebiete suchen, als wo zugleich die moralischen Impulse herauskommen. Wer die Totalität des Elektrischen erlebt, der erlebt eben zugleich das Naturmoralische. Und ahnungslos haben eigentlich die modernen Physiker einen sonderbaren Hokuspokus gemacht. Sie haben das Atom elektrisch vorgestellt und haben aus dem allgemeinen Zeitbewusstsein heraus vergessen, dass sie dann, wenn sie das Atom elektrisch vorstellen, diesem Atom, jedem Atom einen moralischen Impuls beilegen, es zugleich zu einem moralischen Wesen machen. Aber ich spreche jetzt unrichtig. Man macht nämlich das Atom, indem man es zum Elektron macht, nicht zu einem moralischen Wesen, sondern man macht es zu einem unmoralischen Wesen. In der Elektrizität sind allerdings schwimmend die moralischen Impulse, die Naturimpulse – aber das sind die unmoralischen, das sind die Instinkte des Bösen, die durch die obere Welt überwunden werden müssen»* (S. 190f.).

«Man hat eben die wirkliche Anschauung des Bösen in der Naturordnung verloren, wenn man sich nicht bewusst ist, dass man eigentlich die Atome, indem man sie elektrifiziert, zu den Trägern des Bösen macht, nicht nur [...][390] *zu den Trägern des Toten [...] Zu den Trägern des Toten macht man sie, indem man sie überhaupt Atome sein lässt, indem man die Materie atomistisch vorstellt. In dem Augenblicke, wo man diesen Teil der Materie elektrifiziert, in demselben Augenblicke stellt man sich die Natur als das Böse vor. Denn elektrische Atome sind böse, kleine Dämonen»* (S. 191f.).

Wenn *«wir heute den Physiker sehen, wie er ahnungslos erklärt, die Natur bestehe aus Elektronen, so erklärt er nämlich in Wirklichkeit, die Natur bestehe aus kleinen Dämonen des Bösen. Und es wird, indem man dann diese Natur nurmehr anerkennt, das Böse zu dem Weltengotte erklärt»* (S. 192).

«Wäre Anthroposophie fanatisch, wäre Anthroposophie asketisch, so würde jetzt natürlich ein Donnerwetter folgen auf die Kultur der Elektrizität. Das wäre aber ein selbstverständlicher Unsinn, denn so reden können nur diejenigen Weltanschauungen, die nicht mit der Wirklichkeit rechnen. Die können sagen: O das ist ahrimanisch! Weg davon! – Das kann man nämlich nur in der Abstraktion tun. [...] Man kann sich eben nicht davor verschließen, dass man mit dem Ahriman leben muss. Man muss nur in der richtigen Weise mit ihm leben, man muss sich nur nicht von ihm überwältigen lassen» (S. 192f.).

Es ist *«etwas ganz anderes [...], ob ich mich über eine Sache in Unbewusstheit wiege, oder ob ich sie bewusst erfasse. [...] Daher hat die ahrimanische Elektrizität über den Kulturmenschen nur so lange Gewalt, solange der Mensch ganz hübsch unbewusst, ahnungslos die Atome elektrifiziert und glaubt: das ist eben harmlos. Er wird dabei nur nicht gewahr, dass er sich so die Natur aus lauter kleinen Dämonen des Bösen bestehend vorstellt. [...] Es ist eigentlich erschreckend, in welch hohem Grade ahnungslos unsere heutige Naturforschung eine Dämonolatrie ist, eine Anbetung der Dämonen. Man muss sich*

390 Steiner verweist hier auf seine Ausführungen in den Vorträgen über den «Entstehungsmoment der Naturwissenschaft in der Weltgeschichte»; vgl. oben, 27.12.1922.

dessen nur bewusst werden, denn auf die Bewusstheit kommt es dabei an – wir leben im Zeitalter der Bewusstseinsseele» (S. 193).

(RSt-100) -AS- -Ph- Vortrag Stuttgart 30. 1. 23 (Mitglieder – gewidmet der Aufarbeitung und Überwindung der Gesellschaftskrise; die Anthroposophische Gesellschaft hatte bis 1923 ihren alleinigen Sitz und Vorstand in Stuttgart):[391] Würden die Wissenschaftler innerhalb der anthroposophischen Bewegung nicht nur ein anderes Weltbild als die Wissenschaft entwerfen, sondern vor allem ein «*Anders-Gestimmtsein*» in die Wissenschaft bringen, das nicht auf Beweise im wissenschaftlich üblichen Sinne zielt, sondern auf ein Sich-gegenseitig-Stützen der einzelnen Erkenntnisse und ein lebendiges Wachsen der Zusammenhänge und der Überzeugungen, «*dann würden sie viel weniger in Polemik gegen die andern Wissenschaften geraten als vielmehr in ein Ausgestalten desjenigen an den andern Wissenschaften, was eben ohne Anthroposophie nicht ausgestaltet werden kann*». Dies muss in der Krise betont werden, «*die nicht zum wenigsten herbeigeführt wird durch das Verhalten wissenschaftlicher Kreise innerhalb der Anthroposophischen Gesellschaft. Ich muss es auch hier an dieser Stelle betonen, dass durch den Atomismusstreit in der ‹Drei› die naturwissenschaftliche Diskussion auf ein totes Geleise geführt worden ist. Denn so sollte dieser Streit, diese Diskussion niemals geführt werden, dass […] mit denselben Gedankenformen hinüber- und herübergeschlagen wird und unter Umständen mit dem Wichtigsten sogar der sogenannte Gegner noch Recht hat. Dasjenige, um was es sich heute handelt, ist, dass gerade zum Beispiel die physikalische Wissenschaft in ihren Tatsachen – wenn man sie nimmt, wie sie ist, ohne dass man wider sie polemisiert – gerade die allerwichtigste Grundlage gibt für die anthroposophische Auffassung, während das Polemisieren, ohne das Hineintragen des anthroposophischen Gestimmtseins, eben auf ein totes Geleise führt, wie es führen musste und wie es geführt hat in der Polemik, die in der ‹Drei› entfaltet worden ist*» (S. 40–42).

(RSt-101) -Ph- -AS- Sitzung Stuttgart 31. 1. 23 (mit dem sog. Dreißigerkreis zur Aufarbeitung und Überwindung der Gesellschaftskrise):[392]

---

391 In: Rudolf Steiner (1989): Anthroposophische Gemeinschaftsbildung (GA 257), 4. Aufl.

392 In: Rudolf Steiner (1991): Das Schicksalsjahr 1923 in der Geschichte der Anthroposophischen Gesellschaft (GA 259).

Steiner zeigt sich unzufrieden sowohl mit dem Ertrag der Arbeiten im Forschungsinstitut als auch mit deren Aufnahme, sowohl gegenseitig unter den Wissenschaftlern und Ärzten als auch in der Anthroposophischen Gesellschaft (S. 232–244). «*Die Dinge sollten nicht erst so weit gebracht werden, dass dann der Gegner recht hat. [...] In der Frage der Phänomenologie ist doch die Sache auf den Punkt getrieben worden, dass der Gegner, so wie die Sache heute liegt, Recht hat, und die Anthroposophen haben Wesenloses vorgebracht. Man hat erst die ganze Frage aufs Glatteis geführt, um es den Gegnern so leicht wie möglich zu machen. Das einzig Greifbare, was im Atomismusstreit vorgebracht worden ist, steht in der Erwiderung von Frl. Dr. Rabel* [(AS-8), S. 196] *selbst – das einzige, was* für *die anthroposophische Position vorgebracht werden kann*» (S. 242, Hervorhebung dort).

«*Von der Phänomenologie ist bis zum Jahre 1919 überhaupt nicht gesprochen worden. Ich war genötigt, davon zu sprechen, als ich diese Verhältnisse feststellen musste. Das, was* Sie *Phänomenologie nennen, haben Sie in die Anthroposophische Gesellschaft hineingetragen. Sie haben mir hier die Führung entwunden, indem Sie die Gelehrsamkeit hineingetragen haben. Deshalb haben Sie die Verantwortung für die Dinge, die hereingekommen sind. Die Gemeinschaft der Gelehrten hat die Phänomenologie hineingetragen. [...] Nun wird das so dargestellt, als ob* ich *die ganze Phänomenologie hineingetragen hätte. Die Forscher sind es, welche diesen Tatbestand in die Anthroposophie hineingebracht haben. Ich würde es weit von mir abweisen, für so etwas die Verantwortung zu übernehmen wie für diesen Artikel über den Wasserstoff in der ‹Drei›.*[393] *[...] Wenn Sie Phänomenologie wollen, dürfen Sie nicht philosophieren*» (S. 242 f., Hervorhebungen dort).

Positive experimentelle Arbeiten «*praktischer Phänomenologie*» in Dornach sind dagegen fruchtbar geworden: «*[...] Stück für Stück uns vortastend an den Tatsachen. Das war eine Art phänomenologisches Experimentieren. Hier in Stuttgart hat nie der Wille bestanden, in phänomenologischer Weise zu arbeiten, außer im Biologischen Forschungsinstitut*[394] *[...] Wenn Sie sich an diese Methode halten, die*

393 Wilhelm Pelikan (1922): Der Wasserstoff. Beispiel einer phänomenologischen Betrachtung im Gegensatz zur heute üblichen atomistischen. Die Drei 2 (1922/23), H. 5 (Aug. 1922), S. 330–350.

herausgewachsen ist aus der Anthroposophie selber, dann werden Sie den Mut nicht zu verlieren brauchen. Aber das Hereintragen der Universitätsmethoden geht nicht» (S. 243).

«Bedurfte es der Unternehmung unserer Forschungsinstitute, oder bedurfte es bloß einer Umänderung der Denkmethoden und der Verwertung derjenigen Kenntnisse, die man auch ohne die Unternehmungen hätte gewinnen können, um solch einen Aufsatz zu schreiben wie den über den Wasserstoff? [...] Oder hätte nicht vielleicht jeder diesen Aufsatz schreiben können, der einfach die überall bekannten heutigen Tatsachen auch kennt und sich hinsetzt, um sie phänomenologisch zu interpretieren? [...] War es nötig, die Forschungsinstitute zu errichten, um den Atomismusstreit zu machen? [...] Es ist darauf gerechnet worden, dass in unseren Zeitschriften etwas von den Resultaten aus unseren Forschungsinstituten erscheint» (S. 244).

«Es ist unmöglich, gegen diese Gegnerschaft [...] aufzukommen, wenn darauf hingewiesen werden kann, dass wissenschaftlich nichts geleistet wird. Wie leichtsinnig gebärden wir uns mit so etwas wie mit dieser Atomismus-Polemik! Wir brauchen nicht anzustreben, was Dr. Theberath meint: nur ja das Wohlgefallen der Privatdozenten zu erringen! Sondern wir müssen ehrlich vor die Welt hintreten mit Dingen, die in sich die Möglichkeit haben, wissenschaftlich dazustehen. [...] Wir sind daran, uns wissenschaftlich gründlich zu blamieren. Fortwährend dieses Schweifwedeln vor der Wissenschaft habe ich niemals verlangt! Darauf brauchen wir keinen Anspruch zu machen, dass die Universitätsprofessoren unser Vademecum[395] *loben. Innerlich muss es mit Gediegenheit auftreten können; das ist dasjenige, um was es*

---

394 Im «Biologischen Institut am Goetheanum» in Stuttgart führte die Naturwissenschaftlerin Lili Kolisko (1889–1973) Forschungsarbeiten u.a. zum Potenzieren durch, die von Steiner sehr positiv aufgenommen wurden (vgl. Christiane Haid (2003): Lili Kolisko. In: Bodo v. Plato (Hg.): Anthroposophie im 20. Jahrhundert. Dornach: Verlag am Goetheanum, S. 393–396).

395 Eine von Steiner angeregte Schrift zur Darstellung der Grundlagen der Anthroposophischen Medizin. Sie ist in der gewünschten Form damals von den in Frage kommenden anthroposophischen Ärzten nicht geschrieben worden. 1924/25 haben dann Steiner und seine Mitarbeiterin, die Ärztin Ita Wegman (1876–1943), ihr Werk «Grundlegendes für eine Erweiterung der Heilkunst nach geisteswissenschaftlichen Erkenntnissen» (GA 27, 7. Aufl. 1991) verfasst.

sich handelt. Die Gegner werden schimpfen, sie dürfen nur nicht recht haben» (S. 254 f.).

(RSt-102) –At– Fragenbeantwortung Stuttgart 14. 2. 23 (junge Mitglieder):[396] *«Wo Atome entstehen»*, ist *«Sterben»*. *«Atomismus ist die Wissenschaft vom Abgestorbenen. Die heutige Wissenschaft nähert sich mit der Konstatierung vieler Tatsachen der anthroposophisch-naturwissenschaftlichen Anschauung. Überall kann man die Tatsachen finden, die auf das Geisteswissenschaftliche hindeuten. Im Radium zum Beispiel hat man den eklatantesten Fall zerfallender Materie, die zerstäubende Atome erzeugt. Überall hat man Tatsachen, die in das Geistige hineinführen, aber die äußere Wissenschaft lehnt aus Mangel an Mut dieses Hineinführen in das Geistige ab»* (S. 110).

(RSt-103) –Ph– –At– Aufsatz in «Das Goetheanum. Wochenschrift für Anthroposophie», 22.4.23:[397] *«Als Du Bois-Reymond sein Bekenntnis ‹Wir werden nicht wissen› ablegte*[398]*, da stand vor seiner Seele, wie der Mensch innerlich erlebt: ‹ich sehe rot›, ‹ich rieche Rosenduft› und wie jenseits dieses Erlebens ‹die Materie im Raume spukt› und der Mensch nicht an sie herankann. Auf diesem Wege kann er es auch nicht. Aber wenn er das Ideenbilden zum bewussten Erleben in der Imagination bringt, dann öffnet er das geistige Wahrnehmungsvermögen dem Geiste, dieser offenbart sich dann in der Inspiration, und der Mensch vereinigt sich als Geist mit dem Geiste in der Intuition. So findet der Mensch auf diesem Gebiet den Geist. Erlebt er sich aber in diesem, so gelangt er zwar nicht durch das Erlebnis ‹ich sehe rot›, ‹ich rieche Rosenduft› durch die Oberfläche der Rose in die Rose hinein; aber er kommt zu dem Erleben dessen, was ihm von der Rose aus als Rot entgegenleuchtet, als Rosenduft entgegenströmt; er findet, dass er an die andere Seite des Rotleuchtens, des Rosenduftens gekommen ist; die Materie hört auf ‹im Raume zu spuken›; sie offenbart* ihren

---

396 In: Rudolf Steiner (1981): Die Erkenntnis-Aufgabe der Jugend (GA 217 a), 2. Aufl., mit Hinweis auf den Kurs: Der Entstehungsmoment der Naturwissenschaft in der Weltgeschichte und ihre seitherige Entwicklung (GA 326), 24.12.22 – 6.1.23.

397 Rudolf Steiner (1961): Ist Anthroposophie Phantastik? In: Ders.: Der Goetheanumgedanke inmitten der Kulturkrisis der Gegenwart (GA 36), S. 262 – 266.

398 Siehe Anm. 311.

Geist, und es wird eingesehen, dass der Glaube an die Materie nur ein Vorstadium ist für die Erkenntnis, dass auch im Raume nicht Materie spukt, sondern Geist waltet. Und die Vorstellung ‹Materie› ist nur eine provisorische, die so lange ihre Berechtigung hat, als ihr Geistcharakter nicht durchschaut ist. Man muss aber doch von dieser ‹Berechtigung› sprechen. Denn die Annahme der Materie ist begründet, solange man mit den Sinnen wahrnehmend der Welt gegenübersteht. Wer in dieser Lage *den Versuch macht, irgend welche geistige Wesenheit hinter den Sinneswahrnehmungen statt der Materie anzunehmen, der phantasiert von einer Geisteswelt. Wer erst im inneren Erleben zum Geiste vordringt, dem verwandelt sich nicht träumerisch, sondern exakt anschaulich das, was hinter den Sinneseindrücken zuerst als Materie ‹spukt›, in eine Form der Geisteswelt, der er selbst mit dem Ewigen seines Wesens angehört»* (S. 265f., Hervorhebung dort).

(RSt-104) –AS––At– Vortrag Prag 29.4.23 (Mitglieder):[399] «*Was Augustinus*[400] *Manichäer nennt, was man heute Manichäerlehre nennt, ist ja nur das verkommene Produkt einer uralten Lehre, die sich den Geist nur als schöpferisch vorstellte und keinen Gegensatz zwischen Materie und Geist kannte. Es war kein Geist da, der nicht schuf, und was er schuf, merkte man als Materie. Ebensowenig hatten diese alten Zeiten einen Begriff von der bloßen Materie, sondern in allem war Geist darin. Das war etwas, […] was man später nicht mehr verstand und was auch unsere Gegenwart nicht mehr versteht. Es ist so, es gibt keine Materie für sich*» (S. 135).

(RSt-105) –AS– –At– Vortrag Dornach 15. 6. 23 (Mitglieder):[401] Im Zusammenhang mit Fehlentwicklungen in der Theosophischen Gesellschaft, Spirituelles in ungeeigneten naturwissenschaftlichen Vorstellungen wie dem «*permanenten Atom*» denken und auf herkömmliche Weise naturwissenschaftlich beweisen zu wollen, gibt Steiner den Anthroposophen, die «*das Bestreben haben, gegen den Atomismus anzukämpfen, zu bedenken […], dass dieser Atomismus*

399 In: Rudolf Steiner (1992): Die menschliche Seele in ihrem Zusammenhang mit göttlich-geistigen Individualitäten (GA 224), 3. Aufl.

400 Augustinus (354–430), Kirchenlehrer und Philosoph.

401 In: Rudolf Steiner (1981): Die Geschichte und die Bedingungen der anthroposophischen Bewegung im Verhältnis zur Anthroposophischen Gesellschaft (GA 258), 3. Aufl.

nirgends so im Flor war» wie bei den aus der Theosophischen in die Anthroposophische Gesellschaft Übergetretenen. *«Und wenn heute die jüngeren Mitglieder, wie Dr. Kolisko oder die anderen in unserem Forschungsinstitut in Stuttgart gegen das Atom kämpfen, so darf eben daran erinnert werden, dass man bei gewissen Leuten damals nicht gewusst hätte, wie man es machen sollte, von einer Inkarnation zu der anderen zu kommen, wenn man nicht wenigstens* ein *permanentes Atom gehabt hätte.»* Hier besteht der Wunsch, Spirituelles naturwissenschaftlich zu beweisen – ohne Rücksicht auf die Unangemessenheit solcher Vorstellungen (S. 114–117, Hervorhebung dort).

(RSt-106) –Ph– –At– Vortrag Dornach 30. 6. 23 (öffentlich):[402] *«Als ich jung war»*, kam ein *«ganz berühmter Weltanschauungs-Standpunkt»* auf, den Ernst Mach[403] begründet hat. *«Mach sagte: Es ist ein Unsinn, von einem Ding an sich zu sprechen, ein Unsinn, von einem Ding an sich als Atom in der Welt zu sprechen. Es ist auch ein Unsinn, von einem Ich zu sprechen, das wie ein Ding in uns selber ist, sondern wir können nur sprechen von Empfindungen. Wer hat schon mal ein Atom wahrgenommen? Rote, blaue, gelbe Dinge, cis, g, a in den Tönen nehmen die Leute wahr; harte und weiche Dinge für den Tastsinn nehmen die Leute wahr, Empfindungen nehmen die Leute wahr. Und wenn wir uns ein Weltbild machen, so besteht es nur aus solchen Empfindungen. Und wenn wir in uns selbst hineinschauen, so haben wir auch nur Empfindungen. Nichts ist da, als nur überall Empfindungen; Empfindungen, die zusammengehalten werden. Eine gewisse Härte, ein gewisses, ich will sagen, sanftartiges Anfühlen mit der Röte in der Rose, die Empfindung, dass man gebrannt wird, mit einem rötlichen Aussehen beim glühenden Eisen – überall miteinander verbundene Empfindungen, so sagte Ernst Mach. Man muss sagen, gegenüber der Anschauung einer Atomwelt, die kein Mensch natürlich sehen kann, war das in der damaligen Zeit ein Fortschritt. Das ist wieder vergessen worden»* (S. 68f.).

---

402 In: Rudolf Steiner (1979): Anthroposophische Menschenkunde und Pädagogik (GA 304a).

403 Vgl. Anm. 45.

(RSt-107) -AS- Vortrag Dornach 27.6.24 (Mitglieder):[404] «*[...] was die Physiker Materie nennen, das gibt es ja nicht. In Wirklichkeit existieren nur Kräfte [...]*» (S.46).

(RSt-108) -At--AS--Ph- Vortrag Torquay 16.8.24 (Kurs für zukünftige Waldorflehrer):[405] «*Bis ins 13., 14. Jahrhundert herein legte man gar keinen so großen Wert darauf, im menschlichen Denken ein Ganzes aus seinen Teilen zusammenzusetzen. Das kam erst später auf. Der Baumeister baute vielmehr aus der Idee des Ganzen heraus und gliederte in die Teile, als dass er aus Teilen ein Gebäude zusammengesetzt hätte. Das Zusammensetzen aus Teilen [...] hat dann dazu geführt, dass die Menschen überhaupt angefangen haben, alles aus kleinsten Teilen sich zusammengesetzt zu denken. Daraus kam die atomistische Theorie in die Physik. Die kommt nur aus der Erziehung. Unsere hohen Gelehrten würden gar nicht so sprechen von diesen winzigen kleinen Karikaturen von Dämonen [...], von den Atomen, wenn man sich nicht in der Erziehung daran gewöhnt hätte, aus Teilen alles zusammenzusetzen. So ist der Atomismus gekommen. Wir kritisieren heute den Atomismus; aber eigentlich sind die Kritiken ziemlich überflüssig, weil die Menschen nicht loskommen von dem, was sie sich seit vier bis fünf Jahrhunderten angewöhnt haben, verkehrt zu denken: Statt von dem Ganzen in die Teile hinein zu denken, von den Teilen auf das Ganze zu denken*» (S.85).

Die Position Rudolf Steiners – Zusammenfassung und Auswertung

Rudolf Steiners massive Kritik am Atomismusstreit und an «den Gelehrten», insbesondere den Mitarbeitern des Forschungsinstituts des «Kommenden Tags» in Stuttgart Anfang 1923, nach dem Brand des Ersten Goetheanum,[406] scheint, wie bereits angedeutet, zunächst überraschend,

404 In: Rudolf Steiner (1995): Heilpädagogischer Kurs (GA 317), 8. Aufl.

405 In: Rudolf Steiner (1989): Die Kunst des Erziehens aus dem Erfassen der Menschenwesenheit (GA 311), 5. Aufl.

406 (RSt-100), (RSt-101).

erweckte er doch den Eindruck, von ihm selbst vertretene Positionen nun als schädlich abzulehnen. Bevor ich auf diese Kritik weiter eingehe, fasse ich die Kerngedanken seiner Äußerungen zum Atomismus und zur Phänomenologie in dem von der Bibliografie abgedeckten Zeitraum zusammen.

1. Phänomenologie und geisteswissenschaftliche Erkenntnisweisen

Rudolf Steiners Stellung zur Naturwissenschaft seiner Zeit kann auf den ersten Blick widersprüchlich erscheinen. Hohe Anerkennung steht neben schärfster Kritik, und dies nicht in zeitlichem Abstand, in dem ein Sinneswandel eingetreten sein könnte, sondern in mehrfachem zeitlichen Wechsel. Beides ist jedoch echt, die Anerkennung nicht bloß eine pflichtgemäße, zugleich die Kritik fundamental. Allerdings besteht eine klare Grenzziehung zwischen dem Anerkennenswerten und dem zu Kritisierenden: An den naturwissenschaftlichen Tatsachen, den Phänomenen kann kein Zweifel bestehen,[407] und Steiners Begriff des Phänomens ist hier womöglich weiter und umfassender, als zunächst gedacht, bezeichnet er doch auch Zusammenhänge, die als Naturgesetz gelten, als Phänomen.[408] Die Methoden zur Interpretation und Erklärung der Phänomene dagegen haben nicht nur die ein oder andere wissenschaftstheoretische Schwäche, sondern Steiner hält die zugrundeliegende erkenntnistheoretische Ausrichtung und das darin zum Ausdruck kommende Wirklichkeitsverständnis für falsch und irreleitend. Wir stehen den Erscheinungen der Sinneswelt, dem «Sinnesteppich» gegenüber, und es ist «Wirklichkeitssinn»[409] gefordert, um hierzu einen adäquaten Bezug aufzubauen und nicht mit dem Denken hinter den Phänomenen «fortzurollen».[410] Die auf Kant zurückgehende Annahme eines «Dinges an sich» als eigentliche Wirklichkeit hinter den Erscheinungen, an die sich das Erkennen nur annähern, die es aber nicht unmittelbar erfas-

407 (RSt-61), (RSt-82), (RSt-83), (RSt-91), (RSt-101), (RSt-103), (RSt-104).
408 (RSt-20).
409 (RSt-58).
410 (RSt-18), (RSt-25), (RSt-36), (RSt-51), (RSt-52), (RSt-53), (RSt-56), (RSt-61), (RSt-76), (RSt-78), (RSt-84), (RSt-86), (RSt-97).

sen kann, sowie die damit verbundene kombinierende und schließende Verstandestätigkeit führen dagegen aus der Erscheinungswelt heraus in unberechtigte Hypothesenbildungen, zum Beispiel die Atomhypothese.[411]

Steiner fordert demgegenüber, Enthaltsamkeit im Denken zu üben – er weist auf Goethes «jungfräuliches» und «gegenständliches» Denken hin[412] – und im Sinne von Goethes Naturwissenschaft innerhalb der Erscheinungswelt, innerhalb der Phänomene stehenzubleiben[413] und in den Phänomenen lesen zu lernen wie in den Buchstaben und Worten eines Textes.[414] Goethe habe hierin einen Anfang gemacht, der auszubauen sei.[415] – Dies entspricht voll und ganz den Ideen, die Steiner bereits in seinem Frühwerk entwickelt hat, in der Beschäftigung mit Goethe, dessen Naturwissenschaft sowie der Frage nach einem vorurteilslosen, erscheinungsorientierten Weltbezug und einer entsprechenden Erkenntnistheorie.[416] In dem von der Dokumentation abgedeckten Zeitraum hat Steiner denn auch viele seiner Frühschriften neu herausgegeben, zwar überarbeitet im Hinblick auf offene Fragen und die spätere Entwicklung der Anthroposophie im engeren Sinne, in den Grundideen jedoch unverändert.

Insbesondere verweist Steiner mehrfach auf sein 1890 in den «Einleitungen zu Goethes naturwissenschaftlichen Schriften» entwickeltes und in den darauffolgenden Schriften bestätigtes Verständnis der Sinneswelt

---

411 (RSt-2), (RSt-3), (RSt-4), (RSt-5), (RSt-7), (RSt-13), (RSt-25), (RSt-36), (RSt-42), (RSt-47), (RSt-55), (RSt-58), (RSt-59), (RSt-61), (RSt-62), (RSt-70), (RSt-80), (RSt-85), (RSt-86), (RSt-103), (RSt-106).

412 (RSt-4), (RSt-5). Zu Goethe siehe auch (RSt-13), (RSt-19), (RSt-22), (RSt-23), (RSt-27), (RSt-34), (RSt-51), (RSt-61), (RSt-62), (RSt-63), (RSt-77), (RSt-81).

413 (RSt-5), (RSt-6), (RSt-13), (RSt-17), (RSt-19), (RSt-20), (RSt-22), (RSt-23), (RSt-27), (RSt-34), (RSt-43), (RSt-47), (RSt-51), (RSt-52), (RSt-59), (RSt-60), (RSt-62), (RSt-63), (RSt-66), (RSt-77), (RSt-79), (RSt-81), (RSt-83), (RSt-84), (RSt-85), (RSt-86).

414 (RSt-59), (RSt-61), (RSt-81).

415 (RSt-60), (RSt-63), (RSt-77).

416 Vgl. Einleitungen zu Goethes naturwissenschaftlichen Schriften (GA 1, 1884–97), Grundlinien einer Erkenntnistheorie der Goetheschen Weltanschauung (GA 2, 1886/1924), Wahrheit und Wissenschaft (GA 3, 1892), Die Philosophie der Freiheit (GA 4, 1894/1918), Goethes Weltanschauung (GA 6, 1897/1918).

als «Summe sich metamorphosierender Wahrnehmungsinhalte ohne eine zugrundeliegende Materie»[417], aus dem heraus er den Gedanken einer hinter der Sinneswelt bestehenden und diese bewirkenden Materie ablehnt.[418] Steiner sieht sich in dieser Haltung in Übereinstimmung mit Wissenschaftlern wie Ernst Mach und Wilhelm Ostwald, denen er jedoch zugleich eine zum hypothetisierenden Materialismus polare Schwäche nachweist, nämlich das Stehenbleiben bei einem kraftlosen agnostischen Phänomenalismus, der es über die Weltbeschreibung hinaus nicht zu einer befriedigenden Welterklärung bringt, ein Motiv, das auch Kolisko in seinen Vorträgen aufgreift.[419] Den hypothetisierenden Materialismus begreift Steiner in ähnlicher Weise als Ergebnis einer Schwäche des neuzeitlichen Denkens, das übergeordnete Zusammenhänge aus den Augen verloren hat und stattdessen, getrieben von einem übermächtigen, aber falsch verstandenen Kausalbedürfnis «fortrollt». Sehr radikal wird es, zumindest für die Zukunft, auch als Krankheit, als «Schwachsinn» bezeichnet, in der Sinneswelt etwas anderes als Phänomene zu sehen.[420] Die Vertreter des «bloßen Phänomenalismus», wie ihn Kolisko nennt, sind zwar in diesem Sinne gesund, insofern sie den Irrweg bemerken, haben aber die zugrundeliegende Schwäche des Denkens nicht überwunden. Ostwalds Ausweg, nicht an die Atomhypothese zu glauben, sie aber als «Arbeitshypothese» zu gebrauchen und mit Atomen zu rechnen, wird daher von Kolisko als Scheinlösung abgelehnt. Und auch Ostwald selbst hat diese Position schließlich aufgegeben, allerdings im umgekehrten Sinne seiner «Bekehrung» zum Anhänger der Atomhypothese.[421]

Die Suchrichtung, «hinter» der Erscheinungswelt etwas zu finden, führt in die Irre, das Bedürfnis, die Welt zu erklären, ist jedoch existenziell; es kann nicht unbefriedigt bleiben.[422] Worin Steiners Ausweg aus diesem Dilemma besteht, verdeutlicht sein Vergleich des «Sinnestep-

---

417 Siehe Anm. 321.

418 (RSt-43), (RSt-44), (RSt-45), (RSt-47), (RSt-59), (RSt-64), (RSt-79), (RSt-103), (RSt-106).

419 (RSt-18), (RSt-33), (RSt-72), (RSt-84), (RSt-106). Zu Kolisko vgl. S. 34 und S. 38.

420 (RSt-18), (RSt-45), (RSt-48), (RSt-51), (RSt-52), (RSt-57), (RSt-80), (RSt-84), (RSt-88), (RSt-108).

421 Zu Ostwald vgl. S. 34 und S. 113.

422 Vgl. Rudolf Steiner (1995): Die Philosophie der Freiheit (1894/1918, GA 4), 16. Aufl., Kap. II.

pichs» mit einem Spiegelbild: Ein Verständnis ergibt sich nicht aus einem vermeintlich Dahinterliegenden, sondern aus dem Davorbefindlichen.[423] Man könnte sagen: die Aufmerksamkeit muss umgewendet und auf den Erkennenden selbst gerichtet werden, denn der Mensch selbst ist die Antwort auf die Fragen, die die Welt stellt.[424] Dieser Weg beginnt mit einer Entwicklung des Denkens, schon um in Goethes Sinne Wissenschaft betreiben zu können – Steiner spricht hier von einem «Denken in Gebilden», «in Formen», «in innerer Bildhaftigkeit»[425] –, dann aber darüber hinaus, um durch Meditation und seelisches Üben die höheren Stufen des Erkennens – Imagination, Inspiration und Intuition – auszubilden, die die Anthroposophie als Geisteswissenschaft begründen.[426] Als «ein Kind Goethes» möchte anthroposophische Geisteswissenschaft, beginnend mit einer Phänomenologie, die die sinnlich-sittliche Wirkung der Erscheinungen einschließt, eine «Brücke» von der scheinbar unabhängig bestehenden Außenwelt zum Menschen schlagen, die Erscheinungen «an den Menschen heranrücken» und «Menschenerkenntnis» werden – um dann in eine neue «innere Beziehung des Menschen zu dem Wesenhaften in der Welt» zu führen. So fasst es Steiner auch verdichtet in dem mehrfach variierten Spruch: «Willst du dich selber erkennen, / Blicke in die Welt nach allen Seiten. / Willst du die Welt erkennen, / Schaue in alle deine eigenen Tiefen».[427] Hierin besteht die Weiterbildung der Naturwissenschaft durch Anthroposophie, die Steiner anstrebt und der er in sozialer wie in globaler Hinsicht weitreichende Bedeutung für die Zukunft des Menschen und der Welt beimisst,[428] nicht zuletzt, weil sie dahin führt, in allen Naturerscheinungen «eine Offenbarung des Christus» zu erkennen und Wissenschaft und religiöse Bedürfnisse wie-

---

423 (RSt-2), (RSt-3), (RSt-5), (RSt-7).

424 Vgl. Rudolf Steiner (1982): Mein Lebensgang (1923–25, GA 28), 8. Aufl., Kap. XXII, außerdem (RSt-3), (RSt-7), (RSt-66), (RSt-70), (RSt-103).

425 (RSt-77), (RSt-86).

426 (RSt-2), (RSt-6), (RSt-13), (RSt-16), (RSt-40), (RSt-42), (RSt-43), (RSt-53), (RSt-61), (RSt-66), (RSt-68), (RSt-71), (RSt-75), (RSt-85), (RSt-86), (RSt-103).

427 (RSt-5), (RSt-35), (RSt-36), (RSt-41), (RSt-80), (RSt-103). Spruch aus Vortrag Dornach 9. 11. 1923, in: Rudolf Steiner (1993): Der Mensch als Zusammenklang des schaffenden, bildenden und gestaltenden Weltenwortes (GA 230), 7. Aufl., S. 178.

428 (RSt-31), (RSt-81), (RSt-83), (RSt-86), (RSt-93), (RSt-97), (RSt-102).

der zu versöhnen.[429] Naturwissenschaftliche Phänomenologie im goetheschen Sinne stellt dafür den einen Ausgangspunkt dar, der vor allem zur Ausbildung der Fähigkeit der Inspiration dienen kann. Der andere Ausgangspunkt, der schwerpunktmäßig zur Imagination führen kann, besteht darin, meditativ an Erkenntnisgrenzen zu arbeiten, an Grenzbegriffen wie Materie, Atom und anderem, die mit dem verstandesmäßigen Vorstellen nicht voll zu erfassen sind.[430]

Bereits mit Ausbildung der Imaginationsfähigkeit erkennt man, das «hinter» der Sinneswelt nicht Materie, Atome oder dergleichen stehen, sondern «Geist», geistige Wesen und deren Tätigkeiten.[431] Steiner versucht dabei, das Verhältnis von Materie und Geist durch den Vergleich mit einem Eiswürfel in Wasser verständlich zu machen: das eine geht in das andere über, beides spielt in der Sinneswelt ineinander.[432] Es handelt sich also nicht um zwei ontologisch getrennte Substanzen, deren Zusammenhang letztlich unverständlich bleiben muss, sondern um ein Einheitliches, das auf zweifache Weise erscheint und in seiner zusammenhängenden Natur erfasst werden kann und muss.

Geisteswissenschaft geht demnach über die Phänomenologie hinaus und findet durch ihre Methoden Dahinterliegendes zur Erklärung der Sinneswelt, aber anderes als die hypothetisierende Naturwissenschaft.[433] In

---

429 (RSt-13), (RSt-15), (RSt-23), (RSt-50), (RSt-79), (RSt-88). Der komplementäre Ansatz der Mystik, (zuerst) nach innen zu schauen und dort nicht den Geist, aber das Materielle der Welt zu finden, wird in der vorliegenden Dokumentation nur gestreift (vgl. (RSt-44), (RSt-56), (RSt-68)).

430 (RSt-9), (RSt-39), (RSt-40), (RSt-42), (RSt-43), (RSt-53), (RSt-60), (RSt-61), (RSt-63), (RSt-64), (RSt-66), (RSt-75), (RSt-77), (RSt-78), (RSt-84), (RSt-86), (RSt-103) sowie Rudolf Steiner (1983): Von Seelenrätseln (1917, GA 21), 5. Aufl., Kap. I.

431 (RSt-3), (RSt-5), (RSt-6), (RSt-7), (RSt-8), (RSt-14), (RSt-16), (RSt-17), (RSt-46), (RSt-47), (RSt-48), (RSt-49), (RSt-50), (RSt-53), (RSt-54), (RSt-64), (RSt-66), (RSt-68), (RSt-71), (RSt-76), (RSt-78), (RSt-81).

432 (RSt-6), (RSt-8), (RSt-23), (RSt-56).

433 Vgl. hierzu Steiners bereits erwähnte Sorge, die Zuhörer könnten von ihm entwickelte Zusammenhänge, in diesem Fall zu medizinischen Fragen, als Hypothesen auffassen. Sein Abgrenzungskriterium für unberechtigte Hypothesen soll diese mögliche Verständnisschwierigkeit aufheben (vgl. Vortrag Dornach 7. 10. 1920, in: Rudolf Steiner (1989): Physiologisch-Therapeutisches auf Grundlage der Geisteswissenschaft (GA 314), 3. Aufl., S. 14; außerdem den Abschnitt *Hypothesenfrei*, S. 177.

der Phänomenologie ist Zurückhaltung hinsichtlich des «Dahinter» und darauf zielender Hypothesenbildungen gefordert. Erscheinungen sollen durch Erscheinungen erklärt werden, durch geeignetes Zusammenstellen der Phänomene, sodass sie sich gegenseitig beleuchten, die Urphänomene erkennen lassen und voneinander abgeleitet werden können. Dabei besteht jedoch die Gefahr des Agnostizismus, der das Erklärungsbedürfnis unbefriedigt lässt.[434] Geisteswissenschaft geht hier weiter. Sie weist dabei hinsichtlich ihrer Erklärungsstruktur eine Verwandtschaft zur herkömmlichen Naturwissenschaft auf: Die Sinneswelt kann aus sich heraus, um ein gängiges Begriffspaar heranzuziehen, zwar *verstanden*, aber nicht in ihrem Zustandekommen *erklärt* werden; es liegt ihr etwas zugrunde, was sie zu dem macht, was sie ist. – Aber es besteht der entscheidende methodische Unterschied zur Naturwissenschaft, dass dieses andere geisteswissenschaftlich nicht hypothetisch erschlossen, sondern durch Ausbildung übersinnlicher Wahrnehmungsfähigkeiten der Beobachtung zugänglich gemacht wird. Darin erweisen sich Erklärungsgründe und Erklärungsweise der Geisteswissenschaft denen der Phänomenologie verwandt, obwohl sie ein «hinter» der Sinneswelt Liegendes heranziehen. Goetheanistische Phänomenologie bereitet hierfür den Raum, erstens durch ihren Verzicht auf «unberechtigte» Hypothesenbildungen, der die Kraft des leeren Bewusstsein übt, das ausgebildet werden muss, um inspirationsfähig zu werden, zweitens durch die Art ihres «mathematisierenden»[435] Umgangs mit den Phänomenen, der das «Denken in Gebilden» vorbereitet. – Wo der an die Sinne gebunde Verstand an Grenzen kommt, wollte Steiner «nicht mit einer Hypothesenbildung, sondern mit der *Anschauung*, mit der *Erfahrung* des Geistigen beginnen, das *in* der Sinneswelt und im wahren Sinne nicht *hinter* der Sinnesanschauung wesenhaft lebt.[436]

Obwohl wünschenswert, würde es den Rahmen dieser Arbeit sprengen, die skizzierte Charakterisierung von Steiners Sicht der goetheanistischen

---

434 (RSt-27), (RSt-60), (RSt-63), (RSt-84), (RSt-86).

435 Vortrag Dornach 29.9.1920, in: Rudolf Steiner (1981): Grenzen der Naturerkenntnis (GA 322), 5. Aufl.; vgl. auch ebd., Vorträge 2.10. abends und 3.10. 1920.

436 Rudolf Steiner (1982): Mein Lebensgang (1923–25, GA 28), 8. Aufl., S. 200, Hervorhebung dort.

Phänomenologie, ihrer Bedeutung und ihres Verhältnisses zu den im engeren Sinne anthroposophischen Erkenntnisweisen im Zusammenhang der dazu vorliegenden umfangreichen Literatur zu diskutieren. Ich beschränke mich daher auf wenige Bemerkungen zu der Arbeit von Wolfgang Schad «Was ist Goetheanismus?»[437], die insofern vergleichbar ist, als sie ebenfalls von einem bibliografischen Ansatz ausgeht. Schad untersucht darin die Bedeutungen von «Goetheanismus» bei Steiner, die sich in großen Teilen mit dem hier als Phänomenologie im goetheschen Sinne, goetheanistische Phänomenologie oder ähnlich Bezeichneten überschneiden. Er kommt jedoch, bei vielen Übereinstimmungen, in entscheidenden Punkten zu anderen Ergebnissen, insbesondere hinsichtlich des Verhältnisses zur Naturwissenschaft und zur anthroposophischen Geisteswissenschaft.

Schad weist die Gegenüberstellung von «analytisch-atomistisch» und «synthetisch-ganzheitlich» als Charakterisierung von moderner konventioneller Naturwissenschaft und Goetheanismus zurück, weil auch erstere Einzelheiten synthetisierend in «umfassenden Ideengebäuden» zusammenführe und selbst Goethe nicht ohne analytisches Vorgehen ausgekommen sei (S. 48f.). Insofern es in beiden auf das Wechselspiel von Analyse und Synthese, Erfahrung und Denken ankomme, unterscheiden sie sich nicht. Schad folgert: «Der Wissenschaftsbegriff ist unteilbar» (S. 49). Daraus abzuleiten: «Wenn Goetheanismus fruchtbare Naturwissenschaft ist, so ist auch jede fruchtbare Naturwissenschaft Goetheanismus» (ebd.), und zu formulieren: «Goetheanismus [...] ist alle sinnesgebundene Forschung» (S. 59), missachtet jedoch Steiners häufige und durchgängig nach «Tatsachen» und «unberechtigten Hypothesenbildungen» differenzierte Gegenüberstellung der beiden, die oben herausgearbeitet wurde. Dies gilt umso mehr, wenn «unfruchtbar» nicht mehr meint als «unnötigen Leerlauf im Produzieren von Datenfriedhöfen oder bloßem Herrschaftswissen», «Profitstreben» und ähnliches (S. 49) und die erwähnten «Ideengebäude» nicht daraufhin untersucht werden, ob sie die Erfahrung verdichten und umfassen oder sie mit Hilfe hypothetischer Entitäten zu erklären versuchen. Steiners Differenzierung und die methodische Unterscheidung verschiedener naturwissenschaftlicher

437 Wolfgang Schad (2001): Was ist Goetheanismus? In: Naturwissenschaftliche Sektion am Goetheanum (Hg.): Tycho de Brahe-Jahrbuch für Goetheanismus. Niefern-Öschelbronn: Tycho de Brahe, S. 23–66.

Erkenntnishaltungen begründen keine Verteufelung der konventionellen Naturwissenschaft, gegen die sich Schad zu Recht wendet. Methodische Differenzierung widerspricht jedoch nicht der Einheitlichkeit des Wissenschaftsbegriffs. Diese liegt auf anderer Ebene und erzwingt es nicht, Unterschiede zu verwischen.

Hinsichtlich des Verhältnisses des Goetheanismus zur anthroposophischen Geisteswissenschaft referiert Schad zwar Steiners bis zur Identifizierung gehendes Anknüpfen der Anthroposophie an den Goetheanismus (S. 35 f.) und die Beleuchtung, die naturwissenschaftliche Fragen, goetheanistisch oder nicht, durch Anthroposophie erhalten können, betont aber in methodischer Hinsicht die «strikte» Unterscheidung: «Anthroposophie ist im Kern immer eine auf übersinnlicher, geistiger Erfahrung beruhende und gedanklich aufgearbeitete Geisteswissenschaft. Naturwissenschaft geht immer von der sinnlichen Erfahrung und Verarbeitung aus» (S. 48). Dies scheint mir vor dem Hintergrund der vorliegenden Ergebnisse richtig und falsch zugleich. Schon für die Naturwissenschaft lässt sich zumindest darüber diskutieren, inwieweit sinnliche Erfahrung und Messungen, zumal in komplexen Apparaten aufgrund erschlossener hypothetischer Modellvorstellungen, gleichgesetzt werden können. So sicher Anthroposophie nun von übersinnlicher Erfahrung spricht, so sicher weist Steiner, wie oben ausgeführt, auf die Entwicklung des naturwissenschaftlichen Erkennens über den Goetheanismus zu den höheren Erkenntnisformen der Anthroposophie hin. Auch hier ist der Wissenschaftsbegriff unteilbar, nur die Formen der Erfahrung und die Art des sie fassenden und verarbeitenden Denkens wechseln. Sie dürfen nicht vermischt werden, weswegen Schad mit Recht den Unterschied betont, und treffen, jedes für sich ausgebildet und betrieben, am Ende zusammen, wie Schad ebenfalls ausführt (S. 60f.). Dass jedoch ein Weg vom einen zum anderen führt und Steiner gerade für die Naturwissenschaft nachdrücklich und wiederholt auf diesen Weg hingewiesen hat, darf dabei nicht außer Acht geraten.[438] (Goe-

---

438 Sogar in dem Kapitel «Anthropologie und Anthroposophie» seiner Schrift «Von Seelenrätseln» (1917, GA 21, 5. Aufl. 1983), das Schad für die Unterscheidung der beiden Weltzugänge heranzieht, weist Steiner darauf hin, wie sich an den Grenzen des in der Naturwissenschaft (Anthropologie) betätigten Denkens geistige Erfahrungen machen lassen, die in die Anthroposophie hineinführen.

theanistische) Naturwissenschaft arbeitet der methodisch auf eigenen Beinen stehenden Anthroposophie entgegen – und kann darüber hinaus Wesentliches dazu beitragen, geisteswissenschaftliche Erkenntnisfähigkeiten auszubilden und sich Anthroposophie selbständig anzueignen. Am Ende steht, so Steiner, was Schad für einen Widerspruch in sich ansieht, eine anthroposophische Naturwissenschaft: «nicht eine physizierte Anthroposophie, eine chemisierte Anthroposophie, sondern [...] eine anthroposophische Chemie, eine anthroposophische Physik [...] eine anthroposophische Medizin».[439]

2. Atomismus

In Rudolf Steiners Stellungnahme zum Atomismus sind drei Gesichtspunkte von Bedeutung, erstens seine Kritik, die in erkenntnistheoretischer Hinsicht von den frühesten Schriften an gleich geblieben ist, sich darüber hinaus aber vertieft hat, zweitens sein Aufgreifen der neuesten Entwicklungen in der Physik und ihrer Bedeutung für das naturwissenschaftliche Weltbild und drittens seine Ansätze, dem dominierenden Atomismus dennoch etwas Positives abzuringen oder ihn ins Rechte zu denken.

Die Hauptachse von Steiners Atomismuskritik ist erkenntnistheoretischer Natur und insofern bereits im vorigen Abschnitt besprochen worden. Sie begreift den Atomismus als Spielart des Materialismus und Ausdruck der Haltung, hypothetische Entitäten hinter der Erscheinungswelt zu deren Erklärung heranzuziehen. Atome und Ähnliches sind Erfundenes, zu den Erscheinungen Hinzugedachtes, Hinzuphantasiertes,[440] zum Teil irrigerweise mit dem selbst schon irrigen «Ding an sich» identifiziert.[441] Sie würden als Ersatz anstelle des den Erscheinungen zugrundeliegenden Geistigen hinter der Sinneswelt verortet.[442] Im Atomismus ist demnach ein Ergebnis des «Fortrollens» in Denkgewohnheiten zu sehen,

439 (RSt-97), vgl. Schad (2001), siehe Anm. 437.
440 (RSt-27), (RSt-33), (RSt-49), (RSt-52), (RSt-53), (RSt-56), (RSt-59), (RSt-61), (RSt-78), (RSt-95).
441 (RSt-2), (RSt-3), (RSt-5), (RSt-7), (RSt-36), (RSt-42), (RSt-59), (RSt-61), (RSt-106).
442 (RSt-10), (RSt-11), (RSt-12), (RSt-14), (RSt-65), (RSt-70), (RSt-80).

ein Denksystem, das aus dem Durchstechen des Sinnesteppichs aus Denkschwäche bzw. mangelndem «Wirklichkeitssinn» entsteht[443] und geeignet ist, den Menschen geistig in Gefangenschaft zu nehmen.[444] Das atomistische Denksystem ist Ergebnis einer geistesgeschichtlichen Entwicklung, in deren Verlauf der Mensch den Bezug zum Kosmos verloren hat und für Leben und Erkennen mehr und mehr auf die Erde allein verwiesen war. Es hat dabei nicht nur Bedeutung für Philosophie, Physik und Chemie, sondern auch für das Verständnis des Lebens, wie sich am biologischen Atomismus der Mendelschen Vererbungslehre zeigt.[445]

Über seine erkenntnistheoretischen Argumente hinaus, aber damit kongruent, charakterisiert Steiner den Atomismus als «Wissenschaft vom Abgestorbenen»; Atome sind Leichname, «Endzustände des Wesenhaften», nur der Behandlung des Toten angemessen. Sie gemäß den neueren Theorien als elektrische Kräftegefüge zu denken, mache die Sache noch schlimmer, weil Gedanken über die Elektrizität zugleich immer auch eine moralische Seite haben und die Atome infolgedessen zu etwas (Un-)Moralischem werden, von «Trägern des Toten» zu ahrimanisch-dämonischen «Trägern des Bösen».[446] Es wäre jedoch unsinnig, dies zu kritisieren, da man sich davor nicht verschließen kann. Man muss vielmehr lernen, «in der richtigen Weise» damit zu leben und sich nicht davon überwältigen zu lassen. So will Steiner die Atomtheorie auch «nicht negieren», sondern «an ihren richtigen Platz stellen».[447] Seine früh formulierte Zurückweisung einer den Erscheinungen zugrundeliegenden Materie, auf die er immer wieder verweist, findet ja bereits ihre Grenze in der Anerkennung der Berechtigung einer «Materie als Phänomen» (vgl. den vorigen Abschnitt sowie Anm. 321), und so gibt es auch atomistische Erscheinungen, die als Phänomene nicht in Frage stehen, nur eben nicht mit dahinterliegenden sie verursachenden Atomen erklärt werden dürfen.[448] Steiner nennt hierfür keine Beispiele, aber Eugen Kolisko ist der Frage, wo das Atomistische Phänomen wird, in

---

443 (RSt-18), (RSt-51), (RSt-52), (RSt-57), (RSt-70), (RSt-84), (RSt-88), (RSt-108).

444 (RSt-81), (RSt-90).

445 (RSt-26), (RSt-65), (RSt-80), (RSt-87), (RSt-89), (RSt-91), (RSt-93), (RSt-94).

446 (RSt-69), (RSt-80), (RSt-88), (RSt-90), (RSt-92), (RSt-93), (RSt-94), (RSt-97), (RSt-99), (RSt-102).

447 (RSt-81), (RSt-82).

448 (RSt-65), (RSt-66), (RSt-81), (RSt-82), (RSt-86), (RSt-103).

seiner oben wiedergegebenen kurzen Abhandlung über den Atomismus nachgegangen, mit der er den Atomismusstreit inhaltlich klären wollte (s. o. S. 201: *Eugen Kolisko: Zum Atomismusproblem*).

Sehr aufmerksam verfolgt Steiner die Entwicklung der physikalischen Vorstellungen von der Entdeckung der Radioaktivität an über die Relativitätstheorie bis zur Quantentheorie, durch die die Physik über den Atomismus, genauer: die «Klotzatomistik» des 19. Jahrhunderts, hinausgekommen sei.[449] Der Atomismus ist dabei «bis zu einem gewissen Grade schon phänomenologisch geworden», was aber nicht bedeutet, dass der Materialismus schon überwunden sei. Er bestehe fort, solange man noch von atomistischen Vorstellungen ausgeht, ja die Quantentheorie habe sogar auch noch das Licht atomisiert.[450] Aber der erste Schritt zur Überwindung des Materialismus ist gemacht, und dies ist, was Steiner interessiert und begrüßt. So formuliert er angesichts der Entdeckung der Radioaktivität und der damit verbundenen Elementumwandlungen bereits am 17. 10. 1907 in einem öffentlichen Vortrag in Berlin:[451] «Wir können nun nichts anderes annehmen, als dass die Atome bis ins kleinste hinein zerfallen, zersplittern. [...] So sehen wir, dass dasjenige, was man für das Dauerhafteste gehalten hat, für das Absolute – während alles andere nur als ein Ergebnis davon galt –, heute auch zerfällt. Das zerstäubt heute. Und es ist begründete Hoffnung vorhanden, dass es mit allen Atomen so geht. Was wird also das Atom in der Zukunft sein? Es wird etwas sein, was entsteht und sich bildet. Jedes Atom bildet sich, hat eine bestimmte Lebenszeit und löst sich nach einer bestimmten Zeit wieder auf. Da haben Sie das, was für den Materialismus das Festeste war, das Atom, in ein Wesen verwandelt, das entsteht und vergeht» (S. 56f.). «Wenn wir nun in Betracht ziehen, dass die Atome unter unseren Händen zerfallen [...] Die ganze atomistische Theorie, die lange die Unterlage der Naturwissenschaft gewesen ist, wankt heute. [...] Atome und Moleküle sind nichts Tatsächliches, sondern Erdachtes. Wenn das fällt, weil es selbst eine Wirkung ist, so müssen wir fragen: Wovon ist es eine Wirkung? [...] Dann wird man erkennen, dass das Atom nichts

449 (RSt-1), (RSt-24), (RSt-26), (RSt-31), (RSt-33), (RSt-36), (RSt-65), (RSt-81), (RSt-97), (RSt-99).

450 (RSt-37), (RSt-43), (RSt-74), (RSt-81).

451 In: Rudolf Steiner (1985): Die Erkenntnis der Seele und des Geistes (GA 56), 2. Aufl.

anderes sein kann als gefrorene Elektrizität, gefrorene Wärme, gefrorenes Licht. Und dann wird man noch weiter gehen müssen, dass man in *allem* verdichteten und gebildeten Geist zu sehen hat. Materie gibt es nicht! Was Materie ist, verhält sich zum Geist wie Eis zum Wasser. Lösen Sie das Eis auf, so gibt es Wasser. Lösen Sie Materie auf, so verschwindet sie als Materie und wird Geist. Alles, was Materie ist, ist Geist, ist die äußere Erscheinungsform des Geistes» (S. 58 f., Hervorhebung dort).

Ein Woche später, im nächsten Vortrag derselben Reihe am 24. 10. 1907, kommt Steiner nochmals darauf zurück:[452] «Was ist der Geisteswissenschaft die Materie? Nur eine andere Form des Geistes! Spricht die Geisteswissenschaft von Materie, Stoff und Körper, so spricht sie davon so, wie sie von Eis in Beziehung auf Wasser spricht. Eis ist Wasser in anderer Form. Nun könnte aber jemand kommen und sagen: Dann leugnet ja die Geisteswissenschaft die Materie und die Körperlichkeit, wenn sie behauptet, alles sei Geist – und dann gibt es für die Geisteswissenschaft keine Materie. Auf diesem sonderbaren Standpunkt steht die Geisteswissenschaft keineswegs. Bleiben wir bei unserem Vergleich von Eis und Wasser. [...] Wenn man auch sagt, Eis sei Wasser in anderer Form [...], so sind doch die Wirkungen des Wassers andere als die von Eis, wie jeder bemerken kann, wenn er sich ein Stück Eis auf die Hand legt, statt Wasser darauf zu schütten. Wer leugnen wollte, dass Eis Wasser ist in anderer Form, der würde sich gründlich blamieren. So fällt es auch der Geisteswissenschaft nicht ein, die Materie zu leugnen. Sie ist da, nur ist sie Geist in anderer Form. Und in welcher Form? In der Form, dass sie von außen durch die Sinne beobachtet, angeschaut werden kann. Das ist das Wesentliche an der Materie» (S. 69).

Steiner erkennt demnach in der Erschütterung des Materialismus und Atomismus, die mit den genannten Entwicklungen einsetzt, eine Bewegung zu beweglicheren und für das Geistige durchlässigeren Vorstellungen über das Wesen der Erscheinungswelt, wie er selbst sie für angemessen und historisch gefordert hält. Daher findet die Anthroposophie in den neueren physikalischen Tatsachen «die allerwichtigste Grundlage». In diesen Entwicklungen wird, könnte man sagen, der Charakter der Begriffe «Materie» und «Atom», Grenzbegriffe zu sein, physikgeschicht-

---

452 In: Rudolf Steiner (1985): Die Erkenntnis der Seele und des Geistes (GA 56), 2. Aufl.

liche Realität. Was Steiner als meditativen Arbeitsansatz vorschlägt, vollzieht sich in der Entwicklung der physikalischen Vorstellungen.[453]

Die zitierten Vortragsstellen von 1907 lassen darüber hinaus – wie auch zahlreiche Stellen in der Bibliografie – erkennen, wie Steiner gewillt ist, bei aller Kritik zu versuchen, die herrschenden Vorstellungen aufzugreifen und daran anzuknüpfen. So wird anerkannt, dass die physische Welt atomistisch erscheint, und ergänzt, was sich der imaginativen Erkenntnis als geistige Wirklichkeit dahinter zeigt: Die Atome sind physisch leer, vergleichbar Gasblasen im Wasser, geistig erfüllt mit der «Substanz des Ahriman», eines «Geistes der Vergangenheit», des Toten, Abgestorbenen. Man sollte aber nicht dabei stehenbleiben, in ihnen «Endzustände des Wesenhaften» zu sehen, sondern beginnen, in ihnen zugleich auch «Anfangszustände des Wesenhaften» zu sehen. Atome dürften nicht «ohne immanente Geschwindigkeit» angenommen und sollten als «Geschwindigkeitsanläufe» betrachtet werden. Die Entwicklungen in Physik und Chemie legen nahe, chemische Elemente und Atome nicht starr und unveränderlich vorzustellen, Stoff nicht «konstant», sondern, zumindest im Menschen, als entstehend und vergehend.[454]

Ein weiterer positiv ergänzender Ansatz besteht darin, den Blick vom Mikroskopischen in das Makroskopische umzuwenden. In Atomkonfigurationen würden makrokosmische Wirkungen erfasst, die sich dort zeigen, wo man das Vorhandensein der Atome annimmt. Irdische Substanzen seien «Produkte des Zusammenwirkens der Sternenkräfte», deren Wirkungslinien sich schneiden. An den Schnittpunkten denke man Atome und Moleküle, sodass ein Molekül eine «Zusammenfassung der Kräfte des Makrokosmos» darstellt. Anstelle mikroskopischer Untersuchungen der Molekülstruktur – die die «innerliche Konfiguration» organischer Stoffe andeutet – sollte daher lieber die Konstellation des Sternenhimmels beobachtet werden, die sich darin «abspiegelt», und der Ursprung des Kleinsten im Größten gesucht werden.[455]

Zusammengefasst bestehen Steiners Position zum Atomismus und seine Strategie im Umgang damit in werkgeschichtlich gleichbleibender scharfer, aber differenzierter Kritik – Ablehnung sowohl ontologischer

453 (RSt-9), (RSt-39), (RSt-40), (RSt-42), (RSt-53), (RSt-100).
454 (RSt-1), (RSt-11), (RSt-14), (RSt-28), (RSt-29), (RSt-57), (RSt-97).
455 (RSt-31), (RSt-32), (RSt-38), (RSt-67).

als auch heuristischer Atomhypothesen bei Anerkennung der Tatsachen einer sich auch atomistisch zeigenden Welt –, gekoppelt mit bereitwilligen, zum Teil in geisteswissenschaftlicher Erkenntnis gründenden Versuchen und Anregungen, die Sache trotzdem fruchtbar zu machen bzw. ins Rechte zu denken. Steiner führt damit zugleich vor, was es heißen kann, mit dem Atomismus leben zu müssen, aber in der richtigen Weise, ohne sich von ihm überwältigen zu lassen.[456]

3. Der Atomismusstreit

Rudolf Steiners Kritik am Atomismusstreit ist umfassend und fundamental. Seine meistgebrauchte Charakterisierung ist, die Diskussion sei «auf ein totes Geleise» gebracht worden, sei also ziellos und führe zu nichts. Die Kritik an der Naturwissenschaft sei «unfruchtbare Polemik», die besser gelassen würde, und sowieso «ziemlich überflüssig», weil sie sich gegen lange eingeübte Denkgewohnheiten richte, also chancenlos ist. Es sei «mit denselben Gedankenformen hinüber- und herübergeschlagen» worden, anstatt ein «Anders-Gestimmtsein» in die Wissenschaft zu bringen, das nicht definieren und beweisen, sondern, könnte man sagen, phänomenologisch zeigen und ein lebendiges Wachsen der Zusammenhänge anregen will. Stattdessen hätten die Anthroposophen «Wesenloses vorgebracht» und es den vermeintlichen Gegnern leicht gemacht, denn diese hätten «mit dem Wichtigsten» recht! Ja mehr noch: «Das einzig Greifbare», was in dem Streit vorgebracht worden ist, habe Gabriele Rabel geschrieben – «das einzige, was *für* die anthroposophische Position vorgebracht werden kann». Die Physik, wenn man ihre Tatsachen ohne Polemik nimmt, wie sie sind, bietet demnach nicht nur Anknüpfungspunkte für ein positives Gespräch mit der Naturwissenschaft, sondern gibt «die allerwichtigste Grundlage […] für die anthroposophische Auffassung».[457]

Über diese vernichtende Einschätzung der Auseinandersetzungen hinaus macht Steiner den Atomismusstreit mitverantwortlich für die schwere Krise der Anthroposophischen Gesellschaft 1922/23. Diese sei selbst durch den unfruchtbaren Streit «auf ein totes Geleise» geführt wor-

---

456 (RSt-99).
457 (RSt-96), (RSt-97), (RSt-98), (RSt-100), (RSt-101), (RSt-108).

den, ja die Krise sei «nicht zum wenigsten herbeigeführt» durch das Verhalten der Wissenschaftler innerhalb der Gesellschaft. Ein «unrichtiger Gegensatz» zur Naturwissenschaft schade der Anthroposophie «in sehr erheblichem Maße» und gefährde deren Beziehung zur Naturwissenschaft. Atomismusdebatte und Wissenschaftskritik lenkten von der Auseinandersetzung mit internen Problemen der Anthroposophischen Gesellschaft ab und schwächten diese in der Auseinandersetzung mit den Gegnern der Anthroposophie. Überdies hat die Anthroposophische Gesellschaft selbst atomistische Wurzeln in der von Steiner immer wieder kritisierten theosophischen Vorstellung eines «permanenten Atoms» jedes Menschen, das die von Inkarnation zu Inkarnation wandernde Konstante in dessen Dasein darstelle. Der Wunsch, Spirituelles in naturwissenschaftliche Begriffe zu fassen, stellt offensichtlich ein Verständnishindernis innerhalb der Gesellschaft für die Atomismuskritik dar, weswegen diese womöglich spaltend und schwächend wirkt.[458]

Neben der falschen Kritik an der Naturwissenschaft besteht also die Gefahr einer unangemessenen Übernahme von deren Begriffen und Denkformen und sogar Anbiederung und Buhlen um ihre Anerkennung. Anerkennung können aber nur überzeugende wissenschaftliche Ergebnisse finden, von denen im Stuttgarter Forschungsinstitut zu wenige erarbeitet worden seien – anders als im Biologischen Forschungsinstitut von Lili Kolisko, ebenfalls in Stuttgart, und in Dornach am Goetheanum, wo experimentelle Arbeiten «praktischer Phänomenologie» zu Ergebnissen geführt hätten. Die dabei angewendete aus der Anthroposophie herausgewachsene Methode, sich Schritt für Schritt an den Tatsachen «vorzutasten», sei erfolgversprechend, aber im Forschungsinstitut des «Kommenden Tags» habe «nie der Wille bestanden, in phänomenologischer Weise zu arbeiten». Man habe vielmehr «Universitätsmethoden» hereingetragen, ohne «Umänderung der Denkmethoden», und bekannte Tatsachen phänomenologisch interpretiert, darüber philosophiert, wie im Falle von Wilhelm Pelikans Aufsatz über den Wasserstoff.[459] Das «geht nicht» und rechtfertigt nicht den Aufwand, ein Forschungsinstitut zu betreiben. Vor allem aber kommt darin ein Missverständnis in methodischer Hinsicht zum Ausdruck, das Steiner mit den rätselhaften Sätzen anspricht: «Von der Phänomenologie ist bis zum Jahre 1919 überhaupt

---

458 (RSt-93), (RSt-96), (RSt-97), (RSt-100), (RSt-101), (RSt-105).
459 Siehe Anm. 393.

nicht gesprochen worden. Ich war genötigt, davon zu sprechen, als ich diese Verhältnisse feststellen musste. Das, was Sie Phänomenologie nennen, haben Sie in die Anthroposophische Gesellschaft hineingetragen. Sie haben mir hier die Führung entwunden, indem Sie die Gelehrsamkeit hineingetragen haben. [...] Die Gemeinschaft der Gelehrten hat die Phänomenologie hineingetragen. [...] Nun wird das so dargestellt, als ob ich die ganze Phänomenologie hineingetragen hätte. Die Forscher sind es, welche diesen Tatbestand in die Anthroposophie hineingebracht haben».[460] Angesichts Steiners oftmaliger und ausführlicher, beinahe ohne Einschränkung positiver Darstellungen zur Phänomenologie sowie seines lebenslangen Eintretens für Goethes naturwissenschaftlichen Ansatz sind die zuletzt angeführten Sätze ebenso erstaunlich wie Steiners Einschätzung des Atomismusstreits angesichts seiner eigenen Atomismuskritik. Und Pelikans phänomenologisches Portrait des Wasserstoffs lässt sich heute noch mit Gewinn lesen; auch hier ist Steiners Bewertung zunächst verwunderlich (und muss gegenüber manchem, was seither publiziert worden ist, nachdenklich stimmen). Steiners Kritik am Atomismusstreit wirft damit ein doppeltes Rätsel auf. Sie hat auch unter den Protagonisten Ratlosigkeit hinterlassen, wie überhaupt Steiners auch in anderen Punkten vehemente Kritik an der Stuttgarter Leitung der Anthroposophischen Gesellschaft. Nicht nur der Bericht über die Delegiertenversammlung der Anthroposophischen Gesellschaft zur Aufarbeitung der Gesellschaftskrise lässt erkennen, wie die Verantwortlichen guten Willens Steiners Kritik annehmen und seine Forderungen wiederholen, – diese aber inhaltlich kaum zu füllen vermögen.[461]

Das Rätsel in Steiners Stellungnahme zum Atomismusstreit stellt sich allerdings nicht erst Anfang 1923 bei den Verhandlungen über die Krise der Anthroposophischen Gesellschaft (RSt-101), sondern Steiner nimmt bereits nach der ersten Welle des Schlagabtauschs im Frühjahr 1922 Stellung, wenn auch nicht explizit auf die Aufsätze in der «Drei» bezogen, und verdeutlicht seine Position vor allem dort, wo er die Anthroposo-

460 (RSt-101).

461 Vgl. Carl Unger & Walter Johannes Stein (1923): Bericht über die Delegiertenversammlung der Anthroposophischen Gesellschaft in Deutschland vom 25. bis 28. Februar 1923, Stuttgart. In: Rudolf Steiner (1991): Das Schicksalsjahr 1923 in der Geschichte der Anthroposophischen Gesellschaft (GA 259), S. 361–462.

phie oder sich selbst missverstanden oder vereinnahmt sieht. So weist er darauf hin, dass Anthroposophie nicht bestreite, «was Naturwissenschaft geltend macht». «Nichts, gar nichts soll gegen die naturwissenschaftliche Denkweise von mir gesagt werden; es ist nur ein Missverständnis, wenn man dies glaubt.» «Keinem wird es einfallen, dagegen einen Kampf zu führen» – ein Satz wie eine Warnung, den Streit in der begonnenen Weise fortzusetzen. Er sei auch «niemals ein Gegner» der Betrachtungsweise gewesen, die Natur nur noch als tote zu betrachten, wie Steiner «scharf betont». Anthroposophie wolle nicht gegen «berechtigte Methoden» und «das Berechtigte des Atomismus» «sündigen», der «bis zu einem gewissen Grade schon phänomenologisch geworden» sei. Bis dahin gehe Anthroposophie «gewiss mit». Sie weise aber Festlegungen auf bestimmte Begriffssysteme zurück und will stattdessen «recht liebevoll innerhalb der Phänomene stehenbleiben», um von dort aus die Begriffe weiterzuentwickeln. «Was gerade in der schönsten Weise durch diese Naturwissenschaft erforscht wird – meinetwillen bis zur Atomtheorie, die ich auch nicht negiere, sondern nur an ihren richtigen Platz stellen will –, das alles wird zu Fragen». Allerdings ermutigt Steiner zugleich die Lehrer der Waldorfschule, die sich am Atomismusstreit beteiligt haben, zur Beschäftigung mit Kolbes Kampf gegen Van't Hoffs «chemischen Symbolismus», der den Atomismus zu etwas anderem gemacht habe.[462]

Steiner verwahrt sich also früh im Verlauf des Streits dagegen, bloß als Kritiker der atomistischen Naturwissenschaft wahrgenommen zu werden, und weist stattdessen auf seine im vorigen Abschnitt bereits herausgearbeitete differenzierte Haltung dazu hin: Ablehnung atomistischer Metaphysik bei Anerkennung atomistischer Phänomene. Außerdem unterstreicht er mit dem Hinweis auf «Fragen», die aus der Naturwissenschaft hervorgehen, seinen ebenfalls bereits gekennzeichneten Willen, positiv anzuknüpfen und weiter- bzw. ins Rechte zu denken. Zwar fallen diese Äußerungen im Rahmen von Hochschulkursen erst in Berlin, dann auch in Dornach, also nicht in Stuttgart, aber viele der Protagonisten des Streits waren bei diesen Kursen anwesend und haben zum Teil sogar als Vortragende mitgewirkt. Die Debatte ist dennoch in derselben Weise fortgesetzt worden. Erst Steiners heftige Kritik von 1923 ist «angekommen», zumindest bei Eugen Kolisko, der in seinem

---

462 (RSt-81), (RSt-82), (RSt-87), (RSt-93).

Text über den Atomismus versucht hat, sie aufzugreifen (s. o. S. 201: *(AS-12)* und S. 203: *Eugen Kolisko: Zum Atomismusproblem*). Kolisko übernahm dementsprechend auch die Verantwortung dafür, dem Streit eine publizistische Plattform gegeben zu haben: «Ich hätte den Artikel Dr. Theberaths abweisen müssen. Es liegt ein Fehler der Redaktion vor».[463]

Wie lassen sich nun Steiners rätselhaft erscheinende Bestätigung Gabriele Rabels im Atomismusstreit und seine überraschende Distanzierung von der Phänomenologie verstehen? Ersteres ergibt sich aus Steiners Haltung zum Atomismus und seinem Willen, aufzugreifen und anzuknüpfen, das Zweite wird erst angesichts seiner eigentlichen Wünsche und Erwartungen an eine durch Anthroposophie erneuerte Wissenschaft nachvollziehbar. Steiners eigene Atomismuskritik hatte sich im letzten Viertel des 19. Jahrhunderts gegen die «Klotzatomistik» gewendet, die hinter der Sinneswelt eine zugrundeliegende Welt angenommen hat, in der nur primäre Sinnesqualitäten – Ausdehnung, Lage, Bewegung – bestehen. Der Umsturz der klassischen Physik und das Aufkommen der Quantenmechanik (s. o. S. 185: *Skizze des wissenschaftshistorischen Umfelds*) haben diese Klötzchenwelt erschüttert und einstürzen lassen. Zwar können Materialismus und Atomismus noch nicht als überwunden gelten,[464] aber ein großer Schritt dazu ist getan, wenn Physiker wie Rabel oder der von ihr angeführte Moritz Schlick (s. o. S. 196: *(AS-8)*), die wissenschaftlich auf der Höhe der Zeit stehen, formulieren, «Materie ist nichts Materielles». Ähnlich hatte sich Steiner 1907 selbst ausgedrückt.[465] Gegenüber dem Atomismus des 19. Jahrhunderts konnte Steiner einen positiven Anknüpfungspunkt in Du Bois-Reymonds Grenzziehung finden, das Wesen der Materie sei unerkennbar. Von solchen Grenzen aus ließ sich ein Weg ins Geistige finden.[466] Jetzt war die Naturwissenschaft selbst nicht nur in ihrer Weise auf diesen Weg geraten, sondern es wurde sogar in der Physik bemerkt und formuliert. An diesem bemerkenswerten Vorgang durfte aus anthroposophischer Sicht

463 Nach: Protokoll der Sitzung des Dreißigerkreises (vgl. (RSt-101)) am 31. 1. 1923. In: Rudolf Steiner (1991): Das Schicksalsjahr 1923 in der Geschichte der Anthroposophischen Gesellschaft (GA 259), S. 230–256, hier S. 240.

464 (RSt-37), (RSt-43), (RSt-97).

465 Vgl. den vorigen Abschnitt sowie (RSt-8), (RSt-24), (RSt-31), (RSt-33), (RSt-36), (RSt-97), (RSt-104), (RSt-107).

466 (RSt-39), (RSt-88).

nicht vorbeigegangen werden. Hier musste man anknüpfen und das Gespräch suchen, die Fragen voranbringen. Dagegen hatten Theberath und andere gesündigt, indem sie zu wissen meinten, was am Atomismus falsch ist, ohne zu realisieren, dass hier gerade allerbedeutsamste Entwicklungen vorgehen, ohne zu differenzieren und das Anerkennenswerte gelten zu lassen, ja sogar Tatsachen bestreitend. Zudem trifft die alte Atomismuskritik hier nur noch insofern zu, als sie auf die metaphysische Suche nach einem Dahinter- und Zugrundeliegenden zielt, die Kritik der Quasi-Sinnlichkeit der Atome ist gegenüber einer geistig gedachten Materie hinfällig geworden. – Rabel hat insofern im Atomismusstreit das einzige für die Anthroposophie Sprechende vorgebracht, als sie einen neuen Brückenkopf für die Anknüpfung der Anthroposophie an die Naturwissenschaft bezeichnet, während die anderen sich an längst eingestürzten Gemäuern zu schaffen machen und dabei das Neue übersehen, ja sogar bekämpfen.

Übereifer und Scheuklappen der Protagonisten mögen dazu beigetragen haben, dass, wie Stephan Stockmar schreibt,[467] die Atomismusdebatte nicht über den «gedanklichem Schlagabtausch» hinausgekommen ist. Vor allem aber scheint es den Kontrahenten nicht möglich gewesen zu sein, Steiners Unterscheidung von «charakterisieren» und «urteilen», wie er es andernorts bezeichnet,[468] mitzumachen. Sie haben entweder mit vermeintlicher Rechtfertigung durch Steiner den Atomismus verteufelt und dabei Steiners differenzierte Anerkennung übersehen oder die partielle Anerkennung atomistischer Erscheinungen auf ihre gesamte atomistische Weltsicht bezogen. So beharrt Rabel darauf, Steiner habe sich ihr gegenüber im Unterschied zu seiner früheren Haltung von der Existenz der Atome überzeugt gezeigt: «Er erklärte einmal mir gegenüber, dass er jetzt auch genau so wie wir die Existenz der Atome für experimentell bewiesen halte, dass er aber nicht alle Konsequenzen mitmachen wolle, die man aus der Atomistik zieht» (AS-2). – Eine Aner-

467 Stephan Stockmar (2011): Seit 90 Jahren im Geist der Zeit: die Drei – ein Geschenk zu Steiners Geburtstag. Die Drei 81, H. 2, S. 45–58

468 Vgl. z. B. (RSt-8), S. 156; Vortrag Dornach 7. 3. 1920, in: Rudolf Steiner (1980): Die soziale Frage als Bewusstseinsfrage (GA 189), 3. Aufl., S. 125; oder Vortrag Dornach 31. 1. 1920, in: Rudolf Steiner (1992): Geistige und soziale Wandlungen in der Menschheitsentwicklung (GA 196), 2. Aufl., S. 120f.

kennung der Existenz der Atome widerspräche Steiners Haltung. Wahrscheinlicher ist es, dass er von der Existenz atomistischer Erscheinungen gesprochen hat und Rabel dies als Bestätigung ihrer Haltung verstanden hat. Steiners Distanzierung, nicht alle Konsequenzen des Atomismus mitmachen zu wollen, hat sie zwar wiedergegeben, aber sie ist ihr nicht zur Frage geworden. Auf der bereits erwähnten Delegiertenversammlung hat Rabel denn auch ihre Ablehnung anthroposophischer Wissenschaft aufrechterhalten und versucht, Steiners Kritik an ihren Gegnern im Atomismusstreit als Zustimmung für ihre Position zu deuten.

Zu derartigen Einseitigkeiten und Missverständnissen trägt womöglich die Eigenart Steiners bei, auf die seine Zeitgenossen wie seine heutigen Leser treffen, weniger systematisch und abwägend zu argumentieren, als einzelne treffende Gesichtspunkte zu betonen, ja, oft sogar radikale Standpunkte zu beziehen. Steiner ist dabei, und das unterscheidet ihn von dem, was die am Atomismusstreit Beteiligten gezeigt haben, in völliger innerer Unabhängigkeit fähig, andere Standpunkte ebenso entschieden verstehen und gelten zu lassen.[469] Auch Gabriele Rabel tritt Steiner in dieser Weise gegenüber, wenn er, ohne sich an ihrer atomistischen Anschauung zu stoßen, ihre radikal formulierte Ansicht über das Wesen der Materie aufgreift und als einzig Richtiges und fundamental Bedeutsames herausstellt.

Schwieriger sind Steiners ablehnende Äußerungen zur Phänomenologie und zu dem Aufsatz Wilhelm Pelikans zu verstehen. Entscheidend sind hier seine oben angeführten Bemerkungen, die auf das Versäumnis verweisen, das Denken verwandelt zu haben: Dass Gelehrsamkeit und Universitätsmethoden in die falsche Richtung gehen, ist selbstverständlich. Aber auch bekannte Fakten «phänomenologisch zu interpretieren», ist ungenügend. Es scheint also nur ein erster Schritt zu sein, innerhalb der Phänomene stehenzubleiben und darauf zu verzichten, metaphysische Entitäten hinter dem Sinnesteppich zu postulieren. Tatsächlich weist Steiner, wie im vorletzten Abschnitt erwähnt, ja auch darauf hin, dass ein – mit Koliskos Worten – bloßer Phänomenalismus, der beschreibt, aber nicht zu erklären versucht, einen polaren Abweg zur metaphysischen Hypothesenbildung darstellt. Zumindest geht es

469 Eine plastische Schilderung solchen Verhaltens aus Steiners Berliner Lebensphase gibt Hermann Friedmann (1950): Sinnvolle Odyssee. München: Beck, S. 173–175.

darum, die Urphänomene eines Gebietes aufzusuchen und aus diesen die Vielfalt der Erscheinungen abzuleiten und verständlich zu machen. Aber Steiners eigentliches Anliegen geht weit darüber hinaus: Eine phänomenologische Haltung den Erscheinungen gegenüber leitet, wie dargestellt, eine Art Umstülpung des Bewusstseins ein. Die gewöhnliche das Objekt begrifflich bestimmende Verstandestätigkeit wird zur Ruhe gebracht und ein Tableau der Erscheinungen entfaltet, in dem nun diese beginnen, sich gegenüber dem aktiv rezeptionsbereiten Denken auszusprechen. Ein phänomenologischer Erkenntnishabitus stellt damit einen Einstieg in die geisteswissenschaftlichen höheren Erkenntnisstufen dar, und dafür hat Steiner die Phänomenologie geschätzt und gefordert, nicht aber um ihrer selbst willen. Sein Ziel war die Weiterentwicklung des naturwissenschaftlichen Denkens zur geistigen Erkenntnis, um die Welt anders erklären zu können – hinter der Sinneswelt liegen nicht Atome, sondern die geistige Welt. Auch wenn es in der Zurückweisung des hypothetisierenden Materialismus zum Teil zunächst so klingt, soll nicht deswegen in der Sinneswelt stehengeblieben werden, weil diese selbst schon Antwort auf alle Fragen wäre, sondern weil in ihr ein Zugang zu einem innerlich empirischen, hypothesenfreien Weg zur geistigen Welt gegeben ist. – Diesen Zugang zu nutzen und den Weg selbständig zu gehen, hat Steiner von seinen naturwissenschaftlichen Mitarbeitern erwartet, außerdem praktische experimentelle Arbeiten[470] anstelle «philosophierender» Betrachtungen. Phänomenologie ohne Weiterführung in geisteswissenschaftliche Erkenntnis zu betreiben, bedeutet demgegenüber, auf halbem Wege stehenzubleiben. Dagegen und gegen eine um ihrer selbst willen betriebene Phänomenologie wendet sich Rudolf Steiner mit seiner Kritik Anfang 1923, aber auch schon vorher, indem er weitreichende Perspektiven für den Goetheanismus aufweist, sei es für die Entwicklung der Anthroposophie, für eine Verchristlichung der Naturwissenschaft oder für eine gesellschaftliche Neugestaltung im Nachkriegseuropa, anstatt es bei der Darstellung einer andersartigen naturwissenschaftlichen Methode zu belassen.[471]

470 (RSt-60), (RSt-101).

471 Vgl. den vorletzten Abschnitt, insbesondere die Nachweise in Anm. 428 und 429.

Anhang

Literatur

Agazzi, Evandro (1991): Reductionsm as Negation of the Sicentific Spirit. In: Ders. (Ed.): The problem of Reductionism in Science. Dordrecht, Boston & London: Kluwer Academic Publishers, S. 1–30.

Bächtold, Manuel (2010): Saving Mach's View on Atoms. Journal for the General Philosophy of Science 41, S. 1–19.

Basfeld, Martin (1992): Erkenntnis des Geistes an der Materie. Stuttgart: Freies Geistesleben.

Böhme, Gernot (1993): Alternativen der Wissenschaft. 2. Aufl., Frankfurt am Main: Suhrkamp.

Brock, William H. (1997): Viewegs Geschichte der Chemie. Braunschweig & Wiesbaden: Vieweg.

Buck, Peter (1984): Was ist «Chlor»? Chimica didactica 10, S. 117–140.

– & Ernst-Michael Kranich (Hg.) (1995): Auf der Suche nach dem erlebbaren Zusammenhang. Weinheim & Basel: Beltz.

– (1996): Über physikalische und chemische Zugriffsmodi. ZDN – Zeitschrift für Didaktik der Naturwissenschaften 2, H. 3, S. 25–38.

– (2005): Chemie verstehen verstehen. Chimica didactica 31, S. 121–135.

– (Hg.) (2006): Wie gelangt ein Mensch zu Sinn? Stuttgart: Freies Geistesleben.

– & Manfred v. Mackensen (2006): Naturphänomene erlebend verstehen. 7. Aufl., Köln: Aulis.

Bührke, Thomas (1997): Newtons Apfel. Sternstunden der Physik. München: Beck.

Chalmers, Alan F. (2008): Atom and Aether in Nineteenth-century Physical Science. Foundations of Chemistry 10, S. 157–166.

Dackweiler, Hans: Ernst Lehrs. In: Bodo v. Plato (Hg.): Anthroposophie im 20. Jahrhundert. Dornach: Verlag am Goetheanum, S. 436–438.

Dalton, John (1808): A New System of Chemical Philosophy. London: Bickerstaff.

Deimann, Götz (Hg.) (1987): Die anthroposophischen Zeitschriften von 1903 bis 1985. Bibliographie und Lebensbilder. Stuttgart: Freies Geistesleben.
Dietz, Karl-Martin (1988): Die Suche nach Wirklichkeit. Stuttgart: Freies Geistesleben.
– & Barbara Messmer (Hg.) (1998): Grenzen erweitern – Wirklichkeit erfahren. Perspektiven anthroposophischer Forschung. Stuttgart: Freies Geistesleben.
Dollfus, Andreas (2003): Ernst Uehli. In: Bodo v. Plato (Hg.): Anthroposophie im 20. Jahrhundert. Dornach: Verlag am Goetheanum, S. 851–853.
Duhem, Pierre (1998): Ziel und Struktur der physikalischen Theorien (1906). Hamburg: Meiner.
Esterl, Dietrich (2006): Die erste Waldorfschule Stuttgart-Uhlandshöhe. Stuttgart 2006: Edition Waldorf.
Falkenburg, Brigitte (1995): Teilchenmetaphysik. 2. Aufl., Heidelberg, Berlin & Oxford: Spektrum.
Fajans, Kasimir (1919): Radioaktivität und die neueste Entwicklung der Lehre von den chemischen Elementen. Braunschweig: Vieweg.
Feyerabend, Paul (1986): Wider den Methodenzwang (1975/1983). Frankfurt am Main: Suhrkamp.
Figurowski, N. (1981): Die Entdeckung der chemischen Elemente und der Ursprung ihrer Namen. Köln: Aulis.
Friedmann, Hermann (1950): Sinnvolle Odyssee. München: Beck
Gehrtsen, Christian, Hans O. Kneser & Helmut Vogel (1989): Physik. 16. Aufl., Berlin u. a.: Springer.
Goethe, Johann Wolfgang von (1887): Naturwissenschaftliche Schriften, 2. Bd., herausgegeben und eingeleitet von Rudolf Steiner. In: Joseph Kürschner (Hg.): Deutsche National-Litteratur. Historisch kritische Ausgabe, Bd. 115, Goethes Werke XXXIV, Stuttgart, Berlin & Leipzig: Union Deutsche Verlagsgesellschaft, Reprint im Rahmen der Rudolf Steiner Gesamtausgabe als GA 1b, 1982.
– (1890): Naturwissenschaftliche Schriften, 3. Bd., herausgegeben und eingeleitet von Rudolf Steiner. In: Joseph Kürschner (Hg.): Deutsche National-Litteratur. Historisch kritische Ausgabe, Bd. 116, Goethes Werke XXXV, Stuttgart: Union Deutsche Verlagsgesellschaft. Reprint im Rahmen der Rudolf Steiner Gesamtausgabe als GA 1c, 1982.

- (1897): Naturwissenschaftliche Schriften, 4. Bd., 1. Abt., herausgegeben und eingeleitet von Rudolf Steiner. In: Joseph Kürschner (Hg.): Deutsche National-Litteratur. Historisch kritische Ausgabe, Bd. 117.1, Goethes Werke XXXVI.1, Stuttgart: Union Deutsche Verlagsgesellschaft. Reprint im Rahmen der Rudolf Steiner Gesamtausgabe als GA 1 d, 1982.
- (1967): Sprüche in Prosa. Einleitung und Anmerkungen von Rudolf Steiner. Stuttgart: Freies Geistesleben.
- (1982): Maximen und Reflexionen Nr. 488 (Sprüche in Prosa). In: Goethes Werke, Hamburger Ausgabe, Bd. XII, Kunst und Literatur, 10. Aufl., München: Beck.
- (1982): Der Versuch als Vermittler von Objekt und Subjekt (1792). In: Goethes Werke, Hamburger Ausgabe, Bd. XIII, Naturwissenschaftliche Schriften I, 9. Aufl., München: Beck, S. 10–20.
- (1982): Erfahrung und Wissenschaft (1798). In: ebd., S. 23–25.
- (1982): Bedeutende Fördernis durch ein einziges geistreiches Wort (1823). In: ebd., S. 37–41.
- (1982): Die Metamorphose der Pflanzen (1798). In: ebd., S. 107.
- (1982): Zur Farbenlehre. In: ebd., S. 314–523.

Görs, Britta (1999): Chemischer Atomismus. Anwendung, Veränderung, Alternativen. Berlin: ERS-Verlag.

- (2005): Atomist or anti-Atomist? The Relationship between the German Chemical Community and Ostwald. In: Britta Görs, Nikos Psarros & Paul Ziche (Eds.): Wilhelm Ostwald at the Crossroads between Chemistry, Philosophy and Media Culture. Leipzig: Leipziger Universitätsverlag, S. 79–86.

Haid, Christiane (2003): Lili Kolisko. In: Bodo v. Plato (Hg.): Anthroposophie im 20. Jahrhundert. Dornach: Verlag am Goetheanum, S. 393–396.

Harrison, Carol E. & Ann Johnson (Eds.) (2009): National Identity: The Role of Science and Technology. Osiris 24.

Hauschka, Rudolf (2007): Substanzlehre (1942). 11. Aufl., Frankfurt am Main: Klostermann.

Häußler, Wolfgang, Wolfgang Kilthau & Martin Rozumek (2001): Zum Gedankengang des vierten Kapitels [der »Philosophie der Freiheit« Rudolf Steiners]. In: Thomas Kracht (Hg.): Erkennen und Wirklichkeit. Zum Studium der »Philosophie der Freiheit« Rudolf Steiners, Bd. 2. Stuttgart: Freies Geistesleben, S. 24–62.

Heusser, Peter (Hg.) (2000): Goethes Beitrag zur Erneuerung der Naturwissenschaften. Bern, Stuttgart & Wien: Haupt.
– (2011): Anthroposophische Medizin und Wissenschaft. Stuttgart & New York: Schattauer.
Hoffmann, Roald (1997): Schein und Sein. Reflexionen über die Chemie. Weinheim: Wiley-VCH.
Höner, Kerstin & Timo Greiwe (2000): Chemie – nein danke? Eine empirische Untersuchung affektiver und kognitiver Aspekte des Chemieunterrichts der Sekundarstufe I in Abhängigkeit von der Jahrgangsstufe. Chimica didactica 26, S. 25–55.
Husemann, Armin J. (2003): Der musikalische Bau des Menschen. 4. Aufl., Stuttgart: Freies Geistesleben.
– (2007): Der Fluorprozess im Menschen. Der Merkurstab 60, H. 2, S. 108–115.
– (2010): Der Fluorprozess im Menschen. In: Ders.: Der hörende Mensch und die Wirklichkeit der Musik. Stuttgart: Freies Geistesleben.
– (2012): Fukushima und die geistige Wirklichkeit der Kernenergie. Der Merkurstab 65, H. 2, S. 117–123.
Husserl, Edmund (1982): Die Krisis der europäischen Wissenschaften und die transzendentale Phänomenologie (1936). 2. Aufl., Hamburg: Meiner.
Julius, Frits H. (1988): Grundlagen einer phänomenologischen Chemie (1965). 2. Aufl., Stuttgart: Freies Geistesleben.
Kant, Immanuel (1998): Kritik der reinen Vernunft, Vorrede zur 2. Aufl. 1787. Hamburg: Felix Meiner.
Kekulé, August (1890): Rede zum 25-jährigen Jubiläum der Benzoltheorie («Benzolfest» 1890). In: Berichte der Deutschen Chemischen Gesellschaft 23, S. 1306, zit. n.: Carl Graebe (1991): Geschichte der organischen Chemie, Erster Band (1920). Reprint Berlin u. a.: Springer, S. 288.
Kienle, Gunver S. & Helmut Kiene (2003): Die Mistel in der Onkologie. Stuttgart & New York: Schattauer.
Kolisko, Eugen (Hg.) (1922): Aenigmatisches aus Kunst und Wissenschaft. Anthroposophische Hochschulkurse der freien Hochschule für Geisteswissenschaft, Goetheanum in Dornach. Stuttgart: Der kommende Tag.
– (1989): Neue Wege in der Pathologie und Therapie durch Anthro-

posophie. In: Ders.: Auf der Suche nach neuen Wahrheiten. Goetheanistische Studien. Dornach: Philosophisch-Anthroposophischer Verlag am Goetheanum, S. 155–169.
- (1989): Drei Hauptströmungen in der Weltgeschichte und ihr Verhältnis zur Anthroposophie. In: ebd., S. 171–186.
- (2002): Vom Werden und Gestalten des Naturkundeunterrichts an der Waldorfschule (1929). In: Ders.: Vom therapeutischen Charakter der Waldorfschule. Dornach: Verlag am Goetheanum, S. 70–82.
- (2002): Vom ersten Unterricht in der Chemie (1932). In: ebd., S. 83–111.
- (2002): Die Mission des englischsprachigen Westens. Basel: Perseus.

Kolisko, Lili (1952): Sternenwirken in Erdenstoffen – Saturn und Blei. Ein Versuch, die Phänomene der Chemie, Astronomie und Physiologie zusammenzuschauen. Heidenheim: ohne Verlag.
- (1961): Eugen Kolisko – Ein Lebensbild. Gerabronn: im Selbstverlag.
- (1997): Physiologischer und physikalischer Nachweis der Wirksamkeit kleinster Entitäten (1923), Neuausgabe mit Beiträgen von Gisbert Husemann und Friedwart Husemann. Dornach: Verlag am Goetheanum.

Kranich, Ernst-Michael (2002): Verstehen – auch der Natur-Dinge. In: Martin Basfeld & Thomas Kracht (Hg.): Subjekt und Wahrnehmung. Basel: Schwabe, S. 143–161.
- (2003): Der innere Mensch und sein Leib. Stuttgart: Freies Geistesleben.
- (Hg.) (2005): Chemie verstehen. Stuttgart: Freies Geistesleben.
- (2008): Stoffe und ihre Bedeutung in der Natur chemisch verstehen. In: Martin Rozumek & Peter Buck (Hg.): Das Chemische und die Stoffe. Zugänge zur Chemie. Dornach: Verlag am Goetheanum, S. 141–158.

Krätz, Otto (1998): Goethe und die Naturwissenschaften. 2. Aufl., München: Callway.

Kuhn, Thomas S. (1989): Die Struktur wissenschaftlicher Revolutionen (1962/1970). 10. Aufl., Frankfurt am Main: Suhrkamp.

Ladenburg, Albert (1974): Vorträge über die Entwicklungsgeschichte der Chemie von Lavoisier bis zur Gegenwart. Reprint der 4. Aufl. 1907. Darmstadt: Wissenschaftliche Buchgesellschaft.

Lindenberg, Christoph (1988): Rudolf Steiner. Eine Chronik 1861–1925. Stuttgart: Freies Geistesleben.
– (1997): Rudolf Steiner. Eine Biographie. Stuttgart: Freies Geistesleben.
Mackensen, Manfred v. (2001): Prozesschemie aus spirituellem Ansatz (1994). 2. Aufl., Kassel: Bildungswerk Beruf und Umwelt.
– (2005): Klang, Helligkeit und Wärme. 6. Aufl., Kassel: Bildungswerk Beruf und Umwelt.
Maier, Georg, Martin Rozumek & Hans-Christian Zehnter (2005): Wissenschaft des Besonderen. Das Goetheanum H. 29/30, S. 4–6.
Mason, Stephen F. (1997): Geschichte der Naturwissenschaft in der Entwicklung ihrer Denkweisen (1974). Reprint, Bassum: Verlag für Geschichte der Naturwissenschaften und der Technik.
N.N. (1997): Eugen Kolisko: Phänomenologische Betrachtungsweise in der Chemie. Bericht des Darmstädter Tagblattes vom 28. 7. 1921. Abgedruckt in: Rudolf Steiner (1997): Die Aufgabe der Anthroposophie gegenüber Wissenschaft und Leben. Darmstädter Hochschulkurs (GA 77a), S. 230.
Nathan, C. & M. B. Sporn (1991): Cytokines in Context. J. Cell.Biol. 113, S. 981–986.
Ott, Gerhard (1960–62): Grundriss einer Chemie nach phänomenologischer Methode, 2 Bde. Stuttgart: Freies Geistesleben.
Ostwald, Wilhelm (1909): Grundriss der allgemeinen Chemie. 4. Aufl., Leipzig: Engelmann.
– (1919): Grundlinien der anorganischen Chemie. 4. Aufl., Dresden & Leipzig: Steinkopff.
– (1920): Grundriss der allgemeinen Chemie. 6. Aufl., Dresden u. a.: Steinkopff.
– (Hg.) (1996): Grundlagen der Atom- und Molekulartheorie. Ostwalds Klassiker der exakten Wissenschaften Bd. 3. Reprint der Bände 3 und 8, 2. Aufl., Thun & Frankfurt am Main: Harri Deutsch.
Pelikan, Wilhelm (1922): Der Wasserstoff. Beispiel einer phänomenologischen Betrachtung im Gegensatz zur heute üblichen atomistischen. Die Drei 2 (1922/23), H. 5 (Aug. 1922), S. 330–350.
– (2011): Sieben Metalle (1952). 7. Aufl., Stuttgart: Freies Geistesleben.
Pelikan-Gurlitt, Ingeborg: Wilhelm Pelikan. In: Bodo v. Plato (Hg.):

Anthroposophie im 20. Jahrhundert. Dornach: Verlag am Goetheanum, S. 585 f.
Pilgrim, E. (1950): Die Entdeckung der Elemente. Stuttgart: Mundus.
Pleštil, Dušan & Wolfgang Schad (Hg.) (2008): Naturwissenschaft heute im Ansatz Goethes. Stuttgart: Mayer.
Popper, Karl R. (1989): Logik der Forschung (1934/1989). 9. Aufl., Tübingen: Mohr.
Portmann, Adolf (1992): Goethes Naturforschung. In: Walter Sauer (Hg.): Verlassene Wege zur Natur. Impulse für eine Neubesinnung. Zug: Die Graue Edition, S. 63–85.
Pröbstl, Albert (1996): Über die Bewusstseinsschwelle zwischen einer Chemie des Unbelebten und einer Chemie des Belebten. Elemente der Naturwissenschaft 64, S. 22–36.
– (1998): Das Haidinger-Büschel als Urphänomen der Polarisationserscheinungen. Elemente der Naturwissenschaft 69, S. 1–26.
Quadbeck-Seeger, Hans-Jürgen & Axel Fischer (Hg.) (2000): Die Babywindel und 34 andere Chemiegeschichten. Weinheim: Wiley-VCH.
Rabel, Gabriele: Nachlass. Churchill Archives Centre, Cambridge: http://janus.lib.cam.ac.uk/db/node.xsp?id=EAD%2FGBR%2F0014%2FRABL.
Ramberg, Peter J. (2003): Chemical Structure, Spatial Arrangement. The Early History of Stereochemistry, 1874–1914. Aldershot, Hampshire & Burlington, VT: Ashgate.
Reinhardt, Carsten (2011): Habitus, Hierarchien und Methoden: «Feine Unterschiede» zwischen Physik und Chemie. NTM – Zeitschrift für Geschichte der Wissenschaften, Technik und Medizin 19, S. 125–146.
Riedel, F. (1906): Chemische Grundbegriffe und Grundgesetze in antiatomistischer Darstellung. Zeitschrift für angewandte Chemie 19, H. 52, S. 2113–2122.
Ritter, Joachim, Karlfried Gründer & Gottfried Gabriel (Hg.) (2005): Historisches Wörterbuch der Philosophie, Bd. 12: W–Z. Basel: Schwabe.
Rohen, Johannes W. (2007): Morphologie des menschlichen Organismus. 3. Aufl., Stuttgart: Freies Geistesleben.
– (2000): Funktionelle Histologie. 4. Aufl., Stuttgart: Schattauer.
Römpp Online, www.roempp.com, Copyright © 2008 Georg Thieme Verlag.

Rozumek, Martin (2003): «Stoffe sind festgehaltene Prozesse». Elemente eines neuen Stoffbegriffs. Elemente der Naturwissenschaft 78, S. 74–93.
– (2004): Eine Frage der Erkenntnishaltung. Möglichkeiten und Grenzen bildschaffender Methoden. Das Goetheanum H. 21, S. 1–5. Auch in: Lebendige Erde H. 5, S. 44–48.
– (2006): Goetheanistische Chemie im aktuellen Kontext. Elemente der Naturwissenschaft 84, S. 37–71.
– (2006): Chemie als Wissenschaft der unorganischen Natur. Ernst-Michael Kranich (Hg.): Chemie verstehen. (Rezension) Elemente der Naturwissenschaft 84, S. 72–75.
– & Peter Buck (Hg.) (2008): Das Chemische und die Stoffe. Dornach: Verlag am Goetheanum.
Ruthenberg, Klaus & Nikos Psarros (1994): František Wald und die phänomenologische Chemie. Mitteilungen der Fachgruppe Geschichte der Chemie der GDCh 10, S. 17–30.
Sauermost, Rolf et al. (Red.) (2000): Lexikon der Naturwissenschaftler. Heidelberg & Berlin: Spektrum.
Schad, Wolfgang (2001): Was ist Goetheanismus? In: Naturwissenschaftliche Sektion am Goetheanum (Hg.): Tycho de Brahe-Jahrbuch für Goetheanismus. Niefern-Öschelbronn: Tycho de Brahe, S. 23–66.
– (2004): Erfahrungen und Vorschläge zum Chemieunterricht in der Waldorfschule. In: Wolfgang Schad, Armin Scheffler & Ulrich Wunderlin: Chemie an Waldorfschulen. Stuttgart: Pädagogische Forschungsstelle beim Bund der Freien Waldorfschulen, S. 7–22.
Sachmahl, Friedrich W. & Carl Friedrich von Weizsäcker (2000): Moderne Physik und Grundlagen der Medizin. Deutsches Ärzteblatt 97, H. 4, 28.1.2000.
Selg, Peter (2000): Anfänge anthroposophischer Heilkunst. Dornach: Verlag am Goetheanum, S. 123–174.
– (2001): «Ich glaube aber, dass es unbedingt notwendig ist, dass etwas geschieht.» – Rudolf Steiner, Eugen Kolisko und die Maul- und Klauenseuche. In: Eugen Kolisko: Das Wesen und die Behandlung der Maul- und Klauenseuche. Dornach: Verlag am Goetheanum, S. 17–33.
– (2002): Rudolf Steiner und Eugen Kolisko: Die Gründung der Waldorfschule und der erste Schularzt. In: Eugen Kolisko: Vom

therapeutischen Charakter der Waldorfschule. Dornach: Verlag am Goetheanum, S. 17–47.
Sijmons, Jaap (2008): Phänomenologie und Idealismus. Basel: Schwabe.
Steiner, Rudolf (1988): Einzig mögliche Kritik der atomistischen Begriffe (1882). Beiträge zur Rudolf Steiner Gesamtausgabe 63 (1978), Nachdruck, Dornach: Rudolf Steiner Verlag, S. 5–10.
– (1988): Die Atomistik und ihre Widerlegung (1890). Ebd., S. 14–29.
– (1987): Einleitungen zu Goethes naturwissenschaftlichen Schriften (1884–97/posthum 1926, GA 1). 4. Aufl.
– (2002): Grundlinien einer Erkenntnistheorie der Goetheschen Weltanschauung (1886, GA 2). 8. Aufl.
– (1980): Wahrheit und Wissenschaft (1892, GA 3). 5. Aufl.
– (1995): Die Philosophie der Freiheit (1894, GA 4). 16. Aufl.
– (1990): Goethes Weltanschauung (1897, GA 6). 8. Aufl.
– (1987): Theosophie (1904, GA 9). 31. Aufl.
– (1989): Die Geheimwissenschaft im Umriss (GA 13). 30. Aufl.
– (1987): Die geistige Führung des Menschen und der Menschheit (1911, GA 15). 10. Aufl.
– (1985): Die Rätsel der Philosophie (1914, GA 18). 9. Aufl.
– (1984): Vom Menschenrätsel (1916, GA 20). 5. Aufl.
– (1983): Von Seelenrätseln (1917, GA 21). 5. Aufl.
– (1989): Anthroposophische Leitsätze (1924/25, GA 26). 9. Aufl.
– & Ita Wegman (1991): Grundlegendes für eine Erweiterung der Heilkunst nach geisteswissenschaftlichen Erkenntnissen (GA 27). 7. Aufl.
– (1982): Mein Lebensgang (1923–25, GA 28). 8. Aufl.
– (1984): Ein Geleitwort (1921). In: Ders.: Philosophie und Anthroposophie (GA 35). 2. Aufl., S. 425–429.
– (1961): Emile Boutroux (1921). In: Ders.: Der Goetheanumgedanke inmitten der Kulturkrisis der Gegenwart (GA 36). S. 59–62.
– (1961): Ist Anthroposophie Phantastik? (1923). In: Ders.: Der Goetheanumgedanke inmitten der Kulturkrisis der Gegenwart (GA 36). S. 262–266.
– (2005): Wahrspruchworte (GA 40). 9. Aufl.
– (1985): Die Erkenntnis der Seele und des Geistes (GA 56). 2. Aufl.
– (1983): Antworten der Geisteswissenschaft auf die großen Fragen des Daseins (GA 60). 2. Aufl.

– (1992): Das Ewige der Menschenseele. Unsterblichkeit und Freiheit (GA 67). 2. Aufl.
– (1990): Freiheit – Unsterblichkeit – Soziales Leben (GA 72).
– (1987): Die Ergänzung heutiger Wissenschaften durch Anthroposophie (GA 73). 2. Aufl.
– (2005): Fachwissenschaften und Anthroposophie (GA 73 a).
– (1993): Die Philosophie des Thomas von Aquino (GA 74). 4. Aufl.
– (2010): Das Verhältnis der Anthroposophie zur Naturwissenschaft (GA 75).
– (1977): Die befruchtende Wirkung der Anthroposophie auf die Fachwissenschaften (GA 76). 2. Aufl.
– (1997): Die Aufgabe der Anthroposophie gegenüber Wissenschaft und Leben (1921, GA 77a).
– (1986): Anthroposophie, ihre Erkenntniswurzeln und Lebensfrüchte (GA 78). 3. Aufl.
– (1988): Die Wirklichkeit der höheren Welten (GA 79). 2. Aufl.
– (1994): Erneuerungs-Impulse für Kultur und Wissenschaftlich (GA 81).
– (1994): Damit der Mensch ganz Mensch werde (GA 82). 2. Aufl.
– (1994): Meine holländische und englische Reise. In: Ders.: Damit der Mensch ganz Mensch werde (GA 82). 2. Aufl.
– (1981): Westliche und östliche Weltgegensätzlichkeit (GA 83). 3. Aufl.
– (1992): Mythen und Sagen. Okkulte Zeichen und Symbole (GA 101). 2. Aufl.
– (1990): Der menschliche und der kosmische Gedanke (GA 151). 6. Aufl.
– (1984): Innere Entwicklungsimpulse der Menschheit (GA 171). 2. Aufl.
– (1982): Menschliche und menschheitliche Entwicklungswahrheiten (GA 176). 2. Aufl.
– (1993): Geschichtliche Notwendigkeit und Freiheit (GA 179). 4. Aufl.
– (1980): Mysterienwahrheiten und Weihnachtsimpulse (GA 180). 2. Aufl.
– (1991): Erdensterben und Weltenleben (GA 181). 3. Aufl.
– (1990): Die Wissenschaft vom Werden des Menschen (GA 183). 2. Aufl.

- (2002): Die Polarität von Dauer und Entwicklung im Menschenleben (GA 184). 3. Aufl.
- (1995): Wie kann die Menschheit den Christus wiederfinden? (GA 187). 4. Aufl.
- (1982): Der Goetheanismus, ein Umwandlungsimpuls und Auferstehungsgedanke (GA 188). 3. Aufl.
- (1980): Die soziale Frage als Bewusstseinsfrage (GA 189). 3. Aufl.
- (1989): Soziales Verständnis aus geisteswissenschaftlicher Erkenntnis (GA 191). 3. Aufl.
- (1994): Die Sendung Michaels (GA 194). 4. Aufl.
- (1992): Geistige und soziale Wandlungen in der Menschheitsentwicklung (GA 196). 2. Aufl.
- (1996): Gegensätze in der Menschheitsentwicklung (GA 197). 3. Aufl.
- (1985): Geisteswissenschaft als Erkenntnis der Grundimpulse sozialer Gestaltung (GA 199). 2. Aufl.
- (1987): Entsprechungen zwischen Mikrokosmos und Makrokosmos (GA 201). 2. Aufl.
- (1993): Die Brücke zwischen der Weltgeistigkeit und dem Physischen des Menschen (GA 202). 4. Aufl.
- (1987): Menschenwerden, Weltenseele und Weltengeist I (GA 205). 2. Aufl.
- (1992): Anthroposophie als Kosmosophie II (GA 208). 3. Aufl.
- (1982): Nordische und mitteleuropäische Geistimpulse (GA 209). 2. Aufl.
- (1998): Menschliches Seelenleben und Geistesstreben (GA 212). 2. Aufl.
- (1987): Menschenfragen und Weltenantworten (GA 213). 2. Aufl.
- (1981): Die Erkenntnis-Aufgabe der Jugend (GA 217a). 2. Aufl.
- (1982): Lebendiges Naturerkennen (GA 220). 2. Aufl.
- (1992): Die menschliche Seele in ihrem Zusammenhang mit göttlich-geistigen Individualitäten (GA 224). 3. Aufl.
- (2000): Initiations-Erkenntnis (GA 227). 4. Aufl.
- (1993): Der Mensch als Zusammenklang des schaffenden, bildenden und gestaltenden Weltenwortes (GA 230). 7. Aufl.
- (1989): Anthroposophische Gemeinschaftsbildung (GA 257). 4. Aufl.

– (1991): Das Schicksalsjahr 1923 in der Geschichte der Anthroposophischen Gesellschaft (GA 259).
– (1981): Geisteswissenschaftliche Erläuterungen zu Goethes «Faust», Bd. II: Das Faust-Problem (GA 273). 4. Aufl.
– (1998): Erziehung zum Leben (GA 297 a).
– (1995): Konferenzen mit den Lehrern der Freien Waldorfschule, Bd. I (GA 300 a). 2. Aufl.
– (1995): Konferenzen mit den Lehrern der Freien Waldorfschule, Bd. II (GA 300 b). 2. Aufl.
– (1995): Konferenzen mit den Lehrern der Freien Waldorfschule, Bd. III (GA 300 c). 2. Aufl.
– (1979): Anthroposophische Menschenkunde und Pädagogik (GA 304 a).
– (1989): Die Kunst des Erziehens aus dem Erfassen der Menschenwesenheit (GA 311). 5. Aufl.
– (1999): Geisteswissenschaft und Medizin (GA 312). 7. Aufl.
– (1989): Physiologisch-Therapeutisches auf Grundlage der Geisteswissenschaft (GA 314). 3. Aufl.
– (2003): Meditative Betrachtungen und Anleitungen zur Vertiefung der Heilkunst (GA 316). 4. Aufl.
– (1995): Heilpädagogischer Kurs (GA 317). 8. Aufl.
– (2000): Geisteswissenschaftliche Impulse zur Entwicklung der Physik I («Lichtkurs», GA 320). 4. Aufl.
– (2000): Geisteswissenschaftliche Impulse zur Entwicklung der Physik II («Wärmekurs», GA 321). 4. Aufl.
– (1981): Grenzen der Naturerkenntnis (GA 322). 5. Aufl.
– (1997): Das Verhältnis der verschiedenen naturwissenschaftlichen Gebiete zur Astronomie (GA 323). 3. Aufl.
– (1991): Naturbeobachtung, Experiment, Mathematik und die Erkenntnisstufen der Geistesforschung (GA 324). 3. Aufl.
– (1995): Die vierte Dimension. Mathematik und Wirklichkeit (GA 324 a).
– (1989): Die Naturwissenschaft und die weltgeschichtliche Entwicklung seit dem Altertum (GA 325). 2. Aufl.
– (1977): Der Entstehungsmoment der Naturwissenschaft in der Weltgeschichte und ihre seitherige Entwicklung (GA 326). 3. Aufl.
Stockmar, Stephan (2011): Seit 90 Jahren im Geist der Zeit: die Drei – ein Geschenk zu Steiners Geburtstag. Die Drei 81, H. 2, S. 45–58.

Stockmeyer, E. A. Karl (1918): Erkenntnis und Wirklichkeit. Das Reich 3, S. 336–348.
Ströker, Elisabeth (1967): Denkwege der Chemie. Freiburg & München: Alber.
Uberoi, Jit-Singh (1999): Der andere Geist Europas. Goethe und die Zukunft der Wissenschaft. Dornach: Pforte.
Unger, Carl & Walter Johannes Stein (1923): Bericht über die Delegiertenversammlung der Anthroposophischen Gesellschaft in Deutschland vom 25. bis 28. Februar 1923 Stuttgart. In: Rudolf Steiner (1991): Das Schicksalsjahr 1923 in der Geschichte der Anthroposophischen Gesellschaft (GA 259), S. 361–462.
van Brakel, Jaap (1996): Über die Vernachlässigung der Philosophie der Chemie. In: Nikos Psarros, Klaus Ruthenberg & Joachim Schummer (Hg.): Philosophie der Chemie. Würzburg: Königshausen & Neumann, S. 13–26.
van Dam, Joop (2003): Eugen Kolisko. In: Bodo v. Plato (Hg.): Anthroposophie im 20. Jahrhundert. Dornach: Verlag am Goetheanum, S. 389–393.
van der Waals, Johannes D. (1967): The equation of state for gases and liquids. Nobel Lecture, December 12, 1910. In: The Nobel Foundation: Nobel Lectures, Physics 1901–1921. Amsterdam: Elsevier, S. 254–265, zit. n.: http://nobelprize.org/nobel_prizes/physics/laureates/1910/waals-lecture.pdf, besucht 6.7.2010, S. 264 f.
Verein Ernst Mach (Hg.) (1929): Wissenschaftliche Weltauffassung. Der Wiener Kreis. Wien: Wolf.
Verhulst, Jos (1994: Der Glanz von Kopenhagen. Stuttgart: Freies Geistesleben.
Vogel, Lothar (2005): Der dreigliedrige Mensch. 4. Aufl., Dornach: Verlag am Goetheanum.
Wolff, Otto (1998): Grundlagen einer geisteswissenschaftlich erweiterten Biochemie. Stuttgart: Freies Geistesleben.
Ziegler, Renatus: Hermann von Baravalle. In: Bodo v. Plato (Hg.): Anthroposophie im 20. Jahrhundert. Dornach: Verlag am Goetheanum, S. 42–44.

Als nicht gesondert zitierte bibliografische und Nachschlagewerke wurden außerdem herangezogen:

Atkins, Peter W. (1987): Physikalische Chemie. Weinheim u. a.: VCH.

Bibliografie Eugen Kolisko. Archiv der Pädagogischen Forschungsstelle beim Bund der Freien Waldorfschulen in Stuttgart.
Haas, Erwin: Online-Bibliografie Goetheanistische Naturwissenschaft. www.forschungsinstitut.ch/index.php?id=669.
Krafft, Fritz (Hg.) (1999): Vorstoß ins Unerkannte. Lexikon großer Naturwissenschaftler. Weinheim: Wiley-VCH.
Neufeldt, Sieghard (2003): Chronologie Chemie. 3. Aufl., Weinheim: Wiley-VCH.
Wiberg, Nils (1985): Hollemann-Wiberg. Lehrbuch der Anorganischen Chemie. 91.–100. Auflage, Berlin & New York: de Gruyter.
Wikipedia. Die freie Enzyklopädie. www.wikipedia.org.

Eugen Kolisko[472]

Joop van Dam

Eugen Kolisko gehört zu den prägenden Gestalten der Generation, die als junge Mitarbeiter Rudolf Steiners in der zweiten und dritten Dekade des 20. Jahrhunderts die Kulturwirksamkeit der Anthroposophie begründeten – und zu den tragischsten. Als Arzt, Lehrer und Schularzt, als Wissenschaftler und Publizist war er einer der kompetentesten Vertreter der Anthroposophie. Nach dem Tod Rudolf Steiners 1925 stieß sein Wirken in wachsendem Maße auf Unverständnis innerhalb der anthroposophischen Bewegung. Im englischen Exil starb er bereits im 47. Lebensjahr.

Am 21. März 1893 wurde Eugen Kolisko in Wien geboren. Väterlicherseits bestand schon lange eine Beziehung zu der berühmten Medizinischen Fakultät dieser Stadt und viele bekannte Menschen verkehrten im Hause Kolisko. Die Mutter stammte aus einer künstlerischen Familie und war eine begabte Pianistin. Sie umsorgte den als kleines Kind kränklichen Eugen mit großer Hingabe und besuchte viele Kurorte mit ihm. Wegen eines tuberkulösen Abszesses wurde das linke Ellenbogengelenk operiert, wurde steif und er konnte den Arm zeitlebens nicht mehr strecken. Eugen bekam wegen seiner labilen Gesundheit Privatunterricht und kam erst verhältnismäßig spät in das geschichtsträchtige Wiener Schottengymnasium, dessen Wurzeln in das iroschottische Christentum reichen.

Hier begegnete er Walter Johannes Stein, einem weiteren späteren engen Mitarbeiter Rudolf Steiners. Stein und Kolisko waren polar entgegengesetzte Menschen, sie wurden miteinander streitend zu engen Freunden und bald zu einander unablässig anregenden Weggefährten in der anthroposophischen Arbeit. Eugen Kolisko war zart und klein von Gestalt, hatte ein merkuriales Wesen und war ein Meister in der Überschau. Walter Johannes Stein hingegen hatte eine robuste Konsti-

---

472 Aus: Joop van Dam (2003): Eugen Kolisko. In: Bodo v. Plato (Hg.): Anthroposophie im 20. Jahrhundert. Dornach: Verlag am Goetheanum, S. 389–393, geringfügige Bearbeitungen im Hinblick auf den vorliegenden Zusammenhang von M.R.

tution, trat immer streitbar und martialisch auf, er suchte den Ursprung aller Erscheinungen. Gemeinsam beschäftigten sie sich mit Differenzialrechnung und Axiomatik der Geometrie, mit Problemen der Physik und Philosophie, bei Spaziergängen versuchten sie, Menschen so wahrzunehmen, dass sie etwas über das Temperament oder den Beruf sagen konnten.

Durch Steins Mutter lernten Walter und Eugen die Anthroposophie kennen. 1914 hörte er erstmals Vorträge Rudolf Steiners, kurz nach seinem 21. Geburtstag wurde er Mitglied der Anthroposophischen Gesellschaft.

Als ob er nur wenig Zeit hätte, hatte Kolisko bis dahin bereits vieles aus seiner reichen kulturellen Umgebung aufgenommen: Er liebte Konzerte und Theateraufführungen, lebte sich in die Weltliteratur ein und erweiterte beständig seine geschichtlichen Kenntnisse. Das Erlebte oder Erarbeitete hielt er in genauen Tagebuchaufzeichnungen fest. Das gesellige Leben seiner Alters- und Studiengenossen – er studierte Medizin – interessierte ihn in dieser Periode seines Lebens kaum.

1917 schloss er 24-jährig mit einer Promotion das Medizinstudium ab, wurde Sachverständiger und Dozent für medizinische Chemie an der Universität in Wien und eine glänzende wissenschaftliche Karriere lag vor ihm. Aber es sollte anders kommen.

Im Januar 1920 bat der Gründer der ersten Waldorfschule in Stuttgart, Emil Molt, Kolisko um Mitarbeit – als Vertretungslehrer! Auf Drängen Walter Johannes Steins und zum Entsetzen seiner Wiener Umgebung reiste Kolisko nach Stuttgart. Es begannen fünf intensive Jahre der Zusammenarbeit mit dem Stuttgarter Kollegium, mit seinem Freund und mit dem verehrten geistigen Lehrer Rudolf Steiner.

Am 13. März 1920 hielt Kolisko einen Vortrag über Chemie, der für Rudolf Steiner den Anlass bot, an die Bildung einer Hochschule oder Akademie zu denken. Kolisko setzte sich in den darauf folgenden Jahren – und erneut in den 30er Jahren in England – für diese Idee ein.

Rudolf Steiner sprach über die «Koliskosche Chemie» als die physiologische Chemie der Zukunft und für Kolisko wurde die Chemie zu einem Hauptarbeitsgebiet. Er entwickelte die «Gesten» oder den «Charakter» der Substanzen, die nicht nur für den Oberstufenunterricht der Waldorfschule prägend wurden, sondern auch für das Erfassen der therapeutischen Wirkung eines Stoffes einen wesentlichen Zugang boten. Seine Zusammenarbeit mit Rudolf Steiner intensivierte sich, als dieser für die Anfang der 20er Jahre in Deutschland grassierende Maul- und Klauenseuche ein neues Heilmittel konzipierte.

Daneben war er Mitinitiator der anthroposophischen Kulturzeitschrift «die Drei» und redigierte sie vom Oktober 1921 bis März 1923. 1921 errichtete Kolisko zusammen mit Stein und Carlo Septimus Picht ein «Archiv des Goetheanismus», das sowohl goetheanistische Literatur wie auch Vorträge Rudolf Steiners sammelte und zur Verfügung stellte. Der Goetheanismus war Kolisko sozusagen angeboren, er war Großmeister in der Phänomenologie, die seiner Befähigung entsprach, alles, was er wahrnahm, in Prozessen zu sehen. Formulierungen wie: «Das muss man sich doch nur anschauen, wenn aus einer Kaulquappe ein Frosch wird – was macht er denn? Der zieht die Luft ein und stößt die Gliedmaßen aus», sind charakteristisch für ihn.

Rudolf Steiner schätzte Koliskos lebendige Art des Wahrnehmens und Denkens, er zog ihn als Redner für die zahlreichen Hochschulkurse heran, die in dieser Zeit gehalten wurden. In seinem Bericht über den Hochschulkurs in Holland 1922 charakterisierte er Kolisko: «Persönlichkeiten wie Dr. med. Eugen Kolisko können von der anthroposophischen Bewegung nicht hoch genug eingeschätzt werden. [...] Der naturwissenschaftliche Phänomenalismus hat in Kolisko einen Verfechter, der diese Seite des anthroposophischen Denkens überall aus der unbefangenen Sacherkenntnis objektiv entwickelt. Man hat bei Kolisko nirgends das Gefühl, dass er von vornherein Anthroposophie in seine Welterkenntnis hineinträgt, sondern überall das, dass er in einem sachgemäßen, aber intimen Denken aus den konkreten Problemen die anthroposophische Anschauung gewinnt. Dabei ist er innig als Persönlichkeit mit seinen Problemen verwachsen, sodass für mein Gefühl man ihm gegenübersteht als einer durch und durch wissenschaftlich überzeugend wirkenden Persönlichkeit. Wenn ich von ihm so sprechen höre wie diesmal über ‹freies Geistesleben›, dann habe ich die Empfindung: der redet bis ins Herz hinein wahr; und in dieser Wahrheit lebt er sich restlos aus.»[473]

1922 befestigte sich die zwei Jahre zuvor deutlich gewordene Wende in Koliskos beruflichen Leben. Im Mai sprach er in dem renommierten Wiener Ärzteverein über «Neue Wege in der Pathologie und Therapie durch Anthroposophie». Alles spricht dafür, dass die damalige Promi-

473 Rudolf Steiner (1922): Meine holländische und englische Reise. In: Ders. (1994): Damit der Mensch ganz Mensch werde (GA 82), 2. Aufl.

nenz der Wiener medizinischen Welt, die ja den Namen Kolisko kannte, anwesend war. Für das Publikum muss das Vorgebrachte so fernab von gewohnten Auffassungen gewesen sein, so unerwartet, dass es – in den Worten Koliskos in einem Brief an seine Frau – «zum größten Skandal wurde, der in der medizinischen Welt Wiens seit Menschengedenken vorgekommen sein mag. Meine sämtlichen medizinischen Blutsbeziehungen bin ich jetzt mit einem Schlage los. Dort wächst für uns kein Gras mehr. Es musste wohl einmal so kommen.»

An der Stuttgarter Waldorfschule bildeten der Unterricht in der Oberstufe, vor allem für Chemie und Biologie, und der Aufbau der Schularzttätigkeit seine Hauptaufgaben. Er lernte dabei nicht nur die Kinder, sondern auch die Arbeit seiner Lehrerkollegen kennen. Denn er wollte die Kinder sehen, wie sie sich in der Gymnastik oder Eurythmie bewegen, wie sie zeichnen oder plastizieren, er wollte von den Kollegen hören, wie sie die Kinder sahen. Die bedeutende Rolle des Schularztes in einer Waldorfschule geht ebenso wie die Kinderbesprechungen als Herz der Lehrerkonferenzen von ihm aus. Er kannte den innigen Zusammenhang der physiologischen und psychologischen Prozesse beim aufwachsenden Kind. Er suchte immer erfahrener zu unterscheiden, ob ein seelisches oder körperliches Problem eine physiologische Ursache hatte und also medizinisch behandelt werden musste oder ob eine psychologische Schwierigkeit vorlag, die durch eine pädagogische Handhabung zu lösen war. Er betrachtete den Gesamtunterricht, das Schulleben als ein Heilmittel.

Kolisko stand in den frühen 20er Jahren zunehmend im Zentrum der anthroposophischen Aktivitäten. 1923 wurde er als Vorstandsmitglied der neu gebildeten Anthroposophischen Gesellschaft in Deutschland berufen. Rudolf Steiner lud ihn zu entscheidenden anthroposophischen Fachkursen – zum Jungmedizinerkurs (GA 316), zum Heilpädagogischen Kurs (GA 317) und zum Pastoralmedizinischen Kurs (GA 318) – persönlich ein, oft zusammen mit seiner Frau Lili Kolisko. Nach der Weihnachtstagung 1923/24 und der Begründung der Medizinischen Sektion am Goetheanum in Dornach erkannte Kolisko im Spätsommer 1924, dass die wegweisende Zusammenarbeit von Rudolf Steiner und Ita Wegman, Mitglied im Vorstand der Allgemeinen Anthroposophischen Gesellschaft und Leiterin der Medizinischen Sektion am Goetheanum, ihr Fundament in einer langen karmischen Verbundenheit hatte – er teilte Wegman diese Einsicht mit. Für Rudolf Steiner wurde dies zum Anlass, einen «Kern der Medizinischen Sektion» zu bilden, der für die geistigen

Impulse, die durch diese Sektion fließen konnten, mitverantwortlich wurde. Kolisko wurde mit sechs anderen Ärzten in diesen Kern berufen.

Vieles wurde in dieser Zeit von Eugen Kolisko mitinitiiert. Er war intensiv am Aufbau der verschiedenen künstlerischen Therapien, der Heileurythmie, der Musiktherapie und insbesondere des Heilsingens nach Valborg Werbeck-Svärdström beteiligt. Seine Aufsätze über Ernährungsfragen in der Zeitschrift «Natura», die er für die Medizinische Sektion 1926–31 redigierte, sind noch immer grundlegend. Menschenkundliche, biologische, geschichtliche, chemische, pädagogische Publikationen erschienen. Zusammen mit Lili Kolisko erforschte er die Zusammenhänge zwischen kosmischen Kräften und irdischen Prozessen, die sowohl für die Medizin als auch für die Landwirtschaft von nachhaltiger Bedeutung wurden.

Nach Rudolf Steiners Tod im März 1925 wurde das weitere Arbeiten für Eugen Kolisko schwierig. In der Allgemeinen Anthroposophischen Gesellschaft, die seit Weihnachten 1923 bestand und eine grundlegend neue Struktur und Leitung bekommen hatte, kam er in Konflikt mit führenden Persönlichkeiten. Einer der Gründe war seine Ablehnung, die ihm von Marie Steiner, Witwe Rudolf Steiners und Mitglied im Vorstand der Gesellschaft, angetragene zentrale Stelle im Dornacher Vorstand einzunehmen, da er – in Übereinstimmung mit Ita Wegman – meinte, dass der von Rudolf Steiner gebildete Vorstand eine neue «Schicksalsgemeinschaft» sei, die auch nach dem Tod des Gründers fortzubestehen habe. Äußerlich existierte die fördernde Hilfe seines Lehrers, der ihm Aufträge, Hinweise und immer neue Herausforderungen bot, nicht mehr. Immer mehr sah sich Kolisko innerhalb der Anthroposophischen Gesellschaft, aber auch in der Waldorfschule infrage gestellt. Zugleich setzte er seine Forschung auf den skizzierten Gebieten fort, inspirierte viele Menschen und hatte den Mut zu neuen Gestaltungen innerhalb der Anthroposophischen Gesellschaft, die Anfang der 30er Jahre zu der Bildung freier anthroposophischer Initiativen in Deutschland führten. 1934 wurde er aus der Stuttgarter Waldorfschule entlassen und ein Jahr später aus der Allgemeinen Anthroposophischen Gesellschaft ausgeschlossen.

Er führte daraufhin für kurze Zeit das Sanatorium Burghalde im Schwarzwald, wo er das Ideal einer «therapeutischen Provinz» zu realisieren versuchte: das aufeinander bezogene Wirken von klinischer Arbeit, Pädagogik, Heilpädagogik und biologisch-dynamischer Landwirtschaft. In diesem Zusammenhang entstand der Keim für den heute so genannten «Verein für anthroposophisches Heilwesen». Was Kolisko vor Augen stand, kam aber nicht zustande. So emigrierte er 1936 nach England – wie kurz vor ihm auch Walter Johannes Stein und viele Mitarbeiter der anthroposophischen Bewegung, die Ita Wegmans Einschätzung der sich verfinsternden Weltlage teilten.

Er wurde in London zunächst warm empfangen. Sein Impuls, eine Hochschule für Geisteswissenschaft zu gründen, erwachte hier erneut. Er begann mit den Vorbereitungen für den Aufbau einer Universität, in der verschiedene Disziplinen einander befruchten sollten. Im Frühjahr 1939 unternahm er eine Reise nach Amerika, die ihn bis zur Westküste führte. Enttäuscht vom mangelnden Widerhall auf seine Vorträge und Anregungen kehrte er müde zurück. Dennoch arbeitete er diszipliniert an zum Teil breit angelegten Publikationen über den neuen Beruf des Schularztes, über Chemie, Landwirtschaft, Geschichte und Menschenkunde weiter.

Drei Tage vor seinem Tod erzählte er seiner Frau merkwürdig erregt und doch freudig: «Denke dir, heute Nacht habe ich von Dr. Steiner geträumt, ich bin durch einen langen finsteren Gang gegangen, und als ich endlich herauskam, da stand Dr. Steiner vor mir und streckte mir die Hände entgegen. Ich war so voller Freude, dass ich ihm einfach um den Hals fiel.» Am 29. November 1939, unterwegs zu dem Biologischen Institut westlich von London, starb Kolisko an einem Herzschlag. Er war allein in seinem Zugabteil.

Publikationen (Auswahl)

Das Wesen und die Behandlung der Maul- und Klauenseuche. Arlesheim o. J., Dornach ^{2}2001.

Vom ersten Unterricht in der Chemie. Stuttgart 1932.

mit Lili Kolisko: Agriculture of Tomorrow. Gloucester 1945, Bournemouth ^{2}1978.

Auf der Suche nach neuen Wahrheiten. Aufsätze. Dornach 1989, ^{2}2012.

Vom therapeutischen Charakter der Waldorfschule. Aufsätze. Dornach 2002.

Der Autor

Martin Rozumek, geb. 1966 in Hamburg. Studium von Chemie und Philosophie in Hamburg und Heidelberg. Abschluss als Diplom-Chemiker in der Anorganischen Chemie. Parallel freies Studium der Anthroposophie am Friedrich von Hardenberg Institut für Kulturwissenschaften, Heidelberg.

1994 – 2001 Freier wissenschaftlicher Mitarbeiter im «forum zeitfragen» der Anthroposophischen Gesellschaft in Deutschland; Forschung zur Bewusstseinsgeschichte der ökologischen Frage und zu Themen aus dem Werk Rudolf Steiners. 2000 – 2006 Wissenschaftlicher Mitarbeiter im Forschungsinstitut am Goetheanum, Dornach; Forschung zur Chemie des Stickstoffs und zu Grundfragen anthroposophisch-goetheanistischer Chemie. Zeitweise Lehrtätigkeit für Chemie an einer Waldorfschule.

Seit 2006 Wissenschaftlicher Mitarbeiter der WALA Heilmittel GmbH im Bereich Grundlagenforschung, Schwerpunkt anorganische Ausgangsstoffe.

Publikationen (Auswahl)

mit Franziska Roemer, Sandra Nobst & Anika Müller: Quarz – Opal – Achatwasser. Metamorphosen in der Therapie des Kieselsäureorganismus. Der Merkurstab 62 (2009), S. 605–619.

mit Peter Buck (Hg.): Das Chemische und die Stoffe. Zugänge zur Chemie. Dornach 2008: Verlag am Goetheanum.

Goetheanistische Chemie im aktuellen Kontext. Elemente der Naturwissenschaft 84 (2006), S. 37–71.

Blicke auf das «Astralische». Ein neues Bild des Stickstoffs im Naturgeschehen. Elemente der Naturwissenschaft 80 (2004), S. 3–25.

«Stoffe sind festgehaltene Prozesse». Elemente eines neuen Stoffbegriffs. Elemente der Naturwissenschaft 78 (2003), S. 74–93.

Zum Titelbild des Buches

Das Titelbild entstand unter Verwendung des Objekts «Dreifaches Missverständnis» (opus 52) von Peter Buck, Heidelberg, entstanden August 1994.
Material: Holzkasten 24×29cm, im Hintergrund die Angaben zu ‹Cu› aus einem Perioden-System, davor Kupferblech mit maritimem Grünspan, Fundstück von der Südküste Irlands.

Ausgestellt in: Aarau 1994
Donaueschingen 1995
Flensburg 1996
Heidelberg 1997
Flensburg 2002

Erläuterung des Titels im Gesprächsanlässe-Projekt (www.ph-heidelberg.de/chemie/forschung/gespraechsanlaesse.html): In den Periodensystemen werden regelmäßig sowohl Daten zum Stoff ‹Kupfer› (z. B. der Schmelzpunkt) als auch Daten zum Element ‹Kupfer› (z. B. die Molmasse) als auch Daten zum Atom ‹Kupfer› (z. B. die Elektronenkonfiguration) angegeben. Viele Menschen, Schüler im Chemieunterricht, Chemielehrer, ja sogar Chemiker sehen keinen Unterschied zwischen dem Stoff Kupfer, dem Element Kupfer und dem Kupferatom. Darin liegt ein dreifaches Missverständnis. Auf dem Objekt selbst ist übrigens keine der drei ‹Kupferarten› visuell sichtbar (es handelt sich um andere Stoffe, wie Kupferchlorid, Kupferhydroxid, Kupferoxid, Kupfercarbonat).

(*Peter Buck*)